数据结构要点精析

——C 语言版(第 2 版)

侯风巍　编著
杨永田　主审

北京航空航天大学出版社

内 容 简 介

本书介绍数据结构线性表、栈和队列、串、数组和广义表、树和二叉树、图、查找、内排序等的基本概念、基本知识点、相关结论和各种数据类型的不同存储结构以及主要操作的实现算法；系统而全面地对读者在学习过程中可能遇到的问题，在相应的知识点处提出并加以解决；精选各大知名院校和研究所的硕士研究生入学试题及国内外教材中有代表性的习题，结合各相关知识点进行深入细致的分析、完整的解答和点评扩展。

本书可作为计算机专业本、专科学生的教学参考书，也可作为报考计算机专业硕士研究生的学习参考书，还适于计算机等级考试者及广大工程技术人员和自学者参考。

图书在版编目(CIP)数据

数据结构要点精析：C语言版/侯风巍编著. —2版.
北京：北京航空航天大学出版社，2009.3
ISBN 978-7-81124-426-7

Ⅰ.数… Ⅱ.侯… Ⅲ.①数据结构—高等学校—教学参考资料②C语言—程序设计—高等学校—教学参考资料
Ⅳ.TP311.12 TP312

中国版本图书馆CIP数据核字(2008)第096722号

数据结构要点精析——C语言版(第2版)

侯风巍 编著
杨永田 主审
责任编辑 宋淑娟

*

北京航空航天大学出版社出版发行
北京市海淀区学院路37号(100191) 发行部电话:010-82317024 传真:010-82328026
http://www.buaapress.com.cn E-mail:bhpress@263.net
北京时代华都印刷有限公司印装 各地书店经销

*

开本:787×1 092 1/16 印张:23.25 字数:595千字
2009年3月第1版 2009年3月第1次印刷 印数:4 000册
ISBN 978-7-81124-426-7 定价:35.00元

第2版前言

自从本书于2007年出版发行以来，受到了广大读者的关心和推崇。在本书的伴随下，很多读者也已磨刀霍霍向牛羊，真正体验到了学习数据结构的从容与快乐。这的确是一件值得弹冠相庆的事情，这也正是编写本书的初衷之所在，故而编者感到莫大的光荣和欣慰。

事情总是在发展的，本书也不能停留在同一个位置上。随着学科发展及应用范围的进一步拓宽和加深，对数据结构知识点的应用和考查也有所变化。这就要求本书的内容必须适应和反映其中的变化，并与时代的发展保持同步；同时本书力求做到保持"解牛之道"不变，以不变应万变。

本着对数据结构之道不懈追求的态度，编者在第1版的基础上对本书内容进行了修订、调整和扩充。

一方面，在保持第1版整体结构不变的情况下，对各章节内容进行了全面扩充和修正，增加了各大高校和科研院所近几年硕士研究生入学考试中的经典题目，并进行了详细而全面的解析。大家都知道，剖析、理解经典题目是掌握相应知识点的捷径，这也正是本书一直坚持使用考研真题作为解析知识点的原因所在。同时增加了链表、栈、树、图、排序中的一些必要知识点，并以联想网络的方式与原有知识网有机结合起来。无论是对题目的解析还是对知识点的诠释，本版都试图做到尽可能细致而全面。天下难事必做于易，天下大事必做于细。如果对每个知识点、每道题目都能钻研到细致入微处，那么掌握数据结构这门学科并游刃有余地应用数据结构知识解决实际问题，自然也就变得容易实现多了。

另一方面，在改正第1版中发现的错误的基础上竭尽全力避免在新增加的内容中再引入新的错误。然而，由于编者水平有限，本版中某些欠缺和不妥之处仍会在所难免，敬请广大读者继续提出宝贵意见和建议。

本书不是读完一遍就可以束之高阁的快餐读物，也不是能够立刻解决任何问题的万能题库，而是需要各位读者反复阅读体会，把"解牛之道"极力融入自己思想之中，这样才能真正达到"恢恢乎其于游刃必有余地"的境界。希望这本书能够帮助各位读者跨越数据结构的重重障碍，在高处领略"提刀而立，为之四顾，为之踌躇满志"的壮美。

侯风巍
2008年6月22日

前　言

《庄子·养生主》曰："彼节者有间，而刀刃者无厚。以无厚入有间，恢恢乎其于游刃必有余地矣。"

数据结构在大多数人眼中可能是一头比较难解的"牛"，然而这头全牛也必节之有间。编者愚钝窃以为略微品得个中滋味，且从中获益，料想一定也有很多人能够从中获益，于是不敢独享，遂编著此书以与各位读者共享。编者利用一把无形之刀刃入数据结构基本知识点、基本原理之"间"，淋漓尽致地展现其动人面貌；同时又能恰当地从整体的角度发散、拓展开来，将各相关知识连接成网，为读者建立起一张秩序井然的知识结构网络。读过本书后，读者或许会踌躇满志，大发感慨：目无全牛矣。

通过阅读本书，读者能够潜移默化地学到应对具体问题的分析方法和解决方法的原则以及在实战中锻炼处理问题的能力，能够举一反三，尽量游刃于各"节"之"间"。在讲述知识的同时适当地提出问题，使读者不是被动地看书，而是积极地参与进来，有机会牛刀小试，增强了互动性。

精心选择的例题构成了本书特色之一，一道好的题目能够从各个方面反映出尽可能多的知识点。各大知名高校的研究生入学考试题（在所选例题处注明）不可谓不精到，越是做这些经典题目，越能让我感觉到数据结构及其"解牛刀"的奥妙之所在。

算法程序即彼节者，本亦有间，编者适度的注释更增其"间"数，使其架构清晰明朗；朗朗上口的谐音、口诀，独特的技巧、方法更使本书生趣盎然；二叉排序树的平衡处理、广义表的头尾分解图……这些独到的方法以条例步骤的方式将其中之"道"诠释得更是淋漓尽致，使读者轻松自如地游刃其中。

在细微处下工夫，能够恰到好处地对容易误解或混淆的知识点、概念、结论、疑点等加以剖析，并给出正确的结论和判断，由小见大；在讲述算法过程中，并不仅仅着眼于介绍某种算法，而是强调如何传递一种分析问题和解决问题的方法，用来解眼前的"牛"，从而引出某种算法，并对算法的优缺点加以分析，以及总结适用于何种场合等，还从时间复杂度和空间复杂度等角度对算法加以分析，提出修改的建议和方案。本书力求做到不仅知其然，还知其所以然，更要做到恢恢乎游刃有余。

图释与言解的有机结合是本书的另一特色，其中利用大量美观的连续图表来诠释基本思想，将平衡树的平衡处理用生动的组图表现得活灵活现；把最小生成树的生长过程像播放动画片一样展现出来，呼之欲出；使堆栈、队列的变幻莫测跃然纸上，引人入胜。

本书所有程序均采用C语言编写。书中所有符号均使用正体，以达到与算法对应及全书体例上的统一。另外，因书中荟萃了大量不同学校的考试题目，为了尽量与原题保持一致，所以对可能存在的不一致的表达形式未做改动。

本书凝聚了许多数据结构方面文献的精华和老师曾对我传授的"道"，以及编者多年来对数据结构科学探索研究所取得的经验与心得。书中的题目来源于各大知名院校研究生入学考试试题和一些教材、参考书，在此一并表示感谢。

本书由哈尔滨工程大学计算机科学与技术学院的博士生导师杨永田教授审定，他花费了大量时间仔细审阅了全部内容，无论从宏观把握还是在微观考究上都提出了许多宝贵意见和建议，他广博的学识和严谨的治学态度及其重要的意见和建议对本书的质量起到十分重要的保障作用，在此表示衷心感谢。

焦金良、李东勤、李长城为本书提供了许多宝贵资料和建设性意见；吕金锁、张斌等为本书提供了许多建设性意见，在此对他们的热心帮助表示感谢。

在此尤其要感谢我的父母对我的默默奉献与支持。

由于编者水平有限，编写时间仓促，其中定有疏忽或错误之处，敬请广大读者批评指正，提出宝贵意见和建议。联系邮箱：hfw_book@yahoo.com.cn。

侯风巍

2006年8月

目　录

第1章　绪　论

【学习要点】

1. 理解数据、数据对象、数据元素和数据结构等基本概念，尤其是数据的逻辑结构与物理(存储)结构间的关系以及在这种结构上所定义的操作。

2. 掌握算法的定义和特性、算法的时间复杂度和空间复杂度。

3. 掌握计算语句频度和估算算法的时间复杂度和空间复杂度的方法。

【要点精讲】

本章主要讨论数据结构学科的基本概念及其所研究的主要内容，包括算法的概念、特点、要求及其评价方法。

要使用计算机解决现实世界中的问题，就需要利用一些数据结构来表达现实生活中的各种事物，进而对实际问题进行建模，并加以解决。大体上数据结构可分为逻辑结构和物理结构，而逻辑结构又可分为线性结构和非线性结构。算法和程序是不同的，程序是用某种计算机语言实现了的算法，而算法是更高层次上的抽象。

在各种类型的考试中，比较侧重于对数据结构、数据类型、ADT和算法等重要基本概念的考察，对算法的描述方法以及评价标准与方法的考察，也请读者特别注意。

1.1　基本概念

1. 数据(data)

数据是信息的载体，是对客观事物的符号表示，是所有能输入到计算机并被计算机程序处理的符号总称。

2. 数据元素(data element)

数据元素是数据的基本单位。

3. 数据项(data item)

数据项是数据不可再分割的最小单位。

注意：数据元素和数据项的区别

数据元素一般在计算机程序里被看做一个整体来考虑和处理。一个数据元素可以是不可分割的原子，也可以由若干个数据项组成。数据项强调不可再分性。

4. 数据对象

数据对象是性质相同的数据元素的集合。

5. 数据结构

数据结构是具有特定关系的数据元素的集合。主要研究数据的逻辑结构(数据元素之间的逻辑关系,它与所使用的计算机无关)和物理结构(数据结构在计算机中的存储表示,既包括数据元素在计算机中的存储方式,也包括数据元素之间的逻辑关系在计算机中的表示,因此它依赖于计算机)以及施加于该数据结构上的操作及其相应算法并评价算法的优劣。

1.1.1 数据的逻辑结构

数据的逻辑结构指各数据元素之间的逻辑关系,是用户按使用需要建立的,与数据元素本身的内容和形式无关,与所使用的计算机无关。根据数据元素之间的不同关系分为:集合、线性结构、树形结构、图状结构或网状结构等4种。其中后两种又被称为非线性结构。因此可以说,数据的逻辑结构分为线性结构和非线性结构两大类。

线性结构的特点是:所有数据元素都处于一个序列中,有且只有一个开始元素和一个终端元素,所有元素最多有一个直接前驱和一个直接后继。

非线性结构的特点是:一个数据元素可能有0个、1个或多个直接前驱和直接后继。

数据的逻辑结构在形式上用一个二元组表示,即

$$B=(D,S)$$

其中,D是数据元素的有限集,S是D上的关系的有限集,而每个关系都是从D到D的关系。设s是一个从D到D的关系,s∈S,若d,d′∈D,且⟨d,d′⟩∈s,则称d′为d的后继,d是d′的前驱,这时d和d′是相邻(相对于s而言)的结点;如果不存在一个d′使⟨d,d′⟩∈s,则称d为s的终端结点;如果不存在一个d′使⟨d′,d⟩∈s,则称d为s的开始结点;如果d既不是终端结点也不是开始结点,则称其为内部结点。

Example 1-1

下列是几种用二元组表示的数据结构,画出它们分别对应的逻辑图形,并指出分别属于何种结构。(这里的圆括号对表示两个结点是双向的)

① M=(D,S),其中

$$D=\{a,b,c,d,e,f,g,h\}$$

$$S=\{\langle d,b\rangle,\langle d,g\rangle,\langle d,a\rangle,\langle b,c\rangle,\langle g,e\rangle,\langle g,h\rangle,\langle e,f\rangle\}$$

② N=(D,S),其中

$$D=\{1,2,3,4,5,6\}$$

$$S=\{(1,2),(2,3),(2,4),(3,4),(3,5),(3,6),(4,5),(4,6)\}$$

【解】

这道题重在考察对基本概念的理解以及对数据的逻辑结构二元组表示方法的把握和理解。

① M对应的逻辑图形如图1-1所示,它是一种非线性结构中的树形结构。

由图1-1可以看出,d为开始结点(无前驱的结点),a,c,f,h为终端结点(无后继的结点)。

② N对应的逻辑图形如图1-2所示,它是一种非线性结构中的图形结构。

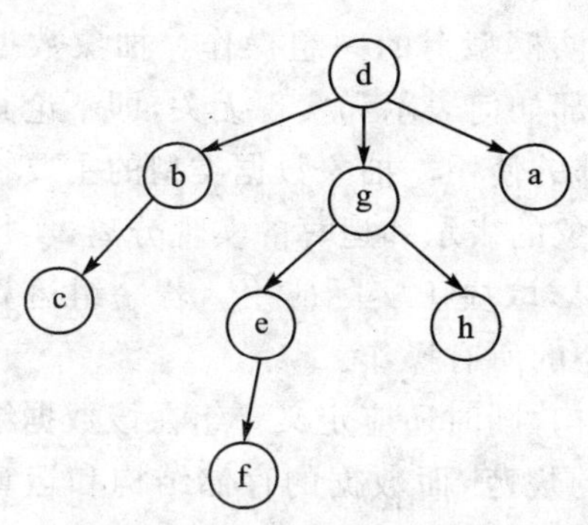

图 1-1 M 的逻辑图

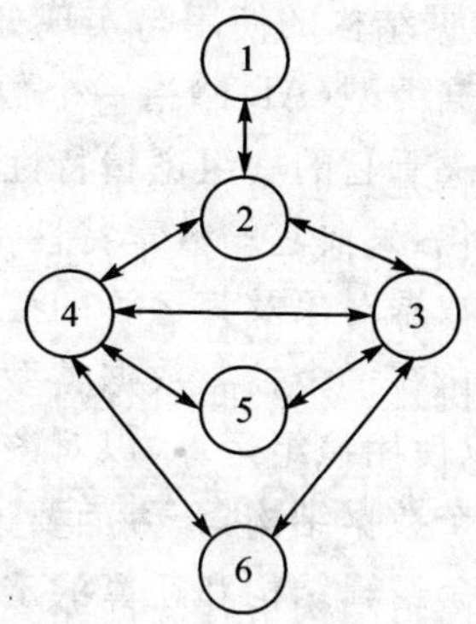

图 1-2 N 的逻辑图

1.1.2 数据的存储结构

数据结构、数据元素、数据项在计算机中的表示分别称为存储结构、结点和数据域。

数据结构有两种不同的存储结构：顺序存储结构和链式存储结构。顺序存储结构是借助数据元素在存储时的相对位置来表示数据元素间的关系，而链式存储方式则是用指示元素存储地址的指针来表示元素间的逻辑关系。

1.1.3 数据的逻辑结构与存储结构的关系

数据的同一逻辑结构可以对应不同的物理结构。算法的设计依赖于数据的逻辑结构，而算法的实现则取决于特定的物理结构。

研究数据结构是为了解决应用问题，所以讨论数据结构必须同时讨论在数据结构上执行的相关运算及其算法才有意义。通过对运算及其算法的性能分析和讨论，使在求解应用问题时，能选择和设计适当的数据结构，编写出高效的程序。

1.2 抽象数据类型

数据类型指一个类型及定义在这个类型上操作的集合。

通常将数据和操纵数据的运算组成一个独立的子函数，每个子函数都有一个明确定义的接口，模块内部信息只能经过这一接口被外部访问。以后在使用此函数时，只须了解其所能完成的功能即可，而无须具体了解其内部实现机制、实现过程及内部所使用的数据结构的具体实现方式。这就实现了信息隐藏，具体有以下几个优点：

① 开始时完成此项功能使用了一种方式，获得一些经验后，可能发现另一种方式会更好，这时可以对子函数体进行优化修改，但不改变接口定义。如果每次都将实现这种功能的函数操作写出来，则需要在每一次出现这些指令的地方都做修改。如果采用调用独立子函数操作的方法，则仅须修改函数的声明即可。

② 在阅读程序时，若出现子函数名称，就能立即明白程序所要进行的具体操作，虽然可能暂时还不清楚具体指令。

③ 将数据结构的使用与实现分离,有助于自顶向下地设计数据结构和程序。

抽象数据类型(ADT)指一个数学模型以及定义在该模型上的一组操作。抽象数据类型的定义仅取决于它的一组逻辑特性,而与其在计算机内部如何表示和实现无关,即不论其内部结构如何变化,只要它的数学特性不变,都不影响其外部的使用。抽象数据类型的主要特征包括该类型的数据对象及其运算的接口规范,它与数据对象的表示和运算的实现分离,实行封装和信息隐蔽。在一个抽象数据类型上应当定义哪些运算,取决于实际应用。若一组运算是完备的,就可以使用该组运算,以对该数据结构实现所希望的所有操作。

对于一个数据结构,一方面要说明其数据的逻辑结构,同时还应定义一组在该数据结构上执行的运算。逻辑结构和运算的定义组成了数据结构的规范,而数据的存储结构和运算算法的描述构成了数据结构的实现。规范是实现的准则和依据,它指明"做什么",而实现解决"怎样做"。从规范和实现两方面来讨论数据结构的方式是抽象数据类型的观点。在本书中,一种数据结构被作为一个抽象数据类型来加以讨论。

注意:

数据结构定义了一组按某些关系结合在一起的数据元素;数据类型不仅定义了一组带结构的数据元素,而且还在数据元素上定义了一组操作。

1.2.1 算　法

算法是对特定问题求解步骤的一种描述,是指令的有限序列。它有 5 大特性:有穷性、确定性、可行性、有输入、有输出。

① 有穷性:算法总能在执行有限步之后终止。

② 确定性:算法的每一条指令都有确切的含义,没有二义性。

③ 可行性:算法的每一条指令都可以通过执行有限次已经实现的基本算法来实现。

④ 有输入:算法有零个或多个输入。

⑤ 有输出:算法至少产生一个输出。

记忆方法 "出""入""可""确""穷",谐音为"出入可去穷"。

评价一个算法一般从以下几个方面进行:正确性、可读性、健壮性、效率(时间复杂度)与低存储量需求(空间复杂度)。

① 正确性:算法的执行结果应当满足预先规定的功能和性能要求。

② 可读性:一个算法应当思路清晰、层次分明、简单明了、易读易懂。

③ 健壮性:当输入不合法数据时,算法应能做出适当的处理,而不至于引起严重的或莫名其妙的后果。

④ 效率与低存储量:尽可能地降低时间消耗,减少辅助空间量。

算法的正确性指在合法的输入下,算法能实现预先规定的功能和计算精度要求。而算法的健壮性则要求程序万一遇到意外时,能按某种预定的方式做出适当的处理。正确性和健壮性是相互补充的。正确的算法并不一定是健壮的,而健壮的算法又不一定是绝对正确的。

辨析 **算法就是程序?**

算法是程序的说法是不正确的。

第一,算法有 5 大特性:有输入、有输出、确定性、有穷性、可行性。程序可以不满足有穷性,例如:一个操作系统,在用户未使用前一直处于"等待"的循环中,直到出现新的用户事件为止。这样的系统可以无休止地运行,直到系统停工。

第二,算法是面向功能的,可以用面向过程的方式描述;而程序可以用面向对象的方式描述。

第三,算法重在描述功能,传递的是一种思想,而不拘泥于使用哪种语言,甚至可以使用自然语言;而程序则是算法的具体实现,是用某种特定语言实现的,这种语言是机器可以识别的语言。

1.2.2 算法的分析

算法分析的目的是分析算法的效率和空间占用量,以求改进。估算算法运行时间的基本考虑是:撇开所有与计算机硬件和软件相关的因素,只确定依赖于问题的规模(待处理数据的数量 n)和确定算法执行的基本操作(某个数据类型上的标准操作)的次数。一个算法由顺序、分支和循环 3 种控制结构和原操作(固有数据类型的基本操作)构成,则算法取决于两者的综合效果。算法分析的两个主要方面是时间复杂度和空间复杂度。

1. 时间复杂度

由于估算算法的时间复杂度所关心的只是算法执行时间的增长率而非绝对时间,所以可以从算法中选取一种对于所研究的问题来说是"基本操作"的原操作,并以其重复执行的次数作为时间复杂度的依据。时间复杂度是一个数量级而不是一个绝对的时间常量,算法的时间复杂度取决于问题的规模 n 和待处理数据的初态。为了便于比较同一问题的不同算法,通常的做法是以上述依据作为算法运行时间的度量;同时,以最坏情况下的时间复杂度作为算法的时间复杂度。

以下为几种常用时间复杂度的比较:

$$O(1)<O(\mathrm{lb}\ n)<O(n)<O(n\times \mathrm{lb}\ n)<O(n^2)<O(n^3)<O(2^n)$$

语句的频度指某语句重复执行的次数。

Example 1-2

分别计算以下两个算法的时间复杂度:

①
```
I=1;
while(I<=n)
  I=I * 2;
```

②
```
I=0;  s=0;
while(s<n)
  { I++ ; s=s+I;}
```

【解】

① 基本操作为乘法操作。只要确定该操作的重复执行次数,便可确定其数量级,从而该算法的时间复杂度也便得知。而重复执行次数取决于 I 值和 N 值的大小关系。

设重复执行的次数为 m ,则 $I = 2^m \leqslant n$,由此解出 $m=\mathrm{lb}\ n$。因此,该算法的时间复杂度为 $O(\mathrm{lb}\ n)$。

② 该算法的基本操作为 I++ 和 s=s+I。不难看出,s 为 I 在不同时刻所取值的累加和。设基本操作重复执行的次数为 m,则

$$s=1+2+3+\cdots+m=m\times(m+1)/2<n$$

得出 m=sqrt(2×n+1/4)-1/2[sqrt()为取平方根运算]。于是,本算法的时间复杂度为O[sqrt(n)]。

结语: 由此,读者不难体会到语句的执行频度和算法的时间复杂度之间的区别了。

2. 空间复杂度

算法所需要的存储空间分为三部分:输入数据所占用的空间、程序代码所占用的空间和辅助变量所占用的空间。一般,输入数据所占用的空间与算法无关,取决于问题本身;程序代码所占用的空间对不同算法不会有数量级的差别。所以,在估算算法的空间复杂度时,主要考虑算法执行过程中辅助变量所占用的空间。一般以最坏情况下的空间复杂度作为算法的空间复杂度。

Example 1-3

选择解决某种问题的最佳数据结构的标准是什么?

【解】

选择的标准是:

① 所需的存储空间量。

② 算法所需要的时间。而算法所需要的时间又包括以下几点:

- 程序运行时所需要的数据总量。
- 源程序进行编译所需要的时间。
- 计算机执行每一条指令所需要的时间。
- 程序中指令重复执行的次数,而本条正是讨论算法的重点内容。

Example 1-4(北京航空航天大学)

有实现同一功能的两个算法 A1 和 A2,其中 A1 的时间复杂度为 $T1=O(2^n)$,A2 的时间复杂度为 $T2=O(n^2)$,仅就时间复杂度而言,请具体分析这两个算法哪一个好。

【解析】

令 $n^2=2^n$,可得到 $n_0=4$。而当 $n\geqslant n_0$ 时,$2^n\geqslant n^2$,于是可以认为最终 A1 的时间复杂度 T1 要比 A2 的时间复杂度 T2 大。仅就时间复杂度而言,算法 A2 更好一些。

注:

在设计算法时,一般情况下应尽可能避免使用时间复杂度是指数阶的,而应使用复杂度为低阶多项式的,以便能在有效的时间内解决问题。但是,虽然一般情况下时间复杂度为多项式的算法优于指数阶的算法,而时间复杂度为高次多项式的算法在问题规模 n 的很大范围内都不如某些时间复杂度为指数阶的算法,例如具有相同功能的两个算法其时间复杂度分别为 $O(2^n)$ 和 $O(n^{10})$,显然复杂度为指数 $O(2^n)$ 的算法更优一些。

Example 1-5(华中理工大学)

调用下列 C 函数 f(n)回答下列问题:

① 试指出 f(n)值的大小,并写出 f(n)值的推导过程;

② 假定 n=5,试指出 f(5)值的大小和执行 f(5)时的输出结果。

C 函数如下。

```
1. int f(int   n)
2. { int i,j,k,sum=0;
3.    for(i=l; i<n+1;i++)
4.    {for(j=n;j>i-1; j--)
5.        for(k=1;k<j+1;k++)
6.          sum++;
7.        printf("sum=%d\n",sum);
8.    }
9.    return(sum);
10. }
```

【解析】

① 该程序的主体由3层for循环构成。第5行for循环的功能是sum自增j－1＋1＝j；对于第4行的for循环而言，每进入一次循环体，sum就要自增j，而该循环要重复执行(n－i＋1)次，分别使sum自增n，n－1，n－2，…，i(即j的各个取值)，于是执行完第4行的for循环的结果为：使sum自增$i+(i+1)+\cdots+n=\dfrac{(i+n)(n-i+1)}{2}$；第3行的for循环使i从1增到n，每进入一次循环体就要使sum自增$\dfrac{(i+n)(n-i+1)}{2}$。于是，3层for循环可等价成下面语句：

```
for(i=l; i<n+1;i++)
  sum+=((i+n)(n-i+1))/2;
```

更为具体的，令n＝5并调用函数f(n)，在i从1增到5的过程中，sum自增的情况如表1－1所列。

表1－1　Example 1－5解表

i	1	2	3	4	5
sum自增量	1	2＋1　＋ 2	3＋2＋1　＋ 3＋2　＋ 3	4＋3＋2＋1　＋ 4＋3＋2　＋ 4＋3　＋ 4	5＋4＋3＋2＋1　＋ 5＋4＋3＋2　＋ 5＋4＋3　＋ 5＋4　＋ 5

不难得出：f(1)＝1；f(2)＝2×2＋1＝2^2＋f(1)＝5；f(3)＝3×3＋f(2)＝14；f(4)＝4×4＋f(3)＝30；f(5)＝5×5＋f(4)＝55。

由此，可以推断f(n)＝n^2＋f(n－1)，f(1)＝1，其中n≥1。

现在用归纳法证明该推断：

ⓐ 当n＝1时，f(1)＝1，显然结论成立；

ⓑ 假设n＝k(k≥1)时结论成立，即f(k)＝k^2＋f(k－1)，其中sum的自增量为

$$\begin{aligned}&k+(k-1)+(k-2)+\cdots+1 &+\\&k+(k-1)+(k-2)+\cdots+2 &+\\&k+(k-1)+(k-2)+\cdots+3 &+\\&\vdots &+\\&k+(k-1) &+\\&k&\end{aligned}$$

则当 n=k+1 时,sum 的自增量为

$$\begin{aligned}&(k+1)+\mathbf{k+(k-1)+(k-2)+\cdots+1} &+\\&(k+1)+\mathbf{k+(k-1)+(k-2)+\cdots+2} &+\\&(k+1)+\mathbf{k+(k-1)+(k-2)+\cdots+3} &+\\&\vdots &+\\&(k+1)+\mathbf{k+(k-1)} &+\\&(k+1)+\mathbf{k} &+\\&(k+1)&\end{aligned}$$

即为$(k+1)\times(k+1)+f(k)=(k+1)^2+f(k)$。所以 n=k+1 时结论也成立。

由ⓐ,ⓑ可知,该推断对一切自然数都成立。

② 由①可知 f(5)=55;由于第3行的 for 循环使 i 从1增到 n,每进入一次循环体就要使 sum 自增$\frac{(i+n)(n-i+1)}{2}$,并输出一次当前的 sum 值。于是,当 n=5 时,其输出结果为

sum=15
sum=29
sum=41
sum=50
sum=55

Example 1-6(清华大学)

斐波那契数列 F_n定义如下:

$$F_0=0,\quad F_1=1,\cdots,F_n=F_{n-1}+F_{n-2}\quad(n=2,3\cdots)$$

请就此数列,回答下列问题:

① 在递归计算 F_n时,需要对较小的 $F_{n-1},F_{n-2},\cdots,F_1,F_0$精确计算多少次?

② 如果用大O表示法,试给出递归计算 F_n时递归函数的时间复杂度是多少?

【解析】

① 根据斐波那契数列的递推公式可得

$$\begin{gathered}F_2=F_1+F_0\\F_3=F_2+F_1\\F_4=F_3+F_2\\\vdots\\F_n=F_{n-1}+F_{n-2}\end{gathered}$$

要计算 F_2需计算1次 F_1;要计算 F_3需计算1次 F_2和1次 F_1,而计算 F_2需计算1次 F_1,故总体上需计算2次 F_1;……按此规则可得如表1-2所列的关系[其中第i行第j列的数据

$A_{ij}(i=2,3,\cdots,n;\ j=1,2,\cdots,n-1)$表示计算 F_i时需要计算 F_j的次数]。

表 1-2 Example 1-6 解表

A_{ij}	F_0	F_1	F_2	F_3	F_4	F_5	…	F_{n-1}
F_2	1	1						
F_3	1	2	1					
F_4	2	3	2	1				
F_5	3	5	3	2	1			
F_6	5	8	5	3	2	1		
⋮	⋮	⋮	⋮	⋮	⋮	⋮	…	⋮
F_n								

由表 1-2 可以发现,每一列的数据从上到下也分别构成一个斐波那契数列;而本小题的问题实际上就是要填写 F_n所在行的数据。

不难写出

$$A_{n1}=F_{n-1},\quad A_{n2}=F_{n-2},\quad A_{n3}=F_{n-3},\quad A_{n4}=F_{n-4},\cdots,A_{n(n-1)}=F_{n-(n-1)}=F_1=1$$

其中,F_0所在列的斐波那契数列有些特别:前两个数据同为1。若按本题中给定的斐波那契数列来排列的话,A_{n0}应和 A_{n2}相同,即为 F_{n-2}。

所以,在递归计算 F_n时,需要对 F_0精确计算 F_{n-2}次;对 F_1精确计算 F_{n-1}次;对 F_2精确计算 F_{n-2}次;对 F_3精确计算 F_{n-3}次;……对 F_{n-1}精确计算 F_1次,即 1 次。

② 令

$$G(x)=F_0x+F_1x^2+\cdots+F_nx^{n+1}+\cdots$$

其中

$$F_2=F_1+F_0,\quad F_3=F_2+F_1,\quad F_4=F_3+F_2,\cdots,F_n=F_{n-1}+F_{n-2},\cdots,F_1=1,\quad F_0=1$$

则

$$G(x)=F_0x+F_1x^2+\cdots+F_nx^{n+1}=x+x^2+F_3x^4+\cdots+F_nx^{n+1}$$

于是

$$\begin{aligned}G(x)-x-x^2&=F_2x^3+F_3x^4+F_4x^5+F_5x^6+F_6x^7+\cdots+F_nx^{n+1}+\cdots=\\&(F_1+F_0)x^3+(F_2+F_1)x^4+(F_3+F_2)x^5+\\&\quad(F_4+F_3)x^6+\cdots+(F_{n-1}+F_{n-2})x^{n+1}+\cdots=\\&(F_0x^3+F_1x^4+F_2x^5+F_3x^6+\cdots+F_{n-2}x^{n+1}+\cdots)+\\&\quad(F_1x^3+F_2x^4+F_3x^5+\cdots+F_{n-1}x^{n+1}+\cdots)=\\&x^2G(x)+x[G(x)-x]\end{aligned}$$

则$(1-x-x^2)G(x)=x$,有

$$G(x)=\frac{x}{1-x-x^2}=\frac{x}{\left(1-\frac{1+\sqrt{5}}{2}x\right)\left(1-\frac{1-\sqrt{5}}{2}x\right)}$$

设 $\alpha=\frac{1+\sqrt{5}}{2}$,$\beta=\frac{1-\sqrt{5}}{2}$,利用待定系数法将上式分解为

$$G(x)=\frac{1}{\sqrt{5}}\left(\frac{1}{1-\alpha x}-\frac{1}{1-\beta x}\right)=\frac{1}{\sqrt{5}}[(\alpha-\beta)x+(\alpha^2-\beta^2)x^2+\cdots]$$

于是，$F_n=\frac{1}{\sqrt{5}}(\alpha^n-\beta^n)\approx\frac{1}{\sqrt{5}}\left(\frac{1+\sqrt{5}}{2}\right)^n$。

因此，根据大 O 表示法，递归计算 F_n 时递归函数的时间复杂度为 $O\left[\left(\frac{1+\sqrt{5}}{2}\right)^n\right]$。

第 2 章　线性表

【学习要点】

1. 了解线性表的逻辑结构。

2. 掌握顺序表、链式表和静态链表的描述方法、特点和相关概念。

3. 掌握顺序表和链式表的基本操作的算法实现。

4. 从时间和空间两方面综合比较顺序表和链接表的优缺点及适用场合。

【要点精讲】

线性表是一种简单的线性结构，是具有相同特性的数据元素的有限序列，相邻的数据元素之间存在着序偶关系。线性表中各个元素之间强调的是一种位序而不是数值大小的顺序。线性表的存储可以有顺序存储和链式存储，其逻辑关系可分别由其物理存储位置和链域的指针值决定。线性表的这些特点及其上的操作是各种考试中常考察的内容，希望读者能在各种操作实现的基础上灵活加以运用，变换出各种实现形式以适应各种情况的需要。

2.1　线性表的逻辑结构

线性表是一种简单的线性结构，是具有相同特性的数据元素的有限序列，相邻的数据元素之间存在着序偶关系。

线性表可以为空，长度不固定，随着数据元素的插入和删除而增长和缩短。线性表具有唯一的首结点和尾结点，除首、尾结点外的其他结点均只有一个前驱和一个后继。可以用下面的一个有序序列来表示线性表：

$$A_1\ A_2\ A_3\ A_4 \cdots A_i \cdots A_n \quad (1<i<n)$$

其中，下标指出相应元素在线性表中的位置。

对线性表可进行的操作主要有：初始化及销毁线性表，顺序表的搜索算法（注意平均比较次数的计算），线性表的插入和删除操作（注意平均移动次数的计算）。对于不同的线性表存储结构，这些操作的实现是不同的。下面就在各种线性表的存储结构小节中讲述各种操作的算法思想、具体实现和算法分析。

Example 2－1（清华大学）

线性表是具有 n 个（　　）的有限序列。

① 表元素　② 字符　③ 数据元素　④ 数据项　⑤ 信息项

【解】

注意区分不同的概念，数据元素是数据的基本单位；数据元素可以由若干数据项组成。数据元素构成记录，记录构成文件，其关系是分层次的。因此，本题的答案为③。

2.2 线性表的顺序存储结构

用一组地址连续的存储单元依次存放线性表中的数据元素，亦即以元素在计算机内的“物理位置相邻”来表示线性表中数据元素之间逻辑关系的相邻。因此，在顺序存储结构中，数据元素之间的逻辑关系是由物理存储位置决定的。通常用数组来表示顺序表。可以通过图 2-1的顺序存储形象来增加对这种存储结构的感性认识。

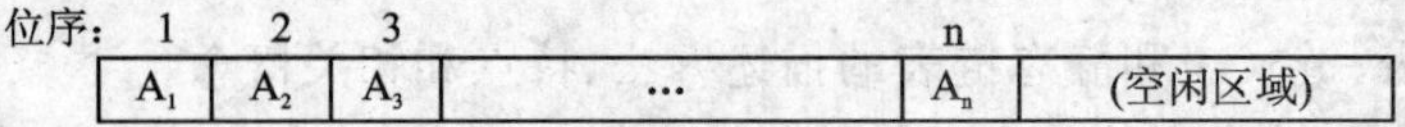

图 2-1 线性表的顺序存储形象

如果设 A_1 的存储位置为 a，该数据元素所占存储单元数为 m，则顺序表中每个元素的存储位置如表 2-1 所列。

表 2-1 线性表顺序存储结构中数据元素的存储位置

数据元素	A_1	A_2	A_3	…	A_i	…	A_n
存储位置	a	a+m	a+2×m	…	a+(i−1)×m	…	a+(n−1)×m

根据线性表的定义，每个数据元素都是同一类型的数据，因此每个数据元素所占用的存储空间都是相同的。所以，只要知道线性表中某一个数据元素(A_i)的起始地址，便可通过其与另一个数据元素(A_j)间的相对距离来求得那个数据元素(A_j)的起始存储地址。设 A_i 和 A_j 的起始存储地址分别为 $Loc(A_i)$ 和 $Loc(A_j)$，每个数据元素占用 m 个存储单元，则可以得到如下的存储地址计算公式：

$$Loc(A_j) = Loc(A_i) + (j-i) \times m \quad (i=1,2,3,\cdots,n;\ j=1,2,3,\cdots,n)$$

由此可知，只要知道某一个数据元素在线性表中的位序，便可通过上式在相同的时间内计算得到其起始存储地址。

由上所述可得出结论：顺序表是一种随机存取结构。

在C语言中可以用数组来表示线性表。但存在一个问题，即数组长度在申请时就已确定下来；而线性表的长度是可以改变的，所以必须在C语言中使用动态分配的一维数组来实现线性表。设置一个表示当前线性表长度的数据域，再设置一个约定的增补空间量的数据域以解决线性表因动态增长而超出当前数组最大表示范围的问题，以扩充数组容量。其具体描述如下。

描述 2-1 线性表的动态分配顺序存储结构

```
# define list_init_size 100                //线性表初始分配量
# define listincrement 10                  //存储空间分配增量
typedef struct
{
    ElemType * elem;                       //线性表首结点的起始位置
    int length;                            //当前线性表长度
    int listsize;                          //当前分配的存储容量
```

```
    int incrementsize;                    //增补空间量
} sqlist;
```

在顺序表中各基本操作的具体实现如下。

1. 定位某一给定数据元素(LocateElem(L,e))

在线性表 L 已经存在的条件下,如果 e 在该表中存在,则返回其在线性表中的位序;否则返回 0。

从线性表的首元素起,逐个与 e 比较,如果存在其值与 e 相等的数据元素,则返回第一个这样的数据元素的位序;如果遍历整个顺序表都没有找到这样的数据元素,则返回 0。其具体算法实现如下。

算法 2-1　顺序表定位操作的实现

```
int LocateElem(L,e)
{
  i=1;                                  //用 i 指示给定元素的位序
  p=L.elem;                             //以 p 为指针遍历整个顺序表
  while(i<=L.length && *p++ !=e)        //遍历顺序表,越过不符合条件的元素
       i++;                             //i 计数
  if(i<=L.length) return i;             //找到,返回其位序
  else return 0;                        //没找到,返回 0
}
```

时间复杂度:在该算法中,算法规模为顺序表的长度,设为 n;基本操作为顺序表中元素值与 e 进行的比较,如果存在这样的元素,则其重复执行次数为 i($1 \leqslant i \leqslant$ L. length),如果不存在这样的数据元素,则其重复执行的次数为 L. length。故本算法的时间复杂度为O(L. length)。

平均比较次数:假设搜索顺序表中任何一个数据元素的概率均相等,则其概率为 1/n;搜索第 1 个元素,需比较 1 次,第 2 个元素需比较 2 次……第 i 个元素需比较 i 次,第 n 个元素需比较 n 次。所以,平均比较次数为

$$(1+2+3+\cdots+n)/n=n\times(n+1)/2n=(n+1)/2$$

2. 插入操作(ListInsert(&L,i,e))

在顺序表 L 已经存在的条件下,在其中第 i 个数据元素之前插入新的数据元素 e,使之成为第 i 个元素,同时顺序表的长度增 1。

由于在插入这个新元素之后,顺序表的长度增加 1,而使新插入的元素成为新的顺序表中的第 i 个元素。故而 i 的取值范围为[1,L. length+1],而所有不在此范围的 i 的取值均视为非法,算法应给出相应错误信息。

把顺序表中第 i 个元素以后的所有元素都后移一个元素的位置,以给新增元素腾出空位,然后把这个新元素插入到此空位中,并修改顺序表的长度,使之增 1,从而完成插入操作。具体算法如下。

算法 2-2　顺序表的插入操作

```
ListInsert(&L,i,e)
{
  //顺序表的插入操作,其中 L.elem[0]不用
  if(i<1 || i> L.length+1)                        //插入位置不合法
    printf("输入参数的位置信息有误!");
  if(L.length>=L.listsize)                        //当前存储空间已满
    Increase(&L);                                 //此函数为顺序表增加空间分配
  q=&(L.elem[i]);                                 //q保存插入位置
  for(p=&(L.elem[L.length]); p>=q; p--)          //原顺序表第 i 个及以后的元素右移一个元素空间
      *(p+1)=*p;
  *q=e;                                           //在 q 所指处插入新元素
  L.length++;                                     //顺序表长度增加 1
}
Increase(&L)
{
  //向系统申请连续存储空间,大小为原空间大小与增补空间大小之和
  P=(ElemType *)realloc(L.elem,(L.listsize+listincrement) * sizeof(ElemType));
  if(!P) exit(OVERFLOW);                          //系统已没有如此多的连续存储空间
  L.elem=P;                                       //顺序表的基址指针指向新分配空间首址
  L.listsize+=listincrement;                      //修改当前容量为新分配的容量
}
```


下面,用图 2-2 描述插入操作的整个过程,以增加大家的感性认识。

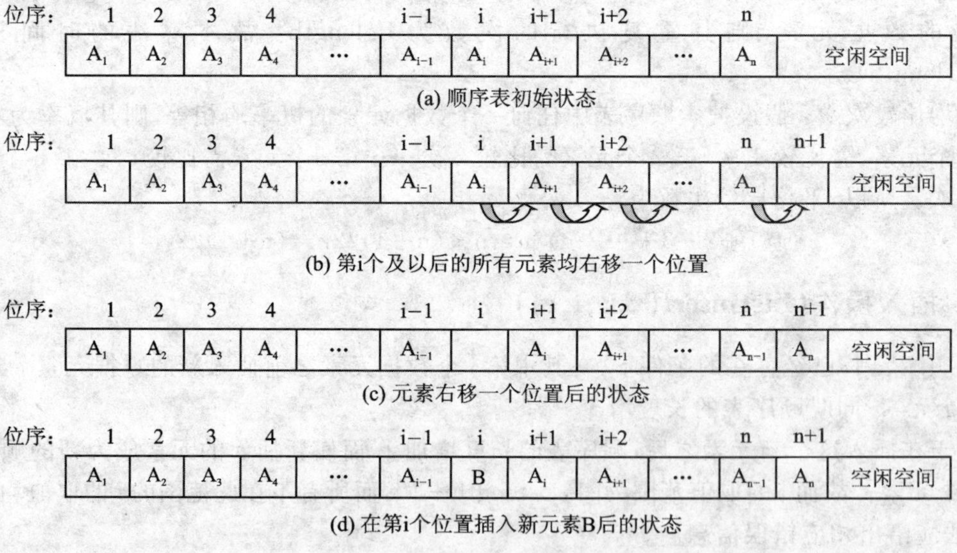

位序:	1	2	3	4		i−1	i	i+1	i+2		n	
	A_1	A_2	A_3	A_4	…	A_{i-1}	A_i	A_{i+1}	A_{i+2}	…	A_n	空闲空间

(a) 顺序表初始状态

位序:	1	2	3	4		i−1	i	i+1	i+2		n	n+1	
	A_1	A_2	A_3	A_4	…	A_{i-1}	A_i	A_{i+1}	A_{i+2}	…	A_n		空闲空间

(b) 第i个及以后的所有元素均右移一个位置

位序:	1	2	3	4		i−1	i	i+1	i+2		n	n+1	
	A_1	A_2	A_3	A_4	…	A_{i-1}		A_i	A_{i+1}	…	A_{n-1}	A_n	空闲空间

(c) 元素右移一个位置后的状态

位序:	1	2	3	4		i−1	i	i+1	i+2		n	n+1	
	A_1	A_2	A_3	A_4	…	A_{i-1}	B	A_i	A_{i+1}	…	A_{n-1}	A_n	空闲空间

(d) 在第i个位置插入新元素B后的状态

图 2-2　插入操作的全过程

注意:

在该算法中,为了给新插入的元素腾出位置,必须将第 i 个及其以后的各个元素右移一个

位置。值得一提的是，这几个元素的移动是从后往前逐个右移的。想想，如果从前往后逐个右移结果会怎样？

在该算法中，基本操作为右移操作，算法规模为顺序表的长度 n。当在顺序表的表尾插入时，不需要移动任何元素，直接插入即可；当在第 1 个位置插入元素时，则需要移动 n 个元素；一般，在第 i 个位置插入时，需要移动 n－i＋1 个元素。因此，该算法的时间复杂度为O(n)。

现假设在每个位置插入新元素的概率是相等的，由于有 n＋1 个位置可以插入，因而每个位置插入新元素的概率为 1/(n＋1)。于是，平均移动次数为

$$(0+1+2+3+\cdots+n-i+1+n)/(n+1)=n/2$$

由此可见，在顺序表中插入一个数据元素需要平均移动表中一半的元素。

3. 删除操作(ListDelete(&L,i,&e))

在顺序表 L 已经存在并且非空的条件下，删除其中第 i 个数据元素，并且用 e 返回其值，L 的长度减 1。

由于所删除的数据元素为顺序表中已经存在的元素，而顺序表中元素的位序范围为[1,n]，所以 i 的取值应该也必须在此范围内，否则视为非法。在删除第 i 个元素之后，第 i＋1 个和第 i－1 个元素在逻辑上成为“邻居”，然而在实际存储器上它们却被第 i 个位置所阻隔。这样，使得顺序表“利用数据元素物理位置上的相邻关系表示数据元素间的逻辑关系”成为不可能，即顺序表不再成为顺序表了。为了解决这个问题，在删除了第 i 个数据元素后，必须将第 i＋1 个及其后面所有的数据元素左移一个位置，然后修改顺序表的长度。算法实现如下。

算法 2－3　顺序表的删除操作

```
ListDelete(&L,i,&e)
{
    //顺序表的删除操作,L.elem[0]不用
    if((i<1)||(i>L.length))
       printf("输入的删除元素的位置信息有误!");
    p=&(L.elem[i]);                          //p指向所要删除的数据元素
    e=*p;                                    //用e返回所要删除的元素
    q=L.elem+L.length;                       //q指向顺序表的表尾
    for(p++;p<=q;p++)                        //从第i+1个元素起逐个左移,直至表尾元素
       *(p-1)=*p;
    L.length--;
}
```

本算法与插入算法类似，其基本操作仍然是移动操作，算法规模为顺序表的长度 n。当删除表尾元素时，不需要移动任何元素；当删除第 1 个元素时，第 2 个及其以后的所有元素均须逐个左移一个位置，故需要移动 n－1 次；一般情况下，删除第 i 个元素，第 i＋1 个元素及其以后的所有元素均须左移一个位置，即需要移动 n－i 次。

所以，本算法的时间复杂度为 O(n)。

如果假设删除顺序表中任何一个数据元素的概率均相等，即概率为 1/n，则该算法的平均

移动次数为

$$(n-1+n-2+\cdots+1+0)/n=n\times(n-1)/2n=(n-1)/2$$

由此可见,顺序表中删除一个数据元素需要平均移动表中一半的元素。

删除操作的整个过程如图 2-3 所示。

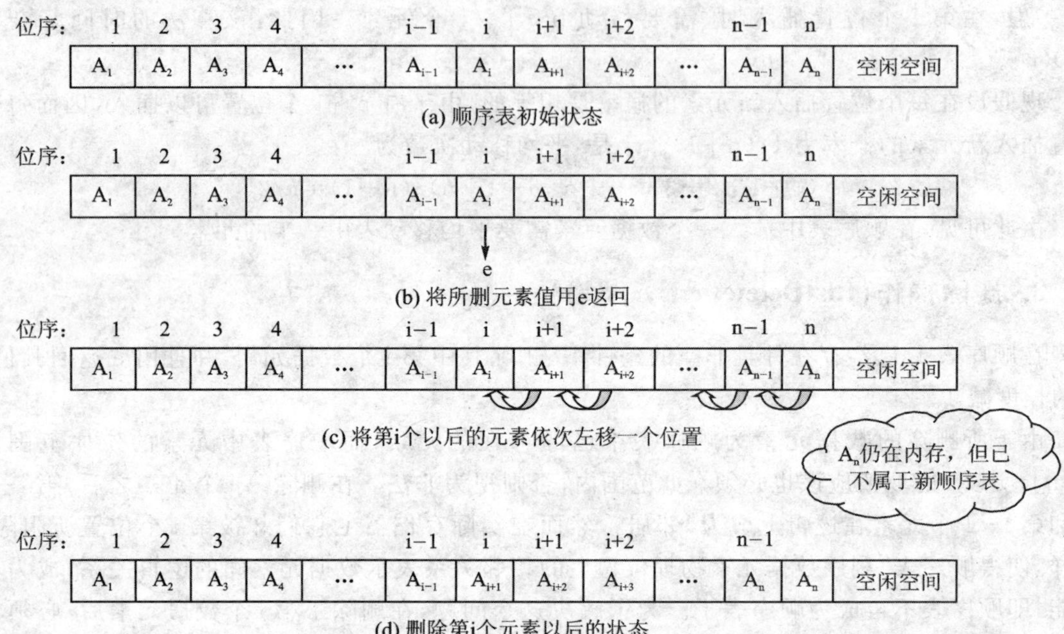

图 2-3 删除操作的全过程

注意:

在该算法中,第 i 个元素后的各个元素需要左移一个位置。这几个元素的移动是从前往后逐个左移的。想想,如果从后往前逐个左移结果又会怎样?

Example 2-2

编写一个算法从一个给定的顺序表中删除元素值在 x 到 y(x≤y)之间的所有元素,要求以较高的效率来实现。

【分析】

算法规模为顺序表的长度 n。

最“简单”的办法就是遍历整个顺序表,在遍历过程中,检查当前元素是否为符合要求的元素:如果是,则直接删除;如果不是,则继续往后走直至整个顺序表遍历完。其算法实现如下。

算法 2-4 删除顺序表中元素值在 x 到 y(x≤y)之间的所有元素(算法 1)

```
Delxy(&L,x,y)
{
  for(i=1;(L.elem[i]>=x)&&(L.elem[i]<=y);i++)
    ListDelete(&L,i,&e);                    //调用删除操作的算法
}
```

这种算法看似简单，一个 for 循环语句就完成了。但事实并非如此，计算机要为此算法付出多余的代价。已经知道，顺序表的删除操作的时间复杂度为 O(n)，在上述算法中，如果每个元素都不在 x 和 y 之间，则不调用删除操作，这是最理想的情况，因此只需要做 n 次判断比较即可。然而当所有元素均在 x 和 y 之间，则需要调用 n 次顺序表删除操作，且每次删除的均为表首元素，此时为最坏情况，移动次数为

$$n-1+n-2+\cdots+1+0=n\times(n-1)/2$$

分析其原因是，由于在删除第 i 个元素时，需要将其后的所有元素均左移一个位置，当然这其中也包括在第 i 个元素以后的、符合要求且将要被删除的元素。其实，这些元素最终都要被删除，移动它们浪费时间和资源。如果从右往左扫描顺序表，将当前最右边符合要求的元素先删掉，则在删除其前面元素时就没有移动该元素的可能了。这样就可以尽可能减少元素移动的次数。

【解】

先将顺序表中所有元素值在 x 和 y 之间的元素做上标记，然后从最后往前依次扫描，遇到被做标记的元素便将其后的所有元素左移一位将其删掉。这种算法比每删除一个元素就移动其后所有元素的方法效率要高一些。算法实现如下。

算法 2-5　删除顺序表中元素值在 x 到 y(x≤y)之间的所有元素(算法 2)

```
Delxy( &L,x,y)
{
    //在顺序表中删除值在 x 和 y 间的所有元素。约定 L.elem[0]不用
    for( i=1; i<=L.length; i++)
        if(L.elem[i]>=x  &&L.elem[i]<=y)
            L.elem[i]=0;                       //对符合要求的元素做标记,此处记为 0
    for( i=L.length; i>=1; i--)
        if(L.elem[i]==0)                       //如果第 i 个元素被做了标记
        {
            for(k=i; k<=( L.length -1);k++)    //删除第 i 个元素
                L.elem[k]=L.elem[k+1];
            L.length --;
        }
}
```

利用本算法，在顺序表中所有元素都要被删除的情况下，则不需要移动任何元素。一般情况下，若删除 M 个元素，则至少可以节省 M 次移动。

Example 2-3

有两个顺序表 A(有 m 个元素)和 B(有 n 个元素)，其元素均是从小到大升序排列。试编写一算法将它们合并成一个顺序表 C，要求 C 的元素也是从小到大升序排列。

【解】

最直观的想法便是将 A(B)中的所有元素复制到 C 中，然后将 B(A)中的每个元素依次插入到 C 中。但是，这样做其元素的移动次数将是巨大的。下面将要介绍的算法可以避免发生这个问题。

同时扫描A和B中所有元素,比较这两个顺序表当前的元素值,将较小的元素复制到C中,直至一个顺序表扫描完毕,然后将没有扫描完的顺序表中剩下的元素挂接到C的表尾即可。具体算法实现如下。

算法2-6　归并有序顺序表

```
Link(A,B,&C)
{
  //归并有序顺序表
  i=1; j=1; k=1;
  while(i<=m &&j<=n)                    //并行扫描A和B表,将当前最小元素赋给C
    if(A.elem[i]<B.elem[j])
        C.elem[k++]=A.elem[i++];
    else
        C.elem[k++]=B.elem[j++];
  if(j==n)                              //当B表扫描完毕,将A所剩元素粘接到C表尾
    for(l=i+1; l<=m; l++)
        C.elem[k++]=A.elem[l];
  if(j==m)                              //当A表扫描完毕,将B所剩元素粘接到C表尾
    for(l=i+1; l<=n; l++)
        C.elem[k++]=B.elem[l];
  C.length=C.listsize=A.length+B.length;
}
```

对于本算法,基本操作为将A和B中的每个元素赋值给C,而A有m个元素,B有n个元素,故本算法的时间复杂度为O(m+n)。

Example 2-4

有一顺序表含有n个数据元素,试设计一算法将此顺序表中的所有元素逆置。要求算法的空间复杂度尽量小。

【解】

将顺序表的第1个和最后1个元素互换位置,第2个和倒数第2个互换……这样将表对称地分割成若干个由两个元素组成的小组,每个小组里的元素互换位置。从表的两边开始,同时向表中央移动,直至到达中间的一个(n为奇数)或两个元素(n为偶数)。算法示意图如图2-4所示(设n为偶数)。

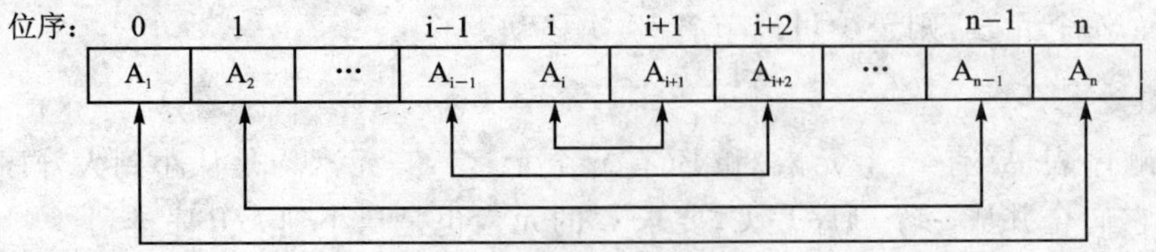

图2-4　顺序表逆置示意图

具体算法实现如下。

算法 2-7　逆置顺序表

```
Invert(&L)
{
    //逆置顺序表
    n=L.length;
    m=n/2;                        //当 n 为奇数时，最中间的元素不须参与换位操作
    for(i=0; i<m; i++)            //位置对称的元素互换位置
    {
        t=L.elem[i];
        L.elem[i]=L.elem[n-i+1];
        L.elem[n-i+1]=t;
    }
}
```

本算法的基本操作为交换操作，长度为 n 的表要交换 n/2 次，故其时间复杂度为 O(n)。

2.3　线性表的链式存储结构

链式存储结构中的每个结点都包含数据域和指针域两部分，它用一组任意的存储单元存储线性表的数据元素，这组存储单元可以是连续的，也可以是不连续的，甚至是在存储空间中零散分布的存储单元，但结点内部的存储空间是连续的；它不要求逻辑上相邻的元素在物理位置上也相邻，因此使得线性表的逻辑顺序与存储顺序不是始终一致。每个链表要占用的空间不必事先预定，而可以在需要时申请。表的增长通过动态存储分配解决，只要存储器未满，就不会有溢出的问题；表的收缩可以通过动态存储释放实现，释放的空间还可以在以后被其他动态存储分配的申请所使用，因而是一种可以灵活实现动态分配和管理的存储结构。

在链式存储结构中，与数据元素相应的存储映像称为结点。每个结点包括数据域和指针域。数据域存放数据元素的信息；指针域存放直接后继的存储位置，数据元素之间的逻辑关系由指针值决定。根据指针域个数的不同，结点又分为单链表结点（只有一个指针域）和双向链表结点（有两个指针域）。单链表结点的形象（以后在进行算法处理时均将其 Data 域和指针箭头视为一个整体）如图 2-5 所示。

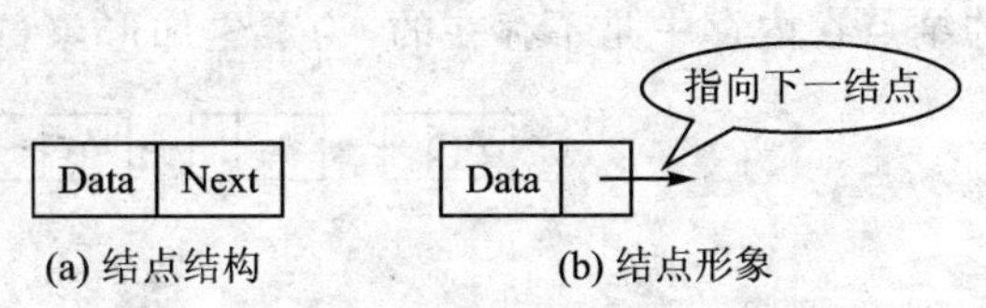

图 2-5　单链表结点形象

在 C 语言中，常用“结构指针”来描述链表结点，其定义如下。

描述 2-2　单链表结点的存储结构

```
Typedef struct Lnode{
    ElemType  Data;               //数据域
    Struct Lnode *Next;           //指针域
} Lnode, *Linklist;               //单链表的类型名
```

顾名思义，在双向链表的结点中有两个指针域，其一指向直接后继，另一指向直接前驱。其结点的形象如图 2-6 所示。

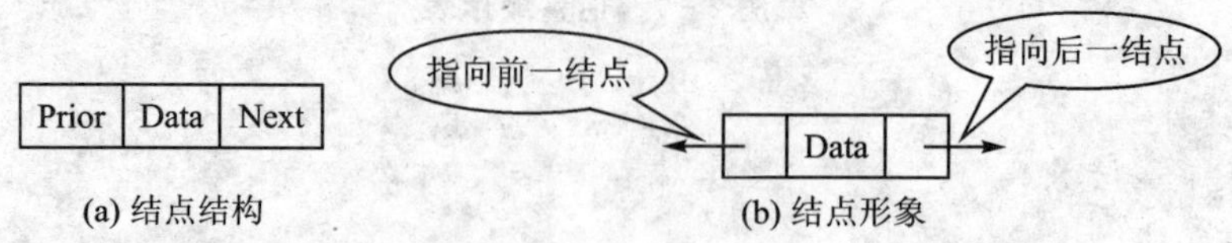

图 2-6　双向链表结点形象

在C语言中双向链表结点的描述如下。

描述 2-3　双向链表结点的存储结构

```
Typedef struct Dulnode{
    Elemtype   Data;               //数据域
    Struct Dulnode  * Prior;       //前驱指针
    Struct Dulnode  * Next;        //后继指针
} Dulnode, * Dulinklist;           //双链表的类型名
```

n个结点链接成一个链表，根据每个结点所含指针的个数，链表可分为单链表和双向链表；而根据指针的链接方式又可分为循环链表和非循环链表。

2.3.1　单链表

在单链表中，一般用头指针指示第1个结点的存储位置；最后1个结点没有直接后继，所以令其指针为空，是一个特殊的值NULL，称为“空指针”(图中用“∧”表示)。头指针可以唯一确定一个单链表。用指针将多个结点穿成一串便构成了链表的形象，如图2-7所示。

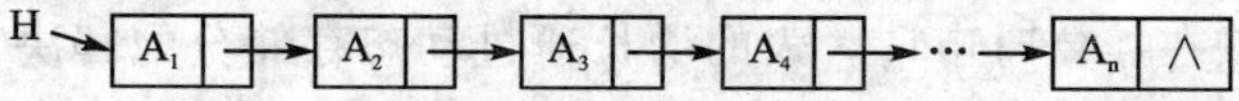

图 2-7　单链表形象 1

不过，为了便于编写、分析和理解算法，常使用图2-8所示的链表形象，其中用虚线表示的结点在内存中是不存在的，为了更加形象，这里将其表示出来。

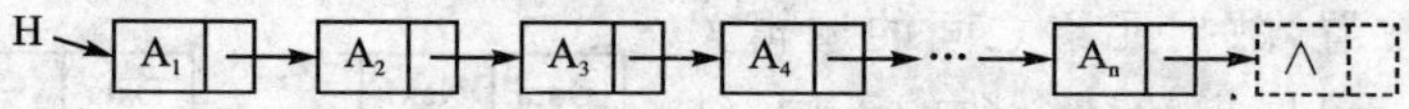

图 2-8　单链表形象 2

有时，在链表的第1个结点之前附设一个结点，称为头结点。头结点的数据域可以为空，也可以存放诸如线性表长度等类的辅助信息；头结点的指针域存放第1个结点的地址，这在程序设计时很方便。其优点主要体现在：

① 使对空表和非空表的操作一致。带头结点的链表，无论是否为空，表中都至少有一个结点，头指针为指向头结点的非空指针，故空表和非空表的处理就一致了。

② 使对链表上不同位置上的插入(删除)等操作的处理一致。有了头结点，在表头插入(删除)一个元素时，就跟在其他地方插入(删除)元素所做的操作一样，而不必改变头指针的值，只需要改变头结点指针域的值即可。

注意：“头结点”、“头指针”和“表头结点”的区别

头指针是指向链表中第1个结点的指针。在表头结点之前附设的一个结点称为头结点。表头结点为链表中存储线性表中第1个数据元素的结点。若链表中附设头结点，则不管线性表是否为空表,头指针均不为空;否则表示空表的链表的头指针为空。三者的关系如图2-9和图2-10所示。

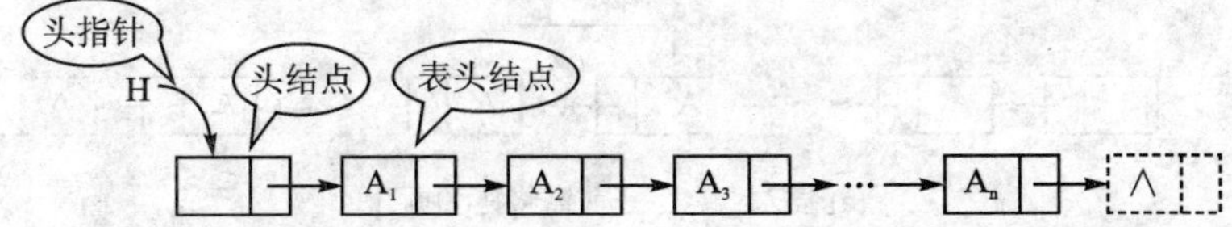

图2-9 带头结点的单链表形象(非空表)

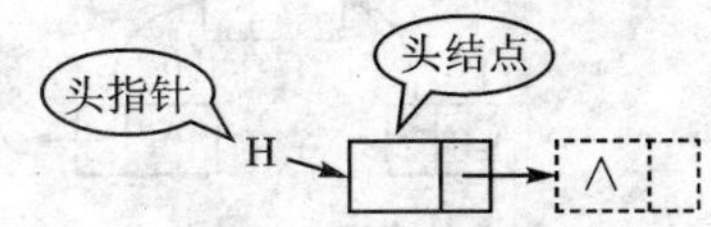

图2-10 带头结点的单链表形象(空表)

Example 2-5

① 不带头结点的单链表(头指针为 H)为空的判定条件是( )。

A. H=NULL　B. H->Next=NULL　C. H->Next=H　D. H!=NULL

② 带头结点的单链表(头指针为 H)为空的判定条件是( )。

A. H=NULL　B. H->Next=NULL　C. H->Next=H　D. H!=NULL

【解析】

注意区分单链表在带头结点与不带头结点两种情况下为空时的异同点。

在不带头结点时,如果单链表为空(即表头结点不存在),而头指针(H)是指向表头结点的,故而此时 H 的值为空,即第①问答案为 A。

在带头结点时,即使单链表为空,也还存在着头结点,而头指针是指向头结点(H 的值即为头结点在内存中的存储位置)的,故而头指针不为空。但是由于表头结点(由 H->Next 的值表示)不存在,使得头结点的指针域(H->Next)为空,即第②问的答案为 B。

下面介绍在以单链表为存储结构的情况下一些基本操作的实现。

1. 插入操作(Listinsert(Linklist &L,int i,Elemtype e))

在现有单链表 L 中的第 i 个结点之前插入一个结点,其值为 e,使其成为新单链表的第i个结点(1≤i≤n+1)。

向系统申请一个结点并设置好其数据域和指针域,最后完成插入操作。

在插入过程中,涉及到 3 个结点(Ⅰ,Ⅱ,Ⅲ)和 2 个指针域(①和②)。为了能将新结点(结点Ⅲ,由 S 指向)插入到链表中,必须将链①拆开,然后把结点Ⅲ镶嵌在结点Ⅰ和Ⅱ之间,再用链将其与前驱和后继“缝合”起来。新结点的后继链(指向结点Ⅱ)可由链①(在原链表中就是指向结点Ⅱ的)来充当,这样就把结点Ⅱ和Ⅲ“缝合”起来了;要想“缝合”结点Ⅰ和Ⅲ,必须设置结点Ⅰ的指针域,使其指向结点Ⅲ,而这个链可由链 S 充当,所要的条件就是必须知道结点Ⅰ的位置,为此,首先要找到结点Ⅰ的位置。单链表不像顺序表那样可以马上定位某个元素,可以沿着头指针往后逐个结点地访问并对其进行计数,如果计数器显示为 i-1,则记下此结点的存储位置。此结点即是要找的结点Ⅰ,然后用链 S 设置其指针域,使其指向结点Ⅲ。

其具体操作过程如图 2－11 所示。

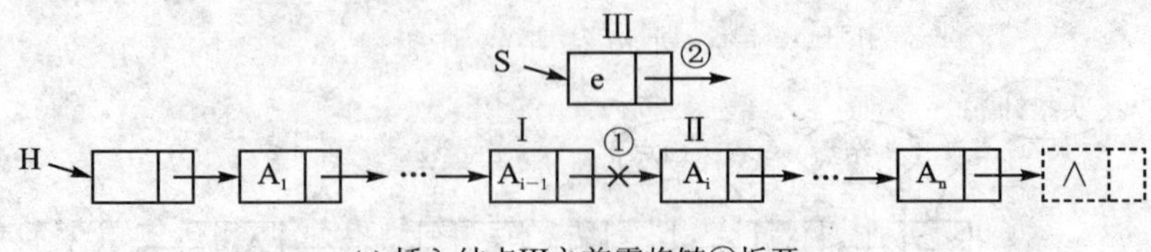

(a) 插入结点III之前需将链①拆开

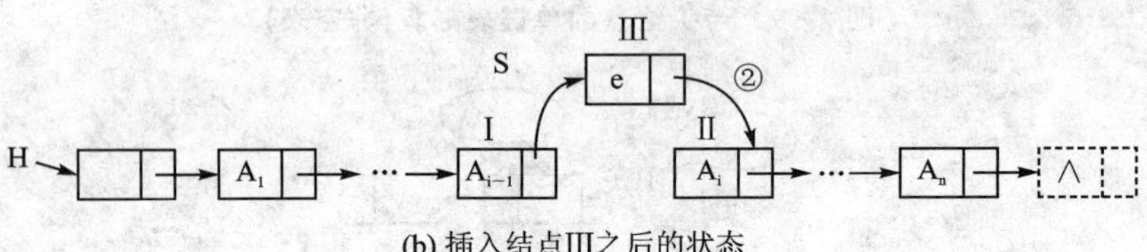

(b) 插入结点III之后的状态

图 2－11　单链表中插入操作的过程

具体算法实现如下。

算法 2－8　单链表的插入算法

```
Listinsert(Linklist &L, int i, Elemtype e)
{
    //在单链表(带头结点)的第 i 个位置上插入值为 e 的结点
    P=L;j=1;
    while(P && (j<i-1))              //寻找第 i-1 个结点
    {
        P=P->Next;
        j++;
    }
    if(!P || j>(i-1)) printf("输入的 i 值不合理");
    S=(Lnode *) malloc(sizeof(Lnode));
    S->Data=e;
    S->Next=P->Next;                 //令指针②指向结点Ⅱ
    P->Next=S;                       //令结点Ⅰ的指针域为 S 的值,即设置结点Ⅰ的后继为Ⅲ
}
```

在单链表的插入操作中,基本操作为 P 指针的后移操作。若插入位置在表头结点之前,则基本操作重复执行的次数为 0;若在单链表的最后一个结点之后插入,则基本操作重复执行的次数为链表长度 n。所以,本算法的时间复杂度为 O(n)。

小专辑　插入操作小专辑

请编写算法:在带头结点的单链表 L 中值为 x 的结点之后插入一个新的结点;若没有值为 x 的结点,则插入到链表的尾部。

【解析】

插入操作过程中,为了将新结点“缝合”到原链表中,必须要有 x 结点的位置信息。此处可以设置一个指针 p 用做链表上的游标,并最终指向值为 x 的结点。但是,若链表中不存在值为

x的结点，指针p的值最终将为空，此时可有两种处理方法：

① 另外设置一个指针q用于指向p所指结点的前驱结点，这样，若p为空则q指向链表尾结点，可以方便地将新结点插入到链表的表尾。

② 可以将“p－>Next是否为空”作为判断是否继续移动指针p的依据之一。这样若链表中存在值为x的结点，则p指向该结点的前驱结点；若链表中不存在值为x的结点，则p－>Next的值为空，且p指向链表的尾结点，也可以方便地将新结点插入表尾。这样就可以将“值为x的结点是否存在”两种不同情况下的操作统一起来了。

下面以第②种处理方式写出插入新结点的算法实现。

算法2-9　带头结点链表的插入算法

```
InsertX(Linklist &L, Elemtype x, Elemtype y)
{
  //L为带头结点的链表，在其中值为x的结点后插入值为y的结点；若不存在这样的结点则插入表尾
  p=head->Next;                               //令p指向链表的表头结点
  while(p->Data != x && p->Next)
      p=p->Next;
  if(p->Data==x)
  {
      s=LinkNode * malloc(sizeof(LinkNode));
      s->Data=y;
      s->Next=p->Next;
      p->Next=s;
  }
}
```

若将本题的要求改为在值为x的结点的前面插入新的结点，则相应的也有两种处理方法：

① 设置两个指针p和q，其中q指向p的前驱结点，p最终指向值为x的结点；

② 可以将“p－>Next－>Data是否为x”作为判断是否继续移动指针p的依据之一。

2. 删除操作(Listdelete(Linklist &L,int i,Elemtype &e))

删除现有单链表中第i个结点，并用e返回其值。现有单链表的逻辑状态如图2－12所示。

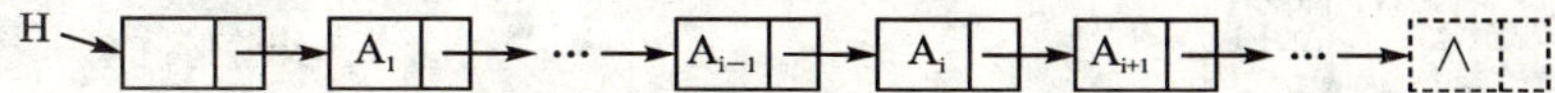

图2－12　删除操作中的原单链表

一方面，如果想删除第i个结点，必须首先找到这个结点，并将指针P指向它。另一方面，在删除了这个结点以后，为了保证单链表不会因此而断裂，必须将其前驱和后继直接“缝合”起来，即修改其前驱结点的指针域，使之直接指向所删结点的后继。其后继(第i＋1个结点)的存储位置可以由P－>Next指出，但是，却无法得知所删结点前驱(第i－1个结点)的存储位

置,所以还得设置一个指针q专门用于指示第i−1个结点。

由于链表各个结点之间的物理位置存在不确定性,所以为实现本算法的功能,可以通过以下3个步骤来完成:

① 沿着头指针找到第i−1个结点,以指针q指向它,并用指针p指向被删结点,同时检查输入参数i的合理性。

② 将被删结点从链表中"挖下来"。

③ "缝合"被删结点的前驱和后继,使链表重新穿成一串,同时释放被删结点空间。

其具体操作过程如图2-13所示。

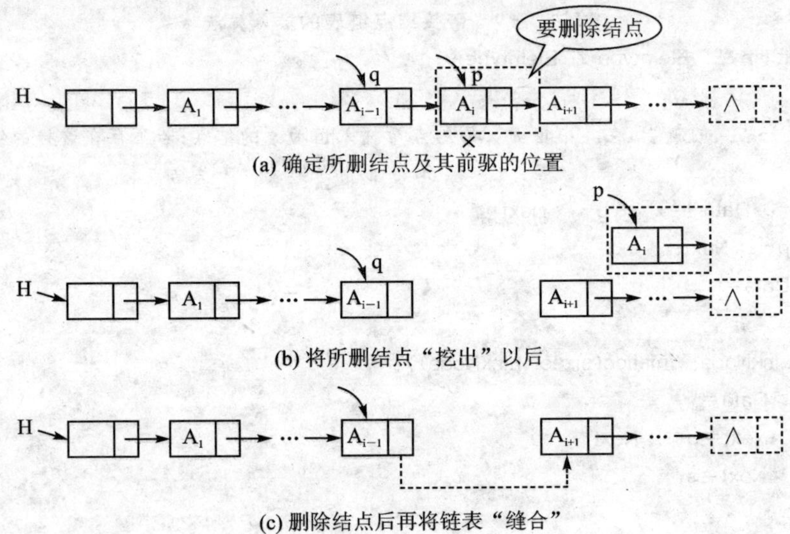

图2-13 单链表的删除操作过程

算法实现如下。

算法2-10 删除带头结点的单链表中第i个结点的算法

```
Listdelete(Linklist &L, int i, Elemtype &e)
{
    //删除单链表(带头结点)第i个结点,并由e返回其值
    q=L->Next;
    j=1;
    while(q &&(j<i-1))              //寻找第i-1个结点
    {
        q=q->Next; j++;
    }
    if(!q||(j>i-1)) printf("输入的i值不合理");
    p=q->Next;                      //p指向所删结点
    e=p->Data;
    delete p;
}
```

本算法中基本操作为q指针后移。如果要删除第一个结点,则不必移动q指针;如果要删除最后一个结点，则需要移动指针 n 次，所以本算法的时间复杂度为 O(n)。

总结：

由单链表的插入算法可以看出，如果要在特定位置插入某一个结点，则必须要知道该特定位置的前驱结点的存储位置，以便能够正确地将其镶嵌在链表里；同理，如果要删除一个结点，也必须要知道其前驱结点的存储位置，以便在删除该结点之后，能够将链表的剩余部分“缝合”成一串。

3. 单链表的遍历(LLTraverse(LinkList L, visit()))

在单链表 L 已经存在的条件下，对 L 中每个结点访问[调用函数 visit()]且只访问一次。一旦访问失败，则操作失败。

设置一个指针 P，初始时指向表头结点，利用这个指针沿着链向后扫描：如果 P 的值不为空，则对 P 所指结点调用 visit()函数，然后令 P 指向其后继；否则算法结束。具体算法实现如下。

算法 2-11　遍历单链表

```
LLTraverse( LinkList L, visit())
{
    //L 为单链表(带头结点)的头指针
    P=L->Next;                          //令 P 指向单链表的表头结点
    while(P)
    {
      if(!visit(P)) return ERROR;
      P=P->Next;
    }
}
```

在算法 2-11 中，问题的规模是单链表的结点数 n，基本操作是对每个结点的访问。当单链表为空表时，P 的值为空，程序进不了 while 循环，故调用 visit()函数的次数为 0；如果单链表不为空表，则调用 visit()函数的次数为 n。所以，本算法的时间复杂度为 O(n)。

可以利用对单链表遍历的思想来实现对单链表的其他一些基本操作。在顺序表中，线性表的长度为其一个属性，给定一个线性表就可以很容易地知道其长度。然而在单链表中，整个链表由一个头指针唯一确定，无法直接得到单链表的长度。但是，可以在遍历的同时对单链表的结点进行计数，这样就可以求出单链表的长度。由于在单链表中任何两个元素的存储位置之间没有固定的联系，每一个元素的存储位置都包含在其直接前驱的指针域里，因此，如果想在单链表中取第 i 个数据的值或查找某一给定元素的值，则只有利用遍历链表的思想从表头结点开始“顺藤摸瓜”，直到找到想要的元素为止。在创建一个单链表时甚至也要用到遍历链表的思想。现在，分别给出这几种基本操作的实现算法如下。

算法 2-12　求单链表的长度

```
ListIength( LinkList L)
{
    //L 为单链表(带头结点)的头指针,功能为求出单链表的长度
    P=L->Next;                          //令 P 指向单链表的表头结点
    i=0;                                //i 为计数器
    while(P)
    {
      i++;
      P=P->Next;
    }
    return i;
}
```

求单链表长度的算法实际上就是将 visit()函数改为对计数器进行加 1 操作的特殊的单链表遍历算法,因此本算法的时间复杂度为 O(n)。

算法 2-13　单链表的查找操作

```
GetElem(Linklist L,int i, ElemType &e)
{
    //在单链表(带头结点)中取第 i 个元素的值,并用 e 返回。应判断 i 值的合理性
    P=L->Next;
    J=1;                                //设置计数器用以判断 i 值是否合理
    while( P &&(J<i))
    {
      P=P->Next;
      J++;
    }
    if(!P ||(J>i)) printf("输入的 i 值不合理");
    e=P->Data;
}
```

算法 2-14　单链表的定位操作

```
Lnode *LocateElem(Linklist L, ElemType e)
{
    //查找第 1 个与 e 相等的元素。若存在返回其位置,否则返回 NULL
    P=L.Next;                           //单链表带头结点
    while( P && P->Data!=e)
      P=P->Next;
    return p;
}
```

上述两个算法的基本操作是指针 P 后移操作。当单链表为空表时,P 不须后移;当取表中最后 1 个元素时,P 需要后移 n 次。故其时间复杂度均为 O(n)。

在单链表的定位操作中，存在以下两种情况：

① 查找成功的情况下，如果所找元素为第1个，则比较1次；如果为第2个，则比较2次，一般，如果是第i个，则比较i次……假设查找每个元素的概率都相等，即概率为1/n，则可以得到查找成功时的平均比较次数为

$$(1+2+3+\cdots+n)/n=(n+1)/2$$

② 查找失败的情况下，可以将查找位置看做这n个结点之间的空隙，即共有n+1个空隙。在查找每个元素概率相等的情况下，每个元素的查找概率为1/(n+1)。不管查找的是哪一个元素，只要查找失败，则比较次数均为n，所以其平均比较次数为

$$n\times(n+1)/(n+1)=n$$

算法2-15 单链表的创建操作

```
Linklist  LLcreat()
{
   //以输入的整数(以0表示结束)作为数据域建立单链表
   Flag=1;                                   //循环赖以进行的标志，当输入0时，其值变为0
   Head=(Lnode *)malloc(sizeof(Lnode));      //创建头结点
   P=Head;
   while(Flag)
   {
      scanf( &x);
      if(x)
      {
         S=(Lnode *)malloc(sizeof(Lnode));
         S->Data=x;
         P->Next=S;
         P=S;                                //P指向刚链入链表的结点
      }//if
      else Flag=0;
   }//while
   P->Next=NULL;                             //尾结点指针域置空
}
```

本算法的基本操作为申请一个结点并将其链入到链表，其重复执行次数有赖于输入整数序列的个数，也就是将要建成的链表的长度。因此，其时间复杂度为O(n)。

Example 2-6(浙江大学)

将图2-14中S所指结点加到P所指结点之后，其语句应为：

A. S->Next=P+1;　P->Next=S;

B. (*P).Next=S;　(*S).Next=(*P).Next;

C. S->Next=P->Next;　P->Next=S->Next;

D. S->Next=P->Next;　P->Next=S;

【解】

要将S所指结点插入到P结点之后,必须先把结点A_{i-1}和A_i之间的链拆开,然后再将S所指结点“缝合”到拆口处。现在关键的问题是先“缝”链①还是先“缝”链②。

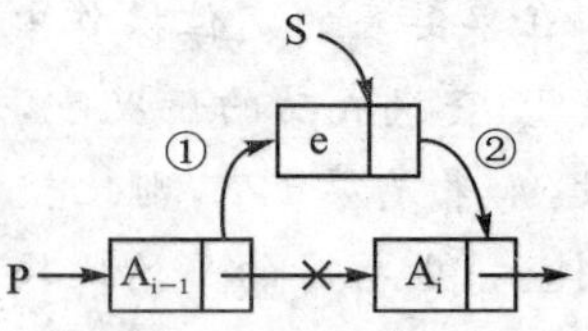

图2-14 Example 2-6图

假设先“缝”链①,即(*P).Next=S;再“缝”链②,即使S->Next的值为A_i的存储位置。但是在本题条件下,能够指示A_i存储位置的只有P->Next,可是因为已经使用了指令(*P).Next=S,使得唯一能够指示A_i存储位置的信息在没使用前就被覆盖了,于是这条路走不通,即排除选项B。

但是如果反过来,先“缝”链②,即使S->Next=P->Next;再“缝”链①,执行P->Next=S的操作。这样还没等指示A_i存储位置的信息P->Next被覆盖就已经将其使用了,以后也不用再担心被覆盖的问题了。由此,选项D是正确的。

至于选项C,指令S->Next=P->Next能够将链②正确“缝合”,但是指令P->Next=S->Next却将已经拆开的链又重新“缝合”上了,而链①却没有被“缝”上。故排除选项C。

选项A的错误在于,没有搞清链式存储结构的特点:链表中的每个结点通常并不是连续存放的,结点之间的间隔单元数是不能确定的,因此想当然地认为P+1指示的结点就是P所指元素的后继结点是错误的。

总结:☆

在做关于在链表中插入一个结点或是调整某些结点位置等涉及到重置结点指针域的题目时,必须考虑到一些用来指示其他结点的指针域。在重置这些指针域时,一定要谨慎,尤其当该指针域是唯一能指示某一结点的信息时,必须保证指针域的值在没有被使用之前不能被重置。因此原则就是这些指针域应该尽可能早地被引用,而尽可能晚地被重置,而在没有被引用之前绝不能被重置。

一般的链表都是从左到右依次链接起来的,故按照上述原则,当在某个结点后或前插入一个新结点时,或将两个结点相交换时,应将所涉及到的链域按其最终放置位置(插入结点时指插入后的相对位置;交换时为交换后的相对位置)从右到左依次重置。

下面给出一个应用这个原则的例子,请大家留意其中各个指针域重置的先后顺序,以便对这个原则有一个比较深刻的体会。

Example 2-7(北京航空航天大学)

已知非空线性链表由H指出,试写一算法,将链表中p所指结点与其后继结点的位置互换。(设p所指结点不是链表的最后一个结点)

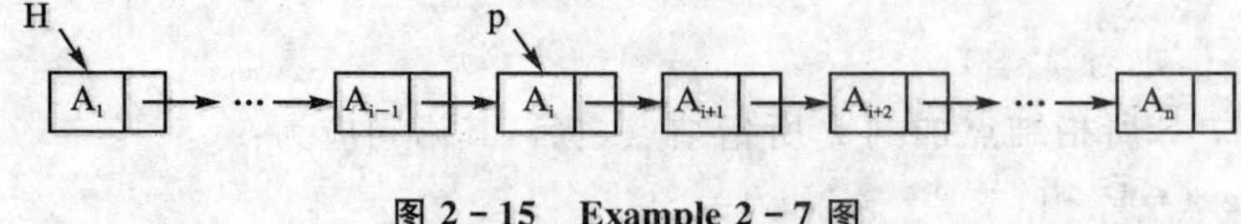

图2-15 Example 2-7图

【解】

这道题主要涉及前驱结点与后继结点指针域的修改与保存,题的难度不是很大,关键要把握好交换操作的步骤。

此题所要达到的目标如图2-16所示。

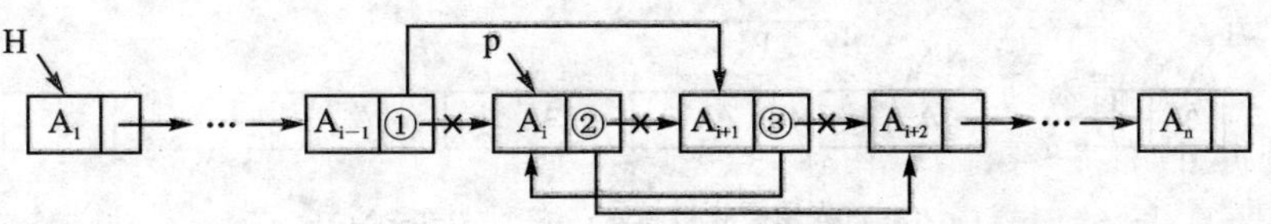

图 2-16　交换位置以后

这里所涉及到的结点的指针域为图 2-16 中的①②③，需要引用它们地址的结点有 4 个，分别为 A_{i-1}，A_i，A_{i+1}，A_{i+2}。由于 A_i 已经由 p 指向，所以原链表中指向它的指针域①可以不必担心被覆盖，对其进行重置的指令可以安排在最前面。接下来是先重置②还是先重置③的问题。在原线性链表中②指向 A_{i+1} 而③指向 A_{i+2}，即它们均为要被引用的指针域。根据前述的原则，在没有引用它们之前是不能对其进行重置的，除非有单独的指针替代它们，以起到"提供所指向结点存储位置"的作用。可是，在当前情况下，没有任何指针能够替代他们，这样使问题陷入僵局。因此，需要设置专门的指针来解围。最简单的办法就是设置两个指针，分别存储②和③的值，这样安排之后，重置②和③的指令的先后顺序就无关紧要了。可是，按照编写程序的又一个原则即尽量少占用空间，也就是"使程序瘦身"的原则，应尽量减少临时变量的个数。所以，至少要设一个指针，但最多不能超过两个，现在设置一个指针，设为 r。目前只有 A_{i-1} 的存储位置无法得知，但可以沿着头指针 H"顺藤摸瓜"找到它，并设指针 q 指向它。

如果 r 存储②的值，则交换指令可按①②③的顺序安排，即

r=p->Next;　q->Next=r;　p->Next=r->Next;　r->Next=p;

下面再用图 2-17 所示说明上述重置指针域的顺序。

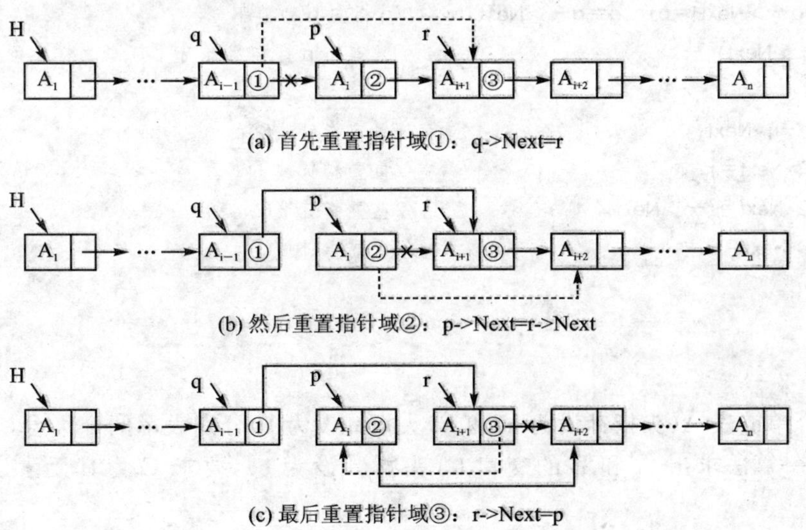

(a) 首先重置指针域①：q->Next=r

(b) 然后重置指针域②：p->Next=r->Next

(c) 最后重置指针域③：r->Next=p

图 2-17　Example 2-7 指针域重置过程(按①②③的顺序)

如果 r 存储③的值，则交换指令可按①③②的顺序安排，即

r=p->Next->Next;　q->Next=p->Next;　p->Next->Next=p;　p->Next=r;

其图示说明如图 2-18 所示。

下面，给出按①②③的顺序实现的算法，至于按①③②的顺序请读者作为课后练习自己完成。

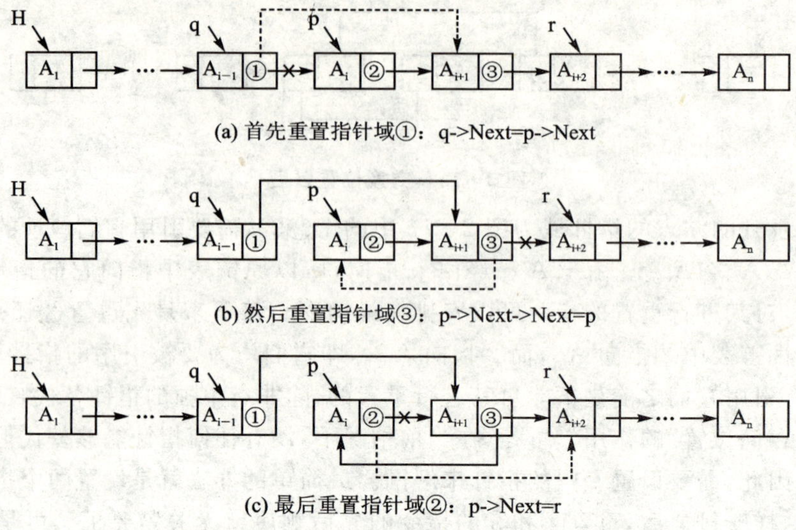

(a) 首先重置指针域①：q->Next=p->Next

(b) 然后重置指针域③：p->Next->Next=p

(c) 最后重置指针域②：p->Next=r

图 2-18 Example 2-7 指针域重置过程(按①③②的顺序)

算法 2-16 交换单链表中指定结点与其后继结点的位置

```
Reverse(Linklist H, Lnode *p)
{
  //在由 H 指出的单链表中,交换 p 和它下一个结点的位置。p 不是尾结点
  q=H;
  while(q->Next!=p)  q=q->Next;        //q 指向 p 的前驱
  if(!p->Next)                          //只有当 p 存在后继时才可与之交换位置
  {
    r=p->Next;                          //保存指针域②的值
    q->Next=r;                          //重置指针域①
    p->Next=r->Next;                    //重置指针域②
    r->Next=p;                          //重置指针域③
  }
}
```

Example 2-8

已知两个单链表 A(头指针设为 a)和 B(头指针设为 b)分别表示两个集合,其元素均为升序排列,编写一算法求出 A 和 B 的交集 C(头指针设为 c),要求 C 为其元素以升序排列的单链表。

【解】

所谓交集指两个单链表中元素值相同的结点的集合。为了操作方便,这里设 C 为带头结点的单链表。

分别为表 A 和 B 设置一个移动指针 p(初始时指向 A 的表头结点)和 q(初始时指向 B 的表头结点)。比较 p 和 q 当前所指结点值,如果相等则将其复制到 C 表中,同时将 q 和 p 后移一个结点位置;如果不相等,也需要后移指针。问题是需要两个指针同时后移还是只要移动一个,如果移动一个,到底要移动哪一个指针？由于两个链表都是升序链表,则存在“较大结点和较小结点后面的结点相等”的可能，如果两个同时后移或者先移动指向较大结点的指针，都会错失这种可能性。因此，只能先移动指向较小结点的指针。算法实现如下。

算法 2-17 求两升序链表的交集

```
Linklist inter(Linklist a,Linklist b)
{
    //求两升序链表(A和B)的交集链表(C)
    c=(Lnode *)malloc(sizeof(Lnode));                    //生成C表头结点
    r=c; p=a; q=b;                                        //设置移动指针
    while(p && q)
    {
      if(p->Data < q->Data) p=p->Next;                    //后移元素值较小的指针
      else if(p->Data > q->Data) q=q->Next;
      else                                                //当两当前值相等时
      {
        s=(Lnode *)malloc(sizeof(Lnode));
        s->Data=p->Data;
        r->Next=s;                                        //将新结点链入C表
        r=s;                                              //r永远指向C表尾元素
        p=p->Next;                                        //两移动指针同时后移
        q=q->Next;
      } //else
    }//while
    r->Next=NULL;
    return(c);
}
```

Example 2-9

假设有两个按升序排列的单链表 A 和 B，试编写一个算法，将它们合并成一个链表 C，要求不改变其排序性。

【解】

在顺序表的归并算法中，是将两个顺序表的所有元素均赋给新顺序表。这样，所占用的空间增加了一倍。但是，由于单链表具有这样的特性，即只要改变其结点链的链接方式就可达到改变结点间逻辑关系的目的，因此，就没有必要向系统申请新的结点空间，而是在原链表的空间中，通过改变其结点的指针域，而将其插入到新的归并表 C 中即可。

首先，分别设置两个移动指针 p 和 q(其初始值分别指向链表 A 和 B 的表头结点)分别指向 A 和 B 两表中还没有归并部分的第一个结点，再设置一个指针 r(初始值指向 A 和 B 两表中最小的结点)。然后，在 A 和 B 原来的空间，一边遍历 A 和 B 两个表，一边进行归并，这样 A 和 B 两个表愈来愈短，C 表愈来愈长，直至最终归并完毕。在遍历两表过程中，比较 p 和 q 所指元素，小的那个就是两表中还没有归并的元素中最小的那个(因为 A 和 B 都是升序排列的)，这时只要将此结点插入到 C 表中(比较过程中 r 始终指向 C 表的尾结点)，直到某一个链表为空为止。当一个链表为空而另一个链表不空时，只要将不空的链表指针赋给新链表中尾结点的指针域即可。

此归并过程如图 2-19 所示。

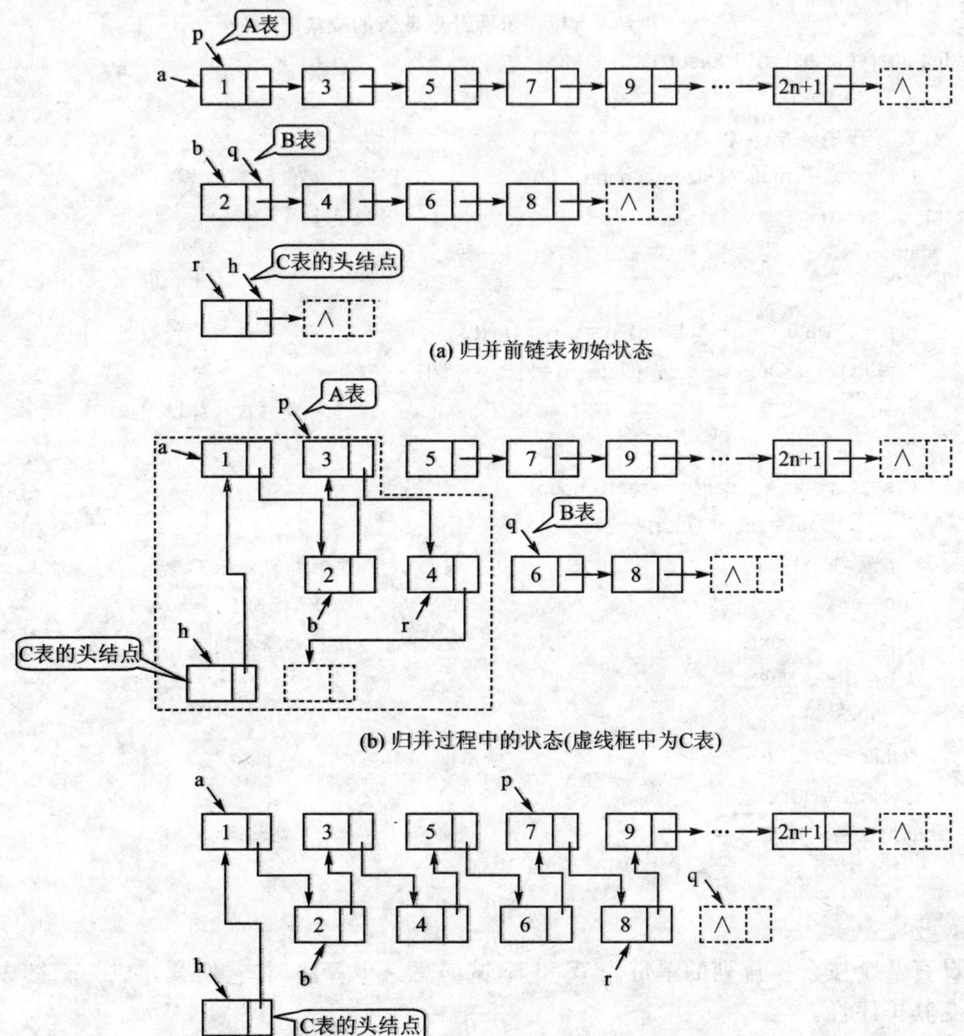

图 2-19　单链表归并示意图

具体算法实现如下。

算法 2-18　单链表归并算法

```
Linklist mergelink(Linklist a, Linklist b)
{
    //单链表归并算法
    p=a; q=b;
    h=(Lnode *)malloc(sizeof(Lnode));      //生成 C 表的头结点
    h->Next=NULL;
    r=h;
    while(p && q)                          //遍历 A 和 B 两链表,将当前较小结点插入到 C 表中
```

```
        if(p->Data<=q->Data)                //当p所指为当前较小结点时
        {
            r->Next=p;
            r=p;
            p=p->Next;
        }//if
        else                                //当q所指为当前较小结点时
        {
            r->Next=q;
            r=q;
            q=q->Next;
        }//else
    if(!q) r->Next=p;                       //如果B表已空而A表不空,将A表余部链入C表
    if(!p) r->Next=q;                       //如果A表已空而B表不空,将B表余部链入C表
    return(h);
}
```

本题要求归并后的链表仍然保持升序;但是,如果要求归并后的链表为降序又当如何?

在要求新链表为升序时,本题是在遍历两个有序表时,将当前结点的最小值插入到新链表的末尾,假如是插入到新链表的最前面,结果又当如何? 这两问作为思考题,请读者完成。

这里值得一提的是,有些题目要求归并后的表与原表排序一致,有的题目则相反,读者应审清题目,务必仔细。

Example 2-10

有一个单链表(由h指向),其结点的元素值以非递减有序排列,请编写一算法删除该单链表中元素值相同的多余结点。

【解】

本题要求编写一个清理有序单链表的算法,即删除单链表中值相同的多余结点。由于所给单链表为有序表,因此,如果有值相同的元素,则其在线性表中必为前驱后继关系,即逻辑上相邻。所以可设一个移动指针p,并沿此指针从头到尾扫描该单链表,如果当前结点的元素值与后续结点不相等,则指针后移;如果相等,则删除其中的一个结点,直到扫描完所有的结点为止。但是,这里有个问题,当两结点值相同而删除一个结点时,是删除前驱结点(设为 A_1)还是后继结点(设为 A_2)? 已经知道,要想删除一个结点,就必须知道其前驱结点的存储位置,假如要删除 A_1,并由p指向之;但还必须另设一指针变量来存储其前驱结点的位置,而与此同时p->Next值却没能充分利用。如果要删除 A_2,其前驱结点 A_1 可由p来指向,而它本身可由p->Next给出。这样,就不用另设指针变量了。其算法实现如下。

算法2-19 有序单链表的整理算法

```
Tidyup(Linklist h)
{
```

```
    //删除有序单链表中值相同的结点
    if(h)                           //对于空表不必处理
    {
        while(p->Next)              //沿指针 p 扫描整个有序链表
            if(p->Data!=p->Next->Data)
                p=p->Next;
            else                    //为值相同的前驱后继结点对,则删除后继结点
            {
                q=p->Next;
                p->Next=q->Next;
                free(q);
            }//else
    }//if
}
```


Example 2-11(中科院软件所)

写一个算法,将一个单链表(由 L 指向)逆置。

【解】

解此题时比较容易想到的办法就是先构造一个空的单链表,然后遍历给定的单链表,在每访问一个结点时,便将其插入到新构造的链表中,同时将其从原链表中删除。但是,这里要注意的是,在插入时,必须从表头插入,而不能从表尾,即实现逆序创建新链表。为方便起见,新构造的链表为带头结点的链表。其具体实现如下。

算法 2-20　单链表逆置算法(构造新表)

```
invert1(Linklist L)
{
    //构造新表的单链表逆置算法
    s=(Lnode *)malloc(sizeof(Lnode));      //构造新表的头结点
    s->Next=NULL;
    p=L;                                   //p 指向表头结点
    while(p)                               //遍历给定单链表,同时将其结点插入新表
    {                                      //在头结点与表头结点之间插入
        q=s->Next;
        s->Next=p;
        p=p->Next;
        s->Next->Next=q;
    }
}
```

其实,也可以不构造新表而实现单链表的逆置。方法是:在遍历链表的同时,修改每一个结点的指针域,使得第 1 个结点的指针域为空,第 2 个结点指向第 1 个结点,第 3 个结点指向第 2 个结点……最后一个结点则用头指针指向。这样也完全可以将给定的单链表逆置。具体地说就是,每遍历到一个结点,对其进行如下操作:将其从原链表中删除,并插入到由所有遍历过的结点逆置而成的新链表。这样,原链表就在逻辑上分为两个链表:逆置表(初始时为空

表)和剩余子表(初始时为原链表)。为了实现插入操作,必须设置一个指针(p)指向逆置表的尾结点;对其进行操作的结点也须由专门指针(q)指示;在删除该结点后剩余的子链表也须由指针(r)指向。其具体操作过程如图 2-20 所示。

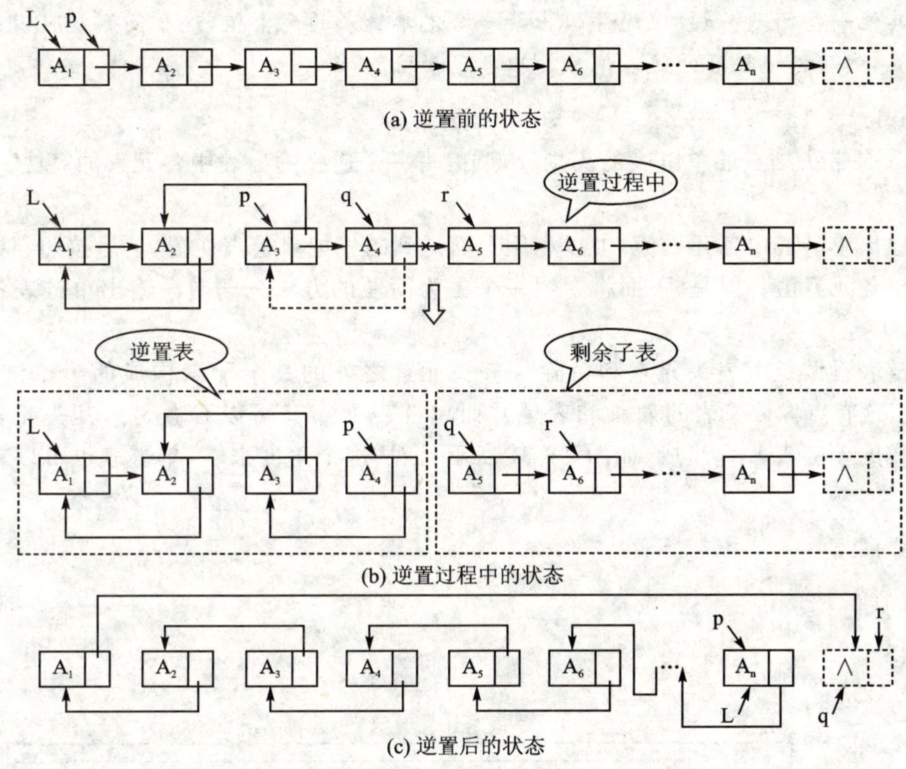

图 2-20　单链表不构造新表的逆置过程

其算法实现如下。

算法 2-21　单链表逆置算法(不构造新表)

```
invert2(Linklist &L)          //算法中需要对 L 赋值,故传址
{
  //不构造新表而将单链表逆置
  p=L;                        //p 初始指向表头结点
  q=p->Next;                  //q 指向 p 的后继结点,作为由还没遍历的结点构成的链表的表头结点
  while(q)
  {                           //实现逆置,即将当前结点的后继指针指向其前驱结点
    r=q->Next;
    q->Next=p;
    p=q;
    q=r;
  }//while
    L->Next=NULL;             //将原链表中第 1 个结点的指针域置空
    L=p;                      //头指针指向原链表的最后 1 个结点
```

```
}
```

注：

单链表的逆置是常考的题型之一，应熟悉其各种实现方法。值得一提的是，单链表逆置也常常用于其他一些问题，如按照逆序输出某一给定单链表的元素值，这个问题就可以先把给定单链表逆置，然后按逆置后的链表依次输出各元素值。

Example 2－12

已知L是带头结点的单链表的头指针，试编写一个逆序输出表中各元素的算法。

【解】

逆序输出单链表中各元素值，可以利用上面提到的先把单链表逆置，然后按照新链表的顺序依次输出各元素值。但是，下面将介绍一个更为简便的方法——逆序输出单链表各元素的递归算法。

将单链表看做是由表头元素和由除了表头元素之外的其余元素构成的子单链表(设为L_{n-1})组成(这有点像广义表的表头和表尾)，而单链表L_{n-1}又可以看做是由其头元素和由其余元素构成的单链表L_{n-2}组成(如图2－21所示)。从这个角度来看，单链表也可以被递归地定义为：

$L_n = A_1 + L_{n-1}$

$L_{n-1} = A_2 + L_{n-2}$

…

$L_0 = A_n$

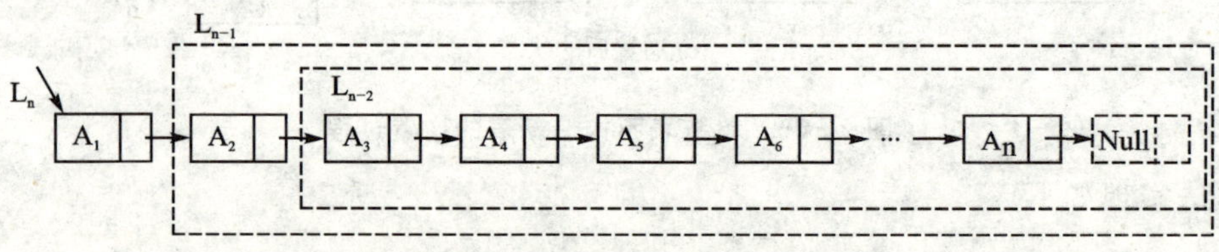

图2－21　单链表递归定义中的形象

对于单链表的每一个结点，如果在输出它之前先把由它的指针域所确定的子单链表的所有元素都输出，则最终输出的序列即为原链表的逆序序列。其算法实现如下。

算法2－22　逆序输出单链表元素

```
reverse(Linklist L)
{
  if(L)                          //如果该子表为空表，则递归深度不再加深
  {
    reverse(L－>Next);          //先输出由结点指针域所确定的子表的所有元素值
    printf("L－>Data");         //再输出该结点
  }
}
```

注：

根据上面的算法思想，也可以通过递归实现遍历单链表、求单链表的长度、进行单链表的

定位、计算所有结点值的和及平均值等操作。具体的算法实现，留给读者完成。

2.3.2　静态链表

2.3.1 小节讨论了用指针来实现线性表各元素的链接，其优点之一就是在进行插入和删除操作时，不需要移动结点。但是，如果不用指针能不能实现这种灵活的链接呢？答案是肯定的，使用静态链表。

静态链表是借用一维数组来描述线性链表。数组中每个元素都由两部分组成：数据和游标（代替指针指示结点在数组中的相对位置）。数组中的第 0 个元素可以看做是链表的头结点，其游标指示表头结点。各个结点的逻辑顺序可以通过将各个结点的游标域链接起来来确定。

这种存储结构需要预先分配一个较大的空间，当在线性表中插入元素时，其所需内存空间不是动态申请的，而是在数组说明时一次性分配好的，线性表可用的空间不是动态变化的，而是静态的，这也是为什么称之为静态链表的缘故。但是，这也使得它进行空间扩展比较困难。当对静态链表进行删除和插入操作时不必要进行结点的移动，而是通过修改结点游标域的值来改变结点之间的相对位置。

S[i]	Data	Cur

图 2-22　静态链表结点形象

下面，给出静态链表及其结点的类型说明。静态链表的结点形象如图 2-22 所示。

描述 2-4　静态链表及其结点描述

```
#define maxsize 1000                //预先分配的存储空间长度
typedef struct{
  ElemType  Data;                   //数据域
  int  Cur;                         //游标
}SLnode,Slinklist[maxsize];
int Shead,Sn;                       //Shead 指示链表头结点，Sn 指示表中由空闲结点组成的
                                    //子表（备用链表）的首结点
```

设一个线性表为（A_1，A_2，A_3，A_4，A_5），则其静态链表表示为如图 2-23 所示。

	数据域	游标
0		1
1	A_1	3
2	A_3	5
3	A_2	2
4	A_5	−1
5	A_4	4
6		7
7		8
8		−1

图 2-23　静态链表示例

在静态链表中，假设 S[i]是其中一个结点，则用 S[i].Cur 指示该结点的后继结点的相对位置。当 S[i].Cur＝－1 时，表示该结点为表尾结点。

当用户需要新结点时，可使用如下语句实现申请。

```
if(Sn!=－1)
{
  j=Sn;
  Sn=S[Sn].Cur;
}
```

申请得到新结点在数组中的相对地址放入 j 中。

当不需要结点 S[i]时，可使用下列语句删除该结点，并将其链入备用链表中（在备用链表的表头结点之前插入）。

```
S[i].Cur=Sn;
```

Sn=i;

在静态链表中实现线性表的操作与动态链表相似,只是以整型游标 i 代替了动态指针 p,如 i=S[i].Cur 即为指针后移(类似于 p=p－>Next)。各种操作的具体实现在此不再赘述。

注意:

千万不要望文生义,认为所谓静态链表就是一直不发生变化的链表,这其实是一种错误的看法。

2.3.3 循环链表

循环链表尾结点的指针指向头结点,整个链表形成一个环。为了操作方便,循环链表也另外设置一个附加的头结点,并令其指针域指向循环链表的最后一个结点。由于这个附加头结点的存在,使得无论表是否为空,表中总是有结点存在,所以操作是一致的。

在带头结点的循环链表中,判断表是否为空的条件是看头结点的指针是否指向它本身。判断动态指针(p)是否到达表尾结点是看 p－>Next 是否指向其表头结点。

有的时候,循环链表设立尾指针 rear(指向表尾结点)而不设头指针,这可使某些操作简化,因为通过 rear 可以定位尾结点,而通过 rear－>Next 可以定位头结点或者表头结点。

Example 2－13

有两个循环单链表,链表头指针分别为 h1 和 h2,如图 2－24 所示,试编写一算法将链表 h2 链接到 h1 之后,链接后的链表仍保持循环链表形式。

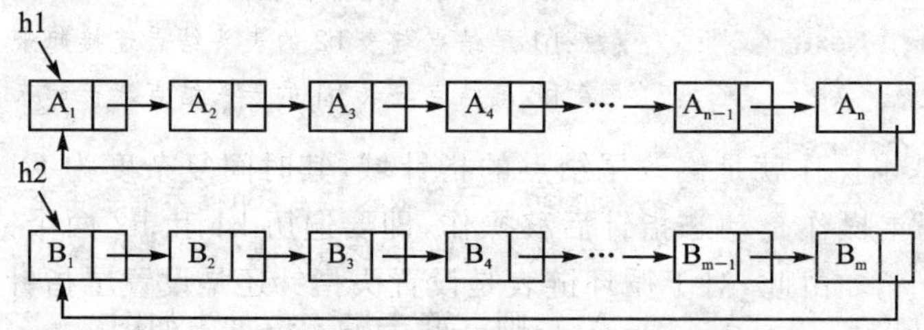

图 2－24 Example 2－13 中的两个循环链表

【解析】

要想把链表 h2 链接到 h1 后面,必须将 h1 的环拆开,使 A_n 的指针指向 h2 的表头结点 B,而 B_m 的指针指向 h1 的表头结点 A_1。为修改 A_n 的指针域,必须设置动态指针(p)指向它。同理,要修改 B_m 的指针域也要设置一个动态指针(q)指向它。然后分别利用 p 和 q 沿着两个循环链表的头指针"顺藤摸瓜"找到尾结点。最后用 p－>Next 将 A_n 和 B_1 连接起来,用 q－>Next 把 A_1 和 B_m 链接起来,使之成为循环链表。其具体算法实现如下。

算法 2－23 将两个循环链表连接起来

```
Clinklist *Link(Clinklist h1,Clinklist h2)
{
  //将两个循环链表连接起来
    p=h1;
    while(p->Next!=h1)              //找到 h1 的尾结点 An
        p=p->Next;
```

```
    while(q->Next!=h2)                    //找到 h2 的尾结点 Bm
        q=q->Next;
    p->Next=h2;                           //将表 h1 尾结点和表 h2 的表头结点连接起来
    q->Next=h1;                           //将表 h2 尾结点和表 h1 的表头结点连接起来,形成循环
    return(h1)
}
```

连接后的循环链表如图 2-25 所示。

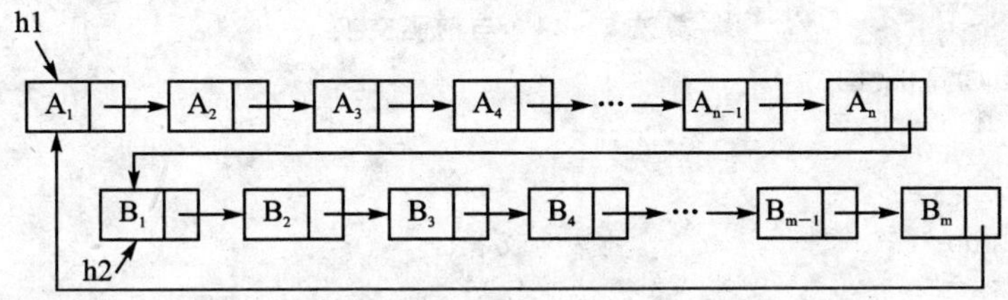

图 2-25 Example 2-13 中连接后的循环链表

如果将 Example 2-13 中两个循环链表改造一下,即 h1 和 h2 不是链表的头指针而是尾指针,则情况又会怎样?

由于两个循环链表的尾结点分别由 h1 和 h2 指向,因而无须再通过遍历链表来定位尾结点,而是直接修改两个链表尾结点的指针域即可。修改指针域的指令操作如下。

```
r=h1->Next;                      //保存表 h1 的表头结点位置
h1->Next=h2->Next;               //将表 h1 尾结点与表 h2 的表头结点连接起来
h2->Next=r;                      //将表 h2 尾结点与表 h1 的表头结点连接起来,形成循环
```

这样,算法的基本操作就是修改尾结点的指针域,其时间复杂度为 O(1)。而在 Example 2-13 的算法中,基本操作是动态指针后移操作,即要遍历 h1 和 h2 两个链表一遍,所以其时间复杂度为 O(m+n)。由此,对于循环链表是设置头指针还是设置尾指针对某些操作的意义就一目了然了。

Example 2-14

试编写算法将单循环链表 L 中由指针 p 指向的结点与其前驱结点交换。

【解析】

若单循环链表 L 为空表,则无需进行任何操作;若该链表中只有一个或两个结点,由于为循环链表,这些结点互为前驱结点和后继结点,也无需进行交换操作。因此,算法中应该对这些特殊情况单独处理。一般情况下,交换前的单循环链表形象如图 2-26 所示。

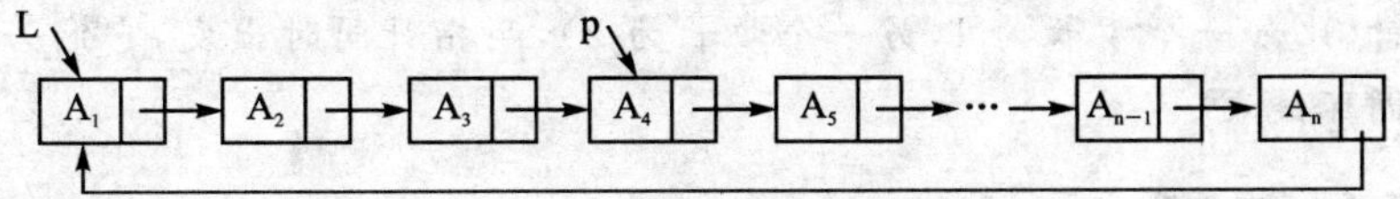

图 2-26 原单循环链表

交换后的链表如图 2-27 所示。其中,需要进行重置的指针域由图 2-27 中的①,②,③标志。交换后从左到右的顺序为③,②,①,故按照前面总结的原则,需要按其从右到左的顺序进行重置,即按①,②,③的顺序依次进行操作。

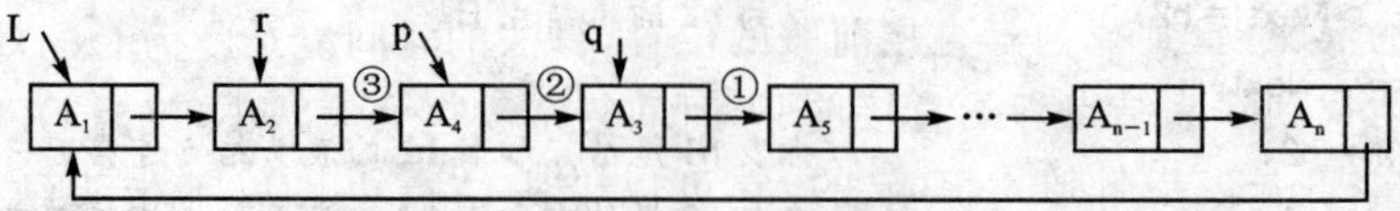

图 2-27 交换后的单循环链表

为便于操作,另设置两个指针 q 和 r,其中 q 指向结点 p 的前驱结点,r 指向 q 的前驱结点。算法实现如下。

算法 2-24 与前驱交换

```
bool NodeCount(Clinklist L)
{
  int n=1;
  if(!L) return true;                //空表不必操作
  s=L->Next;
  while(s !=L)
  {
     s=s->Next;
     if((++n)>2) return false;        //对长度大于 2 的表操作
  }
  if(n<=2) return true;              //长度为 1 或 2 的表无须操作
}
exchangep(Clinklist &L,ClinklistNode *p)
{
  if(Node_Count(L)) return;
  r=L; q=L->Next;
  while(q->Next !=p)
  {r=q; q=q->Next;}
  q->Next=p->Next;
  p->Next=q;
  r->Next=p;
}
```

思考 **如何证明一个表是循环链表?**

提示:在遍历循环链表时若不停止,每个结点都会被重复访问。这时,可以设置两个步长不等的移动指针(比如一个步长为 1,另一个步长为 2),两指针同时出发,它们若能再次相遇即可证明该表是循环链表。

2.3.4 双向链表

双向链表的结点结构在前面已有所叙述。其最大特点在于每个结点的指针域有两个,分别指向该结点的前驱和后继,这样给很多操作都带来了极大方便。比如:在链表中插入和删除一个结点时,都需要知道其直接前驱结点的位置,原来在单向链表中求前驱需要从头结点依次查找其所有的前驱，直到找到其直接前驱的位置，算法的时间复杂度为 O(n)；而在双向链表中就可以方便地找到除头结点外的直接前驱，时间复杂度也大大减小，仅为 O(1)。

双向链表也是由头指针唯一确定的，它可以带头结点也可以不带头结点。其形象如图 2－28所示。

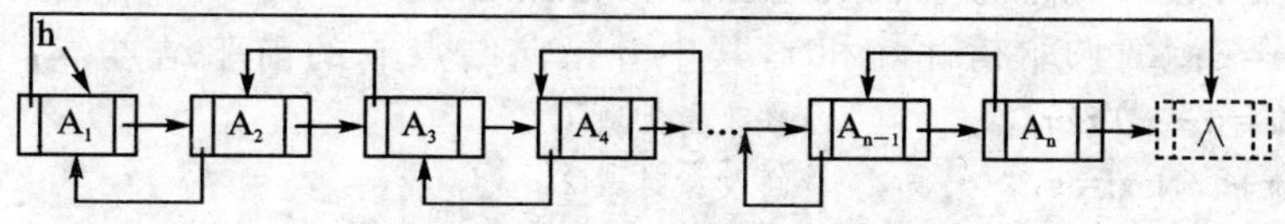

图 2－28　双向链表形象

双向链表表头结点的前驱指针域为空，而尾结点的后继指针域也为空。如果将双向链表的首尾指针相连，就成为了双向循环链表。其特点是每个结点都有两个指针的射出，同时又接受两个指针的射入。其形象如图 2－29 所示。

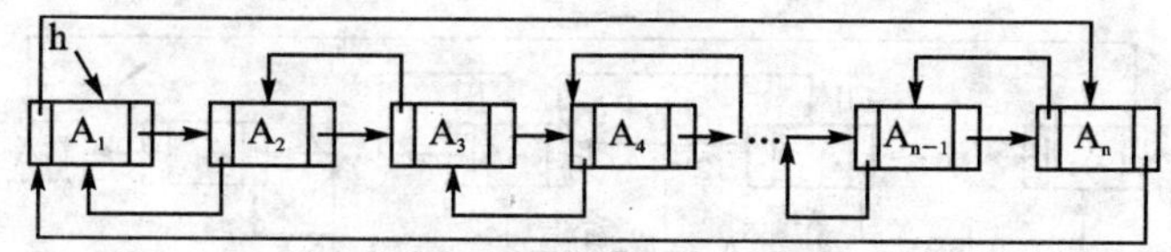

图 2－29　双向循环链表形象

在双向(循环)链表中，最重要的是要理解：当涉及到对结点指针进行修改操作(比如插入、删除结点等)时，如何安排指针域的修改次序以及设置多少个指针变量用以暂存指针值。这里涉及到前面所讲的修改指针域时的安排操作次序的原则，在此不再赘述，仅举一个双向链表结点插入的小例子以加深理解和巩固所学知识。

Example 2－15

在由 H 指向的双向链表中的第 i 个结点之前插入一个值为 e 的结点，如图 2－30 所示。

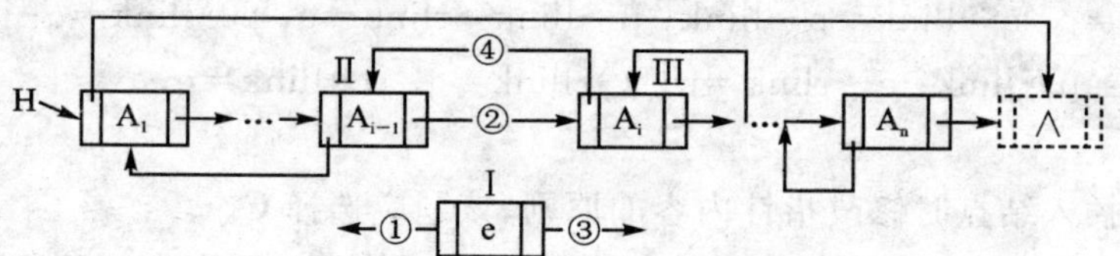

图 2－30　Example 2－15 双向链表初始状态

算法分两步走：

① 寻找第 i 个结点的位置。用动态指针 p 沿着头指针往后找。

② 在第 i 个结点之前插入新结点。涉及到 3 个结点 4 个指针域。

结点Ⅰ的存储位置可以由动态存储分配函数 malloc()给出，结点Ⅲ也可以由动态指针 p 指出，而结点Ⅱ可以由 p－>Prior(指针域④)指出。所以指针域④应该最后被修改。而指针域①，②，③则可以先修改。具体算法实现如下。

算法 2－25　双向链表插入

```
Dlistinsert(DLinklist H, int i, ElemType e)
{
    if(H==NULL || i<0)
```

```
    return 0;
  for(p=H, j=0; p&&(j<i); j++)
    p=p->Next;                          //寻找第 i 个结点的位置
  if(!p || j>i) return 0;               //无第 i 个结点,返回 0
  if(!(s=(DLNode *)malloc(sizeof(DLNode)))) return 0;
  s->Data=e;
  s->Prior=p->Prior;                    //修改指针域①
  p->Prior->Next=s;                     //修改指针域②
  s->Next=p;                            //修改指针域③
  p->Prior=s;                           //修改指针域④
  return 1;
}
```

其执行结果如图 2-31 所示。

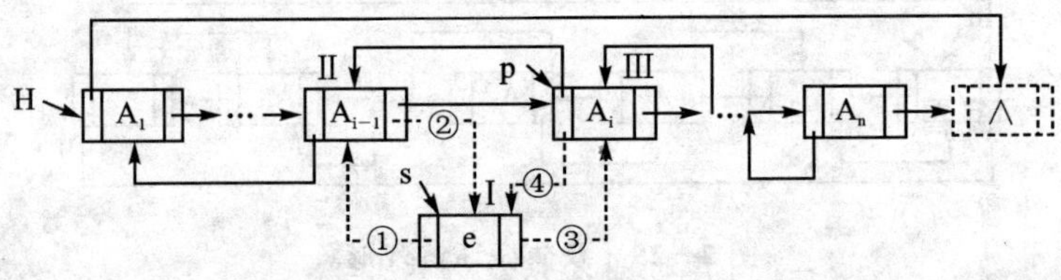

图 2-31　双向链表插入操作

Example 2-16(北京邮电大学)

在双向循环链表中,在指针 p 指向的结点前插入一个由指针 q 指向的新结点,其修改指针的操作是(　　)。[注:双向链表的结点结构为(llink,data,rlink)]

A. p→llink=q; q→rlink=p; p→llink→rlink=q; q→llink=q;

B. p→llink=q; p→llink→rlink=q; q→rlink=p; q→llink=p→llink;

C. q→rlink=p; q→llink=p→llink; p→llink→rlink=q; p→llink=q;

D. q→llink=p→llink; q→rlink=p; p→llink=q; p→llink=q;

【解】

根据对链表插入结点时修改指针内容的原则,该题应选择 C。

注意,选项 D 中最后两个语句似乎重复,但原题就是如此,显然选项 D 不能入选。

比较　线性表的顺序表示与链式表示

1. 从空间方面看

顺序表结点之间的关系由物理上的相邻关系决定,其存储空间是静态分配的,在程序运行之前必须明确规定其存储元素的多少。如果线性表的长度变化较大,则存储规模难以预先确定,要么估计过大造成空间浪费,要么过小又使空间溢出机会增多。

静态链表的初始存储空间虽然也是静态分配的,即所用空间必须预先分配,难以临时扩大,这往往使存储空间不能得到充分利用,并且表的容量难以扩充;但是如果同时存在若干个结点类型相同的链表,则它们可以共享空间,使各链表之间能够互相调剂余缺,减少溢出的机会。

动态链表可以将逻辑上相邻的两个数据元素存放在物理上不相邻的存储单元中，其存储空间是动态分配的，在程序运行中，只要内存空间有空余，就不会产生溢出；不需要时还可以动态回收，利用率高。但是，链表中的每个结点，除了数据域外，还要额外设置指针(游标)域，对于同等规模的线性表，链式存储结构要比顺序存储结构占用更大的空间。因此从存储密度(结点数据本身所占用的存储量除以结点结构所占用的存储总量)上说是不经济的。

顺序表的优点是顺序存储的存储密度大，比较简单，可以随机存取元素，且查找指定位置的元素非常方便；但在其上的插入和删除操作需要移动大量元素，效率不高。而在单链表中，在一个结点的后面插入一个新结点，或删除指定结点的后继结点的操作十分容易，只需要做几次指针赋值即可。但若不能知道指定结点的前驱结点，则插入或删除结点都必须首先查找前驱结点，而这种查找操作是费时的。在双向链表中则可以克服这一缺点。

因此，在线性表的长度变化较大或难以估计其存储规模时，应采用动态链表作为存储结构；而当线性表的长度变化不大或较容易估计其存储规模时，最好采用顺序结构以节省存储空间。当线性表的元素总数基本稳定，且很少进行插入和删除操作，但要求以最快的速度存取线性表中的元素时，应采用顺序存储结构。

2. 从时间方面看

顺序表是一种随机存取结构，任何一个结点的存储位置都可以通过计算公式直接计算得到，不用去查找，方便灵活，效率高，其时间复杂度为O(1)。但是，若插入或删除一个结点，却平均需要移动半个表的数据，尤其是当每个结点的信息量较大时，因移动结点的时间巨大，反而又降低了效率。

链表是一种顺序存取结构，如果想按逻辑顺序查找第i个结点，则必须从链头开始，依次向后查找，其时间复杂度为O(n)。而对于插入和删除操作，仅需在O(1)的时间内修改少量指针即可。

所以，当对线性表的操作主要是查找，而很少做插入和删除操作时，采用顺序表最好；但当对线性表需要进行频繁的插入和删除操作时，则最好采用链表式存储结构。

3. 从实现语言方面看

对于没有提供指针类型的高级语言来说，静态链表有其重要作用。但是，这并不是说，静态链表就只能应用于这些高级语言。即使在那些提供了指针类型的高级语言里，静态链表也有其用武之地，特别是当程序运行过程中线性表的长度不变，而仅须改变元素之间的相对关系时(比如对线性表中的元素进行排序操作)，静态链表比动态链表更为方便。

总之，线性表的顺序表示与链式表示均有其优缺点，并不能笼统地说哪一个更优，而应根据具体情况进行讨论。

Example 2-17(北方交通大学)

下面关于线性表的叙述中，错误的是哪一个？(　　)

A. 线性表采用顺序存储，必须占用一片连续的存储单元

B. 线性表采用顺序存储，便于进行插入和删除操作

C. 线性表采用链式存储，不必占用一片连续的存储单元

D. 线性表采用链式存储，便于插入和删除操作

【解】

线性表的顺序存储，即顺序表，用一组地址连续的存储单元依次存放线性表中的数据元素，也即以元素在计算机内的“物理位置相邻”来表示线性表中数据元素之间的逻辑关系，这必须占用一片连续的存储单元，其优点是可以随机存取元素，且查找指定位置的元素非常方便；但在其上的插入和删除操作需要移动大量元素，效率不高。

链式存储结构中的每个结点都包含数据域和指针域两个部分，是用一组任意的存储单元存储线性表的数据元素，这组存储单元可以是连续的，也可以是不连续的，甚至是在存储空间中零散分布的存储单元；但结点内部的存储空间是连续的。在单链表中，在一个结点的后面插入一个新结点，或删除指定结点的后继结点的操作十分容易，只须做几次指针赋值即可。于是，本题中只有选项B是错误的，因此答案应是B。

Example 2-18(南开大学，合肥工业大学)

某线性表中最常用的操作是在最后一个元素之后插入一个元素和删除第一个元素，这样采用(　　)存储方式最节省运算时间。

A. 单链表　　B. 仅有头指针的单循环链表

C. 双链表　　D. 仅有尾指针的单循环链表

【解】

由于该线性表中最常用的操作是在最后一个元素之后插入一个元素和删除第一个元素，即需要方便而快捷地在线性表的首尾变换操作。

显然，单链表中一旦某个指针指向表头，则需要遍历整个链表才能到达表尾，浪费时间。

双链表则利于查找表中任何一个元素的前驱和后继结点；但是，若要在表首表尾之间来回变换，也需要遍历整个链表。

单循环链表中，表头和表尾之间存在这样一个关系：表头是表尾的直接后继结点，表尾是表头的直接前驱结点。在单循环链表中，若求某个结点的前驱结点需要遍历整个链表，而求该结点的后继结点则相当方便。于是，对于仅有头指针的单循环链表不适于进行经常在表首和表尾之间交换的操作；相反仅有尾指针的单循环链表则非常适合进行此类操作，因为若rear指向表尾结点，则rear－＞Next就指向表首结点。

于是，本题选择D。

Example 2-19(哈尔滨工业大学)

若某线性表最常用的操作是存取任一指定序号的元素和在最后进行插入和删除运算，则利用(　　)存储方式最节省时间。

A. 顺序表　　B. 双向链表　　C. 带头结点的双循环链表　　D. 单循环链表

【解】

该线性表需要常常存取任一指定序号的元素，即需要随机存取，链表结构是不适于这种操作的；顺序表最适宜于这种操作。另外，顺序表在最后进行更新操作的时间复杂度为O(1)，最节省时间。于是，本题选择A。

第3章　栈和队列

【学习要点】

1. 理解栈和队列的定义、特点及其与线性表的关系，了解在何种情况下选择什么样的数据结构。

2. 重点掌握栈和队列的顺序表示和链式表示及其各种操作的实现。

3. 重点掌握栈在递归、求表达式值等场合以及队列在分层处理等中的应用。

【要点精讲】

栈和队列也是线性结构，它们与线性表的不同之处在于对其操作是受限制的，具体说就是，对这两种数据结构进行插入和删除等操作时只允许在结构的某一端进行。其中，栈体现了“先进后出”的原则，而队列体现了“先进先出”的原则。

栈和队列可作为基础工具使用，利用其特性和各种基础操作可完成许多奇妙的功能。因此，也成为各种考试中考察的重点。

3.1　栈

栈是限定在一端进行插入和删除操作的线性表。在栈中，允许插入和删除的一端（表尾）叫做栈顶，栈顶将随着栈中数据元素的增减而浮动，通过栈顶指针（top）指向栈顶元素；不允许插入和删除的一端（表头）叫做栈底，一般来说，栈底是固定不变的，由栈底指针（base）指向栈底元素。插入数据元素又叫入栈；删除数据元素又叫出栈。栈可以为空。

栈的形象如图 3－1 所示。

单纯从数据结构方面看，线性表和栈是相同的，但是从数据类型上看，它们又是不同的，这种不同主要表现在插入和删除元素的位置上。线性表中的插入和删除操作可以在任意位置上进行，而栈只允许在栈顶进行出、入栈的操作。

由于栈是一种限制存取点的线性结构，即只允许在栈顶进行出、入栈的操作，最后入栈的元素将会最先被出栈，所以，栈还叫做“后进先出”表。这种结构适用于在运行后继过程时需要先保存现行数据的场合。

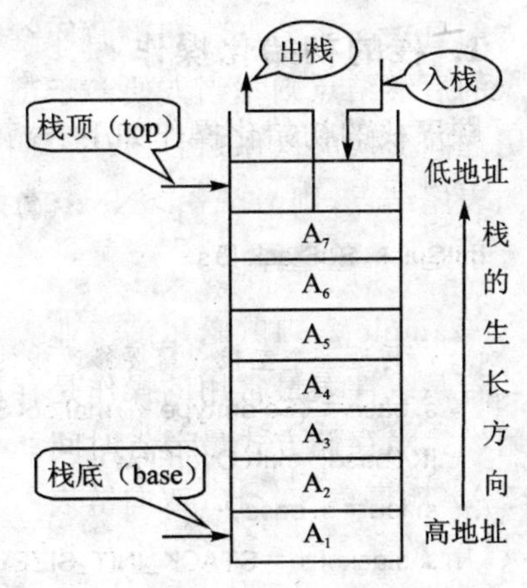

图 3－1　栈的形象

根据栈顶指针所指存储单元内是否存储了栈的元素，栈又可分为实指栈和虚指栈。其中，实指栈指栈顶指针指向栈顶元素；而虚指栈指栈顶指针指向栈顶元素下一个单元的位置。如无特殊说明，本书中所使用的栈均为虚指栈（图 3－1）。当然，读者也可以根据具体情况，酌情选用实指栈和虚指栈。

栈的存储结构既可以是顺序存储结构也可以是链式存储结构。采用顺序存储结构的栈叫做顺序栈,采用链式存储结构的栈叫做链栈。

3.1.1 顺序栈

顺序栈使用一组地址连续的存储单元依次存放自栈底到栈顶的数据元素,以指针 top 指示栈顶元素在顺序栈中的位置,以指针 base 指示栈底元素在顺序栈中的位置。当 top=base 时,为空栈。由于栈在使用过程中所需要的最大空间的规模不容易事先确定,所以栈的容量最好不要固定,而应该在初始化时,为栈先分配一个基本容量,然后在使用过程中当现有空间已满时,再在原来栈的基础上随需要增加一个存储空间增量。为此,还应设定两个常量STACK_INIT_SIZE(初始分配量)和 STACKINCREMENT(分配增量)。以下为顺序栈的数据类型定义。

描述 3-1 顺序栈的存储结构定义

```
#define STACK_INIT_SIZE 100          //初始分配最大空间量
#define STACKINCREMENT 10            //增补空间量
typedef struct{
  Selemtype *base;                   //栈底指针
  Selemtype *top;                    //栈顶指针
  int  stacksize;                    //当前可使用的最大容量
}SqStack;
```


由此看出,与线性表类似,栈在实现时也是借用数组。但是,栈约定了出、入栈操作必须在栈顶位置,而不能是数组中的某个任意位置。

在顺序栈中,主要介绍栈的初始化、取栈顶元素、出栈、入栈等操作的实现。

1. 栈的初始化操作

顺序栈的初始化操作如下。

算法 3-1 顺序栈的初始化操作

```
InitStack(SqStack &s)
{
   //构造一个空栈。需要修改栈的属性,故传址
   s.base=(Selemtype*)malloc(STACK_INIT_SIZE*sizeof(Selemtype));
   if(!base) exit(OverFlow);          //内存中暂时没有 STACK_INIT_SIZE 个连续单元
   s.top=s.base;                      //置栈为空的标志
   s.stacksize=STACK_INIT_SIZE;
}
```

2. 出栈操作

从顺序栈(虚指栈)中删除一个元素时,需要使栈顶指针下移一个位置。

算法 3-2　顺序栈的出栈操作

```
pop(SqStack s, Selemtype &e)
{
  //出栈操作,用e返回栈顶元素值。需要修改栈的属性(s.top),故传址
  if(s.top==s.base) return Error;      //应先判断是否为空,若栈为空,返回错误信息
  e= *(++s.top)                       //栈顶指针先下移,栈顶元素出栈并由e返回,分别对应
                                       //图3-2(c)的操作①②
}
```

3. 取栈顶元素操作

取栈顶元素的操作如下。

算法 3-3　顺序栈的取栈顶元素操作

```
getop(SqStack s, Selemtype &e)
{
  //取栈顶元素,用e返回其值
  if(s.top==s.base) return Error;
  e= *(s.top+1);
}
```

4. 入栈操作

在顺序栈(虚指栈)中插入一个元素时,首先把待插入元素写入这个位置,然后使栈顶指针上移一个位置。

算法 3-4　顺序栈的入栈操作

```
push(SqStack &s, Selemtype e)
{
  //将元素e插入到栈中成为新的栈顶元素
  if(s.top-s.base >=s.stacksize)             //应先判断是否为满,若满则需增补空间
  {
     nown=s.stacksize+STACKINCREMENT;
     s.base=(Selemtype *)realloc(s.base,nown * sizeof(Selemtype));
     if(!s.base) exit(OverFlow);              //系统已没有如此多连续的存储单元
     s.top=s.base+s.stacksize;                //如果空间增补成功,则
     s.stacksize+=STACKINCREMENT;             //修改栈的相关属性
  }//if
  //将元素入栈,成为新的栈顶元素
  *s.top=e;                                   //元素e先入栈[记为操作①,如图3-2(d)所示]
  s.top--;                                    //栈顶指针再上移[记为操作②,如图3-2(d)所示]
}
```

下面,用图3-2说明栈的各种操作过程。

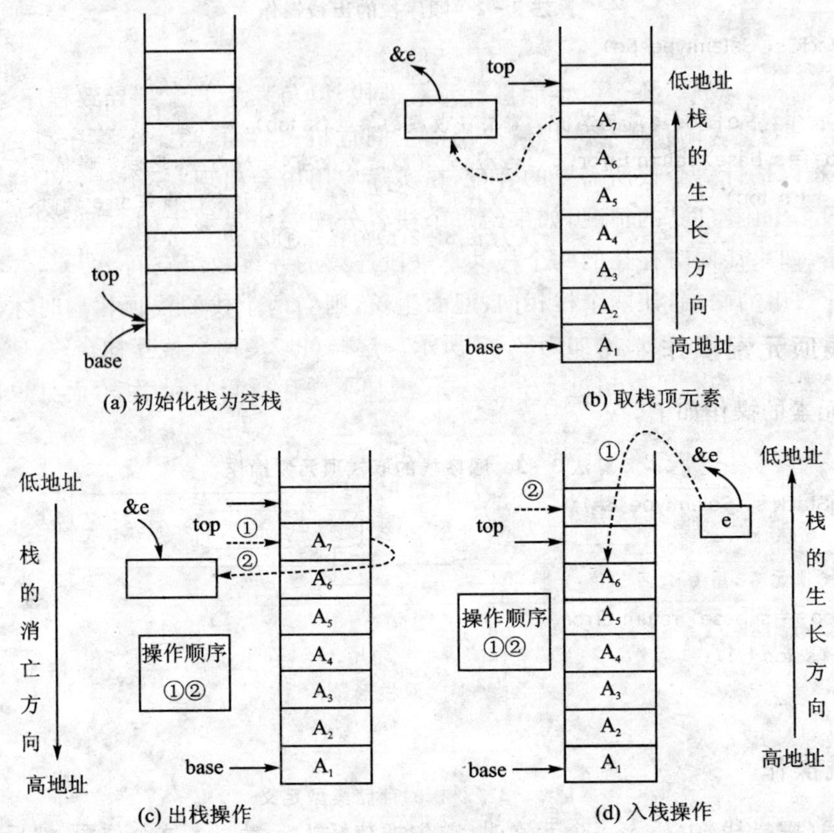

图 3-2 顺序栈的各种操作过程

Example 3-1(南开大学,山东大学,北京理工大学)

一个栈的输入序列为 1 2 3 4 5,则下列序列中不可能是栈的输出序列的是( )。

A. 2 3 4 1 5　　B. 5 4 1 3 2　　C. 2 3 1 4 5　　D. 1 5 4 3 2

【解析】

栈存取元素是按“后进先出”原则进行的,这是针对连续输入的若干数据而言的,即一次输入若干数据,其中不进行任何输出操作。但是,对于那种先进入若干数据,然后马上进行输出操作,再进行输入操作……如此重复,这样就不是最后进入的数据最先出栈了。

比如,对于本题有可能是首先连续输入 1 和 2,然后将 2 输出;对于 3 和 4,每当输入一个就立即将其出栈;此时栈中只剩下 1,并将其出栈;最后将 5 输入并输出。这样在保证输入序列为 1 2 3 4 5 的条件下,就得到了选项 A 的输出顺序。

选项 B 中,既然 5 先出栈,则必定是连续输入 5 个数据之后才进行输出操作,于是该序列完全遵守“后进先出”的原则,输出序列与输入序列相反,但是选项 B 并不符合该要求,故不可能是栈的输出序列,本题答案为 B。

下面再来验证选项 C 和 D 是栈的可能输出序列。选项 C 是连续输入 1 和 2 后将 2 出栈,再输入 3 并输出直至栈为空,然后将 4 和 5 每输入一个立即出栈一个;而对于选项 D,则是先输入 1 再马上输出之,然后连续输入 2 3 4 5,并依次输出即可得到。

3.1.2　双　栈

顺序栈发生栈满以后，要么就不能再有元素进栈，以免发生“上溢”导致程序运行中断，要么向系统申请一个更大的存储空间以解决当前空间危机。然而，当一个程序需要使用多个顺序栈时，往往难以估计每个栈所需要的容量，在实际应用中会出现“一个栈发生栈满而其他栈可能还留有很多空闲空间”的情况，如果给每个栈各分配一块足够大的空间，会造成巨大的空间浪费。但是，如果让同时存在的两个栈共享一段连续的一维数组空间 A[n]，并将两个栈的栈底分别设在数组的两端，让两个栈相向、迎面生长，则当两个栈的栈顶相遇时才会发生栈满问题。这种栈称为双栈。其形象如图 3-3 所示。这样可以使两个栈互补余缺，使任何一个栈的可利用的最大空间均有可能超过 n/2，这不仅增加了内存空间的利用率，而且也减少了每个栈溢出的可能性。

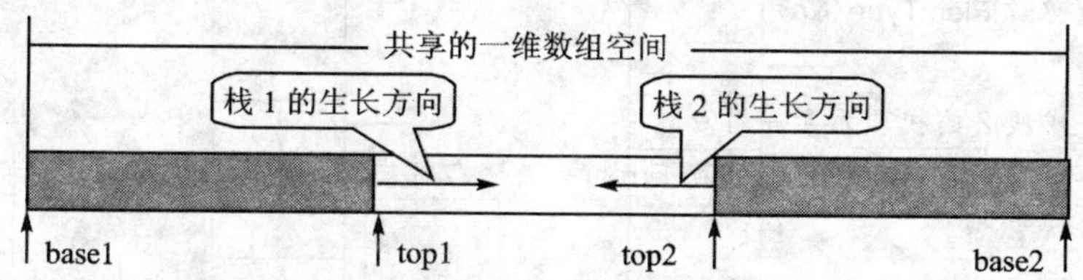

图 3-3　双栈形象

下面给出双栈的存储类型定义。

描述 3-2　双栈的存储类型定义

```
#define DUSTACKSIZE n              //两个栈共享的存储空间量
typedef struct{
    ElemType *array;               //共享的一维数组基址
    int  top1;                     //栈 1 的栈顶指针
    int  top2;                     //栈 2 的栈顶指针
    int  flag;                     //1：表示对栈 1 操作；2：表示对栈 2 操作
}Dstack;
```

在这种存储结构下，出栈和入栈操作的实现如下。

1. 入栈操作

双栈的入栈操作如下。

算法 3-5　双栈的入栈操作

```
Dspush(Dstack &s, ElemType e)
{
   //双栈中，将元素 x 放入栈 1 或栈 2 中
   if((s.top1+1)==s.top2) return Error;                  //共享空间满，上溢
   else
     if((s.tag!=1)&&(s.tag!=2)) return Error;            //标志信息有误
     else
       switch(s.tag)
```

```
    {
        case 1:                                    //标志着使栈1入栈
            s.array[++s.top1]=e; break;
        case 2:                                    //标志着使栈2入栈
            s.array[--s.top2]=e; break;
    } //switch
} //Dspush
```


2. 出栈操作

双栈的出栈操作如下。

算法3-6　双栈的出栈操作

```
Dspop(Dstack &s, ElemType &e)
{
    //删除栈1或栈2的栈顶元素并用e返回
    if((s.flag!=1)&&(s.flag!=2)) return Error;          //标志信息有误
    else
        switch(s.flag)
        {
            case 1:                                    //标志信息指示删除栈1栈顶元素
                if(s.top1>=0) e=s.array[s.top1--];     //若栈1不空
                else return Error;
                break;
            case 2:                                    //标志信息指示删除栈2栈顶元素
                if(s.top2<=DUSTACKSIZE-1)
                    e=s.array[s.top2++];               //若栈2不空
                else return Error;
                break;
        } //end of switch
}
```

3.1.3　链　栈

链栈指栈中各个数据元素独立存储,依靠指针链接建立相邻的逻辑关系。与线性链表一样,其优点是不受连续存储空间大小的限制,其结点位置可以是任意的。但是,出栈和入栈操作必须在栈顶位置(由链表头指针指出)进行。图3-4所示为链栈的形象。

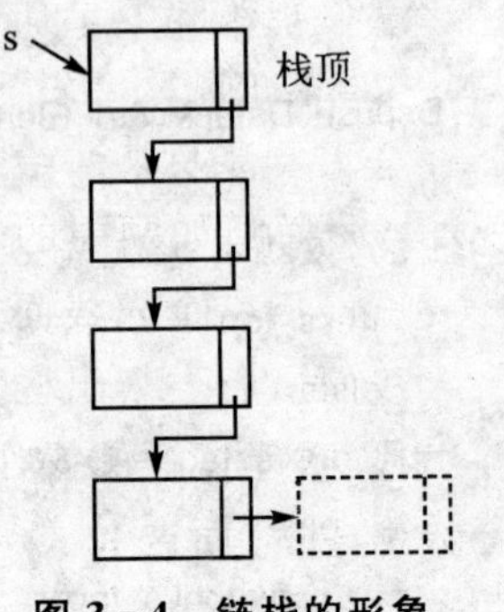

图3-4　链栈的形象

链栈的结构和各种操作均类似于线性链表,只要注意到它"是一种插入、删除结点受限的线性结构"的特点即可,在此,不再赘述。

下面给出几个栈的应用实例。

Example 3-2

将一个十进制非负整数转换成相应的d进制数(数制转换)。

【解析】

联想一下在将十进制非负整数转换成相应的二进制数时,通常是怎么做的。一般是采用除基取余法,即先将十进制整数除以2,所得余数即为对应二进制数低位的值;然后继续对商除以2,所得各次余数就是所求二进制数的各位值;如此进行,直到商等于0为止,最后一项余数为所求二进制数最高位的值。也就是说,按这种方法求出的余数序列顺序正好与二进制数位的顺序相反。一般,将一个十进制非负整数转换成相应的d进制数也可以如法炮制。由于栈具有“先进后出”特性,即出栈的顺序与入栈的顺序相反。由此可以想到,如果使用栈就可以完成数制转换功能。其算法实现如下。

算法3-7 数制转换

```
conversion(int N, int d)
{
  //将输入的十进制数N转换为相应的d进制数
  initstack(s);
  while(N)                    //将所有余数都进栈
  {
     push(s,n%d);
     n=n/d;
  }
  while(s.top!=s.base)        //将栈中所有数都输出
  {
     pop(s,e);
     printf("%d",e);
  }
}
```

Example 3-3(中科院软件所)

设栈的输入序列为1 2 3 … n,输出序列为a_1 a_2 a_3 … a_n,若存在$1 \leqslant k \leqslant n$时使得$a_k=n$,则当$k \leqslant i \leqslant n$时$a_i$为(　　)。

A. $n-i+1$　　　　B. $n-(i-k)$　　　　C. 不确定

【解析】

这道题实际上是在说当n最后一个进栈、第k个出栈的情况下,在n之后出栈的数可能是第几个入栈的。

这主要涉及某一给定入栈序列所有可能的出栈序列,即一个入栈序列对应多个出栈序列。比如:同样是如题中的输入序列,则可以让所有元素一次全部入栈,然后再一次全部出栈,这样n就最后一个入栈而第一个出栈;此外,也可以让一个数进栈后马上出栈,这样n就最后一个入栈而最后一个出栈;一般,可以先让若干个数入栈,然后依次出栈,再让后面若干个数进栈并出栈,重复这样的操作直至所有数都入栈并出栈一次。本题中,在n出栈之前就已经有k-1个数出栈了,而这k-1个数入栈出栈的方式是不固定的,这就造成了在n之后出栈的数的顺序也是不固定的。也就是说,即使i和k都定了,a_i也是不定的。因此,本题答案选C。

发散 **判断题:(中国科技大学)**

设栈的输入序列为 1 2 3 … n,输出序列为 $a_1\ a_2\ a_3 \cdots a_n$,若 $a_i = n(1 \leqslant i \leqslant n)$,则有 $a_i > a_{i+1} > a_n$。

【解析】

由于入栈的序列是依次递增的,无论每个数入栈和出栈的方式怎样,同一时刻在栈中存储的数从顶到底必是递减排列的。n 能在第 i 个出栈,说明此刻所有数都已入过栈了,而在栈中存放的所有数则是从顶到底递减的,使得 $a_i > a_{i+1} > a_n$ 成立。因而本题命题是正确的。

总结:

对于出栈序列中的任意一个数 a_i,若其后存在比 a_i 小的数,由于这些数比 a_i 早入栈而晚出栈,则必存在某个时刻,使得这些数与 a_i 共存于栈中;而入栈序列是个递增序列,这就使得 a_i 连同这些数所形成的出栈序列必定是递减的。理论可以证明如下结论成立。

结论 由栈的输入序列 1 2 3 … n 得到输出序列 $p_1\ p_2 \cdots p_n$ 的充分必要条件是:**对 1 2 3 …n 的任一排列 $p_1\ p_2 \cdots p_n$ 中的任一元素 p_i,位于 p_i 后的数 $p_j(n>j>i)$ 除了比 p_i 大的以外,只能是降序排列。**

有了这个结论作为理论支持,便可以轻易地分辨出哪些序列是合理的栈的输出序列了。

Example 3-4

设栈的输入序列是 1 2 3 4,则(　　)是不可能的出栈序列:

A. 1 2 3 4　　B. 2 1 3 4　　C. 4 3 1 2　　D. 3 2 1 4

【解析】

对于 A 是每个数进栈后马上出栈的情况,是可能的。B 是 1,2 进栈后马上出栈至栈空,然后 3 进栈马上出栈,最后 4 进栈再出栈。D 是 1,2,3 进栈后依次出栈至栈空,然后 4 入栈并出栈。而对于 C 要想使 4 第一个出栈,则必须保证 1,2,3 进栈后在栈中呆着不能出栈,因此,在这种情况下,出栈序列就只能是 4,3,2,1。故本题答案选 C。

结论 n 个数顺序入栈,其出栈序列有 $(2n!)/[(n+1)\times(n!)^2]$ 种。

试证明:若借助栈由输入序列 1 2 3 … n 得到输出序列 $p_1\ p_2\ p_3 \cdots p_n$,则在输出序列中不可能出现这样的情况,即存在 $i<j<k$ 使得 $p_j<p_k<p_i$。

【证明】

p_m 值的大小代表进栈顺序,值越大越晚进栈。而 m 值代表出栈顺序,值越大越晚出栈,其中 $1 \leqslant m \leqslant n$。分以下两种情况:

① 由于 $p_k<p_i$,则 p_k 先进栈,p_i 后进栈;而 $i<k$ 表明 p_i 先出栈。由此可得出结论:p_i 比 p_k 后进栈先出栈,即 p_k 进栈后在栈中呆着等到 p_i 进栈后再考虑出栈,此时 p_k 要想出栈必须等 p_i 出栈以后再说。

② 由于 $p_j<p_k$,则 p_j 先进栈,p_k 后进栈;而 $j<k$ 表明 p_j 先出栈。由此可得出结论:p_j 比 p_k 先进栈先出栈,即 p_j 出栈以后 p_k 才进栈。

总结①②可知,p_j 先出栈,然后 p_k 和 p_i 再进栈,并且 p_i 先出栈,p_k 后出栈。所以,出栈排

列为 p_j p_i p_k。其出入栈过程如图 3-5 所示。

故可得到 $j<i$。而这与题设 $j>i$ 相矛盾。因此，不可能出现这种情况，即存在 $i<j<k$ 使得 $p_j<p_k<p_i$。

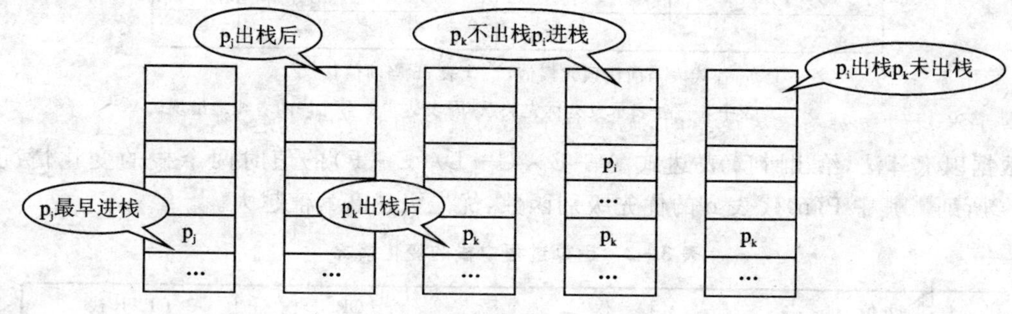

图 3-5 出栈过程

Example 3-5

利用栈求表达式 A+B×C-D/(E+F)的值，问运算符栈和操作数栈各必须具有多少项？

【解析】

在现实的数学运算中，通常把双目运算的运算符放在两个操作数之间，这种表达式的表示方法叫做中缀表示法。这种由中缀表示法表示的表达式叫做中缀表达式。本题中给出的表达式就是中缀表达式。

一般利用算符优先算法求中缀表达式的值，使用两个工作栈：一个叫 OPTR，用于寄存运算符；另一个叫 OPND，用于寄存操作数或运算结果。算法的基本思想如下。

① 首先置操作数栈为空栈，表达式起始符“#”为运算符栈的栈底元素；

② 依次读入表达式中每个字符(送入变量 ch 中)，若是操作数，则进 OPND 栈，若是运算符，则与 OPTR 栈的栈顶运算符比较优先权并做如下操作：

ⓐ 如果 ch 值的优先级比 OPTR 栈顶运算符的优先级高，则将读入的字符入 OPTR 栈。

ⓑ 如果 ch 值的优先级比 OPTR 栈顶运算符的优先级低，则从 OPND 栈中先后弹出两个操作数 a_2 和 a_1 分别作为第二操作数和第一操作数，并将 OPTR 栈顶元素弹出作为操作符 θ 形成运算指令 $(a_2)\theta(a_1)$，结果入 OPND 栈；然后将 ch 的值再与 OPTR 栈的栈顶运算符比较优先权。

ⓒ 如果 ch 的值为“(”并且与 OPTR 栈顶元素的优先级相等，则将 OPTR 栈顶元素弹出以对消括号。然后，读入下一个字符放入 ch 中，并与 OPTR 栈的栈顶运算符比较优先权。

直至整个表达式求值完毕(即 OPTR 栈的栈顶元素和当前读入的字符均为“#”)。各操作符的优先规则如表 3-1 所列。

表 3-1 各操作符的优先规则

θ_{OPTR} \ θ_{ch}	+	-	×	/	(	)	#
+	>	>	<	<	<	>	>
-	>	>	<	<	<	>	>
×	>	>	>	>	<	>	>
/	>	>	>	>	<	>	>
(	<	<	<	<	<	=	—

续表 3-1

θ_{OPTR} \ θ_{ch}	+	−	×	/	(	)	#
)	>	>	>	>	—	>	>
#	<	<	<	<	<	—	=

注：① θ_{OPTR}代表当前栈顶元素值，θ_{ch}代表 ch 当前值；

② 表中"—"处表示没有优先关系，因表达式中不允许两者相继出现。

根据以上算法，给出计算表达式 A＋B×C－D/(E＋F)的值时两个栈的变化情况，如表 3-2所列。其中 P(n)代表 n 的优先级别函数，优先级越高其值越大。

表 3-2 运算过程中栈的变化情况

步 序	ch 值	操 作	OPND 栈	OPTR 栈
1	(不定)	两个栈初始化，"#"入 OPTR 栈，取第一个字符放入 ch	NULL	#
2	A	A 入 OPND 栈，取下一字符放入 ch	A	#
3	+	P('+')>P('#')，故"+"入 OPTR 栈，取下一个字符放入 ch	A	# +
4	B	B 入 OPND 栈，取下一个字符放入 ch	A B	# +
5	×	P('*')>P('+')，故"×"入 OPTR 栈，取下一个字符放入 ch	A B	# + ×
6	C	C 入 OPND 栈，取下一个字符放入 ch	A B C	# + ×
7	−	P('−')<P('*')，故 C、B、"×"出栈，计算 B×C，结果(设为 s1)入 OPND 栈	A s1	# +
8	−	P('−')<P('+')，故 s1、A、"+"出栈，计算 A+s1，结果(设为 s2) 入 OPND 栈	s2	#
9	−	P('−')>P('#')，故"−"入 OPTR 栈，取下一个字符放入 ch	s2	# −
10	D	D 入 OPND 栈，取下一个字符放入 ch	s2 D	# −
11	/	P('/')>P('−')，故"/"入 OPTR 栈，取下一个字符放入 ch	s2 D	# − /
12	(	P('(')>P('/')，故"("入 OPTR 栈，取下一个字符放入 ch	s2 D	# − / (
13	E	E 入 OPND 栈，取下一个字符放入 ch	s2 D E	# − / (
14	+	P('+')>P('(')，故"+"入 OPTR 栈，取下一个字符放入 ch	s2 D E	# − / (+
15	F	F 入 OPND 栈，取下一个字符放入 ch	s2 D E F	# − / (+
16	)	P(')')<P('+')，故 F、E、"+"分别出栈，计算 E+F，结果(设为 s3)入 OPND 栈	s2 D s3	# − / (

续表 3-2

步　序	ch值	操　作	OPND栈	OPTR栈
17	)	P(')')=P('('),故"("出栈,对消括号,取下一个字符放入ch	s2　D　s3	＃　－　/
18	＃	P('＃')<P('/'),故s3、D、"/"出栈,计算D/s3结果(设为s4)入OPND栈	s2　s4	＃　－
19	＃	P('＃')<P('－'),故s4、s2、"－"出栈,计算s2－s4结果(设为s5)入OPND栈	s5	＃
20	＃	P('＃')=P('＃'),故s5出栈,结束		＃

因此,运算符栈至少要5项(包括"＃"),运算数栈至少要4项。

3.2 队　列

队列是限定只能在一端进行插入、而在另一端进行删除的线性表。在队列中,允许插入的一端叫做队尾,由队尾指针指示;允许删除的一端叫做队头,由队头指针指示。队头和队尾指针均随着队列元素的增减而浮动。

队列虽然也是线性表,但它又是一种插入和删除结点都受限的线性表,队列要求只能在队尾插入、队头删除。先入队的元素一定先出队,所以,队列又是一种"先入先出"的数据结构,故又称为"先进先出表"。

队列的形象如图3-6所示。

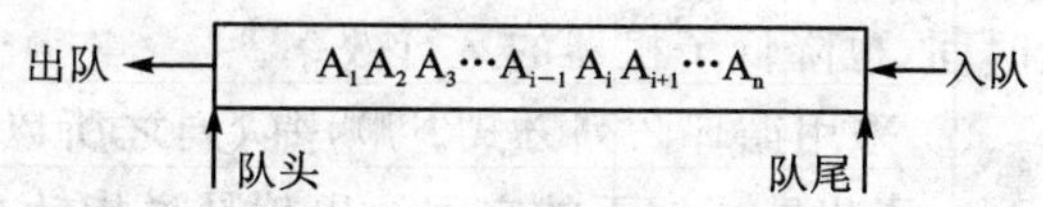

图3-6　队列形象

队列的存储结构也可以分为顺序存储结构和链式存储结构。

3.2.1 队列的顺序存储结构和循环队列

顺序队列以一个数组来实现队列的顺序存储。在建立顺序队列结构时,必须静态地由系统分配或动态申请一块连续的内存空间。由于在出队和入队过程中都分别涉及到队头和队尾的操作,故另设两个指针:队头指针(front)和队尾指针(rear),分别指向队头元素在队列中的实际位置和队尾元素在队列实际位置的后一个位置。队列的顺序存储类型可定义如下。

描述3-3　顺序队列的结构类型

```
#define n 1000    //队列元素的个数最大值
typedef struct{
  ElemType  q[n];
  int       front,rear;
}Squeue;
```

这样,当rear=front时表示队列为空;当rear－front=n时表示队列已满。

顺序队列(设为Q)的形象如图3-7所示。

约定在初始化队列时,令front=rear=0;而每当插入一个元素,队尾指针后移一个位置;每当删除一个元素,队头指针后移一个位置。这样,在一段时间的插入和删除操作之后,整个

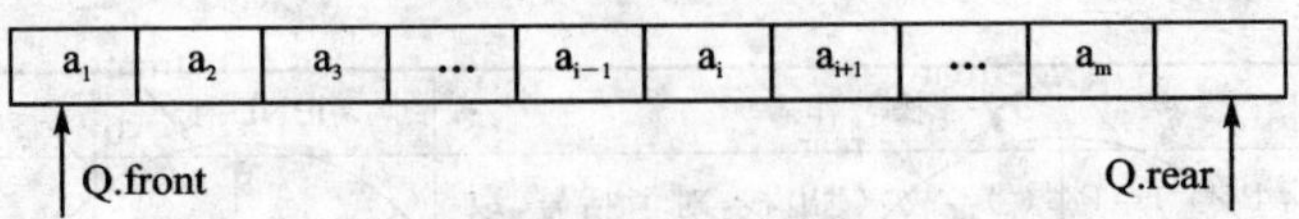

图3-7 顺序队列的形象

队列将在预先分配的连续存储空间内"向后滑动"一段距离(如图3-8所示)。最终将会达到这样一种情形：rear≥n(队列的最大容量)，此时不能继续再插入元素，否则会因数组越界而招致内存溢出，并且也不宜通过存储再分配来扩大数组空间，因为原来分配的空间实际上并没有用完，否则将会造成巨大的空间浪费。这种队列中尚有足够的空间，但元素却不能入队的现象被称为顺序队列的"假溢"现象。

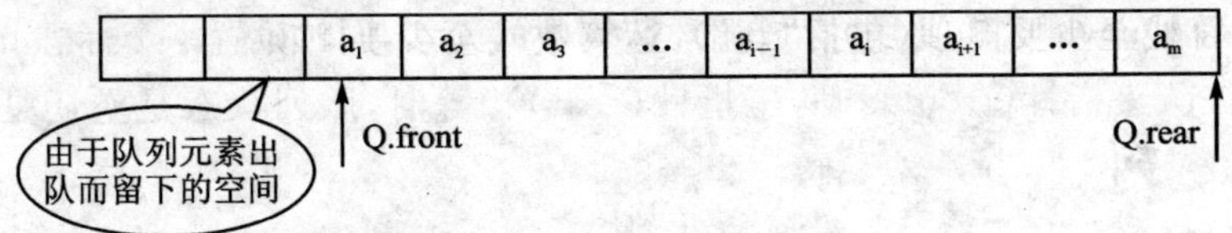

图3-8 顺序队列假溢

为了避免出现"假溢"现象，可采取以下几种方法：

① 每当删去一个队头元素，则可依次移动队列中的元素并修改队尾指针和队头指针，即总是使队头指针指向队列中的第一个位置。但是，这样就需要做很多的元素移动，既浪费了大量时间，也降低了机器的运行效率。

② 采用循环队列方式。顺序队列之所以会出现"假溢"现象是因为它无法充分利用由于队列元素出队而留下的空间。也就是说指针在达到最大值后并不能自动地折回以重复利用已空出的空间。如果能够让队尾指针在到达数组最右端后自动返回到数组最左端，即实现指针的循环，则可以很好地解决顺序队列的"假溢"现象。这就是循环队列的设计思想。

3.2.2 循环队列

循环队列能够在队列即将发生"假溢"现象时使指针自动地折回，进而有效利用由于队列元素出队而留下的空间。其具体做法是将队列最后一个位置连接到第一个位置。但是要注意，这种循环并不是物理层面上的实现，而是通过数学中的取模(MOD)运算使队列在逻辑上实现循环，即分别对队头指针(front)和队尾指针(rear)取在队列最大容量(n)时的模。同样，队头指针(front)和队尾指针(rear)分别指向队头元素在队列中的实际位置和队尾元素在队列实际位置的后一个位置。循环队列的形象如图3-9所示。

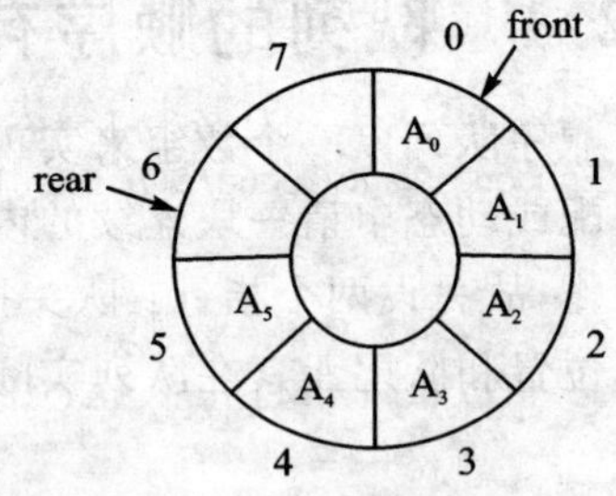

图3-9 循环队列形象

下面请看图3-10。由图3-10不难看出：当队列为空时，队头指针front和队尾指针rear的值相等，而当队列为满时，front＝rear。于是，问题就出来了：如果给定条件front＝rear，队列到底是空还是满？因此，必须对队列进行特殊处理。可采取以下几种方法：

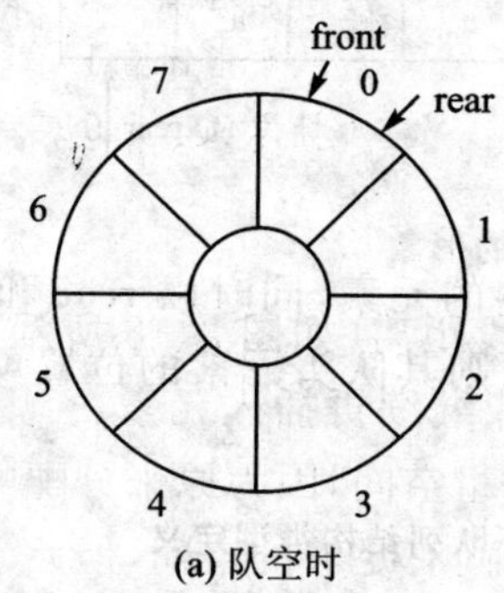

(a) 队空时

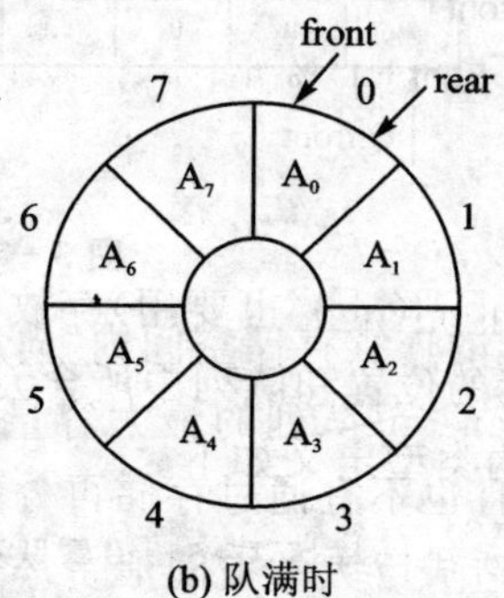

(b) 队满时

图 3-10　不加特殊处理的循环队列

① 设以数组 q[n](q[0]也要用)存放循环队列中的元素,同时设置一个标志 tag,以 tag=0 和 tag=1 来区别在队头指针(front)和队尾指针(rear)相等时,队列状态是空还是满。其结构类型定义如下。

描述 3-4　设置标志位的循环队列结构类型定义

```
#define n 1000                    //队列的最大容量
typedef struct{
    int front,rear,tag;           //队头、队尾指针及标志位
    ElemType   q[n];
}TagCQueue;
```

在这种结构下,判断循环队列为空的条件是 front==rear &&tag=0,判断循环队列为满的条件是 front==rear &&tag=1,队列当前长度 L 的计算公式为

$$L=\begin{cases}\text{rear}-\text{front}, & \text{当 front}\neq\text{rear 时}\\ \text{tag}\times n, & \text{当 front}=\text{rear 时}\end{cases}$$

入队操作的算法实现如下。

算法 3-8　带标志位的循环队列的入队操作

```
Enqueue(TagCQueue &Q, ElemType e)
{
   //将元素 e 插入队列
   if(Q.front==Q.rear &&Q.tag=1) Error("队列已满");
   Q.q[rear]=e;                                  //元素进队列
   Q.rear=(Q.rear+1)% n;                         //尾指针增1
   Q.tag=1;                                      //标志位改为1表示不空
}
```

出队操作的算法实现如下。

算法 3-9　带标志位的循环队列的出队操作

```
Dequeue(TagCQueue &Q, ElemType &e)
{
   //删除队头元素,并用 e 返回
   if(Q.front==Q.rear &&Q.tag=0) Error("队列已空");
```

```
    e=Q.q[Q.front]                                    //用 e 返回队头元素
    Q.front=(Q.front+1)% n;                           //队头指针增 1
    Q.tag=0;                                          //标志位改为 0 表示不满
}
```

② 设以数组 q[n](q[0]也要用)存放循环队列中的元素,同时以 rear 和 length 分别指示循环队列队尾元素的位置和队列中所含元素的个数,则其队头元素的位置可以表示为 rear-length+1。其结构类型定义如下。

描述 3-5 设置队列长度的循环队列结构类型定义

```
#define n 1000                                        //队列的最大容量
typedef struct{
    int rear,length;                                  //队尾指针及队列长度
    Elemtype  q[n];
}LCQueue;
```


在这种结构下,判断循环队列为空的条件是 length==0,判断循环队列为满的条件是 length==n。

入队操作的算法实现如下。

算法 3-10 设置队列长度的循环队列的入队操作

```
Enqueue(LCQueue &Q, ElemType e)
{
    //将元素 e 插入队列
    if(Q.length==n) Error("队列已满");
    Q.q[Q.rear]=e;                        //元素进队列
    Q.length++;                           //队列长度增 1
    Q.rear=(Q.rear+1)%n;                  //队尾指针增 1
}
```

出队操作的算法实现如下。

算法 3-11 设置队列长度的循环队列的出队操作

```
Dequeue(LCQueue &Q, ElemType &e)
{
    //删除队头元素,并用 e 返回
    if(Q.length==0) Error("队列已空");
    e=Q.q[(Q.rear-Q.length+1+n)%n]  //用 e 返回队头元素
    Q.length--;                       //队列长度减 1
}
```

③ 少用一个元素空间,约定以"队列头指针在队列尾指针的下一个位置(逻辑环的下一个位置)上"作为队列满状态的标志。注意,存放队列元素的数组中 q[0]也要存放队列元素。其结构定义如描述 3-3 所示。

在这种结构下,判断循环队列为空的条件是 front=rear,判断循环队列为满的条件是 front=(rear+1)% n,队列当前长度表示为(rear-front+n)% n。

循环队列入队操作算法实现如下。

算法 3-12 少用一个元素空间的循环队列的入队操作

```
Enqueue(Squeue &Q,ElemType &e)
{
    if((Q.rear+1)%n==Q.front) Error("队列已满");
    Q.q[Q.rear]=e;
    Q.rear=(Q.rear+1)%n;
}
```

循环队列出队操作算法实现如下。

算法 3-13 少用一个元素空间的循环队列的出队操作

```
Dequeue(Squeue &Q,ElemType &e)
{
    if(Q.front==Q.rear) Error("队列已空");
    e=Q.q[Q.front];
    Q.front=(Q.front+1)%n;
}
```


Example 3-6(中山大学)

循环队列存储在数组 A[0..m]中,则入队时的操作为(　　)。

A. rear=rear+1　　　　B. rear=(rear+1) mod (m-1)

C. rear=(rear+1) mod m　　　　D. rear=(rear+1) mod (m+1)

【解析】

题目中没有说明队列有特殊的判空条件,也没有说明队列的存储结构中有最大容量的成员变量,故可以认为该队列为少用一个元素空间的循环队列。队列的入队操作在队尾进行,因此队尾指针 rear 要自增 1;由于该队列为循环队列且少用一个元素空间,故还需要考虑到若插入该元素后队列已经到达了数组的末尾,此时需要在逻辑上进行循环操作,即使用模运算,对队列的最大容量 m 取模。

于是,本题答案为:C。

Example 3-7(浙江大学)

若用一个大小为 6 的数组来实现循环队列,且当前 rear 和 front 的值分别为 0 和 3,当从队列中删除一个元素,再加入两个元素后,rear 和 front 的值分别为多少?(　　)

A. 1 和 5　　　　B. 2 和 4　　　　C. 4 和 2　　　　D. 5 和 1

【解析】

循环队列的初始状态如图 3-11(a)所示。当出队时,队头指针 front 的值增加,反映在图上就是 front 要顺时针旋转,删除一个元素就要向顺时针方向移动一个元素的位置,到达 4;当入队时,队尾指针 rear 的值增加,反映在图上就是 rear 按顺时针旋转,加入两个元素就要按顺时针移动两个元素的位置,到达 2,如图 3-11(b)所示。

所以,本题答案为 B。

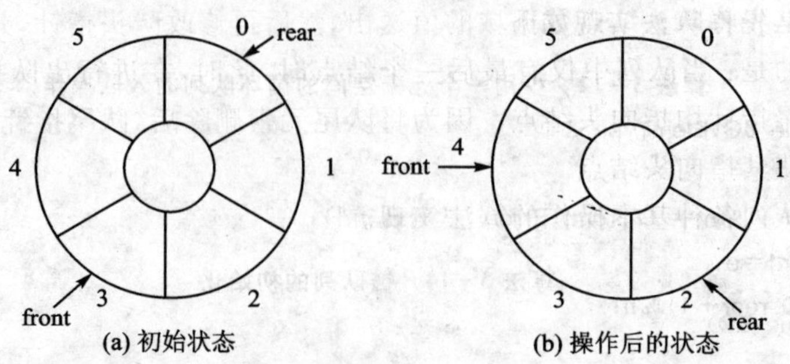

图 3-11 循环队列状态

Example 3-8(北京工商大学)

假设以数组 A[m]存放循环队列的元素,其头尾指针分别为 front 和 rear,则当前队列中的元素个数为(　　)。

A. (rear－front＋m)%m　　B. rear－front＋1

C. (front－rear＋m)%m　　D. (rear－front)%m

【解析】

显然,该循环队列的最大存储容量为 m。由于队头指针和队尾指针的值总是在原来的基础上增加,为避免其值超出数组上界,故必须将其值对 m 做取模运算;另一方面,经过一系列的插入和删除操作后,并不能保证队尾指针的值就一定比队头指针的值大。故当前队列的元素个数应为(rear－front＋m)%m。所以,本题答案为 A。

3.2.3 链队列

用链表表示的队列就是链队列,链队列可以用任意地址的内存空间来存放队列元素。一个链队列就是一个存取结点受限的单链表。一个链队列设有一个队头指针和一个队尾指针,并通过队头队尾指针的移动来完成出队和入队操作。一个链队列由一个队头指针和一个队尾指针唯一确定。与一般的线性链表一样,为方便起见也给链队列设置一个头结点,由队头指针指示。只要内存有空间,链队列就不存在队满和溢出的问题。当队头和队尾指针指向头结点时,表示该队列为空。

下面给出链队列结点的结构定义。

描述 3-6 链队列的定义

```
typedef struct LQNode{
    ElemType        data;
    struct LQNode  *next;
} LQNode, *LQPtr;                    //链队列结点结构定义
typedef struct{
    LQPtr front,rear;
}Lqueue;                             //链队列类型定义
```

链队列与链表的操作基本相似,不同的是链队列只允许在表尾进行插入操作,而在表头进行删除操作。

入队操作就是在申请一个结点后,便将其链接到队尾结点之后,同时修改队尾指针。

出队操作就是先将队头结点数据域的值送出,然后再修改队头指针,并释放空闲出的内存空间。值得一提的是:当队列中仅有最后一个结点时,此时,在进行出队操作后,应将队列置空,即将队头、队尾指针均指向头结点。因为将队尾元素删除后,队尾指针也丢失了,所以必须给队尾指针赋值使其指向头结点。

下面给出链队列各种基本操作的算法实现。

算法 3-14 链队列的初始化

```
InitQueue(Lqueue &Q)
{
  //建立一个空队列
  Q.front=Q.rear=(LQPtr)malloc(sizeof(LQNode));
  if(!Q.front) exit(OVERFLOW);
  Q.front->next=NULL;
}
```

算法 3-15 链队列入队操作

```
Enqueue(Lqueue &Q,ElemType e)
{
  //插入元素 e 为新的队尾元素
  p=(LQPtr)malloc(sizeof(LQNode));
  if(!Q.front) exit(OVERFLOW);
  p->data=e;
  p->next=NULL;
  Q.rear->next=p;
  Q.rear=p;
}
```

算法 3-16 链队列的出队操作

```
Dequeue(Lqueue &Q,ElemType &e)
{
  //如果队列不空则删除队头元素,并用 e 返回
  if(Q.front==Q.rear) Error("队列已空");
  p=Q.front->next;
  e=p->data;
  Q.front->next=p->next;
  If(Q.rear==p)              //注意,当删除最后一个结点后应置队列为空
    Q.rear=Q.front;
  free(p);
}
```

Example 3-9(南京理工大学)

栈和队都是(   )。

A. 顺序存储的线性结构　　B. 链式存储的非线性结构

C. 限制存取点的线性结构　　D. 限制存取点的非线性结构

【解析】

栈和队列都是线性结构，并且都是存取点受限的线性结构，即插入和删除操作都只能在一端进行操作。所以，本题选择C。

Example 3-10(南京理工大学)

设栈S和队列Q的初始状态为空，元素e1,e2,e3,e4,e5和e6依次通过栈S，一个元素出栈后即进入队列Q，若6个元素出队的序列是e2,e4,e3,e6,e5,e1，则栈S的容量至少应该是(　　)。

A. 6　　B. 4　　C. 3　　D. 2

【解析】

栈对连续输入若干数据的操作是按“先进后出”的原则进行的，而对于在输入过程中又夹杂了输出操作的情况，并不满足这个原则；队列对数据的操作则是按“先进先出”的原则，无论是连续输入还是在输入过程中夹杂了输出操作的情况都满足这个原则。于是，一组输入元素经过栈后其相对顺序可能会发生变化，而经过队列则仍保持入队时的顺序。

因此，本题中给出的条件“元素e1,e2,e3,e4,e5和e6依次通过栈S，一个元素出栈后即进入队列Q，若6个元素出队的序列是e2,e4,e3,e6,e5,e1”实际上就是说入栈序列为e1,e2,e3,e4,e5和e6，而出栈序列为e2,e4,e3,e6,e5和e1，求栈的容量。

根据栈的输入和输出操作特点以及上述输入和输出序列，不难得出其操作过程如图3-12所示。

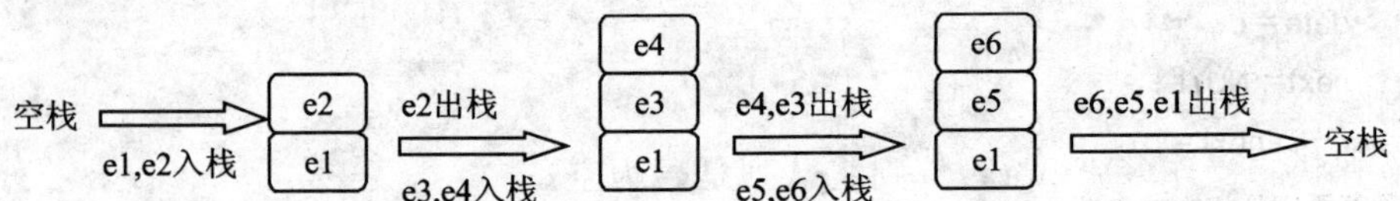

图3-12　栈的变化情况

整个过程中，栈所用的单元最多为3个，由此可推断栈S的容量至少应该是3，即本题答案为C。

总结：

在第j个入栈的元素e_j刚进入栈的瞬间，若此前没有任何一个元素出栈，由于此时入栈的元素数等于j，则栈S的容量至少应等于j；若由于各元素出入栈的方式不同，导致$n_j(0<n_j<j)$个早于e_j入栈的元素在e_j入栈之前就已经出栈了，则在e_j刚入栈的瞬间，栈S至少应有$j-n_j$个空间存放仍停留在栈中的元素。因此，不难得到如下结论。

结论　如果设N_j为元素e_j顺利入栈所要求栈S应具有的最小容量，则$N_j=j-n_j$(n_j为在出栈序列中比元素e_j早入栈且早出栈的元素数)。

若设需要入栈的元素数为m，则为保证任何元素出入栈的顺利进行，栈S所具有的最小容量应为$\max(N_j)(0<j\leqslant m)$。

可以利用上述结论来解决求栈最小容量类的问题。

Example 3-11

设栈S和队列Q的初始状态为空，元素A,B,C,D,E,F,G依次通过栈S，一个元素出栈后即进队列Q，若7个元素出队的序列是B,D,C,F,E,A,G，则栈S的容量至少应该是(　　)。

【解析】

根据入栈序列，可以很容易地确定各元素的入栈序号 j 如下表所列：

j	1	2	3	4	5	6	7
入栈序列	A	B	C	D	E	F	G

本题中，由于各元素是可比较的，所以 n_j 可以理解为在出栈序列中位于 e_j 左边且比 e_j 小的元素数。根据上面的结论可以很容易地计算出各元素入栈时所要求 S 的最小容量；为满足所有元素的要求，栈 S 的最小容量应该取各元素要求容量的最大值。本题计算过程中的具体数据列于下表：

j	2	4	3	6	5	1	7
出栈序列	B	D	C	F	E	A	G
n_j	0	1	1	3	3	0	6
N_j	2	3	2	3	2	1	1
S 最小容量	3						

因此，本题答案为 3。

Example 3 - 12

利用栈模拟一个队列，并用栈的运算来实现该队列的如下运算：

① 插入操作(Enqueue)　插入一个元素；

② 删除操作(Dequeue)　删除一个元素；

③ 检查状态操作(QEmpty)　判定队列是否为空。

【解法一】

栈的操作特点是“先进后出”，插入和删除操作均在栈顶进行；而队列则是“先进先出”，插入操作在队尾进行，而删除操作则在队头进行。

由于栈和队列插入、删除操作的位置不同，故若用栈来模拟队列，需要使用两个栈(设为 S1 和 S2，且容量相同)才能完成任务。对于插入操作，栈需要在栈顶进行，而队列需要在队尾进行，故可以使用一个栈(不妨利用 S1)作模拟队列的基本存储空间，以栈顶作为模拟队列的队尾，这样，栈和队列的插入操作及判空操作就统一起来了。但是，删除操作需要在模拟队列的队头进行，即要在栈 S1 的栈底进行，而栈是不允许直接对栈底元素进行操作的，因此可以使用栈 S2 作为辅助存储空间，即将 S1 中的所有元素依次出栈并依次进入栈 S2 中，这样 S1 中的栈底元素就成为了 S2 中的栈顶元素，此时可对 S2 进行出栈操作，即实现了删除操作的主体部分，然后将 S2 中剩余的元素依次出栈并依次进入栈 S1 中，从而间接地利用栈的操作实现了模拟队列的删除操作。

下面是三种操作的具体实现方法。

算法 3-17　用栈模拟队列的操作(一)

```
Enqueue(Sqstack S1, Selemtype x)
{
  //将元素 x 入队
```

```
  if(IsFull(S1)) return;                     //队满,不可再入队
  push(S1, x);
}

Dequeue(Sqstack S1, Selemtype &x)
{
  //将元素 x 出队
  if(IsEmpty(S1)) return ;                   //队列空,不可再出队
  SetEmpty(S2);
  while(!IsEmpty(S1))                        //将 S1 中的元素"倒入"S2 中
  { pop(S1, &y); push(&S2, y); }
  pop(S2, x);                                //出队
  SetEmpty(S1);
  while(!IsEmpty(S2))                        //将 S2 中的剩余元素"倒回"S1
  { pop(S2, &y); push(S1, y); }
}

Qempty(Sqstack S1)
{
  //判断队列是否为空
  Return (IsEmpty(S1));
}
```


【解法二】

解法一中利用栈 S1 模拟队列,栈 S2 只是辅助空间,队列的容量只是一个栈的容量。这样,虽然入队和判空操作相对简单一些,但却没有充分利用 S2 的空间;同时,每删除一个元素之前都要将所有元素"倒入"S2,删除之后再"倒回"S1,使得元素移动过于频繁。

鉴于此,可将 S2 也视作队列的一部分,S1 作输入栈,若 S1 不满则逐个元素进栈即可;若 S1 满而 S2 为空,则将 S1 中的元素"倒入"S2 中,然后再将要入队的元素进栈 S1,以此模拟队列元素的入队。当需要出队时,若 S2 空,则将栈 S1 的元素"倒入"栈 S2 中,然后 S2 出栈即实现了队列的出队;若 S2 不空,则 S2 直接出栈即实现模拟队列的出队。显然,只有栈 S2 为空且 S1 也为空,才算是队列空。这样既充分利用了两个栈的空间(模拟队列的容量为两个栈的容量之和),又减少了元素的频繁移动。

该算法的具体实现如下:

算法 3-18　用栈模拟队列的操作(二)

```
Enqueue(Sqstack S1, Sqstack S2, Selemtype x)
{
  //S1 作为输出栈
  if(IsFull(S1) && !IsEmpty(S2))             //S1 满且 S2 非空,这时队满了,不能再入队
  { printf("栈满"); return; }
  if(IsFull(S1) && IsEmpty(S2))              //若 S1 满且 S2 为空
  while(!IsEmpty(S1))                        //则先将 S1 的元素"倒入"S2 中,然后再入队
```

```
  { pop(S1，&x)；push( &S2，x)；}
  push ( &S1，x)；                                     //S1 不满，可直接入队
}

Deqeue(Sqstack S1，Sqstack S2，Selemtype &x)
{
  //S2 是输出栈
  if( !IsEmpty(S2))                                    //栈 S2 不空，则直接出队
    pop (S2，x)；
  else if (IsEmpty(S1))
  { printf("队列空")；return；}                        //若两个栈都空，则判定队空
  else                                                 //S1 不空而 S2 空
  {
    while( !IsEmpty(S1))                               //先将栈 S1 倒入 S2 中
    { pop(S1，x)；push(S2，x)；}
    pop(S2，x)；                                       //再做出队操作
  }
}

Qempty(Sqstack S1，Sqstack S2)
{
  //只有栈 S1 和 S2 同时为空，模拟队列才为空
  return (IsEmpty(S1) && IsEmpty(S2))；
}
```

第4章 字符串

【学习要点】

1. 熟悉串的有关概念以及串和线性表的关系。

2. 掌握串的各种存储结构,比较其优缺点,从而学会各种存储结构的选用。

3. 重点掌握串的各种基本运算,并能利用这些基本运算实现串的其他运算。

4. 理解串匹配的 KMP 算法,熟悉 next 函数的定义,学会手工计算给定模式串的 next 函数值和改进的 next 函数值。

【要点精讲】

字符串数据是计算机中最常见的数据。字符串也是一种线性结构,它与线性表的明显区别在于,其每个数据元素都转换为字符,是一个字符序列。而这一特点也使得对字符串的操作又有其特殊性。字符串的各种操作及其各种组合操作可以完成其他功能,在学习过程中应重点掌握各操作的实现机理并能灵活运用。其中的模式匹配算法及其改进算法,在模式识别、信息安全的内容监控和入侵检测等领域有着广泛的应用。在本章中只是抛砖引玉地介绍模式匹配的较为简单的实现算法,其他更加高效的匹配算法,请感兴趣的读者查阅相关文献。

4.1 串类型的相关概念

字符串是由零个或多个字符组成的有限序列,记作:

$$S="a_1a_2a_3a_4a_5\cdots a_n" \quad (n\geqslant 0)$$

其中,S 为串名;引号引起来的字符序列 $a_1a_2a_3a_4a_5\cdots a_n$ 是串的值,引号本身不属于串;串中字符的个数 n 为串的长度;$a_i(1\leqslant i\leqslant n)$ 可以是数字、字母或其他字符;字符 a_i 在序列中的序号 i 称为字符在串中的位置。

两个串相等的充分必要条件是两个串的长度相等且各个对应位置上的字符也相等。

串中任意个连续字符组成的子序列称为该串的子串。包含子串的串相应地称为主串。子串在主串中的位置用子串的第一个字符在主串中的位置来表示。一个串可看做是自身的子串;空串可视为任意串的子串。

Example 4-1

若串 s="software",其子串(不包括空串)数目是(   )。

A. 8　　B. 37　　C. 36　　D. 255

【解析】

本题考察的是子串的基本概念。

有的同学一见题便立即奋笔疾书,于是便写出以下的计算式和答案:

$$\binom{1}{8}+\binom{2}{8}+\binom{3}{8}+\cdots+\binom{8}{8}=2^8-1=255$$

其中，$\binom{n}{m}$表示在m个数中任意取其中的n个数的组合数，并将其解释为：长度为n的串的不同子串的所有个数。因此，得到答案D。可是，仔细考虑一下就会发现这种解法实际上是错误的。因为，他没有真正理解子串的概念。这里再强调一下子串的概念：串中任意个连续字符组成的子序列称为该串的子串。上述解法的错误在于没有注意到子串的字符序列在主串中也必须是连续的。比如：字符串"fe"不应该是s的子串，但是在上述解法中却被包含于其中了。这道题正确的解法应该是：长度为1的不同子串有8个，长度为2的不同子串有7个…长度为7的有2个，长度为8的有1个，于是总共有：8＋7＋6＋…＋2＋1＝36(个)。

结论　一般，长度为n的主串，其不同子串(不包括空串)个数为

$$n+n-1+n-2+\cdots+2+1=n\times(n+1)/2$$

辨析　空格串和空串

空格串是由一个或多个空格组成的串，其长度为其所含空格字符的个数。空串则是没有任何内容的串，其长度为零，一般用“Φ”表示。空串可作任何串的子串。

字符串是一种特殊的线性表，它的每个数据元素仅由一个字符组成。但是串的基本操作与线性表有很大差异，线性表的基本操作多以“单个元素”为操作对象，而对于串的基本操作，通常以串的“某个整体”作为操作对象，比如：查找子串、取子串、插入或删除子串等操作都是对“子串”这样的整体进行操作的。

串的基本操作包括：

① 串复制 StrCopy(&T,S)　将已存在的串S复制得到串T。

② 串比较 StrCompare(S,T)　按字典顺序比较串S和串T，返回其差值。

③ 串联接 Concat(&T,S1,S2)　用串T返回已存在的串S1和串S2联接后的新串。

④ 求串长 StrLength(S)　返回已存在的串S的长度。

⑤ 求子串 SubString(&Sub,S,pos,len)　用Sub返回串S中从第pos个字符开始长度为len的子串。要求1≤pos≤StrLength(S)且0≤len≤StrLength(S)－pos＋1。

⑥ 串定位 Index(S,T,pos)　若串S中存在与串T值相同的子串，则返回其在S中第pos个字符之后第一次出现的位置；否则返回0。

⑦ 串置换 Replace(&S,T,V)　用串V替换主串S中出现的所有与非空串T相等的不重叠的子串。

⑧ 串赋值 StrAssign(&T,chars)　生成一个其值等于字符串常量chars的串T。

串赋值、串比较、求串长、串联接、求子串等5种操作构成了字符串类型的最小操作集。也就是说，这些操作不可能由其他操作来实现，但是其他串操作均可以在这个最小操作子集上实现。

Example 4-2(东北大学)

已知3个字符串分别为s＝"ab…abcaabcbca…a"，s′＝"caab"，s″＝"bcb"，利用所学字符串基本运算函数得到结果串为

$$s'''="caabcbca\cdots aca\cdots a"$$

要求写出得到上述结果串所用的函数和执行的算法。

【分析】

仔细观察可发现：串 s′和串 s″都是串 s 的子串；同时串 s‴又可以看做是由 S1 和 S2 两部分联接而成的，即 s1＝"caabcbca…a"和 s2＝"ca…a"。而 s1 和 s2 也分别为串 s 的子串，且 s1 在 s 中的位置等于 s′在 s 中的位置，可以利用求子串函数得到 s1。现在关键的问题是如何在 s 中定位 s2 以便从 s 中取出。现在可以定位 s″，而 s2 在 s 中的位置则可通过 s″的位置加 3 得到。

【解】

通过【分析】得知，需要用到的函数分别为求子串 SubString(&Sub,S,pos,len)、串定位 Index(S,T,pos)和串联接 Concat(&T,S1,S2)3 个函数。因此得到结果串所执行的算法实现如下。

算法 4-1　利用串基本运算构造新算法

```
CharsConcat( &s‴,s,s′,s″)
{
  i1 = index(s,s′,1);                       //找到 s′在 s 中的位置,即 s1 在 s 中的位置
  i2 = index(s,s″,1) + 3;                   //定位 s2 在 s 中的位置
  substring( &s1,s,i1,strlength(s) - i1 + 1);  //求出 s 的子串 s1
  substring( &s2,s,i2,strlength(s) - i2 + 1);  //求出 s 的子串 s2
  concat( &s‴,s1,s2)                        //将串 s1 和 s2 联接成结果串 s‴
}
```


Example 4-3(北方交通大学，山东科技大学，南京大学)

已知：s＝"(xyz)＋∗"，t ＝"(x＋z)∗y"。试利用串联接、求子串和串置换等基本运算，将 s 转换为 t 。

【解析】

串 s 中子串"(xyz)"和串 t 中子串"(x＋z)"只有中央的字符不同，故可以使用置换函数将其转换：首先用求子串函数将′y′从 s 中分离出来，然后通过置换函数将 s 中的′y′替换为′＋′，从而得到 t 的一个子串"(x＋z)"(设该子串为 s1)，如果从 s 中分离出字符′∗′，则可以利用联接操作依次将′∗′和′y′附加在 s1 后，从而构成完整的 t，也即完成了从 s 到 t 的转换。其具体实现过程如下。

```
substring( &s1,s,1,5);        //从串 s 中分离出子串"(xyz)"
substring( &s2,s,3,1);        //从串 s 中分离出′y′
substring( &s3,s,6,1);        //从串 s 中分离出′+′
substring( &s4,s,7,1);        //从串 s 中分离出′∗′
replace( &s1,s2,s3);          //将子串 s1 中的′y′用′+′来代替
concat( &s,s1,s4)             //将子串"(x+z)"和′∗′联接
concat( &s,s,s2);             //将子串"(x+z)∗"和′y′联接
```

4.2　字符串的存储表示和实现

4.2.1　定长顺序存储表示

串的定长顺序存储是用一组地址连续的存储单元存储串值的字符序列，可以用数组进行描述，并用下标为零的数组分量存放串的当前长度。其结构描述如下。

描述 4-1 串的定长顺序存储表示

```
#define n 255                        //串的最大长度
typedef  char Sstring[n+1];          //Sstring[0]存放串的长度
```

串的长度范围为[0,n],如果串的长度超过 n,则超出部分的串值被舍去,称之为"截断"。串的定长存储形象如图 4-1 所示。

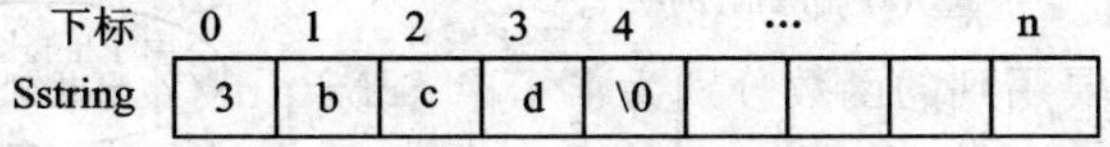

图 4-1 串的定长存储形象

串的定长顺序存储结构,其串值空间的大小在编译时就已经确定了,该空间是静态的,因而难以适应插入、联接等操作。一般在操作过程中,当出现串值序列长度超过预定义的大小 n 时,则约定用"截尾法"处理。由于在大多数情况下,串的操作是以整体形式参与,则在应用程序中,参与运算的串变量之间的长度相差较大,并且在操作中串值长度的变化也较大。为克服这些弊病,最好不要限定串长的最大长度,也就是动态分配串值的存储空间,这就是堆分配存储表示的思想。

4.2.2 堆分配存储表示和实现

串的堆分配存储表示是以一组地址连续的存储单元存储串值。但是与定长顺序存储不同的是,堆分配的存储空间是在程序执行过程中动态分配而得到的。在 C 语言中,堆是由系统函数 malloc()和 free()来管理的。其存储结构的类型定义如下。

描述 4-2 串的堆分配存储

```
typedef struct{
  char *ch;            //按串长分配存储区,(ch[0]也存放字符);若为空串则 ch 为 NULL
  int  length;         //串长度
}HString;
```

串的堆分配存储形象如图 4-2 所示。

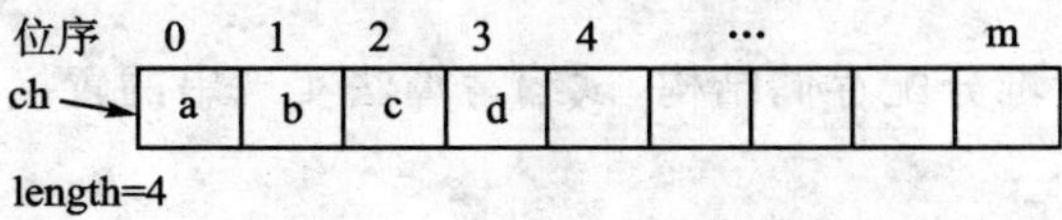

图 4-2 串的堆分配存储形象

这种存储结构的串既有顺序存储结构的特点,处理方便,又在操作中对串长没有任何限制,更显得灵活。

Example 4-4

现有采用堆分配存储的字符串 s,试编写一个算法删除 s 中从第 i 个字符开始的 j 个字符。

【解析】

先判定 s 中是否存在要删除的内容,如果有则将第 i+j-1 之后的字符前移 j 个位置,即实现了将第 i 及其以后的 j-1 个字符从 s 中删除。

i+j−1
i
位序 0 1 2 3 4 5 6 … m
ch a b c d e f g
length=7

(a) 删除前(例i=1, j=3)

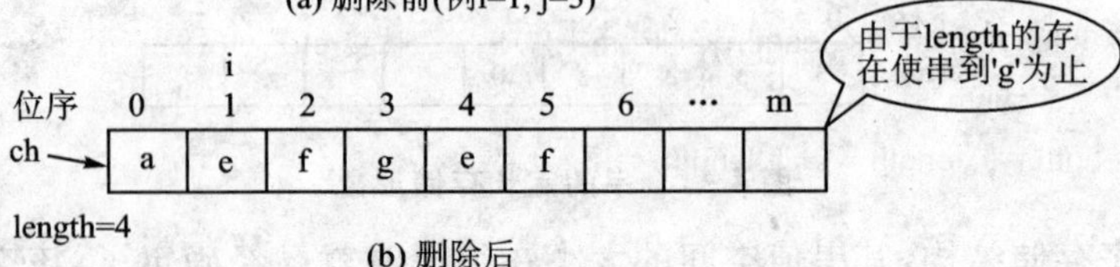

(b) 删除后

图 4-3 Example 4-4 图

具体算法实现如下。

算法 4-2 删除串的某个子串

```
DelIJ( &s,i,j)
{
  //删除 s 中从第 i 个字符开始的 j 个字符;成功则返回新串长,否则返回-1
  if(i+j<s.length)
  {
      //能成功删除
      for(h=i;h<(i+j);h++)           //将第 i 及其以后的 j-1 个字符从 s 中删除
        s.ch[h]=s.ch[h+j];
      s.length-=j;                   //修改串 s 的 length 属性,使之能表示新串长度
      return s.length;
  }
  else return -1;
}
```

Example 4-5

假设串的存储结构为堆分配存储结构,试编写算法实现串的置换操作。

【解析】

所谓置换操作就是将主串(s)中某一个子串(s1)用给定的串(t)来代替。这里介绍两种算法。

1) 算法 1

可以把 s 中子串 s1 之前的所有字符提取出来,设为 str1;再将 s1 后面的所有字符提取出来,设为 str2;最后将 str1,t 和 str2 联接起来。其具体算法实现如下。

算法 4-3 子串置换

```
HsReplace1( &s,i,j,t)
{
  //将 s 中从第 i(0≤i<s.length)个起长度为 j 的子串(s1)置换为串 t
  //如果操作成功则返回新串长度,否则返回-1
```

```
    if(i+j-1>s.length) return -1;                  //给出的 s1 的参数不合理
    ss=(HString *)malloc(sizeof(HString));
    for(k=0;k<i;k++)                               //将 str1 赋给 ss[0..i-1]
      ss.ch[k]=s.ch[k];
    for(l=0;l<t.length;k++,l++)                    //将 t 赋给 ss[i..i+t.length-1]
      ss.ch[k]=t.ch[l];
    for(m=(i+t.length);m<s.length;k++,m++)         //联接 str2
      ss.ch[k]=s.ch[m];
    s=ss; s.length=s.length-j+t.length;
}
```

这种方法比较容易想到，但是由于在程序运行过程中需要有一个辅助空间来暂时存放正在联接的字符串，所以，这种算法从空间性能上来说是不太经济的。下面介绍一种仅在原空间上实现置换的算法。

2) 算法 2

本算法在原空间上就地置换字符串，需要分 3 种情况：

① 当 t 的长度和 s1 的长度相等时，可以直接替换；

② 当 t 的长度大于 s1 的长度时，需将 s 中 s1 以后的所有字符后移，以空出足够的空间来存放 t，s1 比 t 少几个字符，这些字符就后移几个位置。其置换操作如图 4－4 所示。

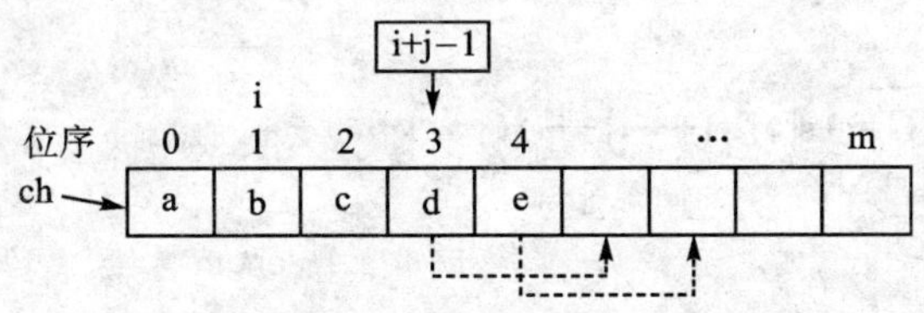

图 4－4　被置换串长小于置换串长

③ 当 t 的长度小于 s1 的长度时，需将 s 中 s1 以后的所有字符前移，以填补 s1 被 t 替换后所剩余的空间，s1 比 t 多几个字符，这些字符就前移几个位置。其置换操作如图 4－5 所示。

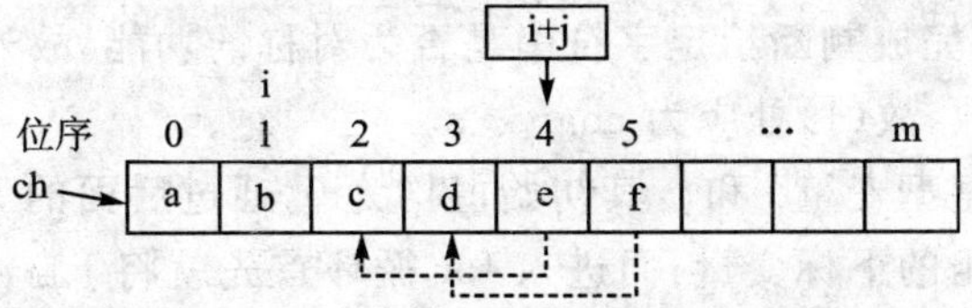

图 4－5　被置换串长大于置换串长

具体算法实现如下。

算法 4－4　子串置换 2

```
HsReplace2( &s,i,j,t)
{
  //将 s 中从第 i(0≤i<s.length)个起长度为 j 的子串(s1)置换为串 t
```

```
  //如果操作成功则返回新串长度,否则返回-1
  if(i+j-1>s.length) return -1;              //给出的 s1 的参数不合理
  if(j>t.length)                              //被置换的串较 t 长,需前移字符
      for(k=(i+j);k<s.length;k++)             //后移 j-t.length 个位置
        s.ch[k-(j-t.length)]=s.ch[k];
  else                                        //被置换的串不比 t 长(相等时不须移动,小于时须后移)
      for(k=s.length-1;k>=i+j;k--)            //将 s 中第 i+j 以后所有字符
        s.ch[k+(t.length-j)]=s.ch[k];         //后移 t.length-j 个位置
  for(k=1;k<t.length;k++) //将 t 插入
      s.ch[i+k-1]=t.ch[k];
  s.length=s.length-j+t.length;
  return s.length;
}
```

Example 4-6(浙江大学)

下列程序判断字符串 s 是否对称,对称则返回 1,否则返回 0。如 f("abba")返回 1,f("abab")返回 0。

```
int f(____(1)____)
{
  int i=0,j=0;
  while(s[j])____(2)____;
  for(j--; i<j && s[i]==s[j]; i++,j--);
     return(____(3)____);
}
```

【解析】

当字符串对称时,称为回文。

判断某个字符串是否为回文的最常用方法是将所有位置对称的两个字符相比较,若每对对称位置上的字符都相等,则表明整个字符串是回文;一旦有一对对称位置上的字符不相等即可判定该字符串不是回文。本题的程序正是采用了这个思想。

显然,题目所给程序完成判断给定字符串是否为对称的功能,故外界环境应提供给它一给定字符串 s 这样一个参数,故(1)处应为 char ∗s。

函数中设置了两个整型变量 i 和 j,其初始值均为 0,通过后面的 for 循环可以得知这两个变量是用来作为字符数组的下标变量;而进入 for 循环首先就将 j 自减,在 C 语言中数组下标为负数是没有意义的,故可推断 while 循环应该对 j 进行操作,且使其值增大;另一方面,从该程序的思想角度看,要想对位置对称的两个字符进行比较需要有两个下标分别对应它们的位置。由此推断 while 的功能是令下标变量 j 指向字符数组最后一个字符。while 循环令 s[j]为判断结束的条件,即若 j 所指的字符为空则停止循环,此时 j 到达了字符数组的结束标志处,而 for 循环在初始处就将 j 前移了一个位置,使得 j 所指的字符不为空,这些都验证了上面对 while 循环功能的推断是正确的,于是(2)处应为 j++。

很明显,for 循环就是逐个对"位置对称的字符对"进行检查:一旦不相等循环就结束,到达(3)处,此时 i<j;若给定字符串是对称的,for 循环将因 i≥j 而结束,到达(3)处。于是,(3)

处应对 i 和 j 的值进行比较并作出决定是返回 1 还是返回 0。故(3)处应为 i<j?0 : 1。

所以，本题的答案为

(1) char *s　　(2) j++　　(3) i<j?0 : 1

4.2.3 串的块链存储表示

串的链式结构与线性表的链式结构相似，包括数据域和指针域。在用链表存储字符时，每个结点可以存放一个字符，也可以存放多个字符。当每个结点存放一个字符时，结点的指针域将占相当大的比例，造成空间浪费。为了节省空间，可以让每个结点的字符数大于1。而此时，字符串的所有字符并不一定能够占满所有结点，这使得最后一个结点中有空余的空间，这时可在这些空间上填补一些不属于常用字符集的特殊符号(如：'\0','#'等)。因此，在串的块链存储方式中，结点大小的选择是很重要的，它直接影响着串处理的效率，此效率可通过串值的存储密度(串值所占的存储位除以实际分配的存储位)来考虑。显然对于每个结点来说，所含字符越少存储密度越低，所占用的存储量也越大，但是对于运算处理来说却更方便。

一般情况下，串以块链存储表示时操作较为麻烦：当每个结点中存放多个字符时，如果对其进行插入操作，可能要分割结点；连接两个串时，还需要考虑第一个字符串尾结点中的非字符集的特殊符号。总的来说，块链结构不如上述两种存储结构灵活，故在此不再赘述。

4.3 串的模式匹配算法

设 S 和 T 是两个给定的串，在串 S 中寻找等于串 T 的子串的过程称为模式匹配。其中，S 称为主串，T 称为模式。若在 S 中找到其值等于 T 的子串，则称匹配成功，否则匹配失败。

4.3.1 朴素的模式匹配算法

最简单的模式匹配算法就是子串的定位操作 Index(S,T,pos)。

若串 S(长度设为 m)中存在和串 T(长度设为 n)值相同的子串，则返回其在 S 中第 pos 个字符之后第一次出现的位置，此时称为匹配成功；否则返回 0，此时称为匹配失败。

将主串 S 第 pos 个字符与模式 T 的第一个字符对应，并逐个字符比较，如果相等则继续往后比较；如果不等则说明以第 pos 个字符开始的长度为 n 的子串(称 S 中长度为 n 的子串为“可能与 t 匹配的子串”)与 T 不等，则需要按同样的方式比较以第 pos+1 个字符开始的长度为 n 的子串是否与 T 相等，如果相等则匹配成功；如果不等则比较以第 pos+2 个字符开始的长度为 n 的子串是否与 T 相等……直至 S 中以最后一个字符为尾字符的长度为 n 的子串与 T 相比，如果此时还不能匹配成功，则返回 0；否则返回匹配成功时的那个子串在 S 中的位置。图 4-6 给出了一个简单的用本算法实现的模式匹配过程。

算法实现如下。

算法 4-5 朴素模式匹配

```
Index(SString s, SString t, int pos)
{
    //s 和 t 均采用定长存储结构。匹配成功返回子串位置，否则返回 0
    i=pos; j=1;                    //对以第 pos 个字符开始的长度为 n 的子串匹配
```

```
    while(i<=s[0] && j<=t[0])
    {
        if(s[i]==t[j])              //有希望匹配成功,继续往后比较
        { i++; j++; }
        else
        { i=i-j+2; j=1; }           //j为已比较相等字符的个数
    }
    if(j>t[0]) return i-t[0];       //出现了能与t所有字符相等的子串
    return 0;
}
```


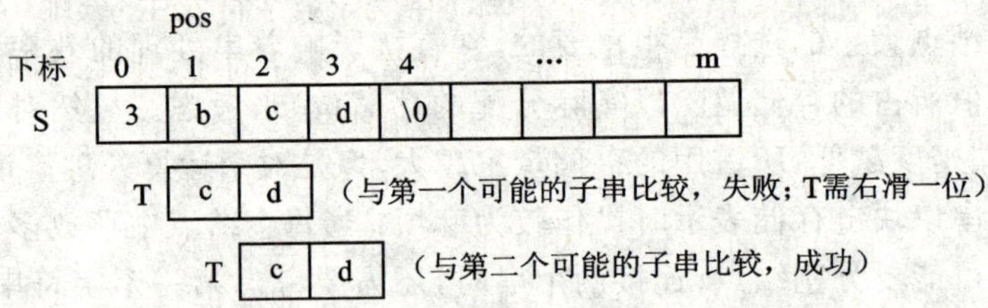

图4-6　朴素模式匹配算法的匹配过程

在最好的情况下,即存在以第pos个字符开始的长度为n的子串与t相匹配。此时,算法只进行n次比较就结束了。一般情况下,这种算法的时间复杂度为O(m+n)。

然而,在某些情况下,该算法的效率还是比较低的。如

s="aaaaaa…b",　t="aaaab"

则只存在以s中最后一个字符为尾字符的子串与t相匹配,在此之前与每个"有可能与t匹配的子串"进行匹配操作时,总是比到最后一个字符不相等;进而又与下一个"可能与t匹配的子串"进行匹配操作,直到最后一个与t匹配成功。这种情况下,"有可能与t匹配的子串"共有(m-n+1)-pos+1个。每一个都比较n次,所以总共比较(m-n-pos+2)×n次。故其时间复杂度可以认为是O(m×n)。

4.3.2　模式匹配算法的一种改进算法——KMP算法

在串的朴素模式匹配算法中,每当和一个"有可能与t匹配的子串"比较到某一个字符不等而必须重新与下一个进行匹配操作时,在与前一个匹配失败的子串比较后,除了提供一个"此子串不与t匹配"的信息外,别无其他操作。现在能不能利用前一个匹配失败的子串中已经得到的"部分匹配"的结果为以后的匹配操作提供便利进而减少比较次数呢?下面来看一个实例。

设主串s和串t为

s="ababcabcacbab",　t="abcac"

对t在s中定位的某一时刻T时的状态是

s: a_{1s} b_{2s} a_{3s} b_{4s} c_{5s} a_{6s} $\boxed{b_{7s}}$ c_{8s} a_{9s} c_{10s} b_{11s} a_{12s} b_{13s}

t:　　　　a_{1t} b_{2t} c_{3t} a_{4t} $\boxed{c_{5t}}$

其中,m_{is}表示串s中第i个位置上的字符为m,并且$m_{is}=m_{jt}=m_{it}=m_{js}$。

t 中前 4 个字符与 s 中相应的字符匹配，只有最后一个不匹配。按照朴素模式匹配算法，应将 t 后移一个字符位置，即与下一个“有可能与 t 匹配的子串”(b_{4s} c_{5s} a_{6s} b_{7s} c_{8s})继续进行匹配操作。首先应将 a_{1t} 和 b_{4s} 比较。但是，请注意：既然 t 和 s 的前 4 个字符匹配，即"$a_{1t}b_{2t}c_{3t}a_{4t}$"与"$a_{3s}b_{4s}c_{5s}a_{6s}$"“部分匹配”，则 $b_{2t}=b_{4s}$，而直接在串 t 中就可以看出 $a_{1t}\neq b_{2t}$，所以肯定 $a_{1t}\neq b_{4s}$，则不用再与 s 中的子串"b_{4s} c_{5s} a_{6s} b_{7s} c_{8s}"比较就已经得出结论：肯定不匹配，这一趟匹配过程就可以省了；同理，由于 $a_{1t}\neq c_{3t}=c_{5s}$，故 t 也不用再和“有可能与 t 匹配的子串”"c_{5s} a_{6s} b_{7s} $c_{8s}a_{9s}$"进行匹配了；而 $a_{1t}=a_{4t}$ 并且 $a_{4t}=a_{6s}$，故 $a_{1t}=a_{6s}$，所以不能确定 t 是否与子串"a_{6s} b_{7s} $c_{8s}a_{9s}$ c_{10s}"匹配(至少其首字符相同)，因此必须对其进行匹配操作。由以上分析看出，在时刻 T 以后，至少可以省略两趟匹配过程。看来在匹配过程中，如果在某个字符发生“失配”时，有时可以让串 t 向后移动多个字符位置，从而减少比较的次数。

那么，在匹配过程中如果 s 中第 i 个字符与 t 中第 j 个字符发生“失配”，t 应该后移几个字符位置再进行下一次匹配呢？若把焦点固定在 s 中第 i 个字符上，则上述问题就变成：下一次匹配操作应该使 s 中第 i 个字符与 t 中哪一个字符相比较？

假设下一次匹配应该与 t 中第 k(为尽可能减少比较次数，这个 k 应尽可能靠近 t 的串尾)个字符比较，当然这个假设的前提是：t 中的前 k－1 个字符分别与 s 中第 i 个字符以前的 k－1个字符相等。既然 s 中第 i 个字符与 t 中第 j 个字符能够进行比较，则说明 t 中前 j－1 个字符应该与 s 中第 i 个字符以前的 j－1 个字符分别对应相等。其具体关系如图 4－7 所示。

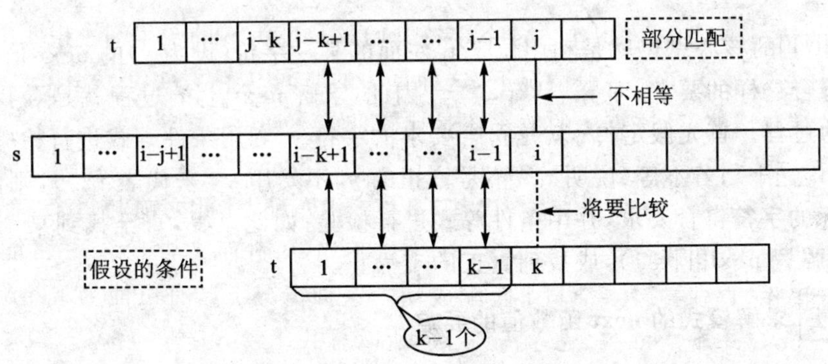

图 4－7 字符串匹配分析图

由图 4－7 的对应关系可以看出：s[i－k＋1]＝t[1]＝t[j－k＋1]…s[i－1]＝t[k－1]＝t[j－1]。由此，可以得出：如果对于模式 t 存在一个整数 k(k<j)，使得模式 t 中第 k 个字符之前的 k－1 个字符依次与第 j 个字符之前的 k－1 个字符相等，则当 t 中第 j 个字符与 s 中第 i个字符“失配”时，下一次匹配就将 s 中第 i 个及以后字符与 t 中从第 k 个字符起对应相比较。

为了求出 k，设置一个 next 数组。next[j]表示当模式 t 中第 j 个字符与 s 中第 i 个字符“失配”时，在模式 t 中需要重新与 s 中该字符进行比较的字符的位置。其定义为

$$next[j]=\begin{cases}0, & 当 j=1 时\\ \max\{k\mid 1<k<j, "t_1\cdots t_{k-1}"="t_{j-k+1}\cdots t_{j-1}", & 当此集合不空时\\ 1, & 其他情况\end{cases}$$

由此可见，next 数组的值与主串 s 无关，只与模式串本身有关。

按 j 值从小到大逐个求模式中第 j 个字符的 next 函数值，其步骤如下。

① next[1]=0。

② k=next[j−1]。

③ 如果 k=0,则 next[j]=1 时结束;否则继续第④步。

④ 将第 j−1 个字符与第 k 个字符比较:

- 若相等,则 next[j]=k+1,结束;
- 若不等,则 k=next[k],转到步骤③。

其算法实现如下。

算法 4-6 求模式的 next 数组值

```
get_next(Sstring t,int &next[])
{
  //求模式 t 的 next 值并存入数组 next
  i=1; next[1]=0; j=0;
  while(i<t[0])
  {
    if(j==0 || t[i]==t[j]){i++;j++;next[i]=j;}
    else j=next[j];
  }
}
```


求解 next[j]的核心思想就是利用位于 t_j 左面的某一字符(设为 y)的 next 值加上 1 而得。字符 y 必须符合这样的要求,即 $t_{j-1}=t_{next[y]}$。因此,求解 next[j]的过程就是寻找符合这一要求的字符 y 的过程。首先假定 t_{j-1} 就是符合要求的字符 y,利用条件等式进行检验,若相等,则 next[j]=next[y]+1;若不等(说明 t_{j-1} 不是真正的 y,不妨用 yy 来代表 t_{j-1}),则假定以 yy 的 next 值为下标的字符符合要求,并用条件等式进行检验;如此反复,直至找到某个字符的 next 值为 0(此时,强置 next[j]=1),或找到真正的 y 为止。

记忆方法 求解模式的 next 函数值的要点

在求解 next[j]的过程中,首先将字符 t_{j-1} 与字符 $t_{next[j-1]}$(设为 y1)比较,若相同,则取 y1 的 next 值加 1;若不同,则找到以 y1 的 next 值为下标的字符(设为 y2),并与 t_{j-1} 比较。如此反复。

这里再介绍一种比较直观而简单的手工算法:在模式第 j(j≥3)个字符(不含)以前的所有字符组成的最长字符串(设为 t′)中,寻找那些在 t′的首尾均出现的最长的子串(设为 s′,显然 s′为 t′的子串),若存在则 next[j]=strlength(s′)+1,否则 next[j]=1。

由上述可知,得到以下推论。

推论 next[1]=0, next[2]=1。

Example 4-7

设模式 t="ABAABC",j 为 t 中字符的位序,试求 t 中第 j 个字符的 next 值并填于下表。

j	1	2	3	4	5	6
模式(t)	A	B	A	A	B	C
next[j]						

【解析】

根据 next[j]的定义和推论有 next[1]=0,next[2]=1。

设由第 j 个字符以前所有字符组成的子串为 t′,在 t′中首尾均出现的长度最长的子串为 ss,根据上面介绍的手工算法,则:

- 当 j=3 时,t′="AB",ss="",故 next[3]=1;
- 当 j=4 时,t′="ABA",ss="A",故 next[4]=1+1=2;
- 当 j=5 时,t′="ABAA",ss="A",故 next[5]=1+1=2;
- 当 j=6 时,t′="ABAAB",ss="AB",故 next[6]=2+1=3。

因此,最终答案如下表所列。

j	1	2	3	4	5	6
模式(t)	A	B	A	A	B	C
next[j]	0	1	1	2	2	3

KMP 算法思想如下。

在求得模式的 next 函数后,匹配过程可按如下进行:假设指针 i 和 j 分别指向主串和模式中正待比较的字符,令 i 的初值为 pos,j 的初值为 1。若在匹配过程中 $s_i=t_j$,则 i 和 j 分别增 1,否则,i 不变,而 j 退到 next[j]的位置再比较;若相等,指针各自增 1,否则 j 再退到下一个 next 值的位置进行比较;依此类推,直至下列两种可能性出现:一种是 j 退到某个 next 值(该 next 值不为零)时字符比较相等,则指针各自增 1 继续进行匹配;另一种是 j 退到零(即模式的第一个字符“失配”),则此时需将模式继续向右滑动一个位置,即从下一个字符 s_{i+1} 起与模式重新开始匹配。

KMP 算法实现如下。

算法 4-7 利用模式的 next 函数的 KMP 匹配算法

```
index_KMP(SString s,Sstring t,int pos)
{
  //利用模式的 next 函数求 t 在 s 中第 pos 个字符后的位置的 KMP 算法
  i=pos; j=1;
  while(i<=s[0] && j<=t[0])
  {
      if(j==0 || s[i]==t[j]){i++; j++}          //有希望匹配成功,继续比较后续字符
      else j=next[j];                            //在 j 处“失配”,模式向后滑动 next[j]个位置
  }
  if(j>t[0]) return i-t[0];                      //找到与 t 匹配的子串
  return 0;
}
```

值得一提的是，虽然朴素的模式匹配算法的时间复杂度为O(m×n)，但是一般情况下，其实际执行时间接近于O(m+n)，只有当模式与主串之间存在许多"部分匹配"时，KMP算法才显得比朴素的模式匹配算法优越。

在某些情况下，next函数仍有其不足之处：当模式为"aaaab"时，可求出其next函数值为0,1,2,3,4。然而当模式中第4个'a'与主串中的相应字符"失配"时，根据其next函数值的指示，还需要将模式一个字符一个字符地向后移动。实际上，模式中前4个字符全是'a'，既然第4个'a'"失配"，当然前3个与主串中相应字符的比较也就"失配"了，完全可以将模式一直向后滑动4个字符的位置，并与主串中的那个字符相比。因此，再给出函数next的修正值函数nextval。此时，匹配算法不变，只是用nextval数组代替了next数组。

函数nextval的值可通过数组next(可视为静态链表)来求解。首先求出模式的next函数值，然后按j值(从1开始)从小到大逐个求模式中第j个字符的nextval函数值，其步骤如下。

① 对模式中第j个字符按下述方式求其nextval函数值。

ⓐ 将模式中第j个字符设为参照物x(即以后所有涉及到的字符均与之相比)，其next值设为k。

ⓑ 如果k=0，则nextval[j]=0，转到②；否则继续执行ⓒ。

ⓒ 将x与以k为下标的字符相比：

- 如果不等，则nextval[j]=k，转到②。
- 如果相等，则nextval[j]=nextval[k]，转到②。

② j自增1，即对模式的后一个字符进行处理；转到ⓐ。

通俗地说，求解模式的方法如下。

将nextval[1]置为零，对从第2个字符开始的每个字符a_j进行这样的处理：如果a_j与以其next值为下标的字符a_{next}不相等，则其nextval值即为next值。如果相等，则其nextval值为a_{next}的nextval值。

记忆方法 求解模式的nextval函数值的口诀

求t_j的nextval值，先将t_j与$t_{next[j]}$两字符相比较，相同则取标号与其next值相同的nextval，不同则取t_j的next值。

Example 4-8

求出Example 4-7中模式的nextval函数值。

【解析】

首先求出其next函数值，如Example 4-7中的表格所示，具体求解方法参看Example 4-7中的解析。

按照求解nextval函数值的口诀，求解nextval值，步骤如下。

① 设置nextval[1]=0；

② t(2)='B'，其next值为1，顺1找到t(1)为'A'，两个字符不等，故nextval[2]=1；

③ t(3)='A'，其next值为1，顺1找到t(1)为'A'，两个字符相等，故nextval[3]=nextval[1]=0；

④ t(4)='A'，其next值为2，顺2找到字符t(2)即'B'，而'A'与'B'不等，故nextval[4]=2；

⑤ t(5)='B',其 next 为 2,顺 2 找到字符 t(2)即'B',两字符相等,nextval[5]=nextval[2]=1;

⑥ t(6)='C',其 next 为 3,顺 3 找到 t(3)即'A',两个字符不等,故 nextval[6]=3。

从而求出了模式的 nextval 函数值,列表如下。

j	1	2	3	4	5	6
模式(t)	A	B	A	A	B	C
next[j]	0	1	1	2	2	3
nextval[j]	0	1	0	2	1	3

Example 4-9

设目标为 t="abcaabbabcabaacbacba",模式为 p="abcabaa"。

① 计算模式 p 的 next 函数值和 nextval 函数值,并填于下表。

② 不写出算法,只画出利用 KMP 算法和 nextval 函数值进行模式匹配时每一趟的匹配过程。

j	1	2	3	4	5	6	7
模式 p	a	b	c	a	b	a	a
next[j]							
nextval[j]							

【解析】

① 求出模式的 next 函数值。

根据 next 函数的定义和推论得 next[1]=0,next[2]=1,可确定模式中各个字符所对应的 next 函数值。

设由模式的第 j(j≥3)个字符前所有字符组成的最长字符串中首尾均出现的最长字符串为 ss,则

- 当 j=3 时,t'="ab",ss="",故 next[3]=0+1=1;
- 当 j=4 时,t'="abc",ss="",故 next[4]=0+1=1;
- 当 j=5 时,t'="abca",ss="a",故 next[5]=1+1=2;
- 当 j=6 时,t'="abcab",ss="ab",故 next[6]=2+1=3;
- 当 j=7 时,t'="abcaba",ss="a",故 next[7]=1+1=2。

可通过 next 函数值求出 nextval 函数值,步骤如下 。

ⓐ 设置 nextval[1]=0;

ⓑ p(2)='b',其 next 值为 1,而 p(1)='a'与 p(2)不等,故 nextval[2]=1;

ⓒ p(3)='c',其 next 值为 1,而 p(1)='a'与 p(2)不等,故 nextval[2]=1;

ⓓ p(4)='a',其 next 值为 1,而 p(1)='a'与 p(4)相等,故 nextval[4]=nextval[1]=0;

ⓔ p(5)='b',其 next 值为 2,而 p(2)='b'与 p(5)相等,故 nextval[5]=nextval[2]=1;

ⓕ p(6)='a',其 next 值为 3,而 p(3)='c',与 p(6)不等,故 nextval[6]=3;

ⓖ p(7)='a',其 next 值为 2,而 p(2)='b',与 p(7)不等,故 nextval[7]=2。

模式 p 的 next 和 nextval 函数值如下表所列。

j	1	2	3	4	5	6	7
模式 p	a	b	c	a	b	a	a
next[j]	0	1	1	1	2	3	2
nextval[j]	0	1	1	0	1	3	2

② 利用 KMP 算法进行模式匹配时,每一趟的匹配过程如下所示。

```
第 1 趟: a b c a a b b a b c a b a a c b a c b a
         a b c a b
第 2 趟: a b c a a b b a b c a b a a c b a c b a
               a b c
第 3 趟: a b c a a b b a b c a b a a c b a c b a
                   a
第 4 趟: a b c a a b b a b c a b a a c b a c b a
                     a b c a b a a
```

第 4 趟匹配成功。

注意: 当 nextval[j]=0(j≠1)时,表示模式需要后移一个字符位置。

Example 4-10(上海大学)

下列算法实现求采用顺序结构存储的串 s 和串 t 的一个最长公共子串。

```
void maxcomstr(orderstring *s, *t; int index, length)
{
  int i,j,k,length1,con;
  index=0; length=0; i=1;
  while(i<=s.len)
  { j=1;
    while(j<=t.len)
    { if(s[i]==t[j])
      { k=1; length1=1; con=1;
        while(con)
          if ___(1)___ { length1=length1+1;k=k+1; } else ___(2)___;
        if(length1>length){ index=i; length=length1; }
        ___(3)___;
      }//if
      else ___(4)___;
    }//while
  ___(5)___
  }
}
```

【解析】

很显然，i 和 j 分别为串 s 和串 t 的下标变量。第 6 行的 while 循环体是由 if…else 语句构成的，当串 s 和串 t 的当前字符相等时进入 if 部分，且此时在串 t 中已经找到了一个以 s[i]开头的公共子串，下面的任务应该是逐个比较以后的字符是否相等，以确定该公共子串到底有多长。第 8 行中的 length1 在确定找到了当前公共子串的第一个字符后被赋值为 1，说明其任务是记录当前公共子串的长度。故可推断第 9 行的 while 循环的功能应为确定当前公共子串的长度，该循环也是由 if…else 语句构成，进入 if 部分后公共子串的长度会增 1，说明又找到了属于该公共子串的一个字符，与此同时 k 的值也增 1，则可推断 k 指向刚找到的这个字符的位置，且为在该子串中的相对位置；另一方面，若已经扫描到串 s 或串 t 的末尾也不能进入 if 部分。于是，(1)处的判断条件应该为 s[i+k]==t[j+k] && i+k<=s.len && j+k<=t.len。相反，若不满足该条件则或者说明该公共子串已经到达了尾端，此时再继续循环下去已经没有意义，或者已经扫描到了串 t 或串 s 的末尾，于是要置标志变量 con 为 0 以终止循环，故(2)处应为 con=0。接下来是看刚找到的这个公共子串长度是否是当前所找到的子串中最长的，若是则更新 length 和 index 的值，由此可看出 length 是记录当前最长公共子串长度的，而 index 则是记录该子串在串 s 中的起始位置。

下面应该在串 t 中继续查找公共子串。查找的过程类似于串的模式匹配，若 s[i]=t[j]，而 s[i+1]≠t[j+1]，则又假若 s[i]≠s[i+1]，可得 t[j+1] ≠s[i+1]。因此没必要顺着 j 依次往后搜索，可以跳过一定的距离继续搜索。若刚找到的公共子串中只要有一个字符与其他字符不同，则在该子串中以 t[j+1]开头的子串也必不同于以 s[i]开头且和其等长的子串；若该公共子串中的所有字符都相同，则以 t[j+1]开头的子串与以 s[i]开头且和其等长的子串相同，但它必定小于刚找到的那个子串。故完全可以跳过 length1 个字符长度继续在串 t 中查找公共子串。于是(3)处应为 j=j+length1。

至此第 6 行的 while 循环中对"找到公共子串的"处理过程(if 部分)已经结束，到达(4)处时说明以 t[j]开头的字符串不是公共子串，这时应将 j 指针顺次后移(此时也可认为刚找到的公共子串长度 length1 为 0)以继续寻找，故(4)处应为 j++。

程序执行到(5)处时第 4 行的 while 循环已经结束，说明已经在串 t 中查找了所有可能的以 s[i]开头的公共子串，以后应该对以 s[i+1]开头的串在串 t 中按同样的方式搜索公共子串。于是(5)处应为 i++。

总结以上，本题的答案为

(1) (s[i+k]==t[j+k] && i+k<=s.len && j+k<=t.len)

(2) con=0

(3) j=j+length1

(4) j++

(5) i++；

第 5 章　数组和广义表

【学习要点】

1. 掌握多维数组在按行优先顺序存储中的地址计算方法。
2. 熟悉特殊矩阵在压缩存储时的下标变换。
3. 了解稀疏矩阵常用的两种压缩存储表示(三元组和十字链表)方式的特点。
4. 了解广义表的有关概念及存储结构,掌握广义表求表头和表尾的运算。

【要点精讲】

如果说线性表、栈、队列、字符串的各个数据元素是单个原子类型的话,那么就可以说数组的各个数据元素可以是一种数组,而广义表的各个数据元素也可以是一个广义表。由此可以将数组和广义表看做是线性表的推广。

数组的各种存储方式及其相互转换、广义表求表头和表尾的操作构成了本章的重点。

5.1　数组的定义

数组可以看做是一种特殊的线性表,其数据元素本身又是一个数据结构。与线性表一样,其所有的数据元素都必须属于同一种数据类型。数组是线性表在维数上的扩张,也就是线性表中的元素又是一个线性表。数组中的每个元素都对应于一组下标$(j_1, j_2, \cdots, j_n)$,而每个下标的取值范围是 $0 \leqslant j_i \leqslant b_i - 1$,$b_i$称为第 i 维的长度$(i=1,2,3,\cdots,n)$。

由此可以看到,一维数组是一个线性表,其每个元素是这个结构中的一个不可分割的最小单位。$n(n>1)$维数组是一个线性表,其每个元素是一个 $n-1$ 维的数组,并具有相同的上限和下限。

最常见的二维数组可以看成是一个定长线性表,它的数据元素也是定长线性表。它可以用一个 m 行 n 列的矩阵表示[如图 5-1(a)所示],或看做是由 n 个列向量形式的线性表组成的线性表[如图 5-1(b)所示],也可以看成是由 m 个行向量形式的线性表组成的线性表[如图 5-1(c)所示]。

所以,多维数组是线性表的推广,而线性表是多维数组的特例(即维数 $n=1$ 时,数组为定长的线性表)。

数组一旦生成,其维数和维界就不再改变,故数组的运算不包括插入和删除这样的操作;而是数组的初始化、销毁和存取元素以及修改元素的操作。因此,那种“对于任何一种数据结构都至少应有查找、插入、删除三种操作”的说法是不正确的,至少数组一般就不具有插入和删除操作。

数组的存储结构不一定是一个连续的存储空间,当数组存放于一个连续的存储空间时叫做数组的顺序存储方式。

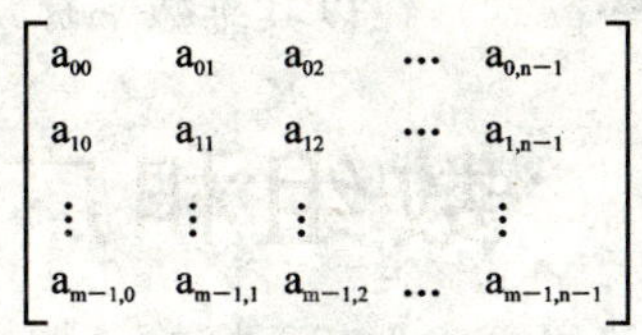

(a) m行n列矩阵形式

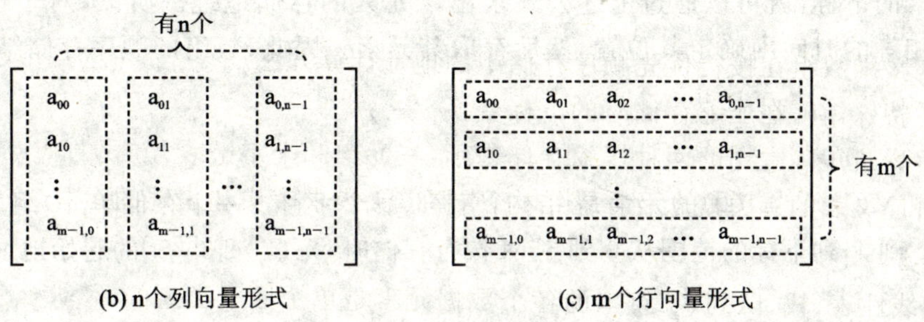

(b) n个列向量形式　　(c) m个行向量形式

图 5-1 二维数组

5.2 数组的顺序表示和实现

数组结构一旦建立，其数据元素的个数和元素之间的关系就不再发生变动。所以一般采用顺序存储结构来表示数组。

计算机中的存储空间可视为一维的，而数组是多维的，因此在用一组连续的存储单元存放数组的数据元素时就存在一个“如何由多维向一维映像的问题”。以二维数组为例（用一个m×n矩阵表示），其可以看做是由 n 个列向量组成的一维数组，也可以看做是由 m 个行向量组成的一维数组。相应的，二维数组可以有两种存储方式：以列序为主序的存储方式（按列优先，逐列顺序存储）和以行序为主序的存储方式（按行优先，逐行顺序存储）。图 5-2 显示出该二维数组在内存中的存储情况。

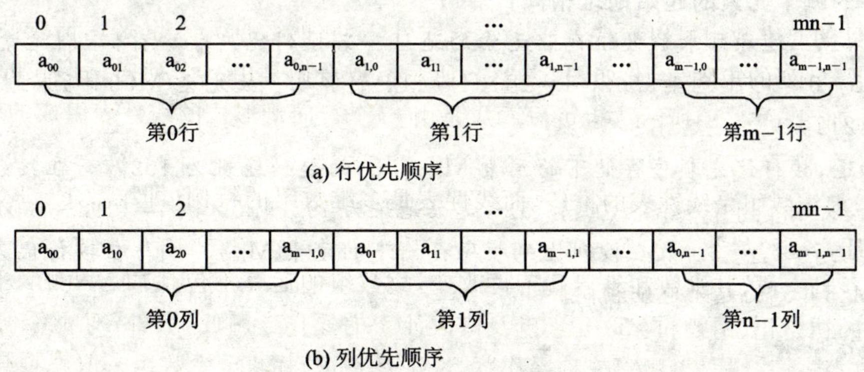

(a) 行优先顺序

(b) 列优先顺序

图 5-2 二维数组的两种存储方式

在 C 语言中，二维数组（用一个 m×n 矩阵表示）是以行序为主序进行存储的。假设每个数组元素占 L 个存储单元，Loc(a)表示元素 a 的存储位置，则

$$Loc(a_{ij})=Loc(a_{00})+(i\times n+j)\times L$$

同样，对于n维数组(A[d_1][d_2]…[d_n])，在以其维数下标从低到高顺序存储的方式下，其任一元素的存储位置为

$$Loc(a_{j_1j_2\cdots j_n}) = Loc(a_{00\cdots 0}) + (j_1\times d_2\times d_3\times\cdots\times d_n + j_2\times d_3\times d_4\times\cdots\times d_n+\cdots+j_{n-1}\times d_n + j_n)\times L$$

由此看出，数组中任一元素的存储位置均为其下标的函数，一旦给定数组的基址及其各维的长度和元素的下标，就可以通过上述公式求出该元素的存储地址。所以，对于任意元素，都可以在大致相等的时间内确定其位置，然后存取其元素。因此，数组的顺序存储结构是一种随机存取结构。

Example 5-1

二维数组M(基址为100)的元素是由4个字符(每个字符占一个存储单元)组成的串，行下标的范围从0到4，列下标的范围从0到5，M按行存储时，元素M[3][5]的起始地址为(　　)。

【解析】

在求解数组元素的地址时，应坚持的一个原则如下式所示：

所求数组元素的地址s=给定元素地址s_0+给定元素与所求元素之间的距离d

其中，d是给定元素(包括该元素)之后、所求元素(不包括该元素)之前的元素个数与每个元素所占单元数的乘积。数组的存储形式如图5-3所示。

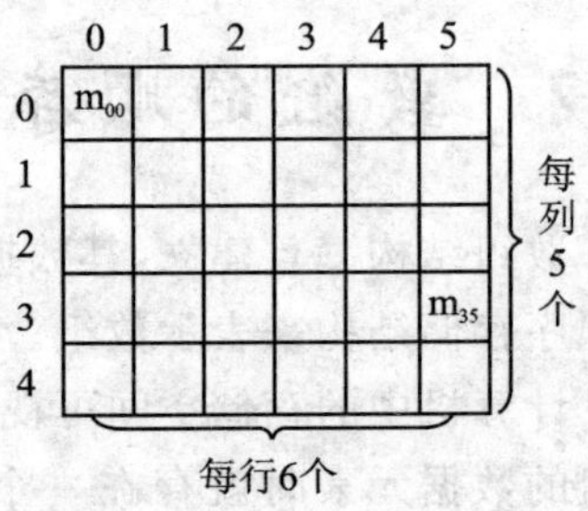

图5-3　Example 5-1图

由图5-3可以看出，m_{35}之前有3个整行，在第4行上，其前有5个元素，则总共有3×6+5=23个元素，每个元素占4个单元，所以，d=23×4=92；故元素M[3][5]的起始地址为100+92=192。

发散　如果将Example 5-1中的条件改为"数组M按列优先顺序存储"，则元素M[3][5]的地址又该如何计算？按行优先顺序存储下的元素M[3][5]的起始地址与按列优先顺序存储下的哪个元素的起始地址相同？

同样，按照上述原则求解数组存储元素的地址。若按列优先顺序存储，则元素M[3][5]之前有5×5+3=28个元素，所以d=28×4=112个单元。故元素M[3][5]的起始地址为100+112=212。

已经知道，按行优先顺序存储下的元素M[3][5]的起始地址为192。而在按列优先顺序存储方式下，设M[i][j](0≤i≤4,0≤j≤5)的起始地址为192，则5×j+i=(192-100)/4=23，由数学知识知道j=4，i=3。故在按列优先顺序存储下的元素M[3][4]与在按行优先顺序存储下的元素M[3][5]的起始地址相同。

Example 5-2

二维数组A[10..20][5..10]采用以行序为主的方式存储，每个元素占4个存储单元，并且元素A[10][5]的存储地址为1 000，则元素A[18][9]的地址是(　　)。

【解析】

在给定某一数组元素的存储地址，而求另一元素的存储地址时，可以将给定元素的地址看做数组的起始位置，找出在A[10][5](含)之后、A[18][9](不含)之前的元素个数，然后求出

它们之间的距离即可得出结果。

由于二维数组为 11×6 的矩阵，且按行序为主序，故在 A[10][5]（含）之后、A[18][9]（不含）之前的元素共有 8×6＋4＝52 个，而每个元素占 4 个单元，故 A[18][9]的地址为 1 000＋52×4＝1 208。

Example 5 - 3

如果矩阵 A 中存在这样一个元素 A[i][j]满足下列条件：A[i][j]是第 i 行中值最小的元素，且又是第 j 列中值最大的元素，则称之为该矩阵的一个马鞍点。试编写一个算法，计算出 m×n 矩阵的所有马鞍点。

【分析】

首先可以把每行最小的元素记录在一个一维数组 Rmin[m]中，再把每列最大的元素记录在另一个一维数组 Cmax[n]中。这样，如果数组中的某个元素 A[i][j]同时出现在 Rmin[i]和 Cmax[j]中，则该元素即为该矩阵的一个马鞍点。按这个原则扫描所有的元素，即可找出数组中所有的马鞍点。其算法实现如下。

算法 5 - 1　求马鞍点 1

```
SaddlePoints1(int A[m][n])
{
    for(k=0;k<n;k++) Cmax[k]=A[0][k];        //初始时设定每列首元素为该列最大值
    for(k=0;k<m;k++) Rmin[k]=A[k][0];        //初始时设定每行首元素为该行最小值
    for(i=0; i<m; i++)
        for(j=0; j<n; j++)
        { //从左到右、至上而下遍历所有元素，并同时记录下每行最小值和每列最大值
          if(A[i][j]>Cmax[j]) Cmax[j]=A[i][j]; //搜寻每列的最大值
          if(A[i][j]<Rmin[i]) Rmin[i]=A[i][j]; //搜寻每行的最小值
        }
    for(i=0; i<m; i++)
        for(j=0; j<n; j++)
        {
          if(Rmin[i]==Cmax[j])                 //第 j 列最大值在第 i 行；同时第 i 行最小值在第 j 列
            printf("A[%d][%d]是马鞍点",i,j,A[i][j]);
        }
}
```

可以看出，本算法的基本操作为寻找各行的最小值和各列的最大值，其时间复杂度为 O(m×n)。本算法中使用了两个辅助数组，使得其空间复杂度为 O(m+n)。

发散　**如果本题中规定尽量减少空间复杂度，那么又如何写出更加优化的算法呢？**

如果一个元素为矩阵的马鞍点，则它必定是其所在行中的最小值，同时又是其所在列中的最大值。因此，可以先找到每一行的最小值，然后看它是否为其所在列的最大值，若是则为马鞍点，否则不是马鞍点。这样就可以不使用辅助数组了。具体算法实现如下。

算法 5-2　求马鞍点 2

```
SaddlePoints2( int A[m][n])
{
  for(i=0;i<m;i++)
  {
    //依次对每一行进行处理
    min=A[i][0];                    //初始认为该行第1列元素为最小值
    for(minc=0, j=1; j<n; j++)      //minc记录该行中最小值的列号
      if(A[i][j]<min)
      {min=A[i][j]; minc=j;}        //求该行中的最小值,循环结束后,A[i][minc]是可能的马鞍点
    for(p=0; p<m; p++)              //A[i][minc]若是马鞍点,则其应为第minc列的最大值
      if(A[p][minc]>min) break;
    if(p>=m)                        //若遍历第minc列中所有行的元素,皆无比其大者,则其为马鞍点
      printf("A[%d][%d]=%d是马鞍点\n", i, minc, min);
  }
}
```


这个算法的时间复杂度为O(m×n),但是在算法执行过程中,只使用了一个整型变量,用来记录元素下标,故其空间复杂度降低到O(1)。

Example 5-4(山东工业大学,山东大学)

二维数组A的元素都是由6个字符组成的串,行下标i的范围从0到8,列下标j的范围从1到10。从供选择的答案中选出正确答案填入下列关于数组存储叙述中的(　　)内。

(1) 存放A至少需要(　　)个字节;

(2) A的第8列和第5行共占(　　)个字节;

(3) 若A按行存放,则元素A[8][5]的起始地址与A按列存放时元素(　　)的起始地址一致。

供选择的答案:

(1) A. 90　　B. 180　　C. 240　　D. 270　　E. 540

(2) A. 108　　B. 114　　C. 54　　D. 60　　E. 150

(3) A. A[8][5]　　B. A[3][10]　　C. A[5][8]　　D. A[0][9]

【解析】

二维数组A的存储情况如图5-4所示。

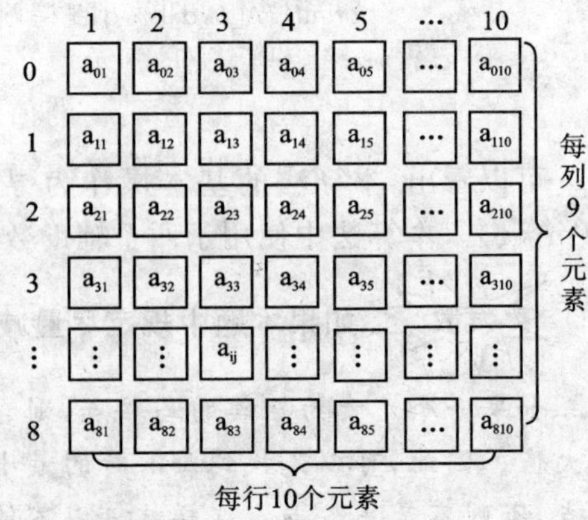

图5-4　二维数组A的存储情况

每个字符需占一字节空间,故A中每个元素占6字节空间。

对于叙述(1),A的每行有10个元素,每列有9个元素,故其中的元素数为9×10=90,所以存放A至少需要90×6=540字节。

对于叙述(2),第8列有9个元素,第5行有10个元素,故A的第8列和第5行共有9+10-1=18个元素(元素A[5,8]既在第5行又在第8列,被多算一次,故需要再减去1),所以共占18×6=108字节。

对于叙述(3)，若 A 按行存放，元素 A[8,5]应该是第 8×10+5=85 个元素。若要求出 A 中与该元素起始地址相同的按列存放的元素时，只需求出按列存放的第 85 个元素 A_{ij} 即可。而该元素的列下标 j 为 85/9+1=10；其中第 10 行只需要前 4 个即可，于是该元素的行下标i=3。

总结以上，本题答案为

(1) E　　(2) A　　(3) B

Example 5-5(中山大学)

数组 A[0..4,-1..-3,5..7]中含有元素的个数是(　　)。

A. 55　　　　B. 45　　　　C. 36　　　　D. 16

【解析】

多维数组所含元素个数为其各维所能容纳元素数的乘积，即对于 n 维数组，若 k_i 为第 i 维所能容纳的元素数，则该数组的所有元素数 N 为

$$N = \prod_{i=1}^{n} k_i$$

具体到本题中的 3 维数组，其第 1 维能容纳(4-0+1)= 5 个元素；第 2 维能容纳[-1-(-3)+1]= 3 个元素；第 3 维能容纳(7-5+1)=3 个元素。故它能容纳 5×3×3=45 个元素。

故本题答案为：B。

5.3 矩阵的压缩存储

为了节省存储空间，对矩阵中多个值相同的元素只分配一个存储空间；对零元素不分配空间，这就是压缩存储。

5.3.1 特殊矩阵的压缩存储

特殊矩阵指其相同元素或零元素在矩阵中的分布具有一定规律的矩阵。

1. 对称矩阵

经转置后与原矩阵相同的 n 阶矩阵叫做对称矩阵。其特点是对于矩阵中任意元素 a_{ij} 都有 $a_{ij}=a_{ji}$ ($1\leqslant i,j\leqslant n$)。因此，只要知道了 a_{ij} 的值，则根据对称矩阵的性质，就可以马上知道其对称元素的值，所以只需为每两个对称元素分配一个存储空间即可，即 a_{ij} 和 a_{ji} 对应同一个存储空间。这样，本来要为 $n\times n=n^2$ 个元素安排存储空间，但经过压缩存储后只要存储大约一半的元素就可以了，即只存储对角线及其以上(以下)的元素，其存储情况如图 5-5 所示。

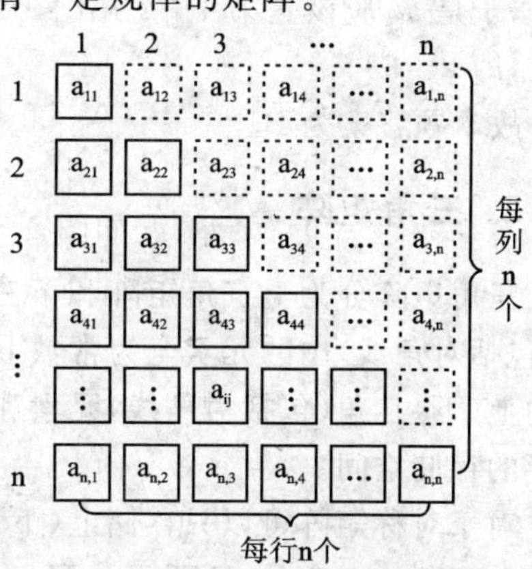

图 5-5　对称矩阵存储情况

如图 5-5 所示，如果只存储对角线及其以下的元素(图中用实线框表示)，总共有 1+2+3+…+n-1+n=n×(n+1)/2 个元素。假设以一维数组 B[n×(n+1)/2]作为对称矩阵的

存储结构,则 B[k][0≤k<n×(n+1)/2]和矩阵元素 a_{ij} 存在着一一对应的关系,相应的,k 就是 i 和 j 的函数。

如果假设每个数组元素占一个存储空间,且认为矩阵基址为零,并将 k 视为元素 a_{ij} 在数组 B 中的存储位置的话,则 k 表示在 a_{ij} 之前的矩阵元素数,于是,对于图 5-5 中的对称矩阵元素 a_{ij},其在数组 B 中对应的位置是

$$k=1+2+3+\cdots+i-1+j-1=i\times(i-1)/2+j-1 \quad (k\geqslant 0)$$

而对于上三角(不包括对角线)的元素,由于对称矩阵中的对称元素对应于同一个存储位置,所以只需将上式中的 i 和 j 互换位置即可得到上三角情况下 k 与 i 和 j 的函数关系。于是,得到对称矩阵压缩存储下的下标变换关系为

$$k=\begin{cases} j\times(j-1)/2+i-1, & \text{当 } i<j \text{ 时(对称矩阵上三角)} \\ i\times(i-1)/2+j-1, & \text{当 } i\geqslant j \text{ 时(对称矩阵下三角)} \end{cases}$$

Example 5-6(燕山大学)

设有一个 10 阶的对称矩阵 A,采用压缩存储方式,以行序为主序存储,a_{11} 为第 1 个元素,其存储地址为 1,每个元素占一个地址空间,则 a_{85} 的地址为( )。

A. 13 B. 33 C. 18 D. 40

【解析】

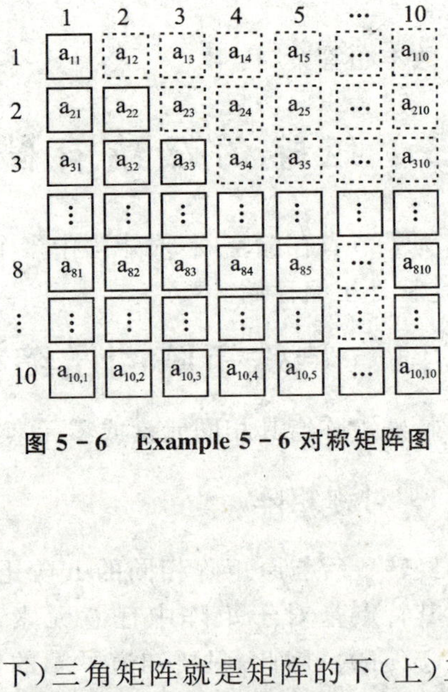

10 阶的对称矩阵 A(如图 5-6 所示)的地址下标以及第 1 个元素的存储地址均从 1 开始。求 a_{85} 的地址其实就相当于求解该元素在一维数组 B 中对应元素的下标 k,且 k 从 1 开始,其值表示在该对称矩阵 A 需要存储的所有元素中,a_{85} 是第 k 个元素(每个元素占一个地址空间)。

本题中第一行需存储 1 个元素,第二行需存储 2 个…第 7 行需存储 7 个,第 8 行需存储前 5 个元素即可,于是 a_{85} 应该是第 1+2+3+…+7+5=33 个元素,即 k=33。

故本题答案为 B。

	1	2	3	4	5	…	10
1	a_{11}	a_{12}	a_{13}	a_{14}	a_{15}	…	a_{110}
2	a_{21}	a_{22}	a_{23}	a_{24}	a_{25}	…	a_{210}
3	a_{31}	a_{32}	a_{33}	a_{34}	a_{35}	…	a_{310}
	⋮	⋮	⋮	⋮	⋮	⋮	⋮
8	a_{81}	a_{82}	a_{83}	a_{84}	a_{85}	…	a_{810}
⋮	⋮	⋮	⋮	⋮	⋮	⋮	⋮
10	$a_{10,1}$	$a_{10,2}$	$a_{10,3}$	$a_{10,4}$	$a_{10,5}$	…	$a_{10,10}$

图 5-6 Example 5-6 对称矩阵图

2. 三角矩阵

三角矩阵分为上三角矩阵和下三角矩阵。所谓上(下)三角矩阵就是矩阵的下(上)三角(不包括对角线)中的元素全为常数 b 或零的 n 阶矩阵。根据矩阵的压缩存储,只需为三角矩阵的上(下)三角(包括对角线)元素和常数 b 分配空间,对 0 不分配空间,这样就可以节省大约一半的存储空间。

对于对称矩阵可以只存储上(下)三角(包括对角线)元素即可,而对于三角矩阵,除了存储下(上)三角元素之外,还要再分配一个空间给常数 b。

(1) 上三角矩阵的压缩存储

上三角矩阵的形象如图 5-7 所示。

用一维数组 B 作为上三角矩阵的存储方式,则数组 B 只需 n×(n+1)/2 个元素的存储空

间，对非零常数 b，则需要再加一个元素的存储空间。对于处于上三角的元素 a_{ij}，如果 $B[k]=a_{ij}[0\leqslant k\leqslant n\times(n+1)/2,\ 1\leqslant i,j\leqslant n]$，则当 $i\leqslant j$ 时，其前面有 $i-1$ 行，共有 $n+n-1+\cdots+n-(i-2)=(2n-i)\times(i-1)/2$ 个元素，a_{ij} 所在行位于 a_{ij} 之前的元素还有 $(j-i)$ 个，故

$$k=\begin{cases}(2n-i)\times(i-1)/2+(j-1), & \text{当 } i\leqslant j \text{ 时（矩阵上三角元素）}\\ n\times(n+1)/2, & \text{当 } i>j \text{ 时（矩阵下三角元素）}\end{cases}$$

(2) 下三角矩阵的压缩存储

下三角矩阵的形象如图 5-8 所示。

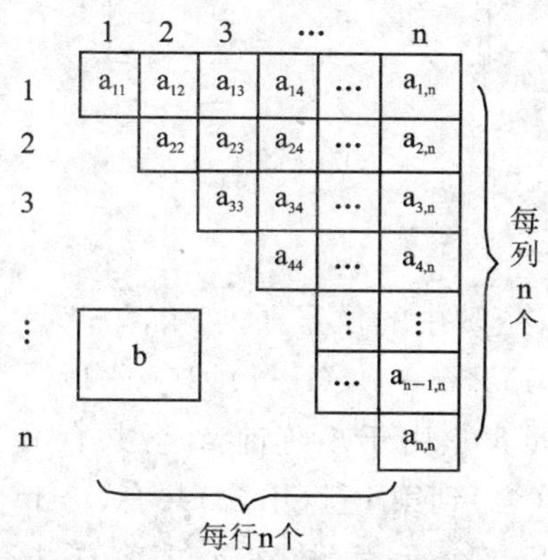

图 5-7　上三角矩阵形象

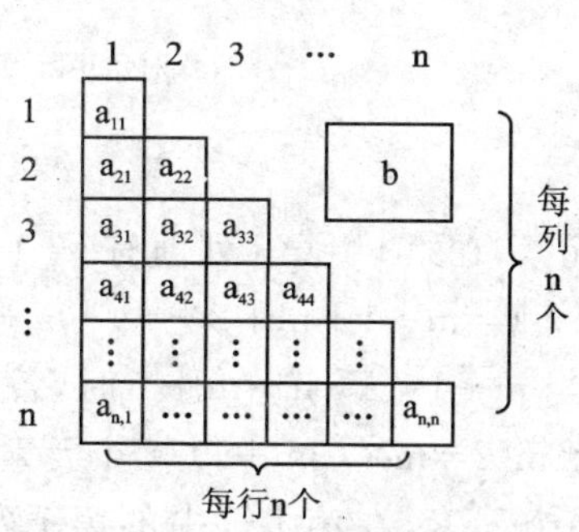

图 5-8　下三角矩阵

与上三角矩阵类似，用一维数组 B 作为其存储结构，如果 $B[k]=a_{ij}[0\leqslant k\leqslant n\times(n+1)/2,\ 1\leqslant i,j\leqslant n]$，而 a_{ij} 前有 $1+2+3+\cdots+i-1+j-1=i\times(i-1)/2+j-1$ 个元素，故当 $i\geqslant j$ 时，$k=i\times(i+1)/2+j$；当 $i<j$ 且 $a_{ij}\neq 0$ 时，$k=n\times(n+1)/2$，即

$$k=\begin{cases}i\times(i-1)/2+j-1, & \text{当 } i\geqslant j \text{ 时（矩阵上三角元素）}\\ n\times(n+1)/2, & \text{当 } i<j \text{ 时（矩阵下三角元素）}\end{cases}$$

3. 对角矩阵

一个 n 阶方阵，如果其所有非零元素全部落在一个以对角线为对称中心的带状区域中，则称该矩阵为对角矩阵。这个带状区域若包含主对角线上下各 m 条对角线，则 m 称为该矩阵的半带宽，而该矩阵的带宽为 $2m+1$。当 $|i-j|>m$ 时 $a_{ij}=0(0<i,j\leqslant n)$。对角矩阵的形象如图 5-9 所示。

如图 5-9(a)所示，对角矩阵的主对角线上有 n 个元素，次对角线上有 $n-1$ 个元素，每往上(下)数一条对角线，该对角线上的元素就比前一条对角线上的元素减少一个。于是，一个 n 阶半带宽为 m 的对角矩阵总共有 $n+2(n-1+n-2+\cdots+n-m)=(2m+1)\times n-(m+1)\times m$ 个非零元素。

对角矩阵也可以采用一维数组进行压缩存储，只存储非零元素即可。这种存储可以按行优先、按列优先、按对角线的顺序对非零元素进行存储。若用一维数组 B(下标从 0 开始)按行顺序存放各行的非零元素，且设 $m\leqslant n/2$，则可以按照各行非零元素个数的变化情况，分三种情况讨论：

① 当 $1\leqslant i\leqslant m+1$ 时，矩阵第 1 行有 $m+1$ 个非零元素，第 2 行有 $m+2$ 个非零元素，第 3 行有 $m+3$ 个非零元素…第 i 行有 $m+i$ 个非零元素，对于 a_{ij} 来说，其前面有 $i-1$ 个整行

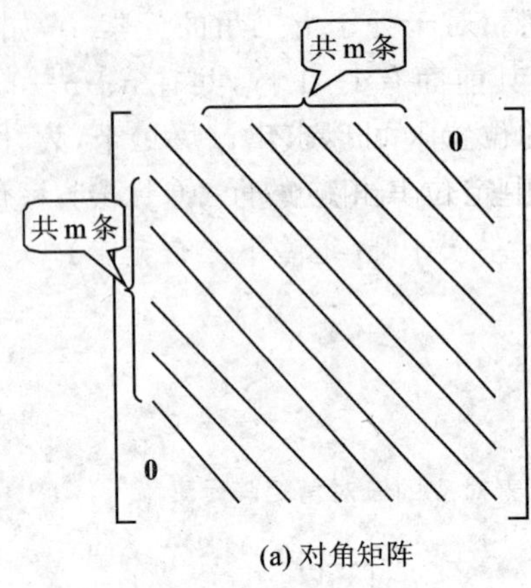

(a) 对角矩阵

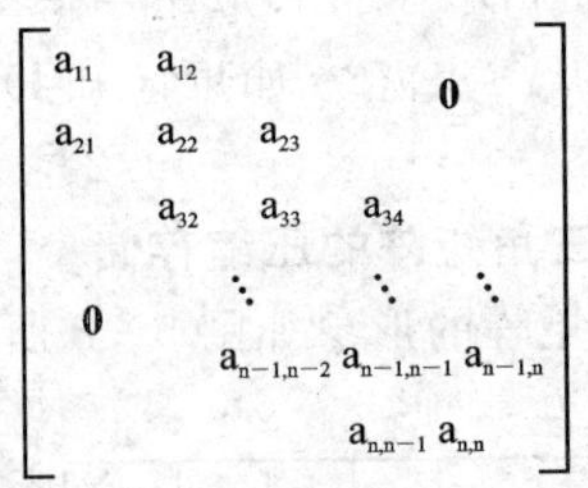

(c) 三对角矩阵

图 5-9 对角矩阵

的非零元素，在第 i 行第 j 列前有 j−1 个非零元素，则 a_{ij} 在 B 中的位置 k(k⩾0)为

$$k=m+1+m+2+\cdots+m+i-1+j-1=(i-1)\times m+i\times(i-1)/2+j-1$$

② 当 m+1<i⩽n−m+1 时，各行都有 m+1 个元素。由于矩阵前 m 行共有 m×m+(m+1)×m/2=m×(3m+1)/2 个元素，而在第 m+1 行(含)到第 i 行(不含)共有(i−m−1)×(2m+1)个元素，在第 i 行中的第 j 列之前还有 j−i+m 个元素，故在 a_{ij} 之前总共有 m×(3m+1)/2+(i−m−1)×(2m+1)+j−i+m 个元素，则 a_{ij} 在 B 中的位置为

$$k=m\times(3m+1)/2+(i-m-1)\times(2m+1)+j-i+m \quad (k\geqslant 0)$$

③ 当 n−m+1<i⩽n 时，各行非零元素个数逐步减少。当 i=n−m+1 时有 2m 个非零元素，当 i=n−m+2 时有 2m−1 个非零元素…当 i=n 时有 m+1 个非零元素。由于前面 n−m行共有 m×(3m+1)/2+(n−2m)×(2m+1)个非零元素，而从第 n−m+1 行到第 i−1 行共有 2m+2m−1+2m−2+…+m+1=(i−n+m−1)×(4m−i+n−b+2)/2 个非零元素，在第 i 行的前 j−1 列有 j−i+m 个非零元素，则 a_{ij} 在 B 中的位置为

$$k=m\times(3m+1)/2+(n-2m)\times(2m+1)+$$
$$(i-n+m-1)\times(4m-i+n-b+2)/2+j-i+m \quad (k\geqslant 0)$$

常见的三对角矩阵如图 5-9(b)所示，它也可选择按行的顺序压缩存储。从图中可以清楚地看到，对于三对角矩阵，除了第一行和最后一行有 2 个非零元素外，中间各行都有 3 个非零元素。因此，如果将其压缩存储到一维数组 B 中，则任何一个非零元素 a_{ij} 之前都有(i−2)×3+2+(j−i+1)个元素，故 a_{ij} 在 B 中的位置为

$$k=(i-2)\times 3+2+(j-i+1)=2\times i+j-3 \quad (k\geqslant 0)$$
$$k=2\times i+j-3+1=2\times(i-1)+j \quad (k\geqslant 1)$$

当然，对于上述特殊矩阵非零元素 a_{ij} 在一维数组中存放位置公式的选择会因 k,i,j 的下限是从 0 开始还是从 1 开始的不同而有所不同。但是，无论何种情况，所要坚持的原则是：当 k 的下限从 0 开始时，k 值与特殊矩阵中 a_{ij} 之前的非零元素数目相同；当 k 的下限从 1 开始时，k 值与 a_{ij} 是特殊矩阵中第几个(从 1 开始数)非零元素的“几”相同。

Example 5-7

设有三对角矩阵 A，用一维数组 B 存放 A 中三对角上的元素 a_{ij}，试写出由 B 确定 A 中元

素值的算法。

【解析】

由上面讨论可知，A中任一非零元素在B中的位置k可以求出。反过来（为计算方便，约定i,j,k均从1开始），如果已知k，也可以在A中定位其相应的元素，且i,j,k有如下对应关系：

$$\begin{cases} i = k/3 + 1 \\ j = k/3 + k\%3 \end{cases}$$

具体算法实现如下。

算法5-3　求与一维数组位置元素对应的三对角矩阵元素

```
Locate(B, &A)
{
  for(i=1;i<=n;i++)
    for(j=1;j<=n;j++)
      A[i][j]=0;
  for(k=1;k<=3n-2;k++)
  {
      i=k/3+1;
      j=k/3+k%3;
      A[i][j]=B[k];
  }
}
```

Example 5-8（北京邮电大学）

将一个A[1..100,1..100]的三对角矩阵（如图5-10所示），按行优先存入一维数组B[1..298]中，A中元素 a_{6665}（即该元素下标i=66,j=65）在数组B中的位置k为（　　）。

A. 198　　　　B. 195　　　　C. 197

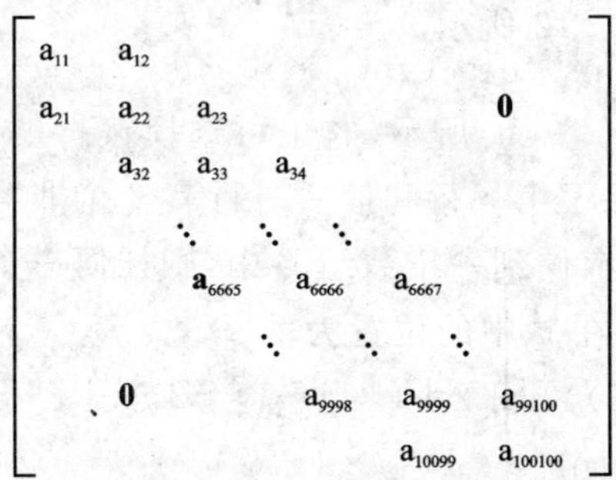

图5-10　Example 5-8中的三对角矩阵

【解析】

由于k从1开始，故其值即表示了矩阵A中所有要存储元素（如 a_{6665}）的位置。因第1行需存2个元素，第2～65行都需存3个元素，第66行元素 a_{6665} 为第一个非零元素，故元素 a_{6665} 是矩阵A中要存储的第2+3×(65-2+1)+1=195个元素，即k为195。

故本题答案为B。

5.3.2　稀疏矩阵的压缩存储

对于一个 m×n 矩阵,如果其有 t 个非零元素,并令 δ=t/(m×n),则称 δ 为矩阵的稀疏因子。一般认为 δ≤0.05 时的矩阵为稀疏矩阵。

稀疏矩阵中各个非零元素的位置是没有一定规律的。但是已经知道,对于矩阵只要知道元素值(a_{ij})及其在矩阵中的行号(i>0)和列号(j>0)就可以唯一确定一个矩阵元素。因此,完全可以利用三元组(i,j,a_{ij})来存储稀疏矩阵中的元素。而稀疏矩阵也可以由表示非零元素的三元组及其矩阵总的行列数来唯一确定,从而达到压缩存储稀疏矩阵的目的。

对于图 5-11 中的稀疏矩阵 M,可以用三元组表((1,1,16),(1,4,24),(1,6,-12),(2,2,11),(2,3,3),(3,4,-6),(5,1,68))加上(5,6)这一组行列数来表示。而三元组表又可以有不同的表示法,于是稀疏矩阵也可以有三元组顺序表和十字链表等不同的压缩存储方法。

1. 三元组顺序表

三元组顺序表是以顺序存储结构来表示三元组表。其类型描述如下。

描述 5-1　三元组顺序表结构类型定义

```
#define maxsize 1000
typedef struct{
    int i,j;                      //非零元素的行列下标
    ElemType e;                   //非零元素值
}Triple;                          //三元组表元素类型
typedef struct{
    Triple data[maxsize+1];       //非零元素三元组表,data[0]未用
    int mu,nu,tu;                 //依次为矩阵的行数、列数和非零元素数
}TsMatrix;                        //三元组顺序表类型
```

在此,约定以行序为主序利用三元组顺序表对稀疏矩阵进行压缩存储。图 5-11 所示稀疏矩阵的三元组顺序表如图 5-12 所示。

$$\begin{bmatrix} 16 & 0 & 0 & 24 & 0 & -12 \\ 0 & 11 & 3 & 0 & 0 & 0 \\ 0 & 0 & 0 & -6 & 0 & 0 \\ 0 & 0 & 0 & 0 & 0 & 0 \\ 68 & 0 & 0 & 0 & 0 & 0 \end{bmatrix}$$

图 5-11　稀疏矩阵

	i	j	e
1	1	1	16
2	1	4	24
3	1	6	-12
4	2	2	11
5	2	3	3
6	3	4	-6
7	5	1	68

mu: 5; nu: 6; tu: 7

图 5-12　三元组顺序表

如果想在三元组顺序表中查找稀疏矩阵中的某一非零元素,不可能马上确定其在三元组顺序表中的位置,而必须逐个访问数组 data 中的元素,直至找到为止。所以说,尽管三元组顺序表是一种顺序存储结构,但是它却失去了数组随机存取的特性。

Example 5-9(北京航空航天大学)

设 m×n 阶稀疏矩阵 A 有 t 个非零元素,其三元组表表示为 LTMA[1..(t+1),1..3],试问:非零元素的个数 t 达到什么程度时用 LTMA 表示 A 才有意义?

【解析】

数组无论采用三元组还是压缩存储方式,其目的都是为了节省存储空间。如果采用这些方式比正常方式存储还要浪费空间,则这种方式就毫无意义。

三元组方式中存储每个 A 中的非零元素都要占用三个存储空间,由于三元组行下标编号从 1 开始,故 0 号单元虽然不存放元素,但是向系统申请时也已经分配了相应的空间。所以,实际上相当于有 t+1 个非零元素,于是三元组存储时共占用 3×(t+1)个空间。

在正常存储数组中的每个元素时,总共需要分配 m×n 个空间。

因此,只有当下式成立时用三元组方式表示 A 才有意义:

$$3\times(t+1)\leqslant m\times n$$

即

$$t\leqslant\frac{m\times n}{3}-1$$

由此可见,只有当数组中非零元素个数不超过数组所有元素个数的$\frac{1}{3}$时,用三元组方式存储数组才有意义。

Example 5-10

试在三元组顺序表存储结构条件下求矩阵 M 的转置矩阵。

【解析】

转置是一种最简单的矩阵运算,对于一个 m×n 矩阵 M[如图 5-13(a)所示],其转置矩阵 T 是一个 n×m 矩阵[如图 5-13(b)所示],且 T(j,i)=M(i,j)。

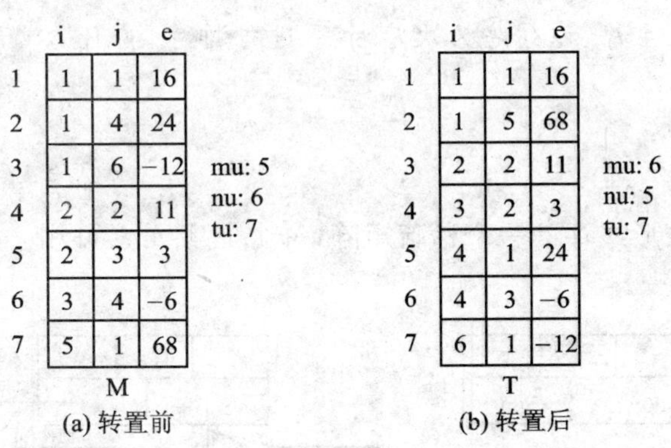

	i	j	e
1	1	1	16
2	1	4	24
3	1	6	-12
4	2	2	11
5	2	3	3
6	3	4	-6
7	5	1	68

mu: 5
nu: 6
tu: 7

M

(a) 转置前

	i	j	e
1	1	1	16
2	1	5	68
3	2	2	11
4	3	2	3
5	4	1	24
6	4	3	-6
7	6	1	-12

mu: 6
nu: 5
tu: 7

T

(b) 转置后

图 5-13 转置前后稀疏矩阵三元组表对比

本题是求稀疏矩阵 M 的转置矩阵 T 的三元组顺序表。转置就是将矩阵的行列互换。本题要求转置矩阵也要用三元组顺序表存储,且以行序为主序。由图 5-13 中的对比可以看出,本题的操作除了要交换每个非零元素的行列下标以外,还要以行序为主序对交换行列下标后的三元组进行排序。

具体做法是以矩阵 T 的行序(M 的列序)为主序,按 M 的列号顺序依次从 M.data[]中

“找出”元素进行“行列交换”后插入到 T.data[ ]中。

算法实现如下。

算法 5-4　求转置矩阵(三元组存储方式)

```
TransposeSMatrix(TsMatrix M, TsMatrix &T)
{
  T.mu=M.nu;                          //将M的列数值作为T的行数值
  T.nu=M.mu;                          //将M的行数值作为T的列数值
  T.tu=M.tu;                          //T与M的非零值相等
  if(T.tu)
  {
     q=1;
     for(col=0;col<M.nu;col++)        //以T的行序(M的列序)为主序
       for(p=1;p<=M.tu;p++)
         if(M.data[p].j==col)
         {                            //行列互换
            T.data[q].i=M.data[p].j;
            T.data[q].j=M.data[p].i;
            T.data[q].e=M.data[p].e;
            q++;
         }
  }
}
```

思考

本来应该以行序为主序、以列序为次序对 T 进行排序,为什么这里只以行序为主序排序就可以达到目的了?

2. 十字链表

十字链表是以链表形式存储一个稀疏矩阵,每个非零元素可用一个含有 5 个域的结点表示,如图 5-14 所示。

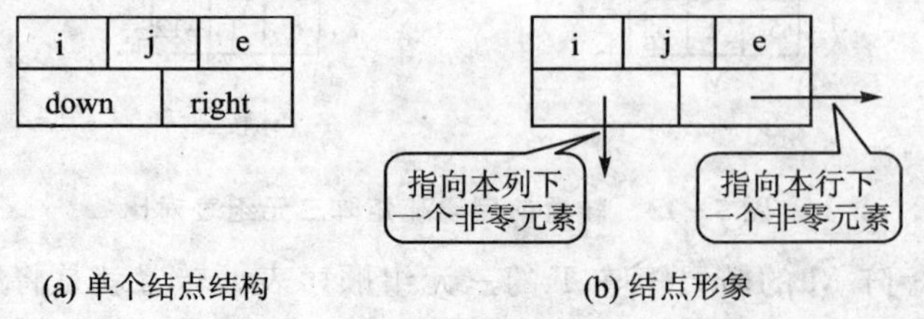

(a) 单个结点结构　　(b) 结点形象

图 5-14　十字链表结点结构及形象

结点结构类型定义如下。

描述 5-2 十字链表结点的类型定义

```
typedef struct OLnode{
    int i,j;                              //结点的行、列下标
    ElemType e;
    struct OLnode *right, *down;          //结点所在行表和列表的后继指针
}OLnode, *OLink;                          //结点结构定义
```

其中的i,j,e分别表示该非零元素所在的行、列下标和非零元素值,right指针用于链接同一行中下一个非零元素,down指针用于链接同一列中下一个非零元素。同一行的非零元素通过right链链接成一个线性链表,而同一列的非零元素通过down链链接成一个线性链表。可以用两个一维数组存储各个行、列链表的头指针。十字链表的类型定义如下。

描述 5-3 十字链表结构类型定义

```
typedef{
    OLink *rhead, *chead;                 //行和列表头指针向量基址
    int mu,nu,tu;                         //稀疏矩阵的行数、列数和非零元素个数
}CrossList;
```

图5-15所示为图5-11中的稀疏矩阵的十字链表结构。

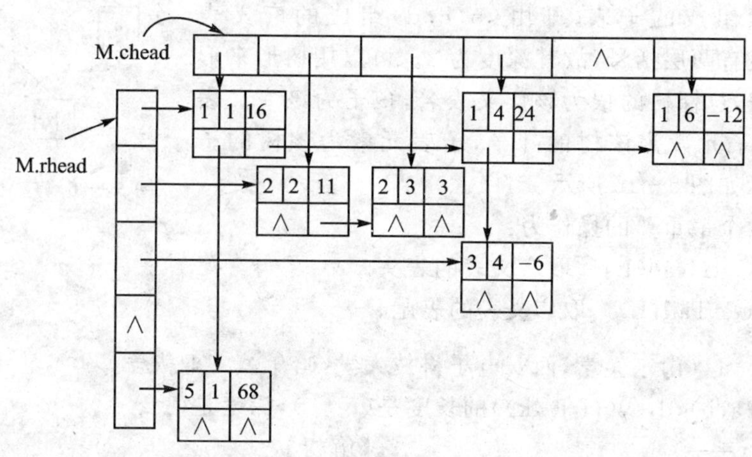

图 5-15 稀疏矩阵M的十字链表表示

注意:稀疏矩阵与特殊矩阵的区别

假若值相同的元素或零元素在矩阵中的分布有一定的规律,则称之为特殊矩阵;反之,称之为稀疏矩阵。因此,矩阵中非零元素较少时,并不一定就是稀疏矩阵,如果非零元素分布有一定规律,则其为特殊矩阵。

5.4 广义表

5.4.1 广义表的定义

广义表是线性表的推广,是n个数据元素的有序序列,其所包含的每一个元素既可以是原

子,也可以是另一个广义表,且是多层结构。广义表可以为空。

一般将广义表记作

$$LS=(a_1,a_2,a_3,\cdots,a_n)$$

其中,LS 为广义表名;n 为广义表长度;a_i($1\leqslant i\leqslant n$)可以是单个元素(称做原子),也可以是广义表(称做子表)。如果广义表的每个数据元素均为原子,则广义表就变成线性表。

非空的广义表中第一个元素称为 LS 的表头。由广义表中除去表头以外剩余的部分组成的广义表称为 LS 的表尾。因此,表头可以是原子也可以是广义表,但是表尾必定是一个广义表。

广义表是一个层次性结构,其深度为其所含括号的重数。

广义表可以为其他广义表所共享。如果一个广义表又包含另外一个广义表,则可以不必列出其值,而只通过子表名称引用即可。这样有助于减少存储结构中的数据冗余,以节约存储空间。

广义表还可以是一个递归表,即广义表可以是其本身的一个子表。如广义表 E=(a,E),这里 E=(a,(a,(a,(a,…)))),其深度为无穷值,但是长度却为 2,是个有限值。

如广义表 L=(a,(b,c,d))有两个元素,分别为原子 a 和子表(b,c,d)(设为 B),故其长度为 2;表头为 a,表尾是除去 a 之后所剩元素组成的子表,即由(b,c,d)组成的广义表((b,c,d));此表有两层括号,故其深度为 2。可以用树形来形象地表示广义表,这棵树的根为该广义表名,孩子为该广义表的元素,其中原子元素为该树的叶子,子表元素为该树的子树。其树形表示如图 5-16 所示。

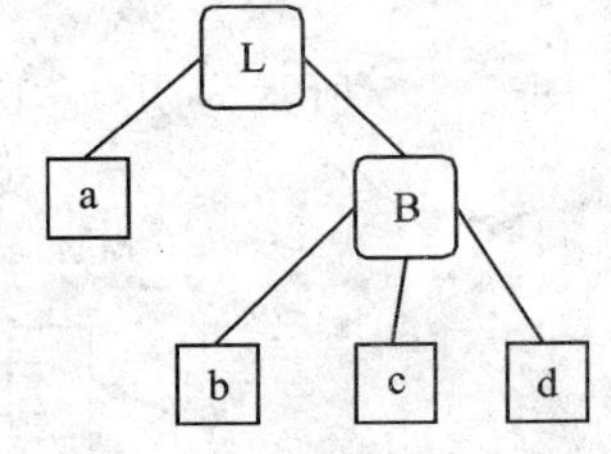

图 5-16　广义表的树形表示

广义表的两个最重要的操作为:

① 取表头 GetHead(L)　取广义表的表头。

② 取表尾 GetTail(L)　取广义表的表尾。

Example 5-11(山东大学,西安电子科技大学,哈尔滨工业大学)

广义表(a,(a,b),d,e,((i,j),k))的长度是(　　),深度是(　　)。

【解析】

广义表的长度为其第一级子表或原子的个数,广义表的深度则是其所含括号的最大重数。对于本题中的广义表,其所含的第一级子表为(a,b)和((i,j), k);原子为 a,d,e,故其长度为 5。所含括号重数最大为 3 层,故其深度为 3。

或将广义表用树形图表示出来,则更为直观。令广义表为 A,并为每个子表都赋予一个字母代号,即 B=(a,b),C=((i, j), k),D=(i, j),则此广义表的树形图如图 5-17 所示。

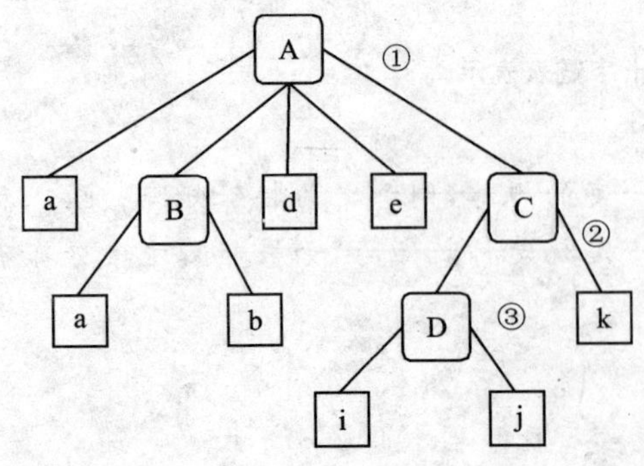

图 5-17　广义表 A 的树形表示

显然图 5-17 中广义表 A 的子树有 5 棵,故其长度为 5;图中共有 3 层,即①,②,③,故其深度为 3。

Example 5 - 12

判断正误：若一个广义表的表头为空表，则此广义表亦为空表。

【解析】

要能够正确对本题做出判断，必须明确空表的含义以及表头和表尾的含义，并且要注意将以下两个特殊广义表加以区分：广义表()和广义表(())。

空广义表是不含任何元素的广义表，其长度为0，一般写做()。而广义表(())不是空表，因为它包含了一个元素，且此元素为空表()，所以其长度为1，取其表头为()，其表尾为()。

如果仅仅指出广义表的表头为空表，还不能确定该广义表是否为空表。因为广义表除了有表头，还有表尾，如果表头为空，表尾不为空，则此表不是空表。即使表尾为空，由于本题说得明白：其“表头为空表”，则说明该广义表至少含有一个元素，即作为表头的空表，则该广义表不是空表。故本题的说法是错误的。

注意：

① 请注意区分以下两个广义表的表尾的不同之处。

A=((　)),　B=((　),(　))

Tail(A)=(),　Tail(B)=((　))

② 对于非空广义表中的元素，优先分配给表头，故表头一定为一个元素，但是此元素可以为空表。

比如：L=((b,c,d))，表L含有一个元素(b,c,d)，如果要对L按表头、表尾进行分解的话，此元素属于表头，而表尾为空表。再如S=((),a,b,c)，其表头是()，而表尾为(a,b,c)。

Example 5 - 13

试求出表5-1中各广义表的表头和表尾，并填入表5-1中。

表5-1　Example 5-13表

广义表	表头(Head)	表尾(Tail)
((a),a)		
((a))		
((a,b),c,d)		
(a,b,c,d)		
((a,b,c,d))		
(a,(b,c,d))		
((a),((b),c),(((d))))		

【解析】

解本题最重要的是要清楚广义表的两个重要基本概念：表头和表尾。特别要注意表尾始终是个广义表。所以，在求表尾时，首先写出一对括号( )，以表示这是一个广义表；然后将表尾中的元素逐个填入。答案如表5-2所列。

表 5-2 Example 5-13 答案表

广义表	表头(Head)	表尾(Tail)
((a),a)	(a)	(a)
((a))	(a)	( )
((a,b),c,d)	(a,b)	(c,d)
(a,b,c,d)	a	(b,c,d)
((a,b,c,d))	(a,b,c,d)	( )
(a,(b,c,d))	a	((b,c,d))
((a),((b),c),(((d))))	(a)	(((b),c),(((d))))

Example 5-14

已知广义表 LS=((a),(b,c,d),e),试运用 Head 函数和 Tail 函数取出 LS 中的原子 b。

【解析】

b 属于 LS 表尾部分,故需先使用 Tail 函数得到广义表 A=((b,c,d),e);此时,b 位于表头部分,再使用 Head 函数得到 B=(b,c,d);b 又是 B 的表头,故可用 Head 函数得到 b。因此,得到答案:Head(Head(Tail(LS)))。

Example 5-15(合肥工业大学)

已知广义表 A=(((a,b),(c),(d,e))),Head(Tail(Tail(Head(A))))的结果是(　　)。

【解析】

解决该类问题的关键在于理解广义表的表头和表尾的含义。它们的定义见 5.4.1 小节。根据定义得到如下结果。

A1=Head(A)=((a,b),(c),(d,e))
A2=Tail(A1)=((c),(d,e))
A3=Tail(A2)=((d,e))
A4=Head(A3)=(d, e)

故本题的答案为(d, e)。

Example 5-16(西安电子科技大学)

广义表运算式 Head(Tail(((a,b,c),(x,y,z))))的结果是(　　)。

【解析】

令 A=((a, b, c),(x, y, z)),则

A1=Tail(A)=((x, y, z))
A2=Head(A1)=(x, y, z)

故本题答案为(x, y, z)。

5.4.2　广义表的存储结构

由于广义表的数据元素既可以是原子也可以是子表，所以难以用顺序存储结构来表示。一般用链式存储结构来存储广义表，而广义表元素也难以用一种统一的结点结构来描述广义表结点。可以分别设置两种结点结构：表结点和原子结点，其类型定义如下。

描述 5-4　广义表定义

```
typedef struct GLnode
{
  ElemTag tag;                //为 0 表示是原子结点，为 1 表示是表结点
  union
  {
    AtomType atom;            //原子结点信息
    struct
    {
      struct GLnode *hp, *tp;   //hp 指向表头，tp 指向表尾
    } ptr;                    //ptr 为表结点的指针域，包括 hp 和 tp 两个指针域
  }
} *GList;                     //广义表类型定义
```

广义表结点形象如图 5-18 所示。

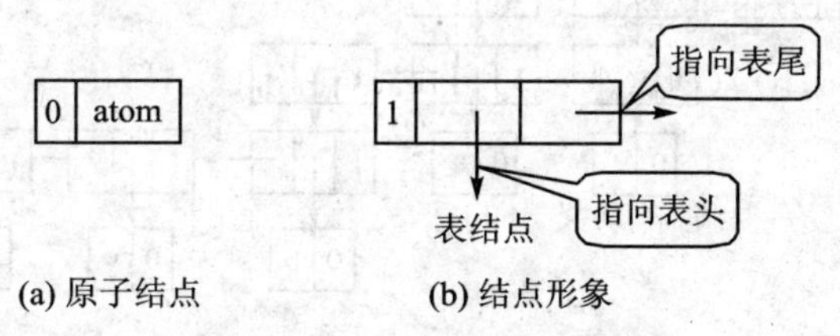

图 5-18　广义表结点形象

Example 5-17

已知广义表 L=((),(e),(a,(b,c,d)))，试写出其链式存储结构。

【解析】

广义表的表结点分为两种：原子结点和表结点，用标志域的值 0 或 1 来标志；其中表结点又含有两个指针，分别指向其所表示的子表的表头和表尾。因此，要写出广义表的链式存储结构，必须要将该表按表头和表尾进行分解，直至分解到原子级或空表级为止。

所以，做这种题目首先要明确广义表的表头和表尾的含义，并能够正确分出较为复杂广义表的表头和表尾。然后依据表头是否为原子来选择其结点结构，而表尾恒为表结点。

对 L 按表头、表尾逐层分解直至将原表分解成原子或空表为止，从而得到如图 5-19 所示的分解图(左分支表示表头，右分支表示表尾)。

根据图 5-13 所示的分解图，便可很容易地画出广义表的存储结构，如图 5-20 所示。

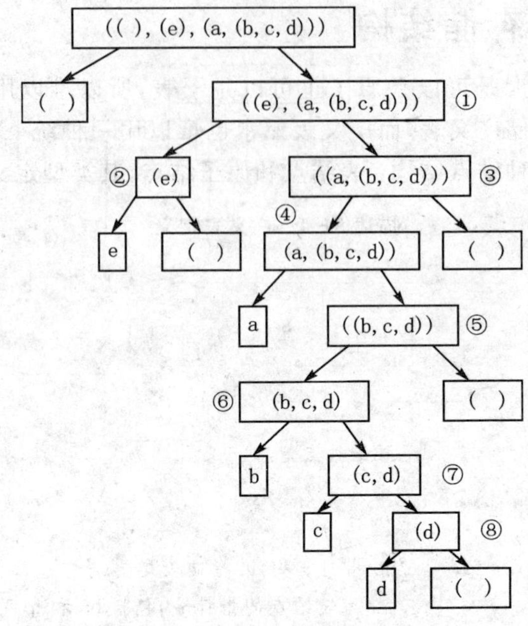

图 5-19　广义表头尾分解图

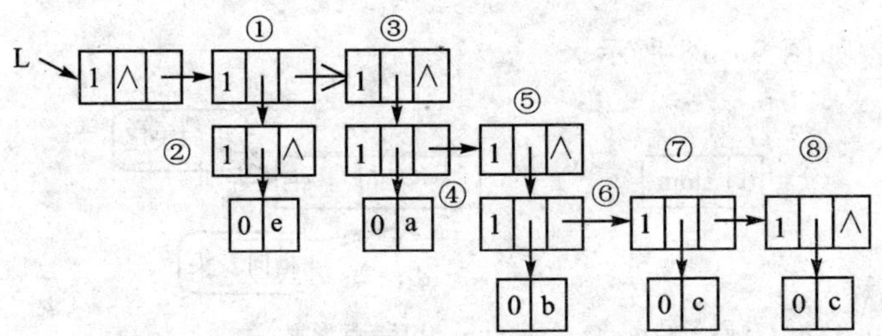

图 5-20　Example 5-17 解图

Example 5-18

请画出下列广义表的图形表示(存储结构):

① D=(A(),B(e),C(a,L(b,c,d)));

② J_1=(J_2,J_4(J_1,a,J_3(J_1)),J_3(J_1))。

【解析】

广义表 D 和 J_1 的图形表示如图 5-21 所示。

Example 5-19(东北大学)

已知广义表 A=(((a)),(b),c,(a),(((d,e)))):

① 画出其一种存储结构图;

② 写出表的长度与深度;

③ 用求头部、尾部的方式求出 e。

【解析】

广义表 A 的一级子表元素分别为((a)),(b),(a)和(((d,e))),而原子元素为 c,故其长度为 5。

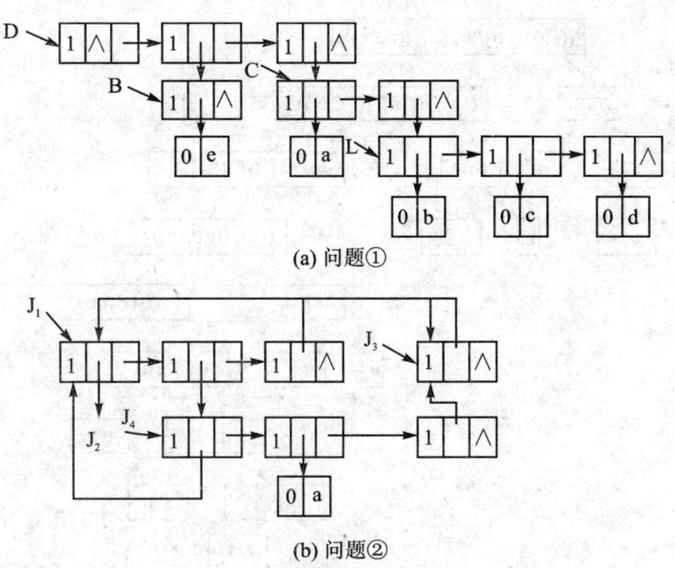

(a) 问题①

(b) 问题②

图 5-21 Example 5-18 解图

画出该广义表的树形表示如图 5-22 所示。其中含有 4 层表结构,在图中分别用①,②,③,④表示出,故其深度为 4。

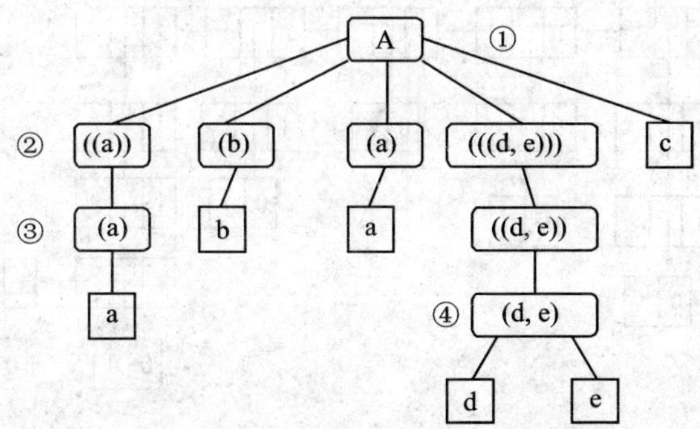

图 5-22 广义表 A 的树形表示

对 A 按表头、表尾逐层分解直至将原表分解成原子或空表为止,从而得到如图 5-23 所示分解图(左分支表示表头,右分支表示表尾)。

由此,不难画出该广义表的链表存储结构,如图 5-24 所示。

在图 5-24 的广义表的链表存储结构中,从 A 到达原子结点 e 的路径就是从广义表 A 中分离出 e 的过程,其中向下就是利用 Head 函数取表头,向右就是利用 Tail 函数取表尾。于是,可得到 e 的函数表示如下:

Head(Tail(Head(Head(Head(Tail(Tail(Tail(Tail(A)))))))))

① 在求解某广义表的深度 h 时,可以从左到右依次扫描每个字符:若为"(",则深度 h 加 1,若为")",则深度 h 减 1,直至整个字符串扫描完为止,整个过程中深度 h 的最大值即为该广义表的深度。

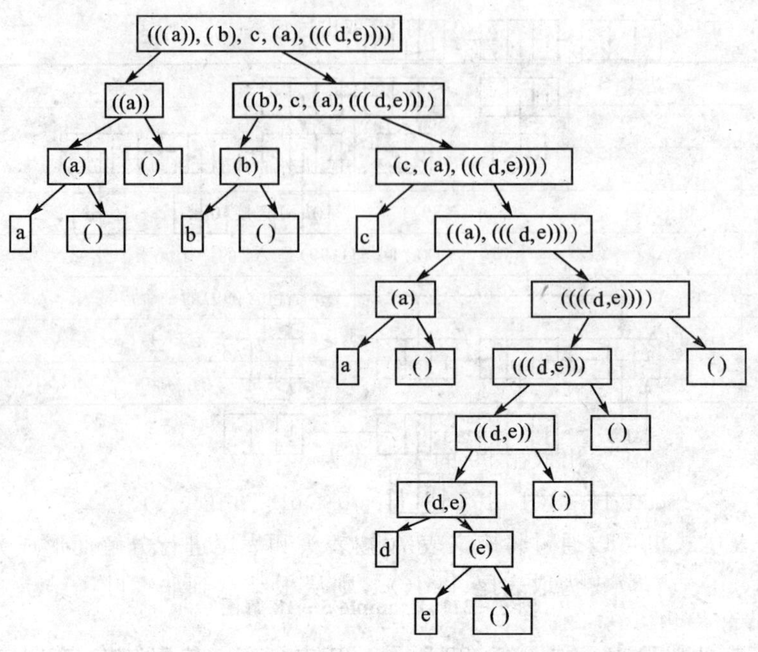

图 5-23　Example 5-19 广义表头尾分解图

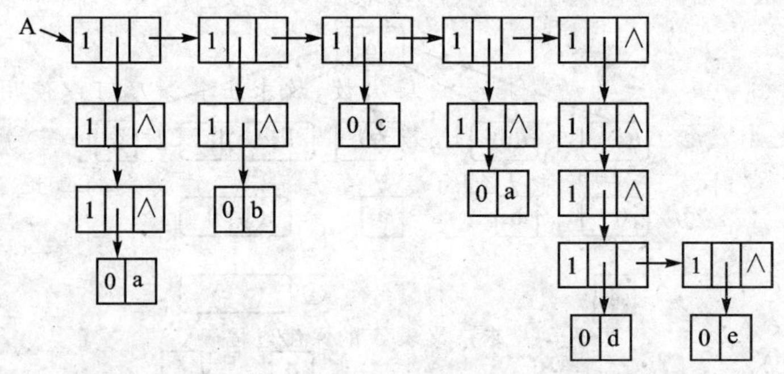

图 5-24　Example 5-19 广义表的链表存储结构

② 在 Example 5-19 的 Head 和 Tail 函数的层层嵌套中,如此多的括号看得令人眼花缭乱,为了使各个函数的括号匹配,建议在每使用一个函数时同时写出其左右括号,然后再将内容填入其中。

Example 5-20(西安交通大学)

已知广义表 A=(9,7,(8,10,(99)),12),试用求表头和表尾的操作 Head()和 Tail()将原子元素 99 从 A 中取出来。

【解析】

可以根据表头和表尾的定义,逐步将 99 取出。取出过程如表 5-3 所列。

表 5-3 将 99 取出过程表

代 号	表达式	结 果	注 释
A1	Tail (A)	(7,(8,10,(99)),12)	表尾首先是个广义表,应先写出( ),再将除表头外的其他元素填入
A2	Tail (A1)	((8,10,(99)),12)	
A3	Head (A2)	(8,10,(99))	表头可直接取出
A4	Tail (A3)	(10,(99))	(99)是 A4 的一个元素
A5	Tail (A4)	((99))	A5 是包含(99)的一个广义表
A6	Head (A5)	(99)	(99)作为一个元素,是广义表 A5 的头
A7	Head (A6)	99	A6 的头是 99,尾为空

于是,根据表 5-3 不难写出取出 99 的表达式为

Head(Head(Tail(Tail(Head(Tail(Tail(A)))))))

当然求解其表达式也可以通过将广义表 A 按表头和表尾进行分解而形成分解树形图[左分支为取表头 Head(),右分支为取表尾 Tail()],则从根结点到非零叶子结点 99 之间的路径即表明了取出 99 的过程。

也可以写出广义表 A 的链式结构,其中向右为取表尾 Tail(),向下为取表头 Head(),则从指针 A 出发到达原子结点 99 的路径即表明了取出 99 的过程。

注意:

对于广义表 A,由于其深度为所含括号的层次数,故求出其深度可以使用统计其括号个数的方式:从左到右逐个扫描广义表中的字符,若为"(",则使其深度增 1;若为")",则使其深度减 1。等扫描完整个表时,深度值所能达到的最大值就表示了广义表的真正深度。

例如,对本题中的广义表 A=(9,7,(8,10,(99)),12),求解其深度的过程如表 5-4 所列。

表 5-4 求广义表 A 的深度过程表

扫描进度(粗体表示)	操 作	当前深度 h 值
(9,7,(8,10,(99)),12)	当前字符为"(",深度增 1	1
(9,7,(8,10,(99)),12)	连续两个原子,需继续扫描	
(9,7,(8,10,(99)),12)	当前字符为"(",深度增 1	2
(9,7,(8,10,(99)),12)	连续两个原子,需继续扫描	
(9,7,(8,10,(99)),12)	当前字符为"(",深度增 1	3
(9,7,(8,10,(99)),12)	当前字符为")",深度减 1	2
(9,7,(8,10,(99)),12)	当前字符为")",深度减 1	1
(9,7,(8,10,(99)),12)	当前字符为")",深度减 1;结束	0

由表 5-4 不难看出,该广义表的深度为 3。

下面可以画出广义表 A 对应的树形图(如图 5-25 所示),并求出其深度以验证之。

图 5-25 也已经证明了广义表 A 的深度确实为 3。

前面在对广义表进行头尾分解得到其头尾分解图时,都是分解到原子元素或空表元素级

即可。如果从广义表深度的层面来解释这个原则,则是:一方面,原子元素的深度为 0,自然无法再分解下去;空表虽然深度为 1,但其内不含任何元素,也无法再分解。另一方面,广义表的元素也可以是广义表,即是可递归的。需要注意的是,当递归地求得表头元素的深度后再加 1 即可作为本广义表深度的候选;而在求解表尾元素的深度时,广义表表尾的定义(由除去表头元素以外的所有元素构成的广义表)使得表尾元素的深度自然地加上了 1,其深度即可作为本广义表深度的候选。根据递归的思想,不难写出计算广义表深度的算法实现如下。

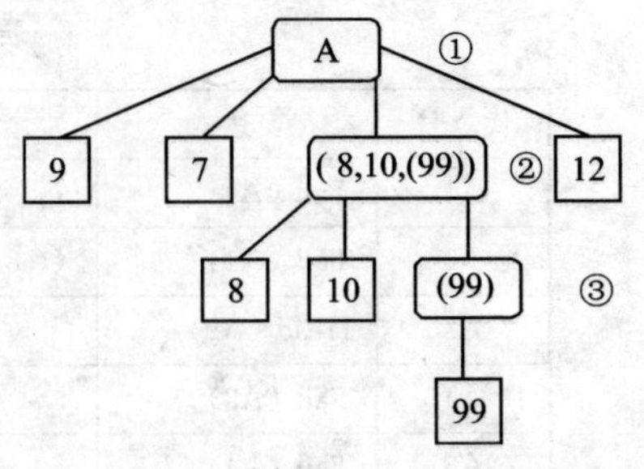

图 5-25 Example 5-20 广义表树形表示

算法 5-5 求广义表深度

```
Depteh_of_Glist(Glist L)
{
    If(L->tag==0)                        //当前元素为原子
       return 0;
    If(L==NULL)                          //当前元素为空表
       return 1;
    i=Depteh_of_Glist(L->ptr.hp)+1;     //表头元素的深度需加 1 作为候选
    j=Depteh_of_Glist(L->ptr.tp);       //表尾元素的深度即可直接作为候选
    m=max(i, j);
    return m;
}
```

第6章　树和二叉树

【学习要点】

1. 熟悉树和二叉树的定义、相关术语和基本概念。

2. 熟练掌握二叉树的性质,熟悉相应的证明方法。

3. 熟练掌握二叉树的存储结构、特点和适用范围。

4. 熟练掌握二叉树的前、中、后序遍历和层次遍历算法,且能灵活运用遍历算法实现二叉树的其他各种运算。

5. 了解二叉树线索化的实质和目的,掌握中序线索树的遍历及查找某一结点的前驱和后继。

6. 掌握树、森林与二叉树之间的相互转换。

7. 掌握哈夫曼树的实现方法,构造哈夫曼编码和学会带权路径长度的计算。

【要点精析】

线性表、栈、队列在逻辑上是线性结构。线性结构的特点是除了头元素和尾元素外,每个元素有且仅有一个直接前驱和直接后继;线性数据结构,物理上可以采用顺序存储结构,也可以采用链式存储结构。

非线性结构指在该结构中至少存在一个数据元素,有多个直接前驱或直接后继。其中树形结构和图形结构就是十分重要的非线性结构。树形结构反映了元素之间的层次关系和分支关系,其中以树和二叉树最为常用。

6.1　树

6.1.1　树的定义和相关术语

树是 n(n≥0)个结点的有限集。在一棵非空树中:

① 有且只有一个特定的称为根的结点;

② 当 n>1 时,其余结点可分为 m 个互不相交的有限集 $T_1T_2T_3\cdots T_m$,其中每一个集合本身又是一棵树,且是称为根的子树。

树的定义是一个递归的定义,也就是说在定义树时又用到了树的概念,这是树的固有属性:一棵树是由根和若干棵子树构成的,而子树又可由更小的子树构成。正因为如此在有关树的很多操作中就采用了递归的思想。所以,在以后学习中,应学会并习惯于利用递归的思想处理有关树的一些问题,尤其是在算法分析与设计中更应如此。

树可以为空(当 n=0 时)。树的根结点没有前驱结点,它为开始结点。除根之外的所有结点有且只有一个前驱结点,但是所有结点可以有零个或多个后继结点。

树可用多种方法来表示:树形表示法、凹入表示法及广义表表示法等。

图 6-1 所示为树形表示法的形象。

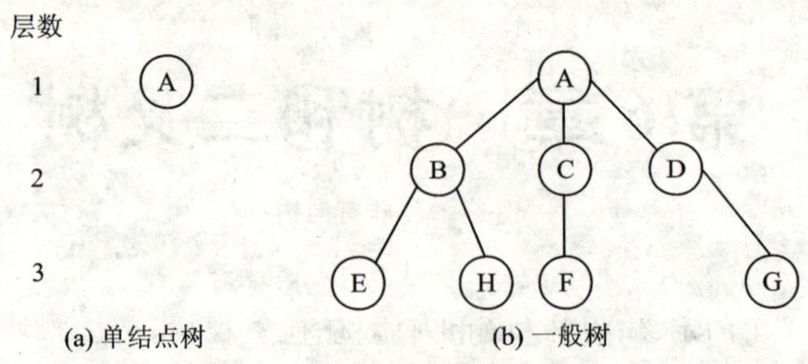

图 6-1 树形表示法的形象

树也可以用广义表形式来表示，且有以下约定：

① 树的根结点作为由子树构成的表的表名放在表的最前面；

② 每个结点的各子树之间用逗号隔开。

图 6-1(b)中树的广义表表示(根作为表名写在表的左边)为

A(B(E, H), C(F), D(G))

相关术语包括以下几项。

(1) 结点的度和树的度

结点所拥有的子树的个数称为该结点的度；而树中各结点度的最大值称为该树的度。

(2) 叶子结点和分支结点

度为零的结点称为叶子结点或终端结点。度不为零的结点称为分支结点或非终端结点。一棵树的结点除了叶子结点外，其余的都是分支结点。

(3) 孩子结点、双亲结点、兄弟及堂兄弟

树中一个结点的子树的根称为该结点的孩子，该结点称为其孩子结点的双亲结点。同一个双亲的孩子结点互称为兄弟。双亲在同一层的结点互为堂兄弟。

(4) 祖先和子孙

结点的祖先是从根到该结点所经分支上的所有结点。

反之，以某结点为根的子树中的任一结点称为该结点的子孙。

(5) 结点的层数和树的深度

结点的层次从根开始，树的根结点的层数定义为1，其余结点的层数等于它的双亲结点的层数加1。比如：如果某个结点的层数为H，则其子树就在第H+1层。

树中所有结点的最大层数称为树的深度(高度)。

(6) 有序树和无序树

如果一棵树中结点的各子树从左到右是有次序的，即若交换了某结点各子树的相对位置就构成不同的树，则称这棵树为有序树，否则称为无序树。在有序树中最左边的孩子称为第一个孩子，最右边的孩子称为最后一个孩子。

(7) 有向树

如果一个有向图在不考虑边的方向时是一棵树，则这个有向图称为有向树。有向树恰有一个顶点入度为零，其他顶点入度为1。但是，请注意：并不是所有的恰有一个顶点入度为零、其他顶点入度为1的有向图都是一棵有向树。如图6-2所示的一个非连通图就不是一棵有向树，因为它根本就不连通，又何谈是树呢！

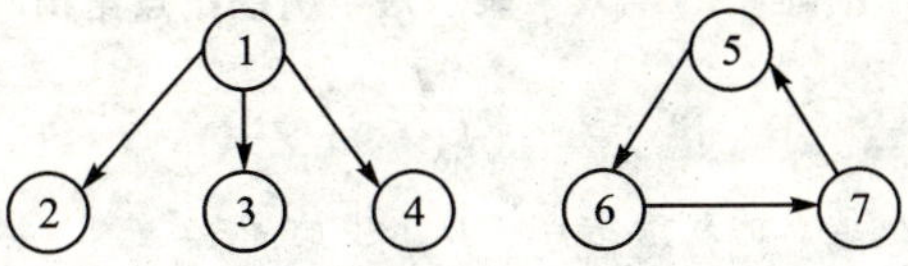

图 6-2　非有向树

(8) 森　林

森林是 m(m＞0)棵互不相交的树的集合。任何一棵树，删去根所剩子树的集合即为森林。

(9) 路径、路径长度、树的路径长度、结点的带权路径长度及树的带权路径长度

从树中一个结点到另一个结点之间的分支构成了两个结点之间的路径。路径上的分支数目称为路径长度。

树的路径长度为从树根到每一个结点的路径长度之和。

结点的带权路径长度为该结点到树根之间的路径长度与结点上权的乘积。

而树中所有叶子结点的带权路径长度之和为树的带权路径长度。

从上面对树的定义及图 6-1 中对树的形象描述，可以看到树的如下一些特点。

每个结点都发射出零个或多个分支，但是除了根结点以外，每个结点都只接收一个分支即除根外的每个结点都对应一个分支。所以，对于一个由 n(n>0)个结点构成的树来说，其分支数为 n—1 条；空树的分支数为零。从另一个角度说，一棵由 n 个结点组成的树的所有结点的度之和应为 n—1。因为所有结点发射出的分支(其数目等于所有结点的度之和)都被这些结点接收了，而每个结点(除根外共 n—1 个)接收一个分支，且这些分支总数不变，故得上述结论。

由于树中每个结点的双亲结点是唯一的，所以树中任何两个结点之间的路径是唯一的。因为，如果不唯一就表明树中至少有一个结点存在两条路到达它，即它有至少两个双亲结点，而这与树的定义是相悖的。

如果图中存在环，则其必定不是树。因为如果有环，则表明至少有一个结点有两条路径可以到达它，而树中任何两个结点间的路径是唯一的。

6.1.2　树的存储结构

由于树的每个结点都可能有多个孩子，而且每个结点的孩子数可能都不同，因此给设计树的结点结构带来了问题。如果为每个结点都分别设计一种结构，使每个结点有几棵子树就设计几个链域以正确反映父子关系，则整棵树结构将不规整，难以进行相关操作和存储管理。如果按照树的度来设计结点大小，则必然会造成存储空间的浪费。下面介绍 3 种常用的存储结构。

1. 双亲表示法

树的一个特性就是每个结点(根除外)都有唯一一个双亲结点。双亲表示法就是用一组连续的存储空间来存储树的所有结点，而每个结点不但包括该元素本身的信息，还包括与其双亲之间的“父子关系”。其结点结构定义如下。

描述 6-1　双亲表示法中树的结点结构

```
typedef struct{
    DataType data;
    int      parent;    //结点的双亲结点在数组中的序号
} PNode;
```

表 6-1 给出的就是图 6-1(b)中的双亲表示法的存储结构。

树的双亲表示法对于求某结点的双亲及祖先较容易实现，但是如果要求其孩子则需要遍历整个结构。

2. 孩子表示法

每个结点的孩子数一般是不同的，在每个结点中可设置多个指针，每个指针指向一个孩子结点。一般有以下几种表示方法。

(1) 多重链表法

根据每个结点所含指针域的多少可以分为两种方法：

① 结点指针域数和结点的度数相同。这种方法虽能节约空间，但是操作和存储管理不方便，基本不使用这种方法。

② 结点指针域数和树的度数相同。本方法虽然使结点同构，使得操作方便了，但是却浪费了大量存储空间。

(2) 孩子链表表示法

该结构中建立了一个与结点数一样大小的一维数组，数组的每个元素由两个域组成：data域，用来存放结点本身的信息；指针域，用来存储由该结点的所有孩子组成的单链表的首地址。单链表的结点也由两个域组成：序号域，用于存放孩子结点在数组中的序号；指针域，用于存放下一个孩子的位置。

图 6-1(b)所示树的孩子链表表示法如图 6-3 所示。

表 6-1　树的双亲表示法

数组序号	data	parent
0	A	−1
1	B	0
2	C	0
3	D	0
4	E	1
5	F	2
6	G	3
7	H	1

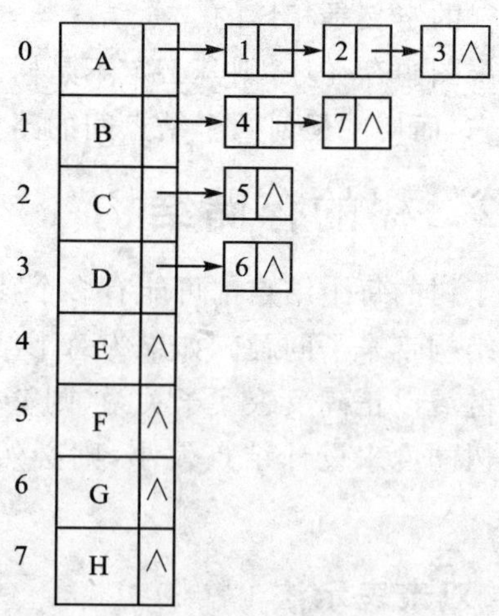

图 6-3　树的孩子链表表示法

孩子链表表示法适用于对孩子操作比较多的场合，但是查找双亲比较困难。

(3) 孩子兄弟表示法(二叉链表法)

每个结点除了含有其本身信息外,还有两个指针域,分别指向该结点的第一个孩子和下一个兄弟的位置(形象地记为"左儿子右兄弟")。

其结点结构描述如下。

描述6-2 孩子兄弟表示法中树的结点结构

```
typedef struct BiNode{
    DataType data;
    struct BiNode *child, *brother;
}BiNode, *BiTree;
```

其结点形象如图6-4所示。

树的这种存储方式的特点是:

① 根只链接其最左的孩子;

② 假设根的孩子从左到右依次编号,则根的第i(i≥2)个孩子由第i-1个孩子的右链域去链接;而每个结点都可以看做是以其为根、由其所有子孙构成的树。

图6-1(b)所示树的二叉链表表示法如图6-5所示。

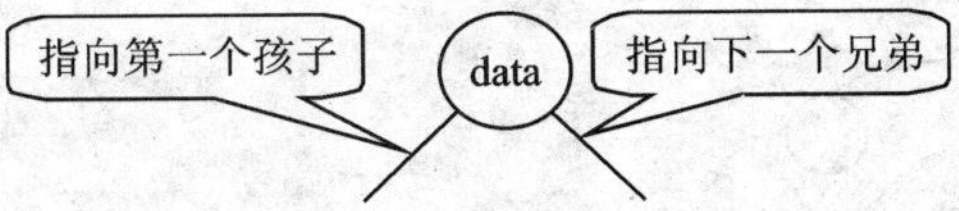

指向第一个孩子
data
指向下一个兄弟

图6-4 树的二叉链表结点形象

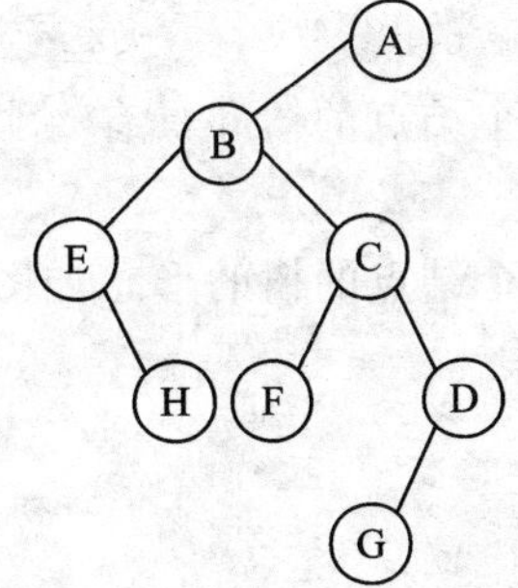

图6-5 树的二叉链表表示法

6.2 二叉树

6.2.1 二叉树的定义

二叉树是一种重要的树形结构,其特点是每个结点至多只有两棵子树,且二叉树的子树有左右之分,次序不能任意颠倒。

辨析 二叉树与树及有序树

二叉树并非树的特例,二叉树既不是只有两棵子树的树,也不是最多只有两棵子树的树,因为:

① 二叉树的子树有左右之分,且左右不能交换,在二叉树只有一棵子树的情况下也要明确指出该子树是左子树还是右子树,而树则没有这个要求。

② 二叉树的一个结点至多有两棵子树,而树没有这个限制。

二叉树也不一定就是有序树，因为虽然有序树一个结点的孩子之间有左右次序之分，但若该结点只有一个孩子，就无需区分其左右次序了；而在二叉树中，即使是一个孩子也有左右之分。

Example 6-1(西安交通大学)

在下列情况中，可称为二叉树的是(　　)。

A. 每个结点至多有两棵子树的树

B. 哈夫曼树

C. 每个结点至多有两棵子树的有序树

D. 每个结点只有一棵右子树

E. 以上答案都不对

【解】

由以上的辨析不难看出，选项A是树而不是二叉树；选项C是有序树，但度不大于2的有序树并不一定就是二叉树；哈夫曼树是最优二叉树，当然是二叉树；选项D中既然提到右子树，则说明子树有左右之分，且结点只有一个孩子时仍要区分左右孩子，故也是二叉树。由此，不难得出本题答案为B和D。

Example 6-2

具有3个结点的树和具有3个结点的二叉树，其所具有的不同形态有哪些？

【解】

具有3个结点的树的形态如图6-6所示。

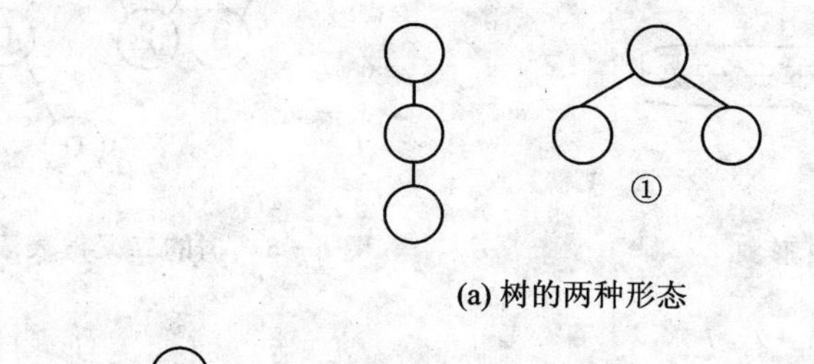

(a) 树的两种形态

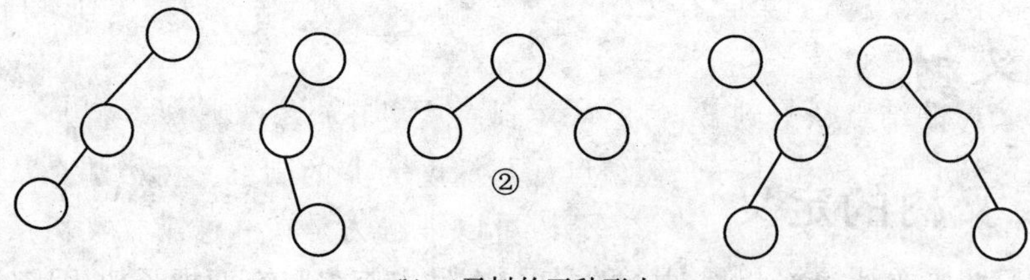

(b) 二叉树的五种形态

图6-6　三结点的树和二叉树的各种形态

注意：

图6-6中树①和二叉树②是完全不同的两种结构，因为二叉树②是有左右之分的，而树①的两棵子树无左右之分，交换之后仍为原来的树。

6.2.2　二叉树的性质

性质 1　一棵非空二叉树的第 i 层上最多有 $2^{i-1}(i\geqslant 1)$ 个结点。

【证明】

用数学归纳法。当 $i=1$ 时，$2^{i-1}=2^0=1$，第一层只有一个根结点，正确。

假设第 $k(1\leqslant k<i)$ 层上最多有 2^{k-1} 个结点，而二叉树的每个结点最多可以有两棵子树，所以第 $k+1$ 层上最多有 $2\times 2^{k-1}=2^{k-1+1}=2^{(k+1)-1}$ 个结点。

所以，一棵非空树的第 i 层上最多有 $2^{i-1}(i\geqslant 1)$ 个结点。

性质 2　深度为 k 的二叉树至多有 $2^k-1(k\geqslant 1)$ 个结点。

【证明】

只有二叉树每一层的结点数达到最大值，整棵树的结点数才能达到最大值。而第 $i(1\leqslant i\leqslant k)$ 层的结点数最大不超过 2^{i-1} 个。所以，二叉树的 k 层结点总数最大值为

$$2^0+2^1+2^2+\cdots+2^{k-1}$$

由等比数列前 k 项和公式可知，上式为 $(1-2^k)/(1-2)=2^k-1$。

性质 3　对任何一棵二叉树 T，如果其终端结点数为 n_0，度为 2 的结点数为 n_2，则 $n_0=n_2+1$。

【证明】

设二叉树的结点总数为 n，度为 1 的结点数为 n_1，则

$$n_0+n_1+n_2=n$$

而二叉树中所有结点的度数之和比结点总数少 1，故

$$n_0\times 0+n_1\times 1+n_2\times 2=n-1$$

综合上述两式得

$$n_0-n_2=1 \quad 即 \quad n_0=n_2+1$$

6.2.3　完全二叉树的性质

一棵深度为 k 的二叉树，如果它有 2^{k-1} 个结点，即每一层的结点数都达到其所能达到的最大值，则称之为满二叉树。

可以对满二叉树的结点从上到下、每层从左到右从 1 开始连续编号。如果一个深度为 k、有 n 个结点的二叉树，当且仅当其每一个结点都与深度为 k 的满二叉树中编号从 1 到 n 的结点一一对应，则称之为完全二叉树。完全二叉树可以理解为是在一棵满二叉树从最右下的结点开始，从右向左、自底而上逐一删除结点的过程中所呈现的形态。由此可得：如果位于左边结点的子树不全(小于 2)的话，则位于其右边的结点或者不存在，或者没有子树。

满二叉树是完全二叉树的一种极端情况。完全二叉树是相同深度的满二叉树的一部分。

图 6－7 展示了满二叉树和完全二叉树及非完全二叉树的形态。

完全二叉树有几个特点：

① 叶子结点只可能在层次最大的两层上。

② 对任一结点，若其右孩子下的子孙的最大层次为 L，则其左孩子下的子孙的最大层次为 L＋1。

③ 如果一棵完全二叉树的某个结点没有左孩子，则它必定没有右孩子。因此可以说，如

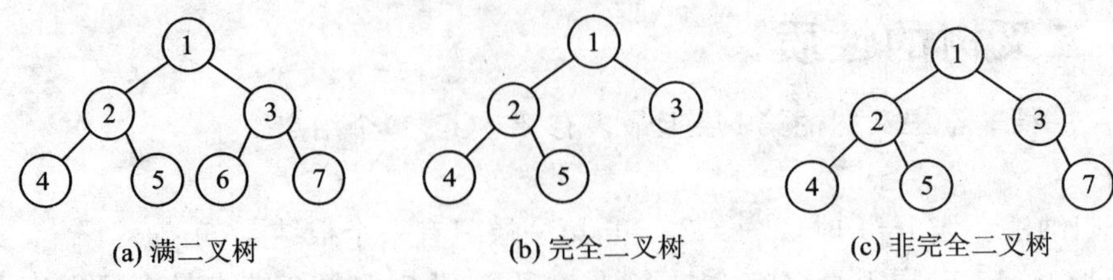

图 6-7　特殊形态的二叉树

果一棵完全二叉树的某个结点没有左孩子,则它必定为叶子结点。

④ 如果位于左边结点的子树不全(小于2)的话,则位于其右边的结点或者不存在,或者没有子树。

⑤ 完全二叉树中度为1的结点或者没有,或者只有一个。

假设完全二叉树中度为1的结点不止一个,不妨设为2个。暂且不考虑纵向,仅就其横向而言,这两个结点有左右之分。位于左边那个结点的度为1,说明其子树不全,根据完全二叉树的特点④,右面的结点或者不存在,或者没有子树,而这与原命题条件中右边结点的度为1相矛盾。

性质4　具有n个结点的完全二叉树的深度为$\lfloor \mathrm{lb}\ n \rfloor+1$($\lfloor \mathrm{lb}\ n \rfloor$为不大于lb n的最大整数)。

【证明】

由上述对完全二叉树和满二叉树的关系分析可得,一棵深度为k的完全二叉树,其结点总数必介于深度为k−1和深度为k的满二叉树的结点总数之间,即

$$2^{k-1}-1<n\leqslant 2^k-1$$ (取"="时,完全二叉树是深度为k的满二叉树)

由此推出

$$2^{k-1}\leqslant n\leqslant 2^k-1<2^k$$

两边取对数,得

$$k-1\leqslant \mathrm{lb}\ n<k$$

又由于k为整数,则

$$k=\lfloor \mathrm{lb}\ n \rfloor+1$$

性质5　如果一棵完全二叉树有n个结点,对其所有结点按层次编号,即从上到下、每层从左到右从1开始顺序编号,则对任意结点$i(1\leqslant i\leqslant n)$,有:

① 如果$i=1$,则其为根,没有双亲。如果$i>1$,则其双亲为$\lfloor i/2 \rfloor$。

② 如果$2i\leqslant n$(即它有左子树),则其左子树编号为2i;如果$2i>n$,则其无左子树。如果$2i+1\leqslant n$(即它有右子树),则其右子树编号为$2i+1$;如果$2i+1>n$,则其无右子树。

结论　一般来说,若深度为k、具有n个结点的二叉树具有最小路径长度,那么从根结点到第k−1层具有最多的结点数,为$2^{k-1}-1$,余下的$n-2^{k-1}+1$个结点在第k层的任一位置上。

所谓树的路径长度就是从树根到每一个结点的路径长度(分支数目)之和。要想使这个值达到最小,每个结点都应该距根结点比较近,换句话说,就是要尽可能使每一层上排放尽可能多的结点。由于一棵非空树的第i层上最多有$2^{i-1}(i\geqslant 1)$个结点,所以只能让前k−1层排放其所能排放的最多结点,这样前k−1层总共能排放$2^{k-1}-1$个结点;而余下的$n-2^{k-1}+1$个

结点不管怎么说都要占用一层，且它们之间的相互次序不固定，所以，它们可以排放在任何一个位置上，只要在第 k 层上即可。

辨析　只有度为 0 和度为 2 的结点的二叉树必为满二叉树吗?

满二叉树只有度为 0 和度为 2 的结点。但是否仅有度为 0 和度为 2 的结点的二叉树就一定是满二叉树呢?

其实，只有度为 0 和度为 2 的二叉树称为严格二叉树。满二叉树仅仅是严格二叉树中的一种。比如图 6－8 所示的二叉树就不是满二叉树，但它们却是严格二叉树。

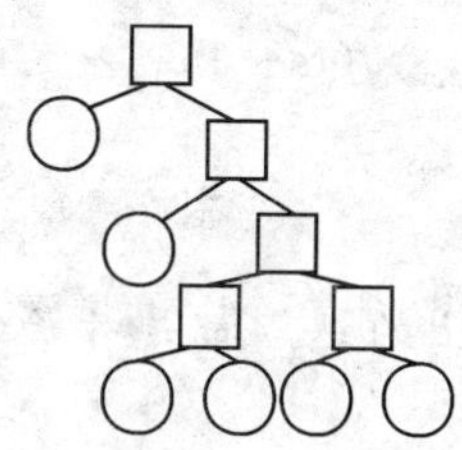
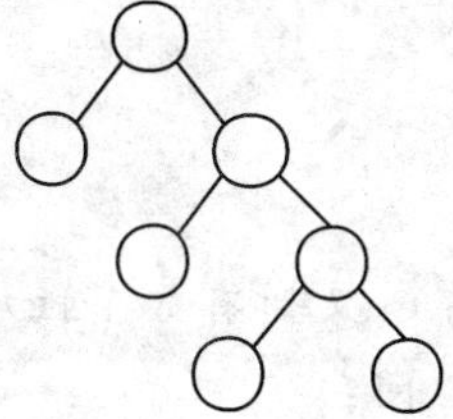

图 6－8　严格二叉树

举一反三　性质 3 证明方法的应用

性质 3 的证明用到了树的两个特点：

① 度为 m 的树的结点总数 n 是度为 i($0\leqslant i\leqslant m$)的树的结点数之和。

② 树的分支数比结点总数少 1。

这两个特点对于树和二叉树均成立，应牢牢把握。在做此类题目时要灵活应对，但万变不离其宗，只要掌握了这两个特点就拿到了解决问题的法宝。

请看以下两个例题，理解其具体应用。

Example 6－3

一棵有 124 个叶子结点的完全二叉树，最多有(　　)个结点?

(A) 247　　(B) 248　　(C) 249　　(D) 250　　(E) 251

【解】

根据完全二叉树的特点⑤：度为 1 的结点或者没有，或者只有一个。

设度为 i($0\leqslant i\leqslant 2$)的结点数为 n_i，结点总数为 n，根据树的两个特点：

$$n=n_0+n_1+n_2$$

$$n-1=n_0\times 0+n_1\times 1+n_2\times 2$$

得

$$n=n_1+2n_0-1$$

而 $n_1\leqslant 1$，故 $n\leqslant 1+2\times 124-1=248$。

答案为 B。

Example 6－4

已知一棵度为 m 的树中，有 n_1 个度为 1 的结点，有 n_2 个度为 2 的结点……有 n_m 个度为 m 的结点，问该树中有多少个叶子结点?

【解】

根据一棵由 n 个结点组成的树的所有结点的度之和应为 n－1,即分支数比结点数少 1。设树的结点个数为 n,叶子结点个数为 n_0,故

$$n_0+n_1+n_2+\cdots+n_m=n \quad ①$$

$$n_0\times0+n_1\times1+n_2\times2+\cdots+n_m\times m=n-1 \quad ②$$

式①减式②得

$$n_0-n_2-2n_3-\cdots-n_m\times(m-1)=1$$

整理得到

$$n_0=1+n_2+2n_3+\cdots+n_m\times(m-1)$$

一棵深度为 h 的满 m 叉树有如下性质:第 h 层上的结点都是叶子结点,其余各层上每个结点有 m 棵非空子树。问:

① 第 k(k≤h)层最多有多少个结点?

② 整棵树最多有多少个结点?

③ 若按层次从上到下、每一层从左到右从 1 开始对全部结点编号,编号为 i 的结点的双亲结点的编号为多少?编号为 i 的结点的第 j 个孩子结点(若存在)的编号为多少?

④ 编号为 i 的结点有右兄弟的条件是什么?其右兄弟的结点编号为多少?

【解】

① 已知满二叉树第 k 层上最多有 2^{k-1} 个结点,那么是不是满 m 叉树第 k 层上最多有 m^{k-1} 个结点呢?下面用归纳法证明。

假设当 k=1 时,此层为根,故只有一个根结点;而 $3^{1-1}=1$,正确。

假设当 k=n 时,满 m 叉树第 k 层最多有 m^{n-1} 个结点,而每个结点最多有 m 棵子树,即第 n+1 层上最多有 $m\times m^{n-1}=m^n=m^{(n+1)-1}$ 个结点,即当 k=n+1 时,结论也成立。

所以,满 m 叉树第 k 层上最多有 m^{k-1} 个结点。

② 如果满 m 叉树每一层上结点数都达到最大,则整棵树的结点数也达到了最多。根据第①问的结论,由等比数列前 h 项和公式得

$$m^0+m^1+m^2+\cdots+m^{h-1}=(1-m^h)/(1-m)=(m^h-1)/(m-1)$$

故,深度为 h 的满 m 叉树的结点数为$(m^h-1)/(m-1)$。

③ 分以下两种情况。

ⓐ 可以将编号为 i 的结点及其以前所有结点组成的 m 叉树看做一个完全 m 叉树,则 i 号结点为此 m 叉树的最后一个结点,且 i 为其结点总数。设第 i 个结点的双亲结点编号为 x,则此完全 m 叉树中至少有 x－1 个度为 m 的结点,x 号结点的度 $d\in[1,m]$,其余的结点均为叶子结点。根据树的特点,即树中所有分支数比所有结点数少 1,则有

$$(x-1)\times m+d+1=i$$

整理得

$$x=(i+m-d-1)/m$$

这对 d 取值范围内的所有值都成立。现在的问题是,结果中多出的参数 d 如何去除?现在的目的是要求出这 d 个子结点的父结点的编号,在求解时只要知道是这 d 个子结点的父结点就

可以了，而无须知道与哪个子结点有关。于是，不妨令 d 取最小值 1，而每个 i 值都对应一个不同的 d 值，在这里将 d 值固定，而 i 值可变，但其双亲结点都是一个，故可取 x 值的整数部分，即 $x=\lfloor (i+m-2)/m \rfloor$。

因此，完全 m 叉树 i 号结点的双亲结点编号为$\lfloor (i+m-2)/m \rfloor$。

ⓑ 设编号为 i 的第 j 个孩子为完全 m 叉树的最后一个结点，设 n 为其结点总数，而此完全 m 叉树中有 n−1 个度为 m 的结点，其他结点为叶子结点，故 $n=(n-1)\times m+j+1$。

完全 m 叉树中编号为 i 的结点的第 j 个孩子结点(若存在)的编号是$(n-1)\times m+j+1$。

④ 如果编号为 i 的结点为另一个结点的最后一个孩子，则它必无右兄弟，此时$(i-1)\% m=0$。

所以，在完全 m 叉树中，当$(i-1)\% m\neq 0$ 时，其有右兄弟且其编号为 i+1。

已知完全二叉树的结点总数为 n，则其深度为$\lfloor \mathrm{lb}\, n \rfloor+1$，那么如果给定完全 m 叉树的结点总数为 n，能否确定其深度呢？这个留给读者自己思考。

Example 6 - 5

一棵二叉树中有双分支结点 15 个，单分支结点 30 个，则叶子结点有(   )个？

【解】

由二叉树性质 3 知，叶子结点数 n_0 只与双分支结点数 n_2 有关，而与单分支结点数无关，且 $n_0=n_2+1=15+1=16$。

故本题答案为 16 个。

Example 6 - 6(武汉交通科技大学)

对于有 n 个结点的二叉树，其高度为(   )。

A. nlb n　　B. lb n　　C. $\lfloor \mathrm{lb}\, n \rfloor+1$　　D. 不确定

【解】

这道题的难度不大，关键是审题要细心。注意，这里说的是二叉树而不是完全二叉树。当然完全二叉树也是二叉树，此时其高度为$\lfloor \mathrm{lb}\, n \rfloor+1$，这也是二叉树高度最小的时候；如果一个结点占用一层，则此时二叉树的高度达到最大，为 n。故答案为 D。

6.2.4 二叉树的存储结构

二叉树一般有顺序存储结构和链式存储结构两种方式。

1. 二叉树的顺序存储结构

二叉树的顺序存储就是用一组地址连续的存储单元存放二叉树的结点，即让非线性结构进行线性化存储，且不能改变其逻辑关系。根据完全二叉树的性质，可以对其结点按层次从 1 开始顺序编号。这样，对于任意一个编号为 i 的结点，其双亲、所有孩子、左右兄弟等都可以准确定位。所以，如果按编号将二叉树的结点顺序存放在一维数组中，则可实现二叉树的顺序存储。因此，需要对二叉树进行如下特殊处理：

① 将二叉树改造为完全二叉树。将二叉树中最后一个结点之前所有不存在的空结点补齐，使之成为完全二叉树的形式。

② 用一维数组顺序存放改造后的“完全二叉树”。其中二叉树中确实存在的结点可直接

存储，对于增添的不存在的空结点可以使用“∧”或“0”代表。

二叉树的顺序存储结构可按如下定义。

```
# define max_tree_size 100                //定义二叉树的最大结点数
typedef DataType SqBiTree[max_size];      //0 号单元存储根结点
SqBiTree bt;
```

图 6-9 所示为二叉树及其对应的顺序存储结构。

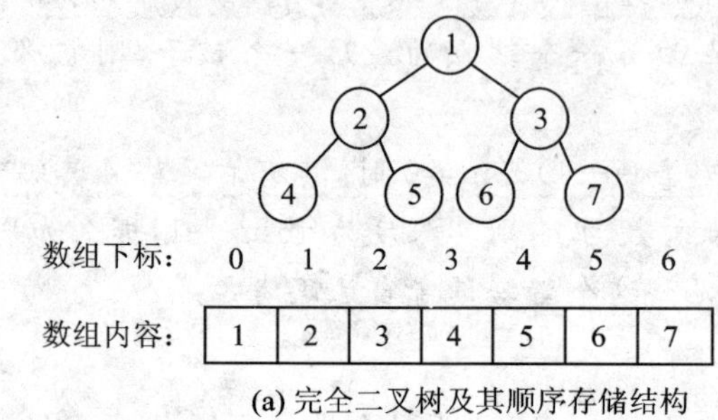

数组下标：	0	1	2	3	4	5	6
数组内容：	1	2	3	4	5	6	7

(a) 完全二叉树及其顺序存储结构

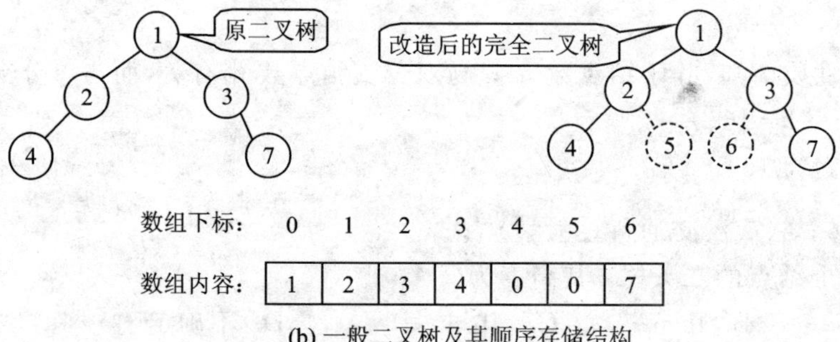

数组下标：	0	1	2	3	4	5	6
数组内容：	1	2	3	4	0	0	7

(b) 一般二叉树及其顺序存储结构

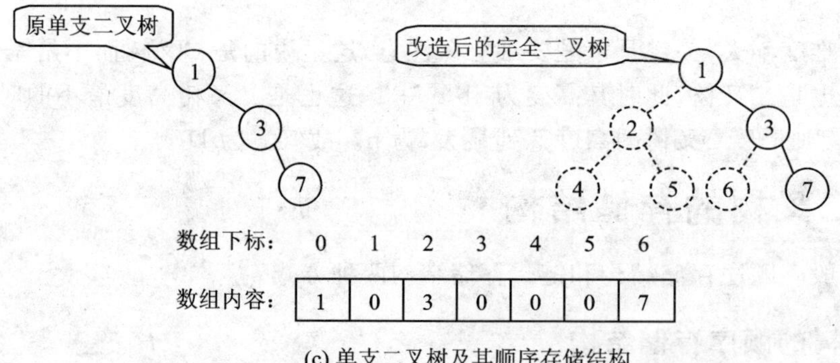

数组下标：	0	1	2	3	4	5	6
数组内容：	1	0	3	0	0	0	7

(c) 单支二叉树及其顺序存储结构

图 6-9　二叉树及其顺序存储结构

二叉树的顺序存储方式适用于完全二叉树和满二叉树，这样，既可以最大可能地节省存储空间，也可以利用数组元素的下标值确定结点在二叉树中的位置以及结点之间的关系。对于任何一个结点都能够很容易地找到其双亲、孩子、兄弟结点。

但是，当二叉树的结点较少而深度却很高时(比如单支二叉树)，这种存储方式显然会造成空间的浪费。同时，由于数组以顺序的方式处理其元素，故会对插入、删除结点的操作带来不便。

2. 二叉树的链式存储结构

二叉树的链式存储结构指用链表来表示二叉树,用链表示元素之间的逻辑关系。链表的头指针指向根结点。设计不同的结点结构可构成不同形式的链式存储结构。

(1) 二叉链表

二叉链表中的结点包括三个域：数据域和左右指针域。其结点结构定义如下。

描述 6-3 二叉链表及结点结构

```
typedef struct BiTNode {
    ElemType data;                          //数据域
    struct BiTNode *lchild, *rchild;        //左右指针
}BiTNode, *BiTree;                          //结点及二叉树类型定义
```

其结点形象如图 6-10 所示。

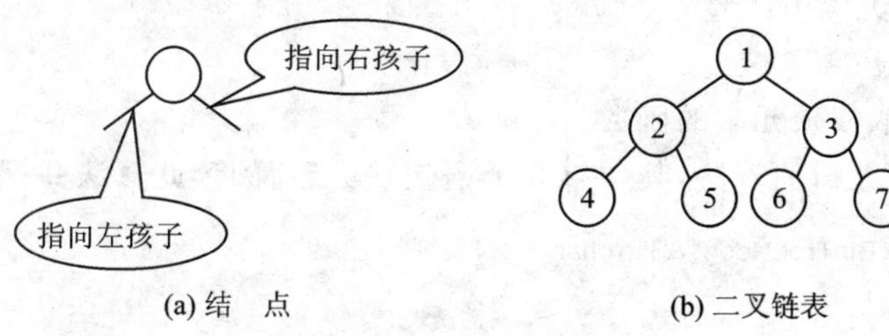

图 6-10 二叉链表形象

以后,就以二叉树的这种逻辑结构来表示物理结构。

在这种存储结构中,每个结点都有两个指针域,所以一棵有 n 个结点的二叉树共有 2n 个指针域,而每个结点只被一个指针指向,故二叉树中共有 2n -(n-1)=n+1 个空指针。

(2) 三叉链表

三叉链表中的结点比二叉链表中的结点多一个指针域,用于存放指向该结点双亲结点的指针。在这种结构中很容易找到某个结点的双亲,而在二叉链表中则需要从根结点开始巡查。

(3) 线索链表

线索链表是充分利用二叉链表的空指针域,使之存放指向该结点某种次序下的前驱或后继的指针。

Example 6-7(清华大学)

设一棵二叉树的结点定义如下。

```
struct BinTreeNode{
    ElemType data; BinTreeNode *leftchild, *rightchild;
}
```

现采用广义表建立二叉树。具体规定如下：

① 树的根结点作为由子树构成的表的表名放在表的最前面。

② 每个结点的左子树和右子树用逗号隔开。若仅有右子树没有左子树,逗号不能省略。

③ 在整个广义表输入的结尾加上一个特殊的符号(例如“#”)表示输入结束。

例如,对于如图6-11所示的二叉树,其广义表表示为A(B(D,E(G)),C(,F))。

此算法的基本思路是:依次从保存广义表的字符串ls中输入每个字符。若遇到的是字母(假设以字母作为结点的值),则表示是结点的值,应为它建立一个新的结点,并把该结点作为左孩子(当k=1)或右孩子(当k=2)链接到其双亲结点上。若遇到的是左括号"(",则表明子表开始,将k置1;若遇到的是右括号")",则表明子表结束;若遇到的是逗号",",则表示以左孩子为根的子树处理完毕,接着处理以右孩子为根的子树,并将k置2。在算法中使用了一个栈s,在进入子表之前,将根结点指针进栈,以便括号内的孩子链接之用。在子表处理结束时出栈。相关的栈操作如下:

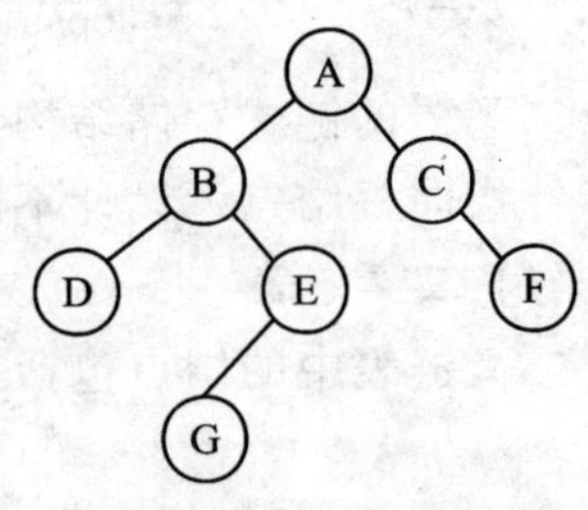

图6-11 二叉树

- MakeEmpty(s) 置空栈;
- Push(s,p) 元素p入栈;
- Pop(s) 出栈;
- Top(s) 存取栈顶元素的函数。

下面给出建立二叉树的算法,其中有5个语句缺失,请阅读此算法并把缺失的语句补上。

```
void CreatBinTree(BinTreeNode &BT,char * ls)
{
    Stack<BinTreeNode * >s;
    MakeEmpty(s);
    BT=NULL;                          //置空二叉树
    BinTreeNode * p;
    int k; istream ins(ls);           //把串ls定义为输入字符串流对象ins
    char ch;
    ins>>ch;                          //从ins顺序读入一个字符
    while(ch !='#')                   //逐个字符处理,直到遇到'#'为止
    {
      switch(ch)
      {
        case '(':
          ___(1)___; k=1; break;
        case ')':
          pop(s); break;
        case ',':
          ___(2)___; break;
        default :
          p=new BinTreeNode; ___(3)___; p->leftChild=NULL; p->rightChild=NULL;
          if(BT==NULL)
              ___(4)___;
          else if(k==1)
              top(s)->leftChild=p;
```

```
            else
                top(s)->rightChild=p;
        }
        ____(5)____;
    }
}
```

【解析】

这是一类算法填空题，在前面几章里已经遇到过，下面具体讨论这种题型的解决方法。要想正确做出这种题，首先应该分析题目中给定的算法。而这是有一定难度的，大多数人都有这种感觉：读别人写的程序往往要比自己写程序有难度。因为每个人的编程风格不同，习惯使用的实现方式等方面也有差异。虽然如此，这种题也还是有一定方式来攻破的。这类题中所给出的程序一般都是利用面向过程的结构化设计方式设计出来的。只要能够准确地将原程序划分出一个个小结构，并分析其所完成的功能，然后将各个小的结构功能进行综合分析，就不难得出整个程序所要完成的功能。

同时，这种题目一般都有文字(注释、算法思想等)或其他形式的说明，因此绝不能对这些信息视而不见；而应该充分利用它们，借助它们的提示，根据自己的编程经验，以及对各个小结构的功能分析，使对整个程序的理解逐步完整化和清晰化。

题目中给出的算法思想相当清晰，通过初步阅读程序可知，算法的主要部分就在 switch 语句，其功能是逐个判定当前读入的字符并做相应的操作。

算法思想中说得明白："若遇到的是字母(假设以字母作为结点的值)，则表示是结点的值，应为它建立一个新的结点，并把该结点作为左孩子(当 k=1)或右孩子(当 k=2)链接到其双亲结点上。"而这正对应 switch 语句中的 default 项，在该项下应该有申请新结点的语句以及将其链接到其双亲结点的语句。程序中语句(3)之前为申请新结点，之后为设置该新结点的左右链域，而一个结点由数据域和左右链域三部分组成。因此不难看出，语句(3)应该实现设置新结点的数据域的功能，即 p->data=ch。

接下来的语句应该完成将该结点链入双亲结点的功能，而这又需要根据 k 的指示，决定到底是链接到其双亲结点的左链上还是右链上，这正是语句(4)下面的两个 else 语句所完成的功能。但是这里应该考虑一种特殊情况，即如果该结点为根(即 BT 为空时)，则需将其地址赋予 BT，即 BT=p。

等跳出 switch 语句后，便转到语句(5)，执行完语句(5)后继续 while 循环并判断 ch 的当前值，所以语句(5)应从 ins 顺序地读入下一个字符，即执行语句 ins>>ch。

"若遇到的是左括号'('，则表明子表开始，将 k 置 1"，子表的开始即一棵子树的开始，而根据约定"树的根结点作为由子树构成的表的表名放在表的最前面"，所以在"("之前最近扫描到的字母必为该子树的双亲，而算法思想中描述"在进入子表之前，将根结点指针进栈，以便括号内的孩子链接之用"，故应将该字母的结点指针入栈保存，即语句(1)应为 Push(s,p)。

"若遇到的是逗号','，则表示以左孩子为根的子树处理完毕，接着处理以右孩子为根的子树，将 k 置 2"，即语句(2)应为 k=2。

于是得到本题的答案：

(1) Push(s,p)　　(2) k=2　　(3) p->data=ch　　(4) BT=p　　(5) ins>>ch

6.3 遍历二叉树

遍历二叉树(也称周游二叉树)指按照某种顺序访问二叉树中的每个结点,使每个结点被访问一次且仅被访问一次。通过一次完整的遍历,可以使二叉树中的结点信息由非线性排列变为某种意义上的线性序列。也就是说,遍历的过程就是把非线性结构的二叉树中的结点排成一个线性序列的过程。

一棵二叉树可以看做由 3 个基本单元组成:根结点、左子树、右子树。只要将这三部分遍历完则整棵二叉树也就遍历完了。而根据遍历这三部分先后次序的不同,对二叉树有六种不同的遍历方式。一般习惯是从左到右,故一般规定遍历二叉树是先遍历左子树后遍历右子树。这样对二叉树的遍历就有先序遍历(顺序为:根结点、左子树、右子树)、中序遍历(顺序为:左子树、根结点、右子树)和后序遍历(顺序为:左子树、右子树、根结点)。还有一种层次遍历,即从二叉树的第一层(根结点)开始,从上到下逐层遍历,在同一层中,则按从左到右的顺序对结点逐个访问。

对于二叉树的不同存储结构,其遍历算法的实现也有区别。下面以二叉链表为例介绍二叉树的各种遍历算法的实现。为便于算法的分析与设计,将二叉树中的每个结点都认为有左右两个孩子,即认为每个结点都是一棵子树根,都存在左右子树。对于叶子结点的左右子树,因其均为空,故以虚线圈表示,空子树也以虚线圈表示;而叶子结点、分支结点和非空子树等则以实线圈表示。故在此将二叉树中度为 0 或 1 的结点改造为度为 2 的结点,即将其所缺的孩子补上,用虚线表示,以示区别。这些结点实际上不存在,通常称之为空结点。在这种约定下,二叉链表存储的二叉树的形象如图 6-12 所示。

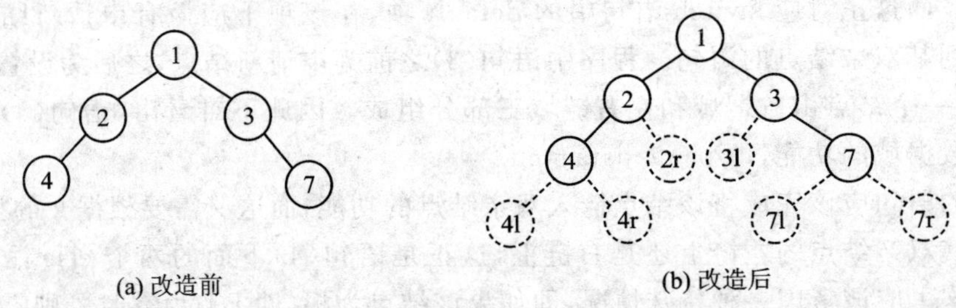

图 6-12 算法分析中的二叉树形象

6.3.1 先序遍历

先序遍历二叉树的操作定义如下。

如果二叉树为空,则空操作,否则:

① 访问根结点;

② 先序遍历左子树;

③ 先序遍历右子树。

1. 先序遍历的递归算法

这是一个递归的定义，因而实现本算法的最直观简单的方法就是用递归的思想。其递归实现算法如下。

算法 6-1　二叉树的先序遍历递归算法

```
PreorderTravers(BiTree T)
{
    //先序遍历以二叉链表形式存储的二叉树的递归算法
    if(T)
    {
        visit(T->data);
        PreorderTravers(T->lchild);
        PreorderTravers(T->rchild);
    }
}
```

在先序遍历过程中也可以不用递归的思想，即实现先序遍历非递归遍历算法。但是，这样做需要使用一个栈，用以存放已经访问过的根结点指针，以备在访问该结点的左子树之后再访问其右子树。

先序遍历序列的一个特点就是，任何结点的子树上所有结点都是直接跟在该结点之后。

2. 先序遍历的非递归算法

对任何一棵非空二叉树，都按照"根、左子树、右子树"的顺序访问所有结点，且

① 如果当前树为空，则不做任何操作，算法结束。

② 如果当前树不空，则首先访问根结点，然后访问左子树；由于左子树也是一棵二叉树，故需先访问其根……如此下去，在宏观上就应该是沿着原二叉树的左子树一路访问经过的各个结点，直至到达最左端的结点。现在的关键是，对于最左端的最小规模（不妨称之为最底层）二叉树的左子树已经访问完了，需要继续访问其右子树，但无右子树的位置信息，因此，如果能记得回去的路就好了。由于回去的路与来的路方向正好相反，所以可以利用栈来保存一路经过的所有结点。这样，每当访问完一个层次的二叉树（设以 p 指向其根）的左子树后，就可以将当前栈顶元素（即该层次二叉树根的父结点）出栈，并利用其 rchild 域来指示右子树的方向。在访问完该右子树后，这个层次的二叉树则先序遍历完成，同时也意味着更上一层次的二叉树的左子树遍历完成，接下来需要访问更上一层的二叉树的右子树；而当前栈顶元素恰好是 p 的父结点，即上一层二叉树的根，可将其出栈并用其 rchild 域指向右子树……如此下去，直至最顶层二叉树的右子树遍历完成，整棵二叉树也就遍历完成了。具体算法实现如下。

算法 6-2　二叉树先序遍历非递归算法

```
PreorderTravers(BiTree T)
{
    //先序遍历非递归算法
    initstack(s);
```

```
    p=T;
    while(p || !isempty(s))            //只有当两者均为空时遍历结束
    {
        if(p)                          //当前结点非空,则访问之并保存,继续先序遍历其左子树
        { visit(p); push(p); p=p->lchild; }
        else                           //当前结点为空则需返回到上一层,继续先序遍历上一层的右子树
        { pop(&p); p=p->rchild; }
    }
}
```

下面以图 6-13 中的二叉树为例对算法 6-2 的执行过程进行分析。

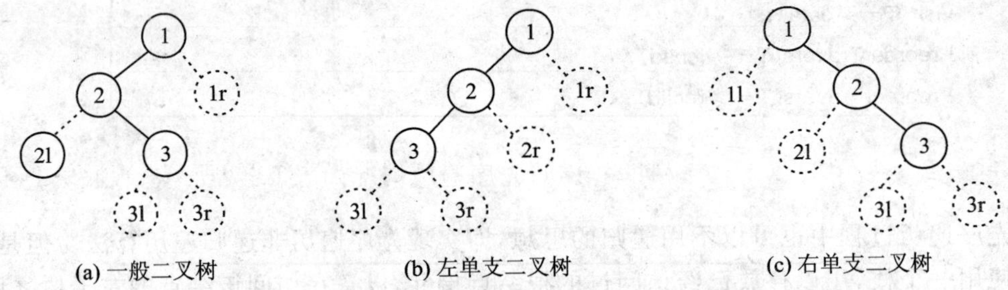

图 6-13　二叉树先序遍历例图

对图 6-13(a)中二叉树的非递归先序遍历情况如表 6-2 所列。

表 6-2　二叉树先序遍历情况

步　骤	访问结点序列	栈 s 的内容	p 所指结点
0		(空)	①
1	①	&①	②
2	①,②	&①,&②	2l
3	①,②	&①	②(出栈)
4	①,②	&①	③
5	①,②,③	&①,&③	3l
6	①,②,③	&①	③(出栈)
7	①,②,③	&①	3r
8	①,②,③	(空)	①(出栈)
9	①,②,③	(空)	1r

对图 6-13(b)中左单支二叉树的非递归先序遍历情况如表 6-3 所列。

表 6-3　左单支二叉树先序遍历情况

步　骤	访问结点序列	栈 s 的内容	p 所指结点
0		(空)	①
1	①	&①	②
2	①,②	&①,&②	③
3	①,②,③	&①,&②,&③	3l
4	①,②,③	&①,&②	③(出栈)
5	①,②,③	&①,&②	3r
6	①,②,③	&①	②(出栈)
7	①,②,③	&①	2r
8	①,②,③	(空)	①(出栈)
9	①,②,③	(空)	1r

对图 6-13(c)中右单支二叉树的非递归先序遍历情况如表 6-4 所列。

表 6-4　右单支二叉树先序遍历情况

步　骤	访问结点序列	栈 s 的内容	p 所指结点
0		(空)	①
1	①	&①	1l
2	①	(空)	①(出栈)
3	①	(空)	②
4	①,②	&②	2l
5	①,②	(空)	②(出栈)
6	①,②	(空)	③
7	①,②,③	&③	3l
8	①,②,③	(空)	③(出栈)
9	①,②,③	(空)	3r

(1) 时间复杂度

仔细分析表 6-2～表 6-4 可知，如果二叉树 T 有 n 个结点，该算法中对每个结点都要入栈和出栈一次。因此，入栈和出栈都要执行 n 次。只有当指针 p 为非空时，才对当前在栈顶的结点信息进行访问。所以其时间复杂度为 O(n)。

(2) 空间复杂度

算法所需要的附加空间为栈(用来存放已经访问的根结点)的容量，栈的容量与二叉树的深度和二叉树的具体形态有关。

在本算法中，如果一个结点不为空，则需将其入栈并遍历其左子树；一旦遇到空结点(空结点不入栈)，则栈顶元素就要出栈。因此，对于具有 n 个结点的二叉树，左单支二叉树所需要的栈的空间最大，为 n 个存储单位；对于右单支二叉树，由于其每个非空结点的左子树均为空，所以每当子树根结点入栈后，又因为其左子树为空而马上出栈，故在整个遍历过程中所需要的栈的最大容量就是 1 个存储单位。故其空间复杂度为 O(n)。

6.3.2 中序遍历

中序遍历二叉树的操作定义如下。

如果二叉树为空,则空操作,否则:

① 中序遍历左子树;

② 访问根结点;

③ 中序遍历右子树。

中序遍历二叉树的操作算法也分为递归算法和非递归算法。

1. 中序遍历的递归算法

根据中序遍历的递归定义,可以很容易写出其算法如下。

算法 6-3 中序遍历二叉树的递归算法

```
InorderTravers(BiTree T)
{
    //按"左中右"顺序遍历二叉树的递归算法
    if(T)                  //如果二叉树不空则中序遍历之
    {
      InorderTravers(T->lchild);
      visit(T->data);
      InorderTravers(T->rchild);
    }
}
```

2. 中序遍历的非递归算法

中序遍历二叉树是按照"左子树、根、右子树"的顺序访问其每个结点的。因此,对每个结点而言,首先应该遍历其左子树,找到左子树的根结点。由于在遍历左子树之后还要访问根并继续遍历右子树,那么如何从左子树返回?显然,如果前进的路径假设为正向,则返回的路径就是逆向,即具有天然的"先进后出"的特性,因此不难想到一个解决的办法,就是在向左前进之前,先将根入栈暂存。这样,栈顶指针指向的就是当前访问的最小子树的根结点,一旦栈顶指针为空,则表明左子树已经遍历完成,于是,将栈顶的根结点出栈以指出其右子树根结点,然后访问右子树。由于右子树访问完成后不需要再回到根结点,因此结点不再入栈,直接遍历右子树即可。

在算法的实现中使用一个栈 s,用以存放待访问根结点的指针,以备在访问该结点的左子树之后再访问该结点及其右子树。算法实现如下。

算法 6-4 中序遍历二叉树的非递归算法

```
InorderTravers(BiTree T)
{
    //非递归中序遍历
```

```
    p=T;
    while(p || !isempty(s))  //只有当根的右子树全部访问完成,两者才同时为空
    {
        if(p)                   //若当前子树非空,则将其根保存并访问左子树
        { push(p); p=p->lchild }
        else                    //若当前结点为空,则访问更高层尚未访问的根并继续遍历其右子树
        { pop(p); visit(p->data); p=p->rchild;}
    }
}
```

下面同样以图6-13中三种不同形态的二叉树为例对中序遍历二叉树的非递归算法的执行过程进行分析并列表如下。

对图6-13(a)中二叉树的非递归中序遍历情况如表6-5所列。

表6-5　二叉树中序遍历情况

步　骤	访问结点序列	栈s的内容	p所指结点
0		(空)	①
1		&①	②
2		&①,&②	2l
3		&①	②(出栈)
4	②	&①	③
5	②	&①,&③	3l
6	②	&①	③(出栈)
7	②,③	&①	3r
8	②,③	(空)	①(出栈)
9	②,③,①	(空)	1r

对图6-13(b)中左单支二叉树的非递归中序遍历情况如表6-6所列。

表6-6　左单支二叉树中序遍历情况

步　骤	访问结点序列	栈s的内容	p所指结点
0		(空)	①
1		&①	②
2		&①,&②	③
3		&①,&②,&③	3l
4		&①,&②	③(出栈)
5	③	&①,&②	3r
6	③	&①	②(出栈)
7	③,②	&①	2r
8	③,②	(空)	①(出栈)
9	③,②,①	(空)	1r

对图6-13(c)中右单支二叉树的非递归中序遍历情况如表6-7所列。

表6-7　右单支二叉树中序遍历情况

步　骤	访问结点序列	栈s的内容	p所指结点
0		(空)	①
1		&①	1l
2		(空)	①(出栈)
3	①	(空)	②
4	①	&②	2l
5	①	(空)	②(出栈)
6	①,②	(空)	③
7	①,②	&③	3l
8	①,②	(空)	③(出栈)
9	①,②,③	(空)	3r

(1) 时间复杂度

中序遍历非递归算法中对每个结点都进行了一次入栈和出栈,故对于一棵含有n个结点的二叉树,入栈和出栈均操作了n次。同时,算法对当前指针p不为空时还要访问其所指结点。故其时间复杂度为O(n)。

(2) 空间复杂度

算法所需要的附加空间为栈的容量。同样,对于不同深度和形态的二叉树,其在执行过程中所用栈的空间也不一样。

在中序遍历一棵有n个结点的二叉树时,当一个结点不为空时,则将其入栈,然后遍历其左子树,直至某一结点为空(此结点不入栈),这样一直走到二叉树的最左端,所经过的所有非空结点均入栈;一旦遇到空结点,则访问栈顶指针所指结点并将其出栈。所以,当二叉树为左单支二叉树时,所需的栈的最大空间为n个存储单位;而当二叉树为右单支二叉树时,每当一个结点入栈后,由于其左子树为空,所以又马上出栈,故整个遍历过程中所需栈的最大容量为1个存储单位。故其空间复杂度为O(n)。

6.3.3　后序遍历

后序遍历二叉树的操作定义如下。

如果二叉树为空,则空操作,否则:

① 后序遍历左子树;

② 后序遍历右子树;

③ 访问根结点。

后序遍历二叉树的操作算法也分为递归算法和非递归算法。

1. 后序遍历的递归算法

根据后序遍历的递归定义,可以很容易写出其算法如下。

算法 6-5 后序遍历的递归算法

```
PostorderTravers(BiTree T)
{
    if(T)              //空子树则返回
    {
      PostorderTravers(T－＞lchild);
      PostorderTravers(T－＞rchild);
      visit(T－＞data);
    }
}
```

2. 后序遍历的非递归算法

在后序遍历中，当搜索指针指向某一结点时，并不能马上对其进行访问操作，而先要遍历其左子树，故需令其提供左子树的存储位置信息；由于将要遍历的右子树的位置信息也应由其提供，故需将其暂时入栈保存。当遍历完左子树后，还不能将它出栈，还需令其提供右子树的存储位置信息，并遍历其右子树，最后再访问之。

换个角度，在二叉树的后序遍历中，当到达某个结点 T 时，在此之前路径的结点有三种：T 的父结点，T 的左孩子，T 的右孩子。很显然，若为从 T 的父结点到达 T 的时刻，则说明还没有访问其子树，故不能急于访问 T；当是从其左孩子到达 T 时，说明还没有访问其右子树，也不能急于访问 T；只有是从其右孩子来时才说明 T 的所有子树皆已访问完毕，此时可以访问 T 了。因此，如果能够分辨出在到达 T 之前刚刚路过的那个结点是 T 的父结点，还是其左孩子，抑或是其右孩子，就可以相应地决定是否应该访问 T 了。

如果是从 T 的父结点到达 T，则说明是第一次路过 T，还没有访问过其孩子，由于 T 的 rchild 和 lchild 两个域指示了两个孩子的位置，故需要将 T 入栈保存以备后用，然后访问 T 的左孩子。

如果是从 T 的左孩子到达 T，则还需要访问 T 的右孩子；此时 T 的 rchild 域可提供右孩子的位置信息，且在第一次路过 T 时就已经将 T 保存在栈中，故这次不需保存了。

如果是从 T 的右孩子到达 T，则说明 T 的所有子树都已访问完，该是访问 T 的时候了；此时以 T 为根的二叉树已被访问完毕，准备访问更高一层的二叉树，而 T 在为访问更高一层的二叉树时提供不了任何位置信息，故需将其出栈。

现在的焦点集中于：在到达 T 时如何才能分辨出到底该路线的前一站是谁。如果把该线路看做某个游动指针的运行轨迹，则当其即将向下一站 s 出发时，用一个指针记住当前站的位置，则到下一站时就可以知道到底是从哪个站到达 s 的。

由此，不难写出二叉树后序遍历的算法如下。

算法 6-6 后序遍历的非递归算法(从来源方向考虑)

```
PostOrderBiTree(BiTree T)
{
  BiTree root＝T;              //记录游走路线的游动指针
  InitStack(s);
  BiTree pre＝T;               //记录前一个经过的结点的前向指针
```

```
while(root || !IsEmpty(s))
{                                    //找到最左边的叶子
  while(root)
  {
    push(root); root=root->left; pre=root;
  }
  root=top(s);                       //栈顶元素
  if(pre != root->rchild)            //不是从右子树过来
  {
    if(pre==root->lchild) //来自于左孩子,继续搜索右孩子
    { root=root->rchild; pre=root; }
    else                             //来自于父结点,要访问左孩子
    { push(root); pre=root; root=root->lchild; }
  }
  else                               //来自于右孩子,或来自于左孩子且左、右孩子均为空
  {
    pop( &root); visit(root->data); pre=root; root=NULL;
  }                                  //某层次的树被完整访问后,把 root 置空以便为访问更高层树做准备
}
}
```

注意:

① 算法 6-6 是以指针 rchild 和 lchild 是否与指针 ptr 相等来判断该路线来自哪个结点。这里似乎有个问题:若到达结点 T 的路线是来自其左孩子(为空),且其右孩子也是空(即 T 为叶子结点),此时 ptr 应等于 lchild(均为空);但是 T 的右孩子也是空,就不好判断到底是来自左孩子还是右孩子了。其实这也无妨,无论其从哪个子结点来,都无需再考虑要不要访问其子树了,因为 T 是叶子结点。反而,由于后序遍历是先左后右,总是从左子树来,同时还可减少路经一次 T 的右子树,这样,既节省了时空资源,又提高了效率,何乐而不为呢?

② 若路线是来自 T 的右子树,则表明以 T 为根的二叉树已访问完,需要将游动指针置空,为下一步访问更高层的二叉树做准备。

下面同样以图 6-13 中三种不同形态的二叉树为例,对后序遍历二叉树非递归算法的执行过程进行分析并列表如下。

对图 6-13(b)中左单支二叉树的非递归后序遍历情况如表 6-8 所列。

表 6-8 左单支二叉树后序遍历情况

步 骤	访问结点序列	栈 s 的内容	游动指针(root)所指结点	前向指针(ptr)所指结点
0		(空)	①	①
1		&①$_1$	②	②
2		&①$_1$,&②$_1$	21	21
3		&①$_1$,&②$_2$	②	21
4		&①$_1$,&②$_2$	③	③
5		&①$_1$,&②$_2$,&③$_1$	31	31

续表 6-8

步　骤	访问结点序列	栈 s 的内容	游动指针(root)所指结点	前向指针(ptr)所指结点
6	③	&①$_1$,&②$_1$,&③$_1$	③	3l
7	③	&①$_1$,&②$_1$	NULL	③
8	③	&①$_1$,&②$_1$	②	③
9	③	&①$_1$	NULL	②
10	③,②	&①$_1$	①	②
11	③,②	&①$_1$	1r	1r
12	③,②	&①$_1$	①	1r
13	③,②,①	(空)	NULL	①

对图 6-13(a)中二叉树的后序遍历执行过程,如表 6-9 所列。

表 6-9　二叉树后序遍历情况

步　骤	访问结点序列	栈 s 的内容	游动指针(root)所指结点	前向指针(ptr)所指结点
0		(空)	①	①
1		&①$_1$	②	②
2		&①$_1$,&②$_1$	③	③
3		&①$_1$,&②$_2$,&③$_1$	3l	3l
4		&①$_1$,&②$_2$,&③$_1$	③	3l
5		&①$_1$,&②$_2$,&③$_1$	3r	3r
6	③	&①$_1$,&②$_1$	NULL	③
7	③	&①$_1$,&②$_1$	②	③
8	③	&①$_1$,&②$_1$	2r	2r
9	③,②	&①$_1$	NULL	②
10	③,②	&①$_1$	①	②
11	③,②	&①$_1$	1r	1r
12	③,②	&①$_1$	①	1r
13	③,②,①	(空)	NULL	①

对图 6-13(c)中右单支二叉树的非递归后序遍历情况如表 6-10 所列。

表 6-10　右单支二叉树后序遍历情况

步　骤	访问结点序列	栈 s 的内容	游动指针(root)所指结点	前向指针(ptr)所指结点
0		(空)	①	①
1		&①$_1$	1l	1l
2		&①$_1$	①	1l
3		&①$_1$	②	②
4		&①$_1$,&②$_2$	2l	2l

续表 6-10

步 骤	访问结点序列	栈 s 的内容	游动指针(root)所指结点	前向指针(ptr)所指结点
5		&①$_1$,&②$_2$	②	21
6		&①$_1$,&②$_1$	③	③
7		&①$_1$,&②$_2$,&③$_1$	31	31
8		&①$_1$,&②$_2$,&③$_1$	③	31
9	③	&①$_1$,&②$_1$	NULL	③
10	③	&①$_1$,&②$_1$	②	③
11	③,②	&①$_1$	NULL	②
12	③,②	&①$_1$	①	②
13	③,②,①	(空)	NULL	①

注意:

① 细心的读者可能已经发现,在后序遍历上述非递归算法的执行过程中,栈 s 的内容都是当前所路过结点的祖先结点,难道这是一种巧合吗?其实不然,这是一种必然。因为,在后序遍历非递归算法中,搜索路径是从根到达该结点的,路径上除当前结点外的所有点都是该结点的祖先结点;而搜索过程中只要当前结点不是空结点且不在栈内,则其必入栈,栈中保存的结点总是从根到当前结点路径上的结点。所以说,在后序遍历的非递归算法中,工作栈中所保存的结点都是当前结点的祖先结点。这样,当求解关于某一结点的祖先结点时,就可以考虑使用后序遍历的非递归算法。

② 在后序遍历过程中,若从父结点到达结点 T,则该次为第 1 次路过 T,不能访问 T,需要先访问其子树;若来自左子树,则该次为第 2 次路过 T,还不能访问 T,需先访问其右子树;若来自右子树,则该次为第 3 次路过 T,此时 T 的所有子树都已经访问完毕,应该访问 T 了。由此可以看出,路过结点 T 的次数也可以作为判断是否访问 T 的标准。为清楚每个结点当前已经被访问的次数,可用一个标志变量(或计数器)来记录该信息,也可以在每次入栈保存一个结点的同时,相应地将访问次数写入该结点随后的栈单元中,以实现访问次数和结点的对应。下面是同时将结点位置信息和路过它的次数保存到栈的算法实现。

算法 6-7 后序遍历的非递归算法(从路过次数考虑)

```
PostOrderTravers(BiTree T)
{
    InitStack(s);
    BiTree p=T;
    while(p || !IsEmpty(s))
    {
        if(p)
        {push(p); push(1); p=p->lchild;}
        else
            while(!IsEmpty(s))
            {
              pop(&flag); p=top(s);
```

```
        if(flag==1)
        { push(2); p=p->rchild; break;}
        else
          if(flag==2)
          {pop( &p); visit(p->data); p=NULL;}
      }
    }
}
```

拓展　后序非递归遍历二叉树且不使用栈或有类似功能的辅助存储空间

在二叉树的后序非递归遍历算法 6-7 的实现中，使用了一个栈来保存那些已经搜索到但是暂时还不能访问的结点，这样的结点一般都是有孩子的结点。而且在访问了一个结点的左孩子后，还需访问其右孩子，而这个右孩子必须由该结点指出，待所有孩子都访问完之后才能访问该结点。可见栈在这种算法实现中所扮演的角色是非常重要的，它不但指示双亲结点，同时还标志该结点的搜索次数，以决定是否要访问之。

但是，如果要求不使用栈或有类似功能的辅助存储空间来完成二叉树的后序非递归遍历算法，又该怎么办呢？

后序非递归遍历必须等结点的所有孩子都被访问完之后才能访问该结点。而孩子可由双亲指出，等访问完孩子后还须方便地找到双亲以完成后序遍历；同时还应该有信息来表示双亲结点是否该被访问了。设置栈或类似的辅助空间的目的就是能够方便地指示出根或右子树的位置信息和节点被路过的次数。所以，如果使二叉树的每个结点在二叉链表的基础上再增加两个域：parent(双亲域)和 flag(访问次数标志域)，那么就可以不使用栈且仍能满足后序遍历二叉树的两个条件了。其结点结构描述如下。

描述 6-4　不用栈的后序遍历非递归算法中的二叉树结点结构

```
typedef struct {
    ElemType   data;
    OSBiTNode * lchild;             //左孩子
    OSBiTNode * rchild;             //右孩子
    OSBiTNode * parent;             //双亲
    int        flag;                //标志域，取值为 0,1,2 分别表示已被搜索到的次数
} OSBiTNode, * OSBitree;            //有标志域和双亲指针域的二叉树结点类型
```

在后序遍历二叉树中，对于每个结点，若第一次路过它，则需先访问其左子树；若第二次路过它，说明其左子树已访问完，还需访问其右子树；若第三次路过它，说明左、右子树都已访问完毕，则该访问它本身了。故不使用栈的后序遍历二叉树的非递归算法实现如下。

算法 6-8　后序遍历非递归算法(不使用栈或辅助存储空间)

```
PostOrderTraverse(OSBitree T)
{
  p=T;
  while(p)
```

```
    {
      if(p-> flag==0)                    //该结点第一次被搜索到,需先访问其孩子
      {
        p-> flag=1;
        if(p->lchild) p=p->lchild;       //若左孩子存在,则先访问左孩子
      }
      else if(p-> flag==1)               //该结点已经被搜索过一次
      {
        p-> flag=2;
        if(p->rchild) p=p->rchild;       //若右孩子存在,则访问右孩子
      }
      else if(p-> flag==2)               //该结点已经被搜索到两次,说明孩子已经访问完了,此时
                                         //应该访问该结点
      {
        visit(p->data);
        p-> flag=0;                      //恢复 flag 值
        p=p->parent;                     //返回到双亲结点,以确定下一个该访问的结点
      }
    }
}
```


注意:

在后序遍历非递归算法 6-8 的实现中,改变了结点的标志域 flag;但是,由于标志域 flag 是二叉树结点中的一部分,无论从一般意义上讲还是从程序结构性上说,遍历都应该不能改变二叉树的结点信息。所以在访问完一个结点后就应该将其标志域恢复初值。

6.3.4 按层次遍历

按层次遍历就是从根结点开始自上而下逐层遍历,同一层从左到右对结点进行逐个访问。

对于二叉树的顺序存储结构而言,由于其存储是按层次顺序对结点进行存储的,所以这种遍历方法很好实现,只要按顺序依次访问每个非空结点即可。其算法可实现如下。

算法 6-9 二叉树顺序存储结构的层次遍历

```
LevelorderTravers(SqBiTree T)
{
    for(i=1; i<=length(T); i++)
    if(T[i] !=' ')
        Visite(T[i]);
}
```

但是,用二叉链表存储的二叉树,按层次遍历就没有这么简单了。访问完根结点后,第二层的两个结点可由其左右链域指出,而第三层的四个结点又可以分别由上一层的两个结点的左右链域指出……因此,可以在访问一个结点的同时将其非空子树根结点记录下来,按照从左到右的顺序依次排列。由于所访问的结点是自上而下、从左到右的顺序,所以其所有子树根结

点的排列也必定是自上而下、从左到右的顺序。故在访问完根结点后再依次访问这个排列的其他结点即可。这个排列的建立顺序与要访问的顺序相同，即先进先访问；又根据队列先进先出的特性，可以利用队列来暂存这个排列中的子树根结点。

算法中使用一个队列 q，先将二叉树根结点入队列，然后出队列并访问之，如果其左子树不空，则左子树根结点入队列，如果其右子树不空，则右子树根结点也进队列。如此下去，直到队列为空。在本算法中，由于对队列元素进行频繁的插入和删除操作，所以一般使用队列的链式存储方式，即链队。

在下面算法实现过程中所用到的队列的一些基本操作，如出队、入队、队列的初始化等均采用调用子功能函数的形式，至于这些子函数的具体实现请读者自己完成。

算法 6-10　二叉树的按层遍历

```
LevelorderTravers(BiTree T)
{
    if(!T)return;
    Initqueue(q);
    Enqueue(q,T)                                    //将根结点 T 入队
    while(!Queuempty(q))                            //队列空说明已无非空结点可访问
    {
        Dequeue(q, &Temp);                          //队头结点出队
        visit(Temp->data);
        if(Temp->lchild) Enqueue(q,Temp->lchild);   //当前结点非空子树入队
        if(Temp->rchild) Enqueue(q,Temp->rchild);
    }
}
```

对图 6-13(a)中二叉树的按层次遍历情况如表 6-11 所列。

表 6-11　二叉树按层次遍历情况

步　骤	访问结点序列	队列 q 的内容	Temp 所指结点
0		&①	
1			①(出队)
2	①	&②	①
3	①		②(出队)
4	①,②	&③	②
5	①,②		③(出队)
6	①,②,③	(空)	③

对图 6-14 所示的满二叉树的按层次遍历过程如表 6-12 所列。

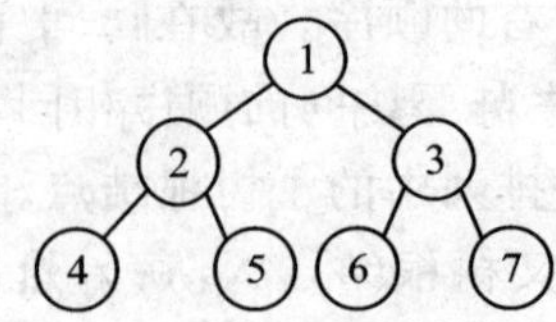

图 6-14 满二叉树

表 6-12 满二叉树按层次遍历情况

步 骤	访问结点序列	队列 q 的内容	Temp 所指结点
0		&①	
1			①(出队)
2	①	&②,&③	①
3	①	&③	②(出队)
4	①,②	&③,&④,&⑤	②
5	①,②	&④,&⑤	③(出队)
6	①,②,③	&④,&⑤,&⑥,&⑦	③
7	①,②,③	&⑤,&⑥,&⑦	④(出队)
8	①,②,③,④	&⑤,&⑥,&⑦	④
9	①,②,③,④	&⑥,&⑦	⑤(出队)
10	①,②,③,④,⑤	&⑥,&⑦	⑤
11	①,②,③,④,⑤	&⑦	⑥(出队)
12	①,②,③,④,⑤,⑥	&⑦	⑥
13	①,②,③,④,⑤,⑥		⑦(出队)
14	①,②,③,④,⑤,⑥,⑦		⑦

(1) 时间复杂度

本算法只对含有 n 个结点的二叉树的非空结点进行出、入队列的操作,故其出、入队列的时间复杂度为 O(n)。而访问的结点也是全部的非空结点。综合起来,其时间复杂度为 O(n)。

(2) 空间复杂度

算法所需要的附加空间为队列的容量。算法中每出队一个结点就要进 0 个、1 个或 2 个结点。只有当进 2 个结点时,队列的容量才会逐渐增加,直至只有出队而无进队时,队列容量达到最大值。因此,在具有相同结点数的所有二叉树中,满二叉树所需要的队列容量最大,即当倒数第二层的最后一个结点出队时,从此以后,就只有出队而再没有进队了,此时队列的容量达到最大值,即为最后一层的结点数。设满二叉树的结点数为 n,则其高度为$\lfloor \mathrm{lb}\ n \rfloor+1$,于是最后一层的结点数为 $2^{\lfloor \mathrm{lb}\ n \rfloor}$。故本算法的空间复杂度为 O(lb n)。

总结:

二叉树的遍历是实现二叉树众多其他算法的基础。因此,对于遍历的各种算法不仅要熟悉其递归、非递归的算法实现,更重要的是要充分理解并灵活运用其算法思想。比如:求二叉树的叶子结点、度为 1 的结点、度为 2 的结点,查找二叉树中值为 x 的结点,统计其结点总数,甚至是二叉树的创建等操作的算法实现，均可通过对二叉树进行某种次序的遍历来完成。

前序遍历的特点是按照根、左子树、右子树的顺序对二叉树进行遍历，故当遍历到某一结点时，说明该结点的所有祖先结点已经访问完了。所以，对二叉树进行前序遍历的同时记录下所访问结点的特定信息，就可以完成统计某个结点所有祖先结点的个数，更复杂一点，还可以求出两棵二叉树的共同祖先，以及求出从根结点到某个特定结点的路径等操作。

中序遍历的特点是按照左子树、根、右子树的顺序对二叉树进行遍历，故当遍历到某一结点时，其左子树上的所有结点均已访问完毕。此时，可以完成对其左子树上结点的操作。

后序遍历的特点是按照左子树、右子树、根的顺序对二叉树进行遍历，故当遍历到某一结点时，其所有子树上的结点均已访问完毕。此时，可以完成统计某结点子孙结点信息的操作。比如：删去以某结点为根的子树，求其子孙结点的个数等。

层次遍历可以用来完成统计树的高度、按编号大小输出结点等操作。

对于有些算法设计，必须要将这几种遍历方法结合起来使用才可以。

结论1　已知一棵二叉树的后序序列和中序序列，则可唯一确定一棵二叉树。

【证明】(采用归纳法)

设二叉树的结点数为n，则当n=1时，二叉树的后序序列和中序序列只有一个元素，且相同，是二叉树的根；而只有一个根结点的二叉树是唯一的，所以结论成立。

假设当$n \leqslant k(k \geqslant 1)$时该结论成立，即一棵结点数最多不超过k个的二叉树的后序序列和中序序列可唯一确定一棵二叉树，下面证明当$n=k+1$时该结论也成立。

设二叉树的后序序列为$\{a_1, a_2, \cdots, a_n\}$，中序序列为$\{b_1, b_2, \cdots, b_n\}$。根据后序遍历二叉树的特点，后序序列的最后一个元素a_n必为二叉树的根，则在中序序列中一定可以找到与a_n相同的元素[设为$b_i(1 \leqslant i \leqslant n)$]，则子序列$\{b_1, \cdots, b_{i-1}\}$为该二叉树左子树的中序序列；而含有$n-i$个元素的子序列$\{b_{i+1}, \cdots, b_n\}$为其右子树的中序序列。又根据二叉树的后序遍历和中序遍历的关系可知，含有$n-i$个元素的子序列$\{a_i, \cdots, a_{n-1}\}$必为该二叉树右子树的后序序列；而含有$i-1$个元素的子序列$\{a_1, \cdots, a_{i-1}\}$必为该二叉树左子树的后序序列。根据假设：$\{a_i, \cdots, a_{n-1}\}$和$\{b_{i+1}, \cdots, b_n\}$可唯一确定一棵二叉树(为原二叉树的右子树)，而$\{a_1, \cdots, a_{i-1}\}$和$\{b_1, \cdots, b_{i-1}\}$可唯一确定一棵二叉树(为原二叉树的左子树)。于是，$\{a_1, a_2, \cdots, a_n\}$、$\{b_1, b_2, \cdots, b_n\}$和根($a_n$或$b_i$)就可唯一确定一棵二叉树。因此证明了当$n=k+1$时结论依然成立。

故结论1成立。

结论2　已知一棵二叉树的前序序列和中序序列，则可唯一确定一棵二叉树。

本结论亦可用证明结论1的方法证明，在此不再赘述。

注意：

仅知道二叉树的后序序列和前序序列是不能唯一确定一棵二叉树的。比如图6-15中的两棵二叉树，它们的后序序列和前序序列均对应相同，但是它们却是两棵完全不同的二叉树。

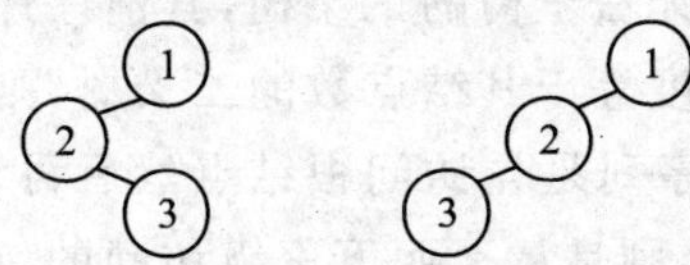

图6-15　后序序列和前序序列对应相同的二叉树

结论 3 前序序列和中序序列相同的二叉树，或者为空树，或者为任一结点均无左孩子的非空二叉树(即右单支二叉树)。

结论 3 的具体实例如图 6－16 所示。

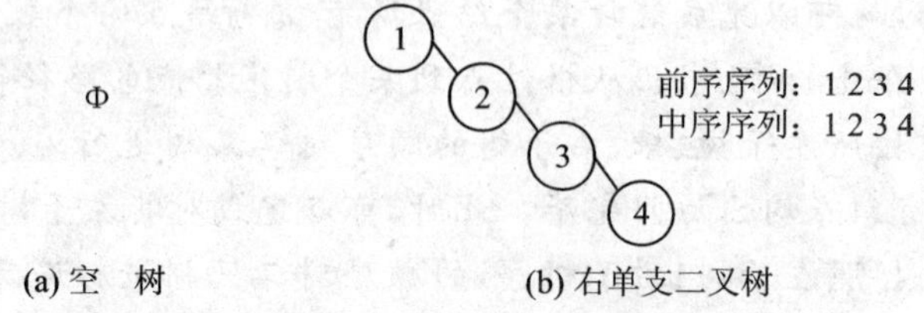

图 6－16　前序序列和中序序列相同的二叉树

结论 4 中序序列和后序序列相同的二叉树，或者为空树，或者为任一结点均无右孩子的非空二叉树(即左单支二叉树)。

结论 4 的具体实例如图 6－17 所示。

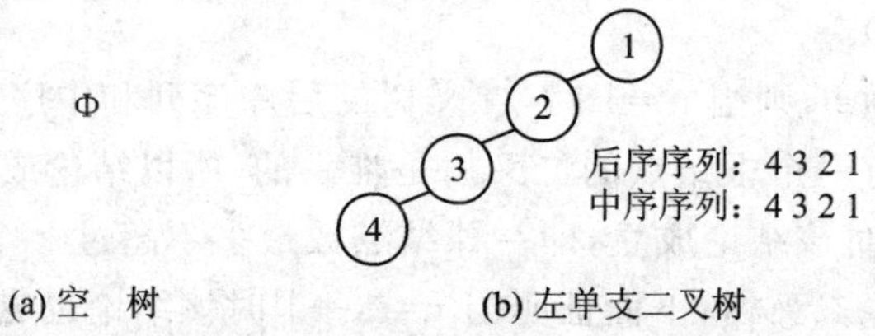

图 6－17　后序序列和中序序列相同的二叉树

结论 5 前序序列和后序序列相同的二叉树，或者为空树，或者为仅有一个结点的二叉树。

结论 5 的具体实例如图 6－18 所示。

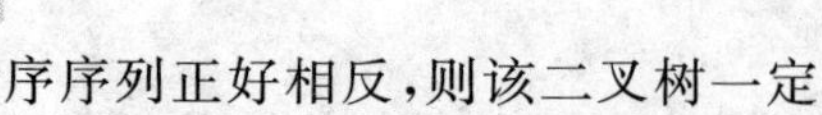

Φ　　1　　后序序列：1　前序序列：1

(a) 空　树　　(b) 仅有一个结点的二叉树

图 6－18　前序序列和后序序列相同的二叉树

结论 6 前序序列和后序序列正好相反的二叉树，一定是高度等于其结点数的二叉树。

Example 6－8(武汉大学)

某二叉树的前序序列和后序序列正好相反，则该二叉树一定是(　　)的二叉树。

A. 空或只有一个结点　　B. 任一结点无左子树

C. 高度等于其结点数　　D. 任一结点无右子树

【解析】

通过图 6－16 和图 6－17 中的两棵单支树的前序序列和后序序列不难验证：对于任一结点无左子树的二叉树和任一结点无右子树的二叉树，其前序序列和后序序列都是相反的。那么作为这两种二叉树的综合，“高度等于其结点数的二叉树”则一定也是前序序列和后序序列正好相反。这也不难理解：前序序列是先访问根结点然后再访问子树结点得到的结点序列，对于高度等于其结点数的二叉树，则是从上而下逐级访问的，而每一级都只有一个结点；后序序列是先访问子树结点最后访问根结点得到的结点序列，对于高度等于其结点数的二叉树，其访问次序恰好是自下而上，正好与前序序列相反。

选项 A 中的情况是前序序列和后序序列正好相反；但是，并不一定前序序列和后序序列正好相反的二叉树，就是或者为空树，或者为只有一个结点的二叉树。

选项 B 和 D 所说的两种情况不全面，只是一种特殊情况。所犯的错误与选项 A 相同。

结论 7 若二叉树的一个叶子是某子树的中序遍历序列中的第一个结点，则它必是该子树的后序遍历序列中的第一个结点。

如果该叶子结点是中序遍历序列中的第一个结点，则其必为该二叉树的最左下的那个叶子结点；而后序遍历要按照“左、右、根”的顺序遍历二叉树，其首先要访问的结点也应该是左子树的最左下的结点，即为中序遍历序列中的第一个结点。

请注意，这里所说的只是叶子结点，否则，命题有可能不成立。比如：若二叉树没有左子树，则其中序遍历序列的第一个结点必为根结点，而在后序遍历序列中，根结点为该序列的最后一个结点。

Example 6 - 9

有一棵二叉树的中序序列为 A B C E F G H D，后序序列为 A B F H G E D C。请画出此二叉树。

【解析】

由后序序列知：C 为该二叉树的根。所以，以 C 为分界点把中序序列分割成两个子序列 A B 和 E F G H D，分别为左子树和右子树的中序序列，从而也就可以将后序序列分割成两部分 A B 和 F H G E D，分别为左子树和右子树的后序序列。对于左、右子树，已经知道其中序和后序序列，则可以递归地将其分别分解，直至分解到所有结点的左、右子树为一个结点为止。本方法利用了这样一个性质：一棵子树在前序和中序序列中所占的位置总是连续的。因此，就可以用起始位置和终止位置来确定一棵子树的结点序列。

逐步形成二叉树的过程如图 6 - 19 所示。

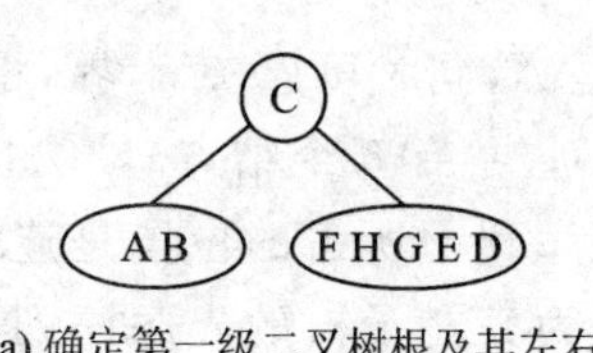

(a) 确定第一级二叉树根及其左右子树

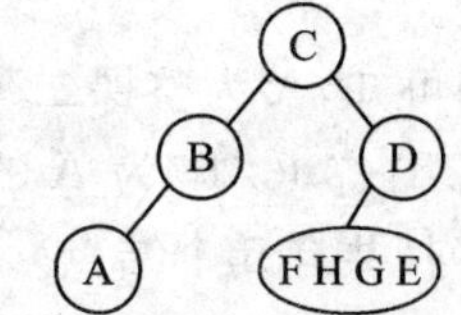

(b) 确定第二级二叉树根及其左右子树

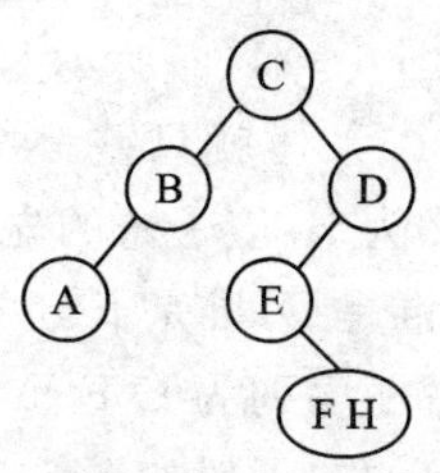

(c) 确定第三级二叉树根及其左右子树

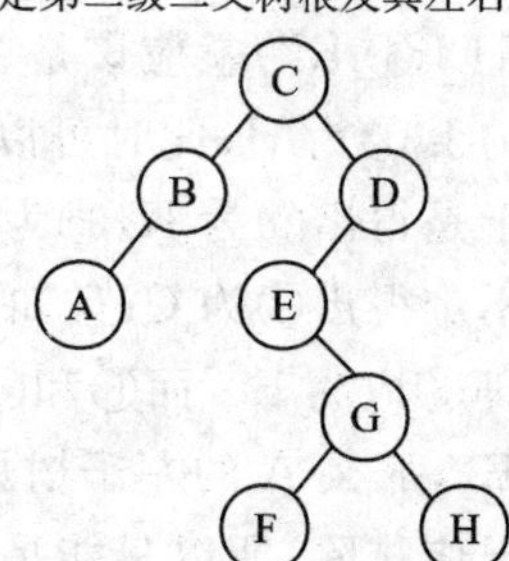

(d) 确定最后一级二叉树根及其左右叶子

图 6 - 19 由中序和后序序列求解二叉树的过程

Example 6-10(浙江大学)

已知一棵二叉树的前序遍历结果为ABCDEF,中序遍历结果为CBAEDF,则后序遍历的结果为(　　)。

A. CBEFDA　　B. FEDCBA　　C. CBEDFA　　D. 不定

【解】

此题的解法与题6-9的解法完全一样,可以先确定出该二叉树(如图6-20所示),然后再进行后序遍历即可得到后序遍历序列。所以,很容易地得出本题答案为A。在此之所以要选取这样一道与题6-9类似的题,主要是想让读者进一步确认,由同一棵二叉树的前序序列和中序序列可以唯一确定一棵二叉树,继而确定该二叉树的后序遍历序列。而不是像选项D所说的不确定。读者在做这类题目时应该自信、意志坚决而不受干扰!

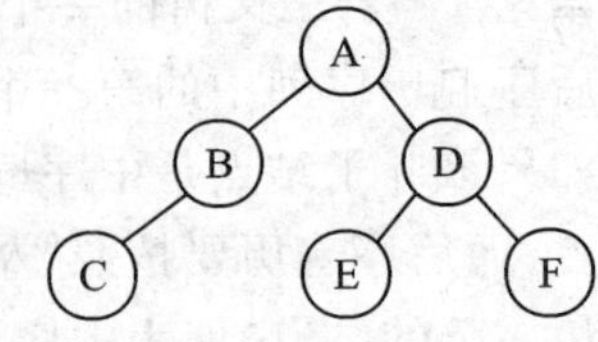

图6-20　Example 6-10 二叉树

Example 6-11(厦门大学)

一棵二叉树的先序、中序、后序序列如下,其中一部分未标出,请构造出该二叉树。

先序序列　　①②CDE③GHI④K

中序序列　　CB⑤⑥FA⑦JKIG

后序序列　　⑧EFDB⑨JIH⑩A

【解析】

已知由二叉树的先序、中序序列可以唯一确定一棵二叉树,由后序和中序序列也可以唯一确定一棵二叉树。但是,本题中却没有给出任何一个遍历序列的完整序列,这样就把考察上面两个结论的难度加大了。

首先,可以根据已有信息逐步分析,使隐含信息透明化。分析时可以根据在三种遍历方式中对二叉树三个部分的访问顺序,以及按照"一棵子树在先序、中序和后序序列中所占的位置总是连续的"这一性质。

其次,由后序序列可知,A为整棵二叉树的根,则①就是A,同时可以A为界,将中序序列分解为两部分,其中"CB⑤⑥F"为A的左子树的中序序列(共有5个结点),"⑦JKIG"为A的右子树的中序序列(共有5个结点)。由于子树在任何序列中所占的位置是连续的,故先序序列中从A(不含)以后的5个结点序列("②CDE③")为其左子树的先序序列,而剩下的5个结点序列("GHI④K")就应该是A右子树的先序序列。对照A的右子树的先序序列和中序序列可知,④为J,⑦为H;此时可以确定出A的右子树[如图6-21(a)所示],当然也可以写出其后序序列,于是得出⑨为K,⑩为G。从而在后序序列中二叉树就只差一个结点,对照先序和后序序列,不难得出⑧为C;且知A的左子树根为B,故②为B;该子树的先序序列中只差一个结点F了,即③应为F。而⑤和⑥两个应为D和E;至于谁是D,谁是E还不能确定,假设⑤为D(则⑥为E),那么A的左子树如图6-21(b)所示,其后序序列为CFEDB,显然与题不符,故此种情况应排除;所以只能是⑥为D(则⑤为E),且A的左子树如图6-21(c)所示。因此就可以确定出该二叉树如图6-21(d)所示。由此,可以得到该二叉树完整的先序、中序及后序序列分别为

先序序列　　　　　　A B C D E F G H I J K

中序序列　　　　　　C B E D F A H J K I G

后序序列　　　　　　C E F D B K J I H G A

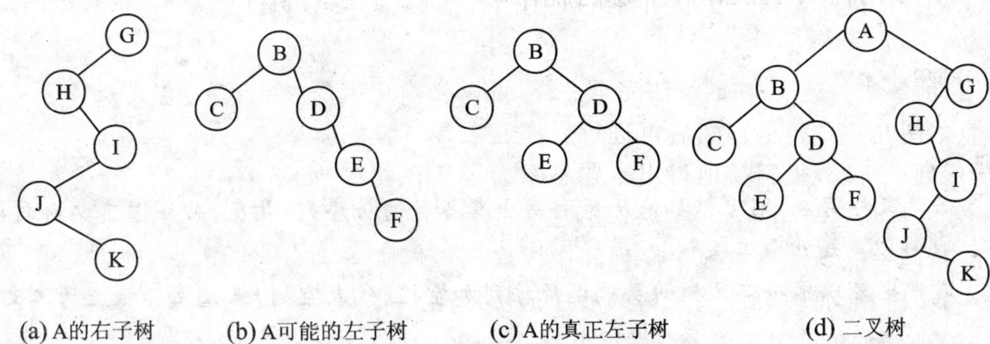

图 6-21　Example 6-11 示意图

已知，给定一棵二叉树的先序序列和中序序列，或给定其后序序列和中序序列都能唯一确定一棵二叉树，而仅仅知道其中一个遍历序列是不能唯一确定一棵二叉树的，即使是同时知道先序序列和后序序列也不能唯一确定一棵二叉树。但是，用先序加空格（空格表示空树）的方式输入时却可以唯一确定一棵二叉树并可以建立其二叉链表。请看例题 6-12。

Example 6-12

设 n 个元素的先序序列已存于数组 A 中，试建立二叉树的二叉链表存储结构。

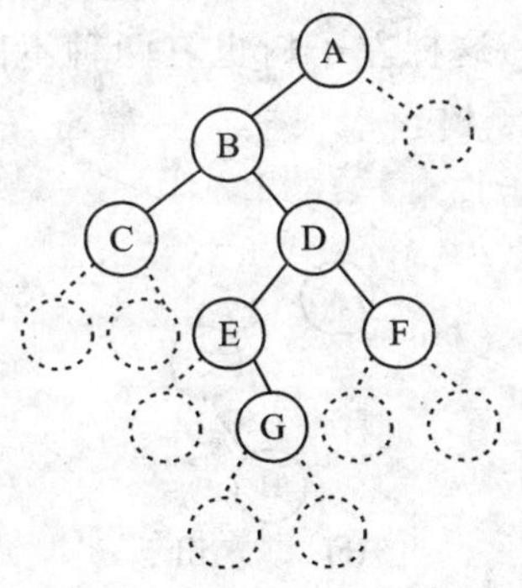

图 6-22　由先序序列加空格建立的二叉树

【解析】

先来看下面一个实例。

按下列次序顺序读入字符

A B C Φ Φ D E Φ G Φ Φ F Φ Φ Φ

（其中 Φ 表示空格，该序列为二叉树的先序序列）可构造二叉树（在构造过程中所遵循的原则就是先序遍历二叉树的顺序，即“根、左子树、右子树”，以及将每个非空结点都视为一棵子树）如图 6-22 所示。

既然给出的是二叉树的先序序列，因此可以在对二叉树（初始时为空树）进行先序遍历的过程中建立二叉链表，这样只需将先序遍历递归算法稍加改造即可，其递归算法如下。

算法 6-11　先序遍历建立二叉链表树

```
char * A;
static i=0;
BiTree CreateBiTree(BiTree T)
{
  if(c==' ') T=NULL;
  else
  {
    T=(BiTNode *)malloc(sizeof(BiTNode));
```

```
        if(!T) return(0);
        T->data=A[i++];
        T->lchild=CreateBiTree(T->lchild);      //递归建立左子树
        T->rchild=CreateBiTree(T->rchild);      //递归建立右子树
    }
    return(T);
}
```

注意：

① 若二叉树存在，则可根据遍历原则写出其各种遍历序列；相反，若知道了某种特殊的遍历序列，也可以构造出该二叉树。

② 通常也可以根据二叉树的层次遍历序列加空格(代表空树)来建立其相应的二叉链表。

Example 6 - 13

现有按中序遍历二叉树的结果为 A B C，问有________种不同形态的二叉树可以得到这一遍历结果，这些二叉树分别是________。

【解析】

中序遍历就是按照“左子树、根、右子树”的顺序对二叉树进行遍历。

由于中序遍历序列为 A B C，很自然就想到 B 为根，A 和 C 分别为 B 的左、右子树；其实 B 为根时也只有这么一种情况。

如果 A 为根，则 B C 必为其右子树的中序遍历序列。而这个由 B 和 C 组成的右子树又有两种不同的形态：若 B 为根，则 C 必为其右子树；若 C 为根，则 B 必为其左子树。

如果 C 为根，则 A B 必为其左子树的中序遍历序列。同样，这棵左子树也有两种不同的形态：若 A 为根，则 B 必为其右子树；若 B 为根，则 A 必为其左子树。

于是，得到 5 种不同形态的二叉树，如图 6 - 23 所示。

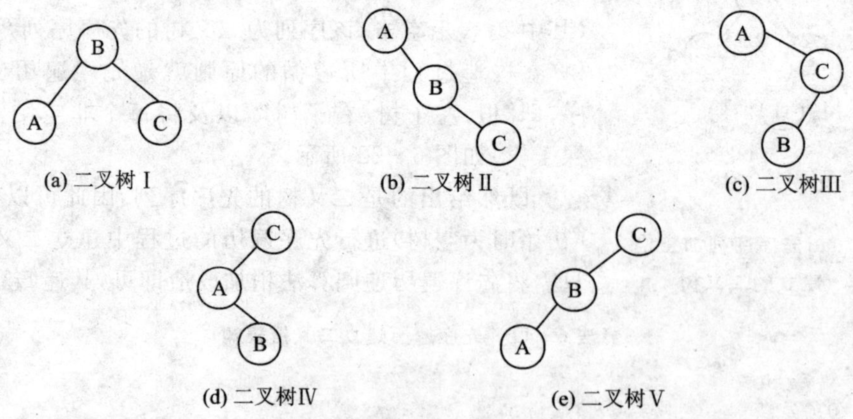

图 6 - 23　中序序列 A B C 的 5 中不同形态的二叉树

Example 6 - 14

任何一棵二叉树的叶子结点在其先序、中序、后序遍历序列中的相对位置(　　)。

A. 肯定发生变化　　　　B. 有时发生变化

C. 肯定不发生变化　　　D. 无法确定

【解析】

一棵二叉树由根、左子树和右子树三部分组成，因此对二叉树的遍历也可相应地分解成访问根结点、遍历左子树、遍历右子树三项“子任务”。由此，可以得到 3!=6 种不同的遍历顺序，但是一般限定“先左后右”，这样可能的次序就只有：先序遍历、中序遍历、后序遍历三种了。而正是由于这种限定，在这三种遍历方式中，位于左子树上的结点必定要比位于右子树上的结点更早地被访问到，而左、右子树又可以分别视为一棵二叉树，这样逐级分下去，直到叶子结点。于是，位于左边的叶子结点一定先于位于右边的叶子结点被访问到，也就是说，任何一棵二叉树的叶子结点在其先序、中序、后序遍历序列中的相对位置肯定不发生变化，即该题的答案为 C。

Example 6 - 15

有一个二叉链表，按后序遍历时输出的结点顺序为 $a_1,a_2,\cdots,a_{n-1},a_n$。试编写一算法，要求输出后序序列的逆序 $a_n,a_{n-1},\cdots,a_2,a_1$。

【解析】

要完成本题的要求，一个最为偷懒的方法就是首先后序遍历这棵二叉树，从而得到后序遍历序列，然后将其逆置即可。然而，有没有更加简单、直观的方法呢？

已知后序遍历二叉树的顺序是“左子树、右子树、根”，而后序序列的逆序列则必定为“根、右子树、左子树”的顺序。由此写出输出后序序列逆序列的算法如下。

算法 6 - 12 输出后序序列的逆序列

```
void reverse(BiTree T)
{
    if(T!=NULL)
    {
        printf(T->data);              //先访问根结点
        reverse(T->rchild);           //再递归访问右子树
        reverse(T->lchild);           //最后递归访问左子树
    }
}
```

前面曾经提到过，对二叉树的遍历其实有 6 种方式，不过为符合人们的习惯，一般限制“先左后右”，故在前面重点讲述了“先左后右”的三种遍历方式，即先序遍历、中序遍历、后序遍历（所谓“先、中、后”都是从访问根结点的次序来命名的），相应的，也一定会有“先右后左”的三种遍历方式。如果令 N 表示根，L 表示左子树，R 表示右子树，则平常所说的先序、中序、后序遍历就可写成：NLR（先序遍历）、LNR（中序遍历）、LRN（后序遍历）；而 NRL 则表示先访问根，然后访问右子树，最后访问左子树，不妨称之为优先考虑右子树的先序遍历或逆先序遍历，同样，RNL 称为优先考虑右子树的中序遍历或逆中序遍历，RLN 称为优先考虑右子树的后序遍历或逆后序遍历。

仔细观察 NRL（优先考虑右子树的先序遍历）和 LRN（后序遍历）对二叉树的三个组成部分的访问次序，不难得出结论 1。

结论1 对同一棵二叉树分别进行LRN和NRL遍历,所得到的两个序列恰好是互逆的。

同样,也可以得出以下两个结论。

结论2 对同一棵二叉树分别进行LNR和RNL遍历,所得到的两个序列恰好是互逆的。

结论3 对同一棵二叉树分别进行NLR和RLN遍历,所得到的两个序列恰好是互逆的。

Example 6-16(上海大学)

设t是给定的一棵二叉树,下面的递归程序count(t)用于求得:二叉树t中具有非空的左、右两个儿子的结点个数N2;只有非空左儿子的结点个数NL;只有非空右儿子的结点个数NR和叶子结点个数N0。其中,N2,NL,NR,N0都是全局变量,且在调用count(t)之前都置为0。

```
typedef struct node
{int data; struct node * lchild, * rchild;}node;
int N2,NL,NR,N0;
void count(node * t)            //call form :if(t!=NULL) count(t);
{
    if(t->lchild!=NULL)
        if ___(1)___ N2++; else NL++;
    else
        if ___(2)___ NR++; else ___(3)___;
    if(t->lchild!=NULL) ___(4)___;
    if(t->rchild!=NULL) ___(5)___;
}
```


【解析】

前面曾经提到过,在计算二叉树的各种结点个数时,可以在对其进行某种次序的遍历过程中统计各种特性的结点个数。如果比较熟悉二叉树各种遍历的算法及其功能结构,则这道题实际上不是很难。

题干中说明了本算法的功能就是统计二叉树中度为2的结点、只有左子树的结点、只有右子树的结点和叶子结点的个数,且分别以全局变量N2,NL,NR,N0表示。在算法的实现中,显然是以二叉链表作为二叉树的存储结构。因此,只需在遍历过程中,检查每个所访问到的结点的左、右链域,如果左、右链域都不空,则说明该结点有左、右孩子,应将相应的变量N2加1,即(2)处的语句应为(t->rchild!=NULL);程序能够执行到(2)是因为当前结点的左子树为空,而(2)后面的语句是NR++,说明该结点应该只有右子树,故(2)处的语句为(t->rchild!=NULL);由于(2)处的if else语句是下属于第一级else语句的,综合(3)处的else和第一级else的条件,不难得出,能够执行到(3)是因为左、右子树均为空,故(3)处的语句应为N0++。分析整个算法结构,其实本算法就是在先序遍历递归算法的基础上修改的,可以视为先序遍历递归算法的延伸。显然,算法从到语句(3)的过程实际上就相当于对本结点进行处理,而为了能够处理到二叉树中所有的结点,下一步应该分别对该结点的左、右子树实施相同的操作。即(4)、(5)两处的语句分别为count(t->lchild)和count(t->rchild)。而算法开始的注释"call form :if(t!=NULL)count(t)"说明当二叉树t不为空时调用本算法,而正是if(t!=NULL)count(t)这样的语句结构又进一步验证了所写算法在结构上的正确性。

Example 6－17

设二叉树以二叉链表存储，试写出求二叉树高度的算法。

【解析】

空树的高度为0；一个结点的二叉树的高度为1；结点数大于1的二叉树的高度为左、右子树的最大高度加1。而二叉树的每个结点都可以视为一棵子树。于是，可以写出求二叉树高度的递归算法如下。

算法6－13 求二叉树的高度

```
Hight(BiTree T)                    //T为根结点的指针
{
    Long Lhight, Rhight;
    if(!T)
      return(0);
    Lhight=Hight(T->lchild);
    Rhight=Hight(T->rchild);
    if(Rhight > Lhight) return (Rhight+1);
    return(Lhight+1);
}
```

Example 6－18

设二叉树以二叉链表方式存储。试编写算法交换二叉树中所有结点的左、右子树。

【解析】

题目要求二叉树所有结点的两棵子树对调，下面先来看一个具体例子。

图6－24 二叉树所有结点的左、右子树对调

对于左、右子树对调，可以先将根结点的两棵子树对调，然后再将根的左子树的左、右子树对调，最后再将根的右子树的左、右子树对调。而每个非终端结点又可以视为一棵二叉树。至于叶子结点，由于其没有子树，则对其不必做任何操作。不难看出，这是一个天然的递归模型。于是，可以对递归遍历算法稍加改造后写出实现将每个结点的左、右子树对调功能的递归算法(以后序遍历为例)如下。

算法6－14 交换左、右子树(递归算法)

```
swop(BiTree &T)
{
    //递归地实现将二叉树的每个结点的左、右子树对调
    if(!T)                                    //仅对非空树实行对调其子树的操作
      return;
    else if(T->lchild || T->rchild)           //当前结点为非终端节点
```

```
    {
        If(T->lchild) swop(T->lchild);       //对调左子树所有结点的左、右子树
        If(T->rchild) swop(T->rchild);       //对调右子树所有结点的左、右子树
        p=T->lchild;                         //对调根结点的左、右子树之根
        T->lchild=T->rchild;
        T->rchild=p;
    }
}
```

注意：

虽然对先序、后序、中序遍历递归算法都可以经过改造用以实现交换二叉树所有节点的左、右链算法。但是，需要注意的是，先序、后序遍历都是或者等根的左、右链交换之后再交换左、右子树上各节点的左、右链，或者先把左、右子树上各结点的左、右链交换之后再交换根的左、右链，这种交换顺序对结果并无影响。而对于中序遍历则不然，等左子树的左、右链都交换之后，就要交换根的左、右链，接下来不能再交换右子树的左、右链，而是应该交换左子树的左、右链，因为根的左、右链被交换之后，原来的右子树成了当前的左子树。

由图 6-24 可以看出，对调的过程就是先将根结点 A 的左、右子树的根结点 B 和 C 对调，然后依次对 C 和 B 的左、右子树对调：C 的右子树 F 变为左子树；E 和 D 分别变成 B 的左、右子树。而 F，E，D 均为叶子结点，其没有左右子树，也就无所谓左、右子树对调了。至此，操作结束。于是，可以在每将一个结点的左、右子树对调以后，立刻将其非叶子左、右子树根结点暂存在一个临时空间里，以便之后对这些结点实施左、右子树对调。联想到二叉树的层次遍历，上述操作完全可以在对二叉树的层次遍历过程中实施。于是对二叉树的层次遍历算法稍加改造，便可写出对调二叉树所有非终端结点左、右子树的层次遍历式算法如下。

算法 6-15　交换左右子树(非递归利用队列)

```
Swop2(BiTree &T)
{
    //层次遍历过程中实施对调非终端结点左右子树的操作
    if(!T) return;                              //空树不需做任何操作
    InitQueue(&Q);                              //以队列作为临时存储空间
    EnQueue(T);
    while(!IsEmpty(Q))                          //若队列为空，则表明已没有可对其实施对调
                                                //左、右子树操作的非终端结点了
    {
        DeQueue(&Temp)                          //将队头元素出队，并赋给临时变量 Temp
        if((!Temp->lchild)&&(!Temp->rchild))    //若当前结点为叶子结点
            continue;                           //则不必动作
        else                                    //若当前结点为非终端结点，则调换其左、右子树
        {
            p=Temp->lchild;                     //对调结点的左、右子树
            Temp->lchild=Temp->rchild;
            Temp->rchild=p;
            if(Temp->lchild) Enqueue(Temp->lchild); //左子树不空则入队以备后用
```

```
        if(Temp->rchild) Enqueue(Temp->rchild); //右子树不空则入队以备后用
      }
    }
}
```

其实,在实施对调二叉树所有结点左、右子树的过程中,当对调某结点的左、右子树之后,是先对调其左子树的左、右子树,还是先对调其右子树的左、右子树,这其中没有一定的先后顺序,只要最终所有结点的左、右子树都对调过来即可。即没有规定必须符合"先进先出"的原则,因此,"先进后出"的原则也照样适用。所以,对上述非递归层次式算法中的临时存储空间,不使用队列改而使用栈也是可以的。下面这个算法就是利用栈作为临时存储空间来完成对二叉树所有结点左、右子树对调操作的。

算法 6-16　交换左、右子树(非递归利用栈)

```
Swop3(BiTree &T)
{
  //非递归地实现将二叉树每个结点的左、右子树对调
  if(!T) return(0);                              //空树不需做任何操作
  InitStack(&S);                                 //以栈作为临时存储空间
  push(T);
  while(!IsEmpty(S))                             //若栈为空,则表明已没有可对其实施对调
                                                 //左、右子树操作的非终端结点了
  {
    pop(&Temp);
    if((!Temp->lchild)&&(!Temp->rchild))         //若当前结点为叶子结点,则不必动作
        continue;
    else                                         //若当前结点为非叶子结点,则调换其左、右子树
    {
        p=Temp->lchild;                          //对调结点的左、右子树
        Temp->lchild=Temp->rchild;
        Temp->rchild=p;
    }
    if(Temp->lchild) push(Temp->lchild);         //左子树不空则入栈以备后用
    if(Temp->rchild) push(Temp->rchild);         //右子树不空则入栈以备后用
  }
}
```

Example 6-19(哈尔滨工业大学)

假设二元树用左、右链表示,试编写一算法,判别给定二元树是否为完全二元树?

【解析】

所谓二元树就是二叉树。完全二叉树定义为:深度为 K,具有 N 个结点的二叉树的每个结点都与深度为 K 的满二叉树中编号从 1 至 N 的结点一一对应。该问题可以通过层次遍历的方法来解决,在出现空结点之前的所有结点都不能为空,若为完全二叉树,一旦出现了空结点,则说明该二叉树遍历完毕,否则不是完全二叉树。因此,与层次遍历算法相比,需要做一个

修改：不管当前结点是否有左、右孩子，都入队列，以空结点作为遍历结束的标志，这样当树为完全二叉树时，遍历时得到一个连续的不包含空指针的序列；反之，则序列中会含有空指针，即在非空结点之前还存在至少一个空结点。现在的关键问题是，在遇到一个空结点时，如何判断它之前是否已经有了空结点。现可以设置一个计数器用来记录已存在空结点的个数，若在非空结点之前存在至少一个空结点，则不是完全二叉树。具体算法实现如下。

算法 6-17　判断是否为完全二叉树

```
IsComp_BiTree(BiTree T)
{
  //判断二叉树是否为完全二叉树，是则返回 1，否则返回 0
  InitQueue(Q);                //初始化队列
  int i=0;                     //空结点标志
  EnQueue(T);
  while(!IsEmpty(Q))
  {
    DeQueue(&p);
    if(!p) i++;                //当前结点为空，计数器加 1
    else                       //非空结点
    {
      if(i >=1) return(0);     //若该非空结点之前有空结点，则不是完全二叉树
      else
      {                        //所有孩子都入队列，以确保非空结点之前的空结点也能顺利入队列
        EnQueue(p->lchild);
        EnQueue(p->rchild);
      }
    }
  }
  if(i) return(1);
  else return 0;
}
```

Example 6-20(北京航空航天大学)

已知深度为 h 的二叉树采用顺序存储结构已存放于数组 BT[1..2^h-1]中，请写一非递归算法，产生该二叉树的二叉链表结构。设二叉链表中链结点的构造为(lchild，data，rchild)，根结点所在链结点的指针由 T 给出。

【解析】

二叉树的顺序存储结构是将二叉树改造成完全二叉树后再存放在一维数组中。在这样的存放方式中，能够比较方便地找到任何一个结点的双亲结点和左、右孩子结点。可在遍历整个一维数组的过程中，对每个非空结点建立一个链接点并将其挂接在其双亲结点上，同时修改已建部分二叉树结点的左、右子树信息。至于它是其双亲的左孩子还是右孩子，则可通过查看其在一维数组中的下标，并利用公式 $j=2\times i$(j 是 i 的左孩子)和 $j=2\times i+1$(j 是 i 的右孩子)来判别。但是，这里出现一个问题：当在构造二叉树中的某一个链接点时，以前所构造的链接点是

散列在内存中的，所以并不能利用上述公式来求得其正确位置。于是，就想到利用一个队列 Q 存储所构造的链接点的地址。像钥匙串一样，虽然各个房间可能是散列分布的，但是它们却因钥匙串在一起而从逻辑上也在一起了。每个链接点在队列 Q 中的下标与该结点在顺序存储结构中一维数组中的下标相同。于是便写出本题的算法如下。

算法 6-18　由二叉树的顺序结构产生二叉链表结构

```
CreateBiTree( BiTree &T, BiTree BT)
{
  //根据顺序存储结构建立二叉链表
  InitQueue(Q);                  //该队列储存指向 BT 中各结点的指针，大小与 BT 同
  if(!BT[1])                     //根结点为空，则这棵树是空树
  {
    T=NULL;                      //建立空树
    return;
  }
  Temp=(BTNode *)malloc(sizeof(BTNode));
  Temp->data=BT[1];              //建立树根
  T=Temp;
  InQueue(Q, Temp);
  i=2;
  while(i<=sizeof[BT])
  {
    if(BT[i]==0)                 //若当前结点是空结点，为保持与 BT 序号对应，需将空指针入队列
    { InQueue(Q, NULL);continue; }
    else
    {                            //构造二叉结点并将其连接到已构造的部分二叉树中适当的位置
      Temp=(BTNode *)malloc(sizeof(BTNode));
      Temp->data=BT[i];
      InQueue(Q, Temp);          //顺序将每个结点的地址进队
      //以下确定结点 i 是其父节点的左孩子还是右孩子
      j=i/2;                     //找到结点 i 的双亲 j
      Ptr=GetElem(Q, j);         //取出队列中第 j 个元素的地址，因需保存二叉树被修改的信息
      if(i-j*2 !=0) Ptr->rchild=Temp; //如果 i 是 j 的右孩子
      else Ptr->lchild=Temp;     //如果 i 是 j 的左孩子
      i++;
    }
  }//while
  //结束时，清理工作现场
  free(Ptr);
  DesdroyQueue(Q);
}
```

题 6-20 中使用的是非递归思想,如果使用递归思想又当如何呢?

递归算法的关键是要找出算法结束的条件,本题中并不能把当前结点值是否为空作为结束标志,因为题目给出的是普通二叉树,数组中间的元素也可以是空值。然而,既然二叉树结点数已经确定,就可以利用当前构造结点序号是否大于所有结点数来判断,若不小于所有结点数,则直接将其指针置为空并返回,使得算法不再往更深一层递归,总有结束的时候。而这就需要将二叉树结点总数和当前结点序号作为参数传递,按照这个思想,可以写出其递归算法如下。

算法 6-19　递归地由顺序结构建立二叉链表结构的二叉树

```
CreatBiTree(BiTree BT, int n, int l, BiTree ptr)
{
    ptr=(BTNode *)malloc(sizeof(BTNode));
    if(i>=n)                    //已超出结点总数,需将其指针置空
        ptr=NULL;
    else
    {
        CreatBiTree(BT, n, 2*i, ptr->lchild);
        CreatBiTree(BT, n, 2*i+1, ptr->rchild);
    }
}
```

若将本题中的二叉树改成完全二叉树,算法又该如何设计呢?

Example 6-21(吉林大学)

设一棵二叉树的结点结构为(Llink,Info,Rlink),T 为指向该二叉树根结点的指针,p 和 q 分别为指向该二叉树中任意两个结点的指针,试编写一算法 Ancestor(T, p, q, r),用于找到 p 和 q 的最近共同祖先结点 r。

【解析】

在二叉树的后序遍历非递归算法的注解中已经提到,在求解二叉树中特定结点的祖先结点时,可以考虑使用后序遍历的非递归算法。其实,在后序遍历的非递归算法中,沿从根到指定结点的路径中每搜索到一个结点,如果它有孩子则将其入栈保存,先访问其孩子,然后再出栈访问该结点,所以在该算法中,当搜索到指定结点时,工作栈所保存的都是该指定结点的祖先结点。

因此,可以对二叉树进行非递归后序遍历,在遍历过程中若搜索到 p(或 q),就将此时工作栈中的结点逐个复制到一个辅助数组中,然后继续遍历直到搜索到 q(或 p),此时,查找工作栈和辅助数组 anstors 中最后一个相同的结点,则这个结点就应该是 p 和 q 的最近共同祖先结点,用 r 返回其位置。故只需将二叉树的后序遍历非递归算法稍加改造即可,即每路过一个非空结点,就检查其是否为要找的 p 或 q 结点,若是 p,则将其祖先复制到辅助数组中,若是 q,则

将栈中的内容与辅助数组中的内容比较，找出最近的共同祖先；若既不是p也不是q，则继续按后序遍历二叉树。其具体算法实现如下(算法中假定先搜索到p)。

算法6-20 求最近共同祖先结点

```
Ancestor(BiTree T, BiTNode *p, BiTNode *q, BiTNode *r)
{
  BiTree root=T;                    //记录游走路线的游动指针
  InitStack(s);
  BiTree pre=T;                     //记录前一个经过的结点的前向指针
  while(root || !IsEmpty(s))
  {                                 //找到最左边的叶子
    while(root)
    {
      push(root);
      if(root==p)                   //若当前结点为p,则复制其祖先结点到anstors
      {
        for(i=s.base,j=0; i<(s.base+stacksize); i++, j++)
          anstors[j]=*i;
      }
      if(root==q)                   //若当前结点为q, 则找最近的祖先结点
      {                             //从栈底到栈顶,数组从小下标到大下标逐个元素进行比较
                                    //找出最近共同祖先结点
        r=Null;
        for(i=s.base,j=0; i<(s.base+stacksize); i++,j++)
          if(*i !=anstors[j]) break;
        if(j)
          r=*(i-1);                 //找到最近的祖先结点
        return;
      }//if
      root=root->Llink; pre=root;
    } //while
    root=top(s);                    //栈顶元素
    if(pre !=root->Rlink)           //不是从右子树过来
    {
      if(pre==root->Link)           //来自于左孩子,继续搜索右孩子
      {root=root->Rlink; pre=root; }
      else                          //来自于父结点,要访问左孩子
      { push(root); pre=root; root=root->Llink; }
    } //if
    else                            //来自于右孩子,或来自于左孩子且左、右孩子均为空
    { pop(&root); visit(root->Info); pre=root; root=NULL; }
                                    //某层次的树被完整访问后,把root置空,为访问更高层树做准备
  }//while
```

```
}
```

更加直观的，从根到给定结点路径是唯一的，且该路径上所有的结点都是该结点的祖先结点。只要能够找出从根到 p 的路径(存放在辅助数组 pathp 中)和从根到 q 的路径(存放在辅助数组 pathq 中)，就可以对这两条路径上相同的结点进行比较。这两条路径上最后一个相同的结点就是 p 和 q 的最近共同祖先结点。现在，关键的问题是如何搜寻并记录从根结点到指定结点 p 的路径。如果当前搜索的二叉树的根结点就是 p，则 p 没有祖先结点，搜寻结束；若 p 是非根结点，则 p 可能在根结点的左或右子树上，即根结点可能是 p 的一个祖先结点，应将根结点存放在路径上；若左、右子树中也没有 p 所指结点，说明当前结点不在从根到 p 结点的路径上，应将该树根结点从路径中删除。而这是一个天然的递归模型，所以可以利用递归的方法来解决。这里有个问题：一旦中途找到指定结点后，就不需要继续递归搜寻下去，而要返回，而且要彻底地返回到递归的源头。因此就需要一个王牌，在返回时各路关口看到真的王牌就要让路(不再递归下去)，这个王牌既要被带进递归还要被带出递归。这里设置一个标志变量 flag 作为王牌，一旦找到 p 结点，就相当于见到了大王，得到了授权，王牌变为真(为实现王牌在递归内能被授权，即能修改其值，算法中 flag 向子函数是传地址的)。

按照这个思想实现的算法如下。

算法 6-21　求共同祖先结点

```
Ancestor(BiTree T, BiTNode *p, BiTNode *q, BiTNode *r)
{
  //求二叉树 T 中结点 p 和 q 的最近共同祖先
  BiTree pathp[ ], pathq[ ]             //设立两个辅助数组分别存储从根到 p,q 的路径,设数组容
                                        //量足够大
  int flag1=0, flag2=0;
  GetPath(T, p, pathp, &flag1);         //求从根到 p 的路径并放在 pathp 中
  GetPath(T, q, pathq, &flag2);         //求从根到 q 的路径并放在 pathq 中
  r=LastCommE(pathp, pathq);            //查找两条路径上最后一个相同结点
}

GetPath(BiTree T, BiTNode *p, BiTree *path, int *flag)
{  //求从 T 到 p 路径的递归算法
   if(*flag || T==p)                    //已经找到了到达 p 的路径应马上彻底返回,无需再继续
                                        //搜寻了
   {
         if(!(*flag)) *flag=1;          //王牌被授权
         return ;
   }
   path[0]=T;                           //当前子树的根结点 T 暂时先存入路径,因为 p 可能是
                                        //T 的子孙
   if(T->Llink)                         //若根不是 p,则在左子树中继续寻找
         GetPath(T->Llink,p, &path[1], &flag);
   if(T->Rlink)                         //若左子树中没有 p,则在右子树中继续寻找
         GetPath(T->Rlink,p, &path[1], &flag);
```

```
    path[0]=NULL;               //T 的左、右子树中均无 p,则 T 不是 p 的祖先,即不在根到
                                //p 的路径上
}

BiTNode *LastCommE(BiTree *a, BiTree *b)
{  //返回两个数组中最后一个相同的元素
   BiTree r=NULL;
   for(i=0, j=0; i<length(a); i++,j++)
      if(a[i] != b[j]) break;
      if(j)
         r=a[i-1];
   return r;
}
```

注:

① 这个问题解决了,那么其他一些关于祖先、后代结点以及两个结点之间路径的问题也就好办了。比如:求解两个特定结点的所有共同祖先结点;求解一个值为 x 的结点的所有祖先结点;两个结点之间最长路径等问题(提示:可以求出根到叶子结点的最长的两个路径,这两个路径的并集就是答案了)。关于这些问题的算法的具体实现就留作课后习题请读者独力完成。

② 已经知道二叉树的先序遍历是先访问根再访问子树,所以一旦访问到某个结点 p,则在其前被访问到的结点集必定包含结点 p 的所有祖先结点,即 p 的祖先结点必在访问序列中位于 p 之前;而二叉树的后序遍历则是先访问子树后访问根,所以一旦访问到某个结点 p,则已访问序列中排在 p 之前的必定没有 p 的祖先结点。于是,为了求出结点 p 的所有祖先结点,可以写出二叉树的先序遍历序列和后序遍历序列,设先序遍历序列中位于 p 之前的子序列为 a,后序遍历序列中位于 p 之前的子序列为 b,则 a 与 b 的差集(a—b)即为 p 结点的所有祖先序列。这个方法虽然有些麻烦,但是为了发散思维,不妨作为解决问题的一条途径加以考虑。

Example 6-22(清华大学)

已知二叉树的链表存储结构定义如下:

```
typedef struct BiTNode {
    ElemType data;                       //数据域
    struct BiTNode *lchild, *rchild;     //左右指针
}BiTNode, *BiTree;
```

编写一个递归算法,利用叶子结点中空的右链指针域 rchild,将所有叶子结点自左至右链接成一个单链表,算法返回最左叶子结点的地址(链头)。

【解析】

这道题既考察了单链表的基本操作,也考察了二叉树的基本操作,具有一定的综合性;而题目本身的难度并不是很大。

已知二叉树的先序、中序、后序遍历是深度优先遍历,然后再从左到右依次铺开。在这三种遍历方式中,从根出发很快就能找到叶子结点,而且限定先左后右,所以在左边的叶子结点

总是要比在右边的叶子结点先被搜索到。这正符合了题目中"从左到右链接叶子结点"的要求。于是,可以将二叉树的先序、中序、后序遍历递归算法改造一下,将其中的 visit 函数改成对叶子结点进行链接的操作。为了能够正确返回最左叶子结点的地址(链头),可设置一个全局变量 head。以先序遍历递归算法为例将其改造成实现将所有叶子结点从左到右链成一个单链表功能的算法(用 head 带回链头的地址)。

算法 6-22 串联所有叶子结点(递归法)

```
BiTNode *head;
BiTNode *LinkLeaf(BiTree T)
{  //将所有叶子结点从左到右链接成一个单链表
   if(T &&(!T->lchild) &&(!T->rchild)) //若为叶子结点,则将其链入单链表
      if(p){p->rchild=T; p=T;}
      else{p=T; head=T;}                      //若为链头,还应使变量 head 返回其地址
   if(T->lchild) LinkLeaf(T->lchild);         //若不是叶子结点且有左子树,则在左子树上找叶子结点
   if(T->rchild) LinkLeaf(T->rchild);         //若不是叶子结点且有右子树,则在右子树上找叶子结点
}
```


如果要求不许用递归算法,而使用非递归算法,则本题又当如何做呢?

同样,完全可以对二叉树的先序、中序、后序遍历的非递归算法进行改造。请看下面算法的实现。

算法 6-23 串联所有叶子结点(非递归法)

```
BiTNode *LinkLeaf(BiTree T)
{
  InitStack(s);
  p=T;
  while(p || !isempty(s))               //只有当两者均为空时已无任何结点可访问,遍历结束
  {
    if(p)                               //当前结点非空,则访问之并保存,继续先序遍历其左子树
    {
        if(T &&(!T->lchild) &&(!T->rchild)) //若为叶子结点,则将其链入单链表
        {
            if(q){q->rchild=T; q=T;} //q为指向单链表尾结点的指针
            else {q=T; head=T;} //若为链头即最左叶子结点还应使变量 head 返回其地址
        }//if_inner
        push(p);
        p=p->lchild;
    } //if_outer
    else                                //当前结点为空则需返回到上一层,继续先序遍历上层的右子树
    { pop(&p);   p=p->rchild; }
  } //while
  return head;
}
```

总结：

在以上的大部分例题中，所涉及到的算法都是和二叉树的几种遍历算法密切相关的，有些算法其实就是在这些基本算法的基础上加以改造即可实现其他的功能。由此可见，二叉树的遍历算法是何等重要，只要理解并熟练掌握其实现原理和基本框架，稍加修改即可完成许多其他功能。所以，建议读者朋友能够适时地加以总结概括，牢牢把握这些基本算法，并将其视为解决类似问题的工具，还要了解这些工具的来龙去脉、实现机制以及如此实现和有何改进之处等。总之，要站在全局的角度去把握，考虑这些工具都可能解决哪些类型的问题，以便灵活加以应用。在平时，也应多积累这样的工具，以便在遇到问题时能够及时找到对策。

6.4　表达式树及其构造

根据运算符所处的位置不同，表达式可分为前缀表达式、中缀表达式和后缀表达式。

前缀表达式是运算符在操作数前面的表达式，又称为波兰式。

在现实的数学运算中，通常把双目运算的运算符放在两个操作数之间，用这种方法表示的表达式称为中缀表达式。

所谓后缀表达式是运算符放在操作符后面的表达式，又称为逆波兰式。

如果可以用二叉树来表示表达式，这样的二叉树叫表达式树。表达式树和表达式是一一对应的。其定义如下：

- 若表达式为操作数或简单变量，则相应二叉树为仅有一个根结点的二叉树，其数据域存放该表达式信息。
- 若表达式为“第一操作数、运算符、第二操作数”的序列，则相应二叉树以左子树表示第一操作数，右子树表示第二操作数，根结点的数据域存放运算符。
- 若运算符为一元运算符，则左子树为空，根结点数据域存放运算符，右子树表示操作数。
- 操作数本身又可以是表达式。

上述定义是一个递归的定义。

用二叉树表示表达式的意义在于：对表示表达式的二叉树进行前序、中序、后序遍历，可以得到二叉树的前序、中序、后序遍历序列，这正是表达式的前缀、中缀、后缀表示。

6.4.1　由表达式构造表达式树

表达式是由运算数和运算符构成的字符序列。在此约定表达式为双目表达式，即(第一操作数)(运算符)(第二操作数)的形式，因此所构造出的表达式树也就相应地成为了二叉树。表达式树是这样的一棵二叉树：其叶子结点是简单的操作数，而内部结点是操作符。

根据表达式树的定义不难理解，操作数在这棵二叉树中应该全部都是叶子结点，而运算符应该是度为2的非终端结点，即其左子树为第一操作数而右子树为第二操作数。这样，当遇到操作数时就建立相应的叶子结点，当遇到操作符时就建立相应的度为2的非终端结点。

又考虑到不同操作符之间又有不同的优先级别(各操作符之间的优先级比较如表3-1所列)，故当遇到操作符时不应急于令其为根构造表达式树，而应将其与前面的操作符进行优先级别比较之后再做相应的操作。这就需要一个栈来暂存已经遇到的、且还没有用来构造表达式树的操作符,这就是操作符栈。

每两个操作数和一个操作符就可以建立一棵表达式树,而这棵表达式树又可以整体地作为另一个操作符的一棵子树。故而,在每建造好一棵表达式树时都将其放入另一个栈中,以便之后将其作为另一个操作符的子树而被引用,这个栈就是表达式树栈。

由以上分析可以写出由表达式构造相应的表达式树的操作过程为:

① 在操作符栈和表达式的尾部都放入一个非操作符的结束符号,如#等。

② 从左到右依次扫描表达式字符串,且

- 如果当前字符为操作数,则令其为根构造一棵只有一个根结点的二叉树,并将该二叉树入表达式树栈。
- 如果当前字符为操作符,则将其与操作符栈顶操作符进行优先级的比较,若当前字符比栈顶字符优先级低,则将其入操作符栈,并继续扫描表达式字符串;若当前字符比栈顶字符优先级高,则将表达式树栈出栈两次,并以第二次出栈的表达式树为左子树,将栈顶元素出栈,并以其为根,以第一次出栈的表达式树为右子树建立一棵表达式树,并将其入表达式树栈,同时保留当前操作符;若当前字符与栈顶字符优先级相同,将当前字符丢弃,同时将栈顶元素出栈。

③ 重复步骤②直至堆栈是空为止。

建立表达式 a+b∗(c−d)−e/f 的相应表达式树的全过程如图 6-25 所示。

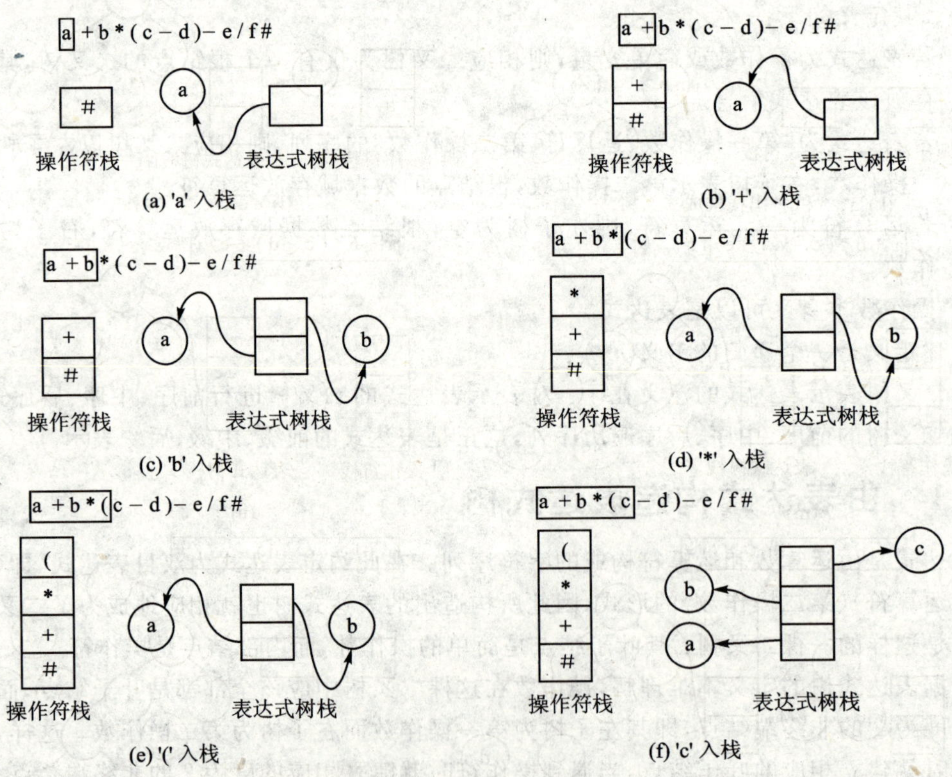

图 6-25 表达式 a+b∗(c−d)−e/f 的二叉树

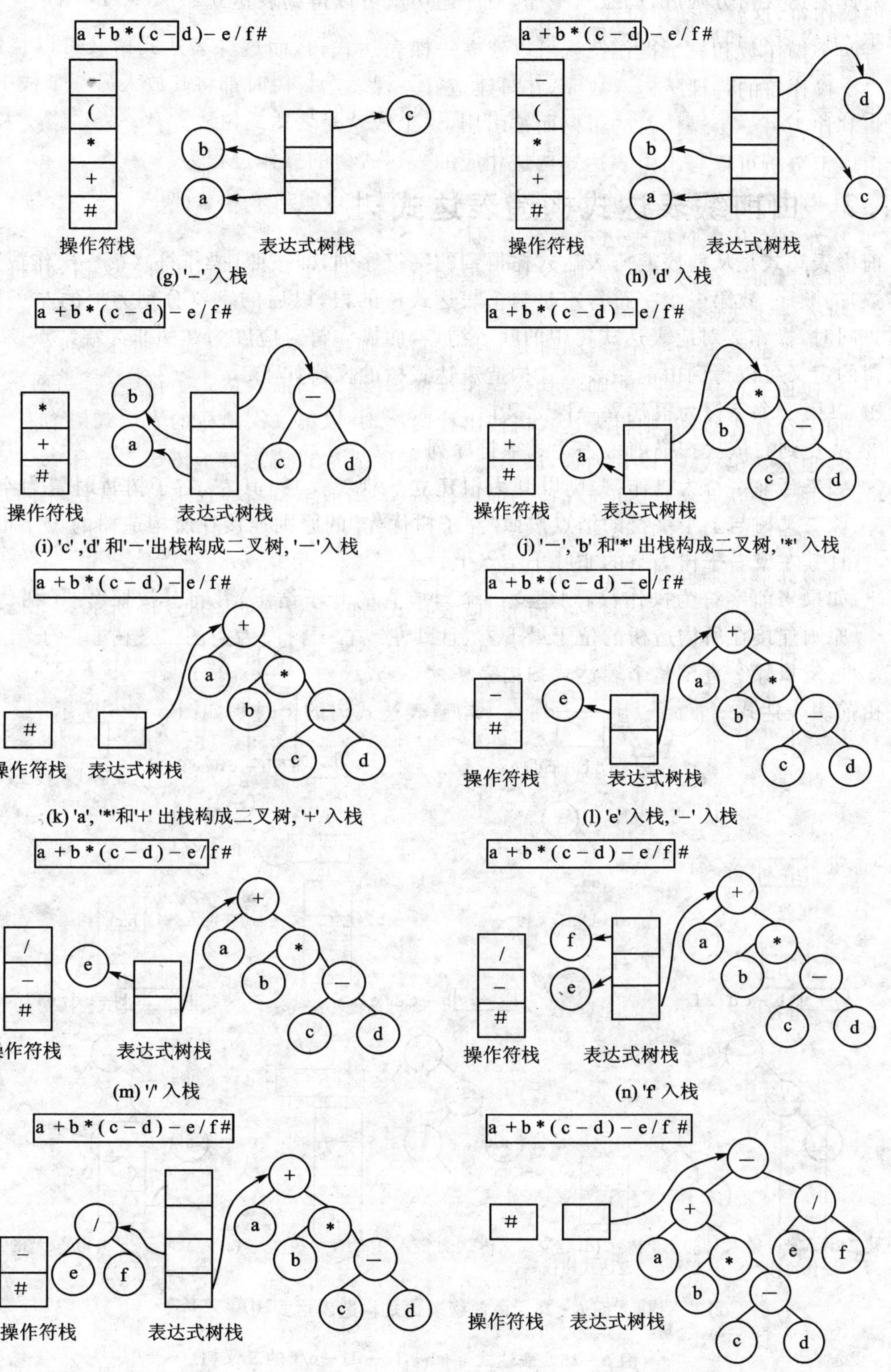

图 6－25　表达式 a＋b＊(c－d)－e/f 的二叉树(续)

对此表达式树分别进行先序、中序、后序遍历就可以得到表达式 a+b∗(c−d)−e/f 的前缀表示、中缀表示和后缀表示，即

前缀表示　　　　　　−+a ∗ b − cd / ef

中缀表示　　　　　　a+b ∗ c − d − e / f

后缀表示　　　　　　abcd− ∗+ef / −

6.4.2 由前缀表达式构造表达式树

前缀表达式是从前序遍历表达式树得到的字符序列，即按照(操作符)(第一操作数)(第二操作数)的顺序，故第一个字符肯定是整个表达式树的根，以后的字符分别为根的左子树和右子树。同时，操作数对应表达式树中的叶子结点，而操作符对应度为 2 的非终端结点。又由表达式树的定义可以得到由前缀表达式构造表达式树的操作如下。

① 以第一个字符为根建立一棵二叉树。

② 从左到右依次扫描前缀表达式字符序列：

- 如果当前字符为操作符，则以其为根建立一棵二叉树，其左、右子树暂时置为空，并将该二叉树与上个字符的结点按照“左子树优先”的原则连接在所构造树的位于最下方、且其左或右子树为空的非叶子结点上。
- 如果当前字符为操作数，则建立一个对应它的叶子结点，并将其按照“左子树优先”的原则连接在所构造树的位于最下方、且其左或右子树尚为空的二叉树非叶子结点上。

③ 重复步骤②直至整个表达式扫描完毕。

由前缀表达式−+a ∗ b − cd / ef 构造表达式树的全过程如图 6-26 所示。

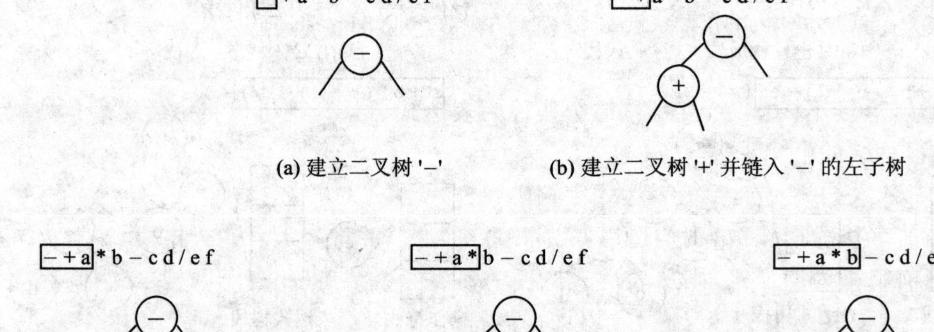

图 6-26　由前缀表达式构造表达式树

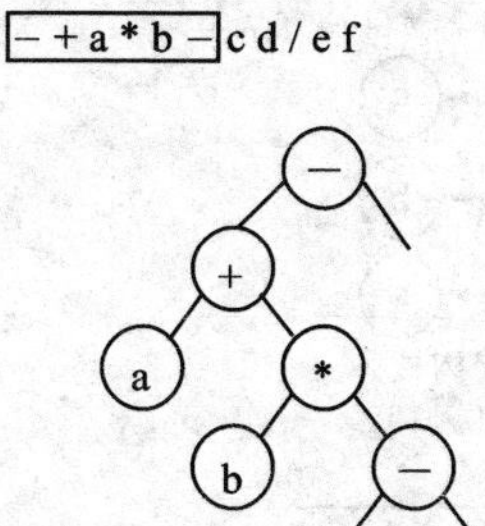

(f) 建立二叉树 '–' 并链入 '*' 的右子树

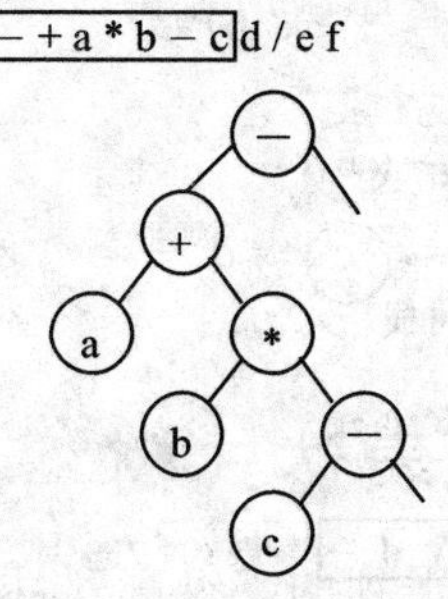

(g) 建立叶子 'c' 并链入 '–' 的左子树

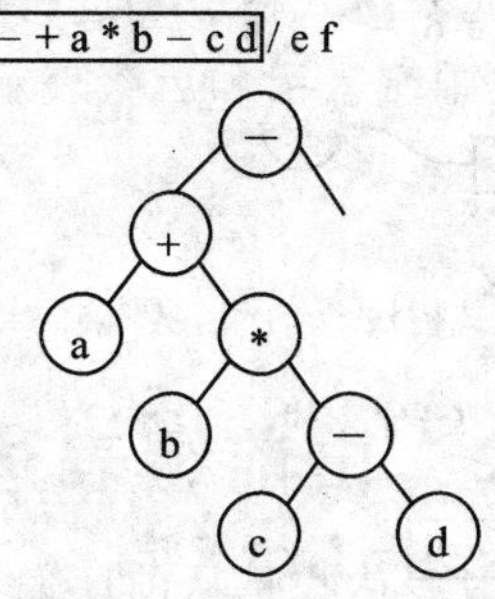

(h) 建立叶子 'd' 并链入 '–'的右子树

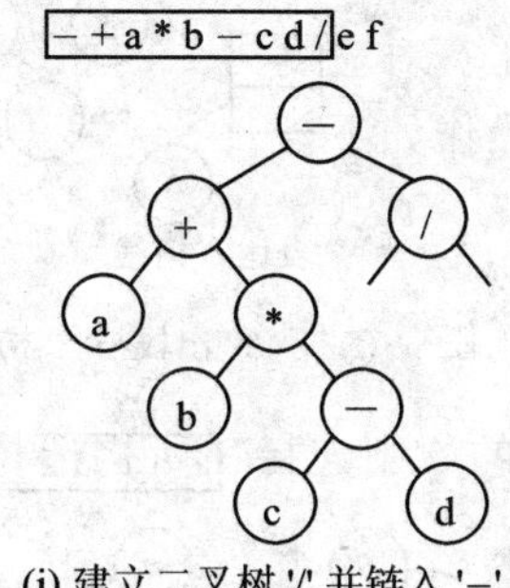

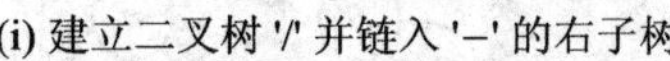
(i) 建立二叉树 '/' 并链入 '–' 的右子树

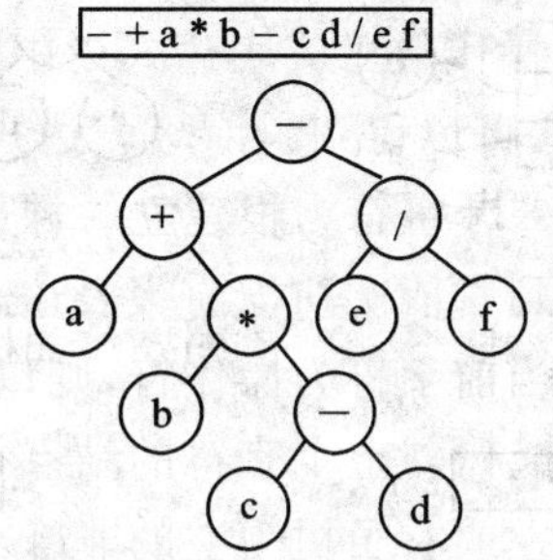

(j) 建立叶子 'f' 并链入 '/' 的右子树

图 6－26　由前缀表达式构造表达式树(续)

6.4.3　由后缀表达式构造表达式树

后缀表达式是从后序遍历表达式树得到的字符序列,即按照(第一操作数)(第二操作数)(操作符)的顺序,故第一个字符肯定是操作数。因暂时还无法完成一步计算操作,故需将该操作数暂时保存,这里用栈作为暂存器,这个栈称为表达式树栈。现可以将由后缀表达式构造表达式树的过程总结如下。

从左到右依次扫描整个后缀表达式字符串:

① 若当前字符为操作数,则构造以其为根的二叉树,并将其入表达式树栈。

② 若当前字符为操作符,则从表达式树栈中弹出两个结点(相当于两棵二叉树,因为一个结点可表示一棵以其为根的二叉树)。以该操作符为根,以第一棵弹出的二叉树作为右子树,第二棵弹出的二叉树作为左子树建立一棵二叉树,并将其入表达式树栈。

③ 重复步骤①和②直至整个后缀表达式扫描完毕。

图 6－27 表示了由后缀表达式构造表达式树的全过程。

6.4.4　由后缀表达式求值

在第 3 章中曾经提到过使用运算符优先数法直接对中缀表达式求值,通常人们比较习惯于这种顺序的表达式计算;但是,对于计算机来说则必须使用两个工作栈分别暂存运算符和操作数。这就使得计算机对表达式求值复杂化,而后缀表达式更适合计算机的运算顺序。

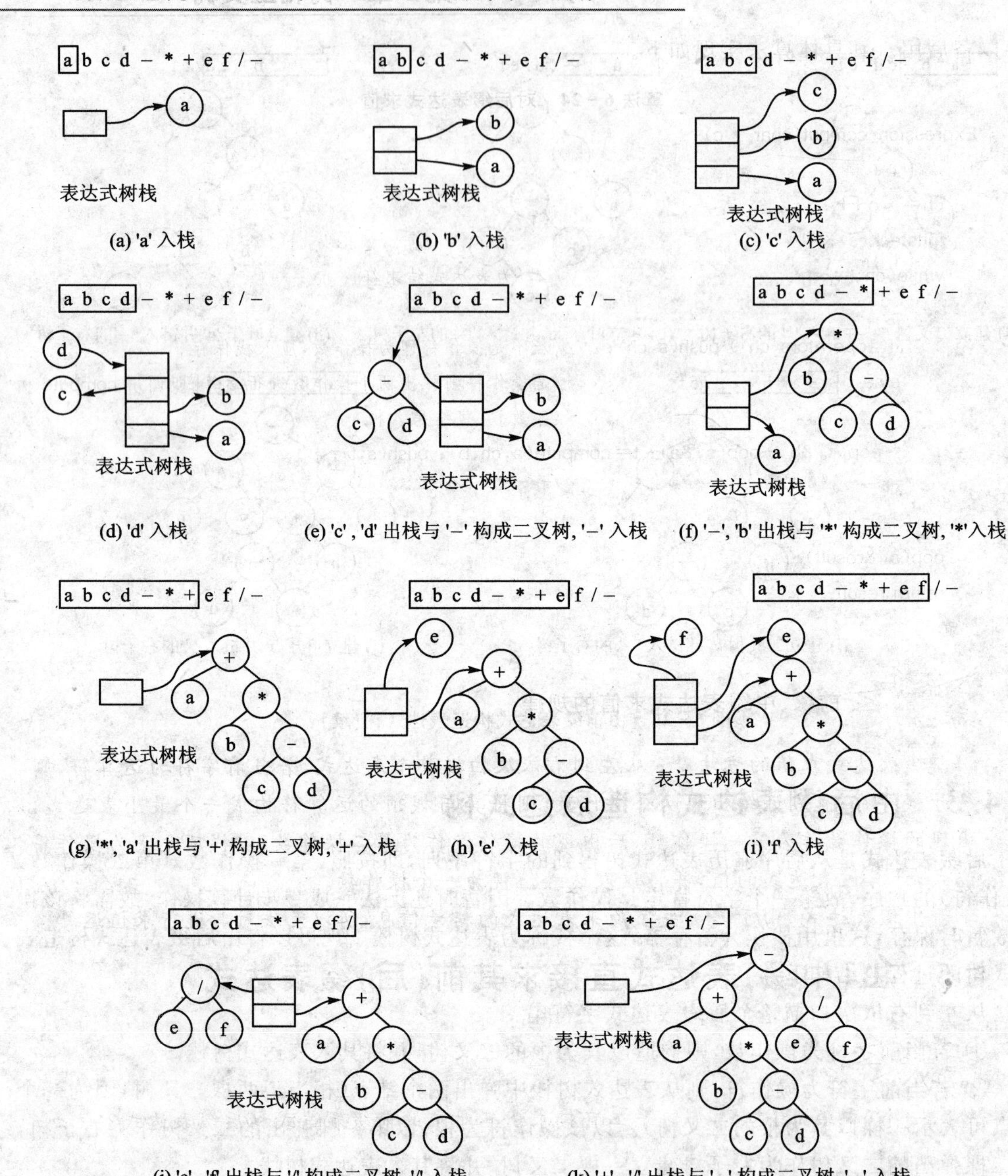

图 6-27　由后缀表达式构造表达式树

计算机对后缀表达式求值的过程可以概括为：从左到右依次扫描整个表达式，如果遇到操作数，则暂时还无法进行计算操作，需将其暂时保存起来；如果遇到运算符，则可以进行计算操作，于是，马上将该运算符与刚刚扫描过的两个操作数构成"第一操作数、运算符、第二操作符"的表达式进行相应的运算，并将结果作为即将扫描到的运算符的操作数保存起来。这样继续扫描直至整个表达式扫描完毕。

至于操作数，计算机总是先使用最近扫描到的，而这正符合栈的"后进先出"的特性。所以，可以设置一个栈用以保存已经扫描到的操作数。每当完成一次运算后，其结果也要入栈保存以备后用。其具体算法实现如下。

算法 6-24　对后缀表达式求值

```
Expression_comput(char *c)
{
    ch=*c++;
    Initstack(s);
    while(ch !='#')                       //'#'为表达式结束符
    {
        if(!operators(ch)) push(s,ch);   //若不是操作符即为操作数,应入栈保存
        else                              //是操作符则弹出两个操作数进行运算[即调用 compute()
                                          //函数]并将结果入栈
        { pop(s, &b); pop(s, &a); t=compute(a,ch,b); push(s,t); }
        ch=*c++;                          //取下一个字符
    }
    pop(s, &result);
    return result;
}
```

前缀、中缀表达式求值的规律

由前缀表达式求值的方法是：从左到右依次扫描整个表达式，若当前字符为运算符，则将其入符号栈暂存；直到连续出现两个操作数，则将其与栈顶的运算符构成一个最小表达式，即将先出现的操作数作为第一操作数，后出现的操作数作为第二操作数，以栈顶元素为操作符构成表达式，计算该表达式的值，并将该表达式值视为一个操作数。

至于中缀表达式，由于其丢失了原来表达式的括号信息，所以无法对其进行求值运算。

6.4.5　由(中缀)表达式直接求其前(后)缀表达式

思考

给定一个(中缀)表达式，如何手工直接求出其对应的前缀表达式和后缀表达式?

【分析】

思路1：由中缀表达式画出相应的表达式树，然后前序或后序遍历该二叉树即可。

思路2：细心的读者可能已经注意到，同一个表达式，无论是在前缀表达式、中缀表达式还是在后缀表达式，操作数的相对位置是不变的，而运算符的次序发生了变化，对后缀表达式而言，运算符由处在两个运算对象的中间变为处在两个运算对象的后面，而对前缀表达式而言，运算符则由处在两个运算对象的中间变为处在两个运算对象的前面。

例如，对表达式 A*(B+C)/(D−E+F)，求其后缀表达式的方法为：

① 去除括号，按顺序写出各个操作数(注意，各操作数之间要留有足够的空隙)为

A B C D E F

② 从左到右依次扫描各操作符，并找出其所对应的两个运算对象，然后将该操作符放在

这两个运算对象的后面。

- 对于“∗”,其运算对象是A和(B+C),故应放在C之后:

A B C ∗ D E F

- 对于“+”,其两个运算对象分别为B和C,同时考虑到其值是“∗”的一个运算对象,故应放在C之后、“∗”之前:

A B C + ∗ D E F

- 对于“/”,其两个运算对象分别为A∗(B+C)和(D−E+F),故应放在F之后:

A B C + ∗ D E F /

- 对于“−”,其两个运算对象分别为D和E,故应放在E之后:

A B C + ∗ D E − F /

- 对于最后的“+”,其两个运算对象分别为(D−E)和F,故应放在F之后;考虑到其值同时又是“/”的一个运算对象,故应放在“/”的前面:

A B C + ∗ D E − F + /

对于上述表达式,求其前缀表达式的方法为:

① 去除括号,按顺序写出各个操作数(注意,各操作数之间要留有足够的空隙)为

A B C D E F

② 从左到右依次扫描各操作符,并找出其所对应的两个运算对象,然后将该操作符放在这两个运算对象的前面。

- 对于“∗”,其运算对象是A和(B+C),故应放在A之前:

∗ A B C D E F

- 对于“+”,其两个运算对象分别为B和C,故应放在B之前:

∗ A + B C D E F

- 对于“/”,其两个运算对象分别为A∗(B+C)和(D−E+F),故应放在A之前;考虑到“∗”的值[即A∗(B+C)]也是“/”的一个运算对象,还应放在“∗”之前:

/ ∗ A + B C D E F

- 对于“−”,其两个运算对象分别为D和E,故应放在D之前:

/ ∗ A + B C − D E F

- 对于最后的“+”,其两个运算对象分别为(D−E)和F,故应放在D之前;考虑到“−”的值(即D−E)同时又是“+”的一个运算对象,故应放在“−”的前面:

/ ∗ A + B C + − D E F

6.5 线索二叉树

6.5.1 线索二叉树的定义

在对二叉树进行遍历后就可以得到一个线性序列。在这个线性序列中,除了第一个结点和最后一个结点外,每个结点都只有一个前驱和后继。

遍历操作是二叉树中相对比较基础的操作;但是,因为二叉树不能直接提供前驱或后继结点的位置信息,使得对二叉树的遍历算法都相对比较繁杂。因此就提出一个问题,即能不能对

二叉树结点结构进行改造，使之可以直接指示其前驱或后继结点呢？已经知道，因为一个有 n 个结点的二叉树有 n+1 个空链域，所以完全可以利用这些结点的空链域来指示其前驱或后继结点。具体的，如果左链域为空，则令其指向直接前驱结点；如果右链域为空，则令其指向直接后继结点。这些指向直接前驱或后继结点的指针被称为线索，加了线索的二叉树叫做线索二叉树。这样，就可以充分利用每个结点的链域了，而且使得遍历二叉树的操作相对比较方便，且速度更快。

但是，出现了一个问题：每个结点的链域都存放了结点的位置信息，计算机如何辨别某个链域里存放的是其孩子的位置，还是其前驱或后继的位置呢？这就要在结点的每个链域旁边增加一个标志域，用以标志链域里的信息是指向孩子结点的指针，还是指向前驱或后继结点的线索。

经过改造后的二叉树及结点结构可定义如下。

描述 6-5　线索二叉树及结点结构

```
typedef struct BiTrNode{
DataType          data;
struct BiTrNode  * lchild;          //若无左子树(ltag=1)，则存放左线索，否则指向左孩子
struct BiTrNode  * rchild;          //若无右子树(rtag=1)则存放右线索，否则指向右孩子
unsigned int      ltag, rtag;       //左右线索标志。为 1 表示线索，为 0 表示孩子指针
}BiTrNode, * BiTrTree;
```

线索二叉树的结点结构如图 6-28 所示。

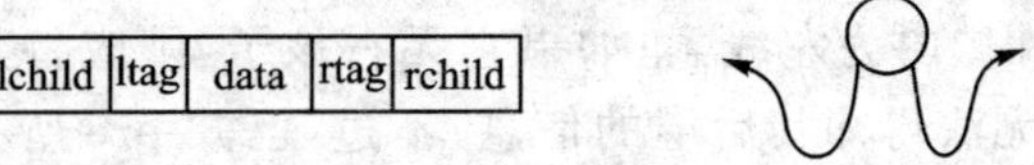

图 6-28　线索二叉树的结点结构及其形象

值得一提的是，线索二叉树并不是一种特殊的树形逻辑结构，而是一种实现级的结构，即物理结构。另外，如果每个结点都有左、右线索的话，则 n 个结点总共需要 2n 个链域存放线索，而其中只有 n+1 个空链域可用于存放线索，所以对于那些左、右子树至少有一个存在的结点，其线索至多为一个；特别的，如果某个结点左、右子树均存在，则它就没有线索了。因此，在线索二叉树中并非每个结点都是有线索的。

6.5.2　二叉树的线索化

将二叉树改造成线索二叉树的过程叫做二叉树的线索化。其实质是将二叉树中的空指针改为指向前驱或后继的线索，而前驱或后继的信息只有在遍历过程中才能得到，所以线索化的过程实际上就是在遍历过程中修改空指针域的过程。

由于遍历二叉树有四种不同的次序，从而得到四种不同的线性序列。任一结点在不同的遍历序列中的前驱和后继一般是不同的。由此，使得线索二叉树也有所不同。由先序遍历得到的线索二叉树称为先序线索二叉树；由中序遍历得到的线索二叉树称为中序线索二叉树；由后序遍历得到的线索二叉树称为后序线索二叉树。

下面以中序线索二叉树的构造为例来讨论如何进行二叉树的线索化。手工进行二叉树的线索化，只要写出相应的遍历序列，然后对所有空指针域按照“左指针域指向其前驱，右指针域

指向其后继"的原则画出线索即可。图6-29(带箭头的为线索,直线为孩子指针)显示了二叉树中序线索化的过程。

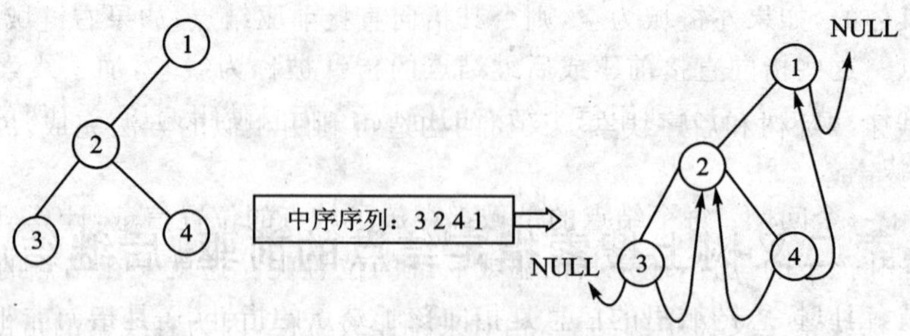

图6-29 中序线索化

已知一棵有n个结点的二叉树有n+1个空链域,而在线索二叉树中则可以利用这些结点空链域指示该结点在某种次序遍历下的前驱或后继,那么是不是就可以认为,在线索二叉树中每个结点的每个链域都已得到了充分的利用,并且不再有空链域了呢?

下面讨论计算机所进行的二叉树的线索化。

为了得到要修改其指针域的结点的前驱结点,现附设一个指针变量pre,其初始值为空。

每遍历到一个非空结点时,就先对其左子树进行线索化。

下面考虑修改该结点的指针域:如果它无左孩子,则将pre值赋予其左指针域,并置其左线索标志为1,表示左指针域内为左线索;如果它无右孩子,则应将其后继的位置信息赋予其右指针域,可是现在暂时无法得知其后继的信息;不过,已知pre所指结点为该结点的前驱结点,相对的,该结点就是pre所指结点的后继结点,如果pre所指结点无右孩子,可以修改其右链域使之指向当前结点,并置其右线索标志为1,表示右指针域内为右线索。

最后,对其右子树进行线索化。

如果遍历到的结点为空结点,则为空操作,分以下四种情况:

① 此空结点为树根,则表示为空树,空操作合情合理。

② 空结点为中序序列第一结点的左孩子,空操作表示中序序列第一个结点的前驱为空。

③ 空结点为中序序列最后结点的右孩子,空操作表示中序序列最后一个结点的后继为空。

④ 空结点为中序序列中间某一结点的左(右)孩子,则空操作后即返回递归的上一层,在这层的后序操作中,将对该中间结点进行指针域的修改,使之能正确地指向其子树、前驱或后继。

算法6-25 二叉树的中序递归线索化

```
InThreading(BiTrTree p, BiTrNode * pre)
{ //p所指结点为pre所指结点的直接后继
  if(p)            //若p所指为空结点,则空操作
  {
    InThreading(p->lchild, pre);
    if(!p->lchild){p->ltag=1; p->lchild=pre;}
    if(pre && !pre->rchild){pre->rtag=1; pre->rchild=p;}
```

```
        pre=p;
        InThreading(p->rchild, pre)
    }
}
```

至于先序线索二叉树和后序线索二叉树的构造可利用相似的方法完成。在此不再赘述，请读者作为练习完成。

6.5.3　线索二叉树上搜索指定结点的前驱、后继结点

如果搜索一棵线索二叉树中的结点，相对来说比较方便，因为有线索的帮助可以加快搜索速度。

1. 中序线索二叉树上求指定结点在中序序列中的前驱和后继

(1) 求指定结点 q 的中序前驱

具体步骤是：

① 如果结点 q 没有左孩子，即左链域为线索，则该线索所指示的结点就是 q 的中序前驱。

② 如果 q 存在左孩子(设为 l)，则 q 的前驱应该是其左子树 l 的最右下端的结点，即连续不断地顺 l 的右孩子的右指针搜寻下去，直到某个结点的右链域为线索，则表明这个结点就是最右下端的结点；而如果子树 l 中没有这样的结点，则 l 就是 q 的前驱。总之，q 的前驱应该是其左子树 l 的中序序列中最后一个结点。

算法 6-26　求指定结点 A 的中序前驱结点

```
BiTrNode * InOrder_P(InOrder_BiTrTree T,BiTrNode *q)
{
  //在中序线索二叉树中查找结点 q 的中序前驱，并返回指针
  if(q->ltag) return q->lchild;
  else
  {
      l=q->lchild;
      while(!l->rtag) l=l->rchild;
      return l;
  }
}
```

(2) 求指定结点 q 的中序后继

具体步骤是：

① 如果结点 q 的 rtag=1，则后继就是右线索所指的结点。

② 如果结点 q 的 rtag=0，说明它有右子树。根据中序遍历的特点，该结点的中序后继应该是其右子树中序序列中的第一个结点，即最左下的结点。所以，应该从其右子树的根结点开始，顺左链找，直至某一结点的左孩子不存在为止，则该结点即为所找的结点，该结点在线索树中的标志就是 ltag=1。因此，在这种情况下，从右子树根结点开始，顺左链找到 ltag=1 的那个结点就是所要找的结点。

算法 6-27　求指定结点的中序后继

```
BiTrNode *InOrder_Next(Inorder_BiTrTree T,BiTrNode *q)
{
  //在中序线索二叉树中查找结点q的中序后继,并返回指针
  if(q->rtag) return q->rchild;
  else
  {
     p=q->rchild;
     while(p->ltag==0) p=p->lchild;
     return p;
  }
}
```

遍历的过程就是依次找后继结点的过程。在中序线索二叉树上进行中序遍历,只要找到序列中的第一个结点,就可以继续依次找结点后继直至其后继为空。遍历最关键的一步就是如何找到后继结点。其算法实现如下。

算法 6-28　中序遍历中序线索树

```
InorderTraversTredTree(InOrder_BiTrTree T)
{
  //中序遍历中序线索二叉树
  p=T;                                    //p指向根结点
  while(p)                                //空树或遍历结束时p为空
  {
    for(; p->ltag==0; p=p->lchild);       //找到中序序列的第一个结点
      visit(p->data);
    for(;(p->rtag==1 && p->rchild); p=p->rchild) //顺线索找到后继结点并访问之
      visit(p->data);
    p=p->rchild;                          //此时结点有右子树,应找其右子树的中序序列的
                                          //第一个结点
  }
}
```

在中序线索树中,问

① 若某结点的左指针指向根,则该结点具有什么特点?

② 若某结点的右指针指向根,则该结点具有什么特点?

【分析】

在中序序列中,根是左子树所有结点和右子树所有结点的分界点。在中序线索树中,结点若无左孩子,则左指针指向其前驱;结点若无右孩子,则右指针指向其后继。

当某结点左指针指向根时,说明在中序序列中,该结点直接排在根的后面,由于中序遍历是按左子树、根、右子树的顺序进行,所以该结点应该为根的右子树的最左结点,也就是根的右子树的中序序列的第一个结点。

当某结点右指针指向根时，说明在中序序列中，该结点直接排在根的前面，所以该结点应该是左子树的最右结点，也就是左子树的中序序列的最后一个结点。

从另一个角度看，若要在中序线索二叉树中找到左子树中序序列的最后一个结点，则需要找其右指针指向根的结点；同样，若要在中序线索二叉树中找到右子树中序序列的第一个结点，则需要找其左指针指向根的结点。

先序遍历先序线索树的操作也可以根据先序遍历二叉树的特点并结合线索的帮助实现，这留给读者作为练习完成。而对于后序遍历后序线索树则相对比较麻烦，如果没有指向其双亲的指针或者不使用栈的话，则无法对其进行遍历。

2. 先序线索二叉树上求指定结点在先序序列中的前驱和后继

(1) 求指定结点q的先序前驱

具体步骤是：

① 若q是根，则其没有先序前驱。

② 如果结点q的ltag=1，则前驱就是左线索所指的结点。

③ 如果结点q的ltag=0，说明它有左子树。根据先序遍历的"根、左子树、右子树"顺序可知，结点q的前驱或者是其双亲结点，或者是其双亲结点左子树的先序序列中的最后一个结点。而无论是这两种情况中的哪一种都需要知道结点q的双亲结点。因此，要想求出其前驱结点就必须首先找到其双亲结点，并设为p，分两种情况：

- 若p没有左孩子或q就是p的左孩子，则p就是q的前驱。
- 若p有左孩子且该左孩子不是q，则需沿着此左子树的右链搜索，当搜索到某一个结点的rtag=1(即没有右子树)，需进一步看它有没有左孩子，若没有，则该结点就是一个叶子结点，且它就是q的前驱；若有左孩子，则还需沿着这个左孩子的右链搜索下去，如此递归地搜索，直至找到一个叶子结点，该叶子结点就是q的前驱。

算法6-29 求指定结点的先序前驱

```
BiTrNode *PreOrder(PreOrder_BiTrTree T,BiTrNode *q)
{  //在先序线索二叉树中查找结点q的先序前驱，并返回指针
    if(q->ltag) return q->lchild;          //q有前驱线索
    else
    {
      if(!q==T) return NULL;               //q是根结点
      p=parent(T,q);                       //在线索树中找到q的双亲
      if(q==p->lchild) return p;           //q是p的左孩子
      else                                 //p有左孩子且不是q，则找该左孩子上的最右下叶子
                                           //结点
      {
        r=p->lchild;
        for(; 1 ;)
        {
          for(r=r->rchild; !r->rtag; r=r->rchiled); //顺右链找到没有右孩子的那个结点
          if(r->ltag) return r;            //该结点也没有左孩子，则为叶子结点
```

```
            else r=r->lchild;             //若该结点有左孩子,则找其左孩子上的最右下叶子结点
          }
        }
      }
}
```

(2) 求指定结点 q 的先序后继

具体步骤是:

① 如果结点 q 的 rtag=1,则后继就是右线索所指的结点。

② 如果结点 q 的 rtag=0,说明它有右子树。根据先序遍历二叉树的顺序(根、左、右),结点 q 的后继应该就是其左子树的根结点。其算法实现如下。

算法 6-30　求指定结点的先序后继

```
BiTrNode *PreOrder_Next(PreOrder_BiTrTree T,BiTrNode *q)
{ //查找先序线索二叉树上给定结点 q 的先序后继
  if(q->ltag==1)                  //左标记为 1 时,若 q 的右子树非空,q 的右子树的根 q->rchild
                                  //为 q 的后继;若右子树为空,q->rchild 指向后继
    return(q->rchild);
  else
    return(q->lchild);            //左标记为 0 时,q 的左孩子 q->lchild 为 q 的后继
}
```


3. 后序线索二叉树上求指定结点在后序序列中的前驱和后继

(1) 求指定结点 q 的后序前驱

具体步骤是:

① 如果结点 q 的 ltag=1,则前驱就是右线索所指的结点。

② 如果结点 q 的 ltag=0,说明它有左子树。根据后序遍历的顺序(左、右、根),则有

- 若 q 存在右子树,则该右子树的根结点就是 q 的后序前驱;
- 若 q 不存在右子树,则左子树根结点就是 q 的后序前驱。

算法实现如下。

算法 6-31　指定结点的后序前驱

```
BiTrNode *PostOrder(PostOrder_BiTrTree T,BiTrNode *q)
{
  //在后序线索二叉树中查找给定结点的后序前驱的算法
  if(q->rtag==0)                  //q 有右子女时,其右孩子 q->rchild 是 q 的后序前驱
    return(q->rchild);
  else                            //q 的左标记为 0,左孩子是后序前驱;否则线索 q->lchild 指
                                  //向 q 的后序前驱
    return(q->lchild);
}
```

(2) 求指定结点 q 的后序后继

具体步骤是：

① 若 q 为根，则其不存在后序后继。

② 若 q 为其双亲的右孩子，则其后序后继就是其双亲。

③ 若 q 是其双亲的左孩子，则

- 若 q 不存在右兄弟，则其双亲就是其后序后继。
- 若 q 存在右兄弟，则 q 的后序后继应该为其右兄弟的后序序列中的第一个结点，该结点就是其右兄弟树中最左下的叶子结点，即沿着其右兄弟的左链连续搜索，当搜索到 ltag=1 的结点时，还需看其右子树是否为空，若是，则该结点就是 q 的后序后继；否则还需沿这个右子树的左链递归地搜索下去，直至找到 ltag=1 且其右子树为空的结点，这个结点就是 q 的后序后继了。

算法实现如下。

算法 6-32　指定结点的后序后继

```
BiTrNode *PostOrder_Next(PostOrder_ BiTrTree T,BiTrNode *q)
{
  //在后序线索二叉树中查找结点 p 的后序后继，并返回指针
  p=getparent(T,q);                          //在线索树中找到 q 的双亲
  if(q->rtag) return q->rchild;              //q 有后继线索
  else if(q==T) return NULL;                 //q 是根结点
  else if(q==p ->rchild) return p;           //q 是右孩子
  else if(q==p->lchild&&p ->rtag)            //q 是左孩子且双亲没有右孩子
    return p;
  else                                       //p 是左孩子且双亲有右孩子
  {
    s=p ->rchild->lchild;
    while(!s->ltag || !s->rtag)              //在该右孩子上找其最左下的叶子结点
    {
      if(!s->ltag) s=s->lchild;              //若有左孩子则顺左链找
      else s=s->rchild;                      //若有右孩子则在该右孩子上找
    }
    return s;                                //此时 s 为叶子结点
  }
}
```

在先序线索树中搜索指定结点的前驱需要首先找到其双亲结点，而二叉链表中没有设立双亲域，故还需要对二叉树进行遍历并利用栈保存双亲，或者再为每个结点增加一个双亲域。总之，在先序线索树中求指定结点的前驱是很不方便的，通常宁愿采用遍历的方法求得前驱结点。同样，在后序线索树中求指定结点的后继也是很不方便的。线索在这两个应用中所发挥的作用甚微，所以，这两种线索树的应用并不是十分广泛；而中序线索树则相对被广泛应用。中序线索树有一个特点，就是其线索总是向上指的，即每一非空的线索均指向其祖先结点。对任何一棵中序线索树，若结点 A 是 B 的右子树最左下端的结点，则 A 的左线索必定指向其祖先结点 B，因为根据中序遍历的顺序（左、根、右），B 的直接后继应该就是 A；类似的，若结点 A

是B的左子树中最右端的结点,则A的右线索必定指向其祖先B。所以完全可以利用中序线索树的这个特点来求解指定结点在先序遍历次序下的后继和后序遍历次序下的前驱。从另一个角度来看,在后序线索树中,若某个结点的右指针指向根结点,则该结点是后序遍历序列中的倒数第二个结点。因为,结点的右指针若指向根结点,说明在后序遍历序列中,直接排在该结点后面的那个结点为根,而后序序列根为最后一个结点,所以说该结点是后序序列的倒数第二个结点。

Example 6-23(中科院软件所)

设指针P指向线索树中的某个结点,则查找*P在某种次序下的前驱或后继不能获得加速的是(   )。

A. 在前序线索树中查找*P的前序后继　　B. 在中序线索树中查找*P的中序后继

C. 在中序线索树中查找*P的中序前驱　　D. 在后序线索树中查找*P的后序后继

【解析】

由于在先序线索树中搜索指定结点的前驱,或者在后序线索树中搜索指定结点的后序后继都需要首先找到其双亲结点,这是很不方便的,并且不能获得加速,所以往往宁愿采用遍历的方法求得前驱结点。因此本题答案选D。

拓展　中序线索树遍历规律专题

上面已经实现了对中序线索树的中序遍历。但是,是不是对于中序线索树就只能进行中序遍历呢?对其进行先序遍历或后序遍历能否行得通呢?

其实,不论是哪种形式的遍历,最关键的是如何找出任一结点的后继结点。

① 对中序线索二叉树,在先序遍历过程中,某一结点的后继是下面这样的结点:

ⓐ 若该结点有左孩子(在中序线索树中表现为ltag=0),则其左孩子的根结点就是其前序序列的后继。

ⓑ 若该结点没有左孩子而有右孩子(在中序线索树中表现为ltag=1并且rtag=0),则其右孩子的根结点就是其前序序列的后继。

ⓒ 若该结点既没有左孩子也没有右孩子,即为叶子结点(在中序线索树中表现为ltag=1并且rtag=1),则

- 若该结点为其双亲结点左子树的根节点,则应回退至其双亲结点以便寻找该结点的右兄弟;而在中序序列中,其双亲结点正好是其后继,故可顺其右线索到达双亲结点。若其双亲有右孩子,则按ⓑ处理;否则说明以其双亲为根的子树已经先序遍历完成,此时可以将其双亲结点视为叶子结点处理(因为其双亲的所有子树已全部遍历完成,将子树视为不存在对以后的遍历没有影响)。
- 若该结点为其双亲结点的右孩子,则说明以其双亲为根的子树已经先序遍历完成,此时可以将其双亲结点视为叶子结点处理。

ⓓ 如此递推(一直顺右线索寻找)下去直至找到后继结点或递推到空为止。

按照这个思想,就可以写出先序遍历中序线索二叉树的算法如下。

算法6-33　前序遍历中序线索二叉树

```
PreTravers(BiTrTree T)
```

```
{
    p=T;
    while(p)                                  //空树或递推到空则遍历结束
    {
        for(; p->ltag==0; p=p->lchild)        //只要有左孩子则左孩子就是其后继
            visit(p);                          //前序遍历到最左下端(访问不到最左端点)
        visit(p);                              //最左下端的结点没有左孩子,按先序遍历特点
                                               //此时应该访问它
        for(; p->rtag==1; p=p->rchild)        //开始考虑右转,于是一直顺线索寻找后继
            if(p->rtag==0) p=p->rchild;       //若存在右孩子则后继就是该右孩子
    }
}
```

② 对于中序线索二叉树,在后序遍历过程中某一结点的后继按如下方法确定。

后序遍历最大的特点在于需要知道双亲结点的信息:通过双亲遍访左子树,再通过双亲找到右子树并遍历之,最后再访问双亲。下面对后序遍历二叉树的过程进行具体分析。

在后序遍历过程中,

ⓐ 若该结点为双亲左子树的根结点,则按照后序遍历的原则,其后序后继应该是其双亲结点右子树最左下端的结点。

ⅰ若其双亲结点右子树不存在(即中序线索树中其双亲结点的 rtag=1),则说明其双亲结点的所有子树均已遍历完成,于是其后继应该是其双亲结点。

ⅱ若其双亲结点右子树存在(即中序线索树中其双亲结点的 rtag=0),则应顺右子树根结点的左链域一直寻找到最左下端的结点(即中序线索树中第一个 ltag=1 的结点),它就是所要找的后继。

ⓑ 若该结点为双亲右子树的根结点,则其后序后继为其双亲结点。

在第ⓐ种情况的ⅰ以及第ⓑ种情况下,结点的后序后继可由双亲结点直接提供,而第ⓐ种情况的ⅱ也可通过双亲结点间接提供。由此看来,不管是在哪种情况下寻找后序后继,都可以通过其双亲结点提供信息。因此,要想后序遍历中序线索二叉树,在找到某一结点的后继结点之前,首先要获得双亲结点的信息,方法如下。

在中序线索树中,

ⓐ 若该结点为其双亲左子树的根结点,则其双亲的信息可由其最右下端结点的右线索提供。

ⓑ 若该结点为其双亲右子树的根结点,则其双亲的信息可由其最左下端结点的左线索提供。

综上所述,就找到了在中序线索二叉树中进行后序遍历的规律。

6.6 树和森林与二叉树

6.6.1 树和森林与二叉树的转换

已经讨论过,树可以用二叉链表来存储,而二叉树也可以用二叉链表来存储。物理上的同

一个二叉链表,若给予它不同的解释就可以对应不同的逻辑结构(树或二叉树)。给定一棵树,其二叉链表是唯一的;而给定一个二叉链表,其所对应的二叉树也是唯一的。所以一棵树就唯一地对应一棵二叉树。

而对于森林,其中的每棵树都唯一地对应一棵二叉树。如果将森林中所有树的根的关系都视为兄弟关系,则按照"左儿子右兄弟"的原则将森林中所有树对应的二叉树组装成一棵二叉树,则此二叉树也就唯一地对应一个森林。

1. 树转换成二叉树

树转换成二叉树的原则就是"左儿子右兄弟",即对于二叉树的每个结点而言,其左链域存放指向第一个孩子结点的指针,右链域存放指向其下一个兄弟的指针。从而使得根只连接最左孩子,其他孩子由第 1 个、第 2 个……右手相牵,而每个结点都看做是一棵树。但是,对于无序树的多个孩子结点并无左右之分,因此约定其多个孩子从左到右依次顺序编号。

将一棵树转换成相应的二叉树可以按照以下规则进行:

① 在树中所有相邻的"亲兄弟"(即同一个双亲的兄弟,堂兄弟不行)之间加一条连线,表示前一兄弟的右指针指向其下一个兄弟。

② 树中每个结点都只保留其与第一个孩子之间的连线,而删除其与其他孩子之间的连线。

③ 将树整形,调节成各结点之间位置相对比较协调的二叉树形状。

图 6-30 所示为将一棵树转换成二叉树的过程。

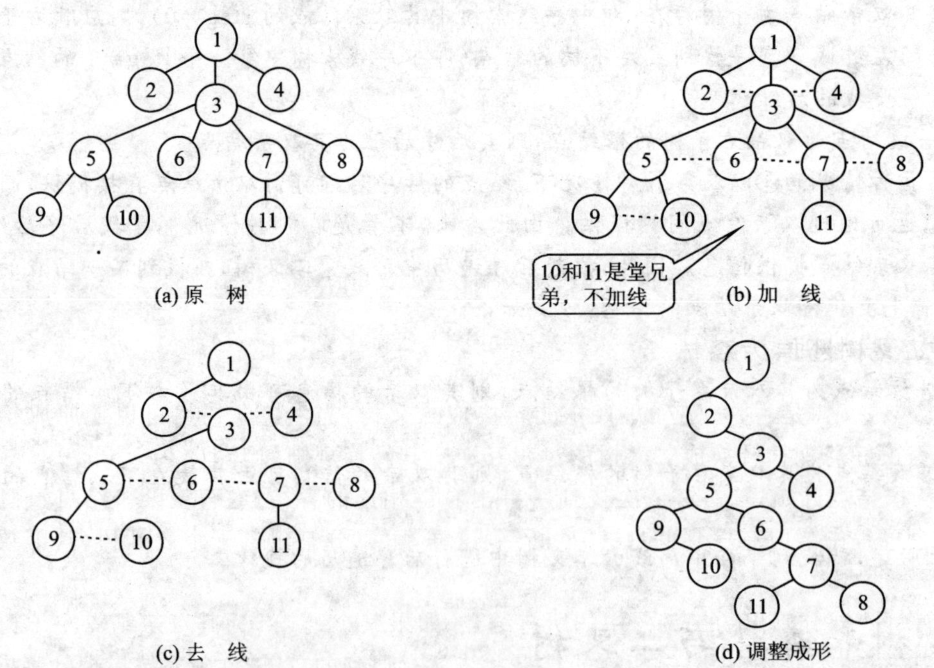

图 6-30　树转换成二叉树的过程

可以证明,经过这个转换步骤,树所对应的二叉树是唯一的,且此二叉树的根结点只有左子树而没有右子树。

2. 森林转换成二叉树

森林由若干棵树组成，如果将每棵树的根结点视为兄弟的话，因为每棵树都对应一棵二叉树，则按照“左儿子右兄弟”的组装原则，整个森林就对应一棵组装而成的二叉树了。其转换规则如下：

① 将森林中的每棵树转换成相应的二叉树。

② 第一棵二叉树不动，从第二棵二叉树开始，依次把后一棵二叉树的根结点作为前一棵二叉树根结点的右孩子。当所有二叉树连接完毕后，此时得到的二叉树即为由森林转换成的二叉树。

图 6－31 描述了由森林转换成相应二叉树的过程。

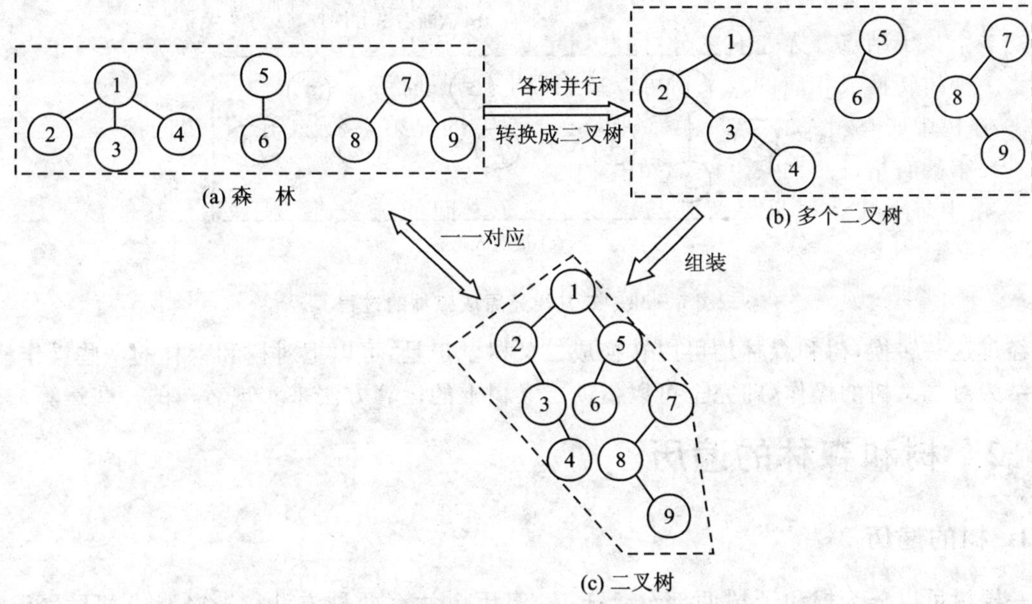

图 6－31 森林转换成二叉树的过程

3. 二叉树还原为森林

森林与二叉树是一一对应的，森林能转换成二叉树，当然二叉树也可以还原成相应的森林，其过程正好与森林转换成二叉树的过程互逆。其转换规则如下：

① 从根结点开始，顺右链依次找到所有由右链相连的各结点，直至某个结点没有右链为止，在这个过程中将所有遇到的右链“砍断”。这样，可以分割出若干个二叉树，其个数正好是原森林中树的个数。

② 对每一棵分割出的二叉树中的所有结点，如果某个结点 i 为其双亲结点左子树的根结点，则顺其右链找到所有由右链相连的结点并将所有遇到的右链“砍断”，然后把分割出来的结点与结点 i 的双亲结点相连接。

③ 整理上述两步的结果即得到树或森林。

当然，树可以视为只有一棵树的森林，则由二叉树还原成树的过程也可以按照上述规则操作。

图 6-32 展示了由二叉树还原成相应森林的过程。

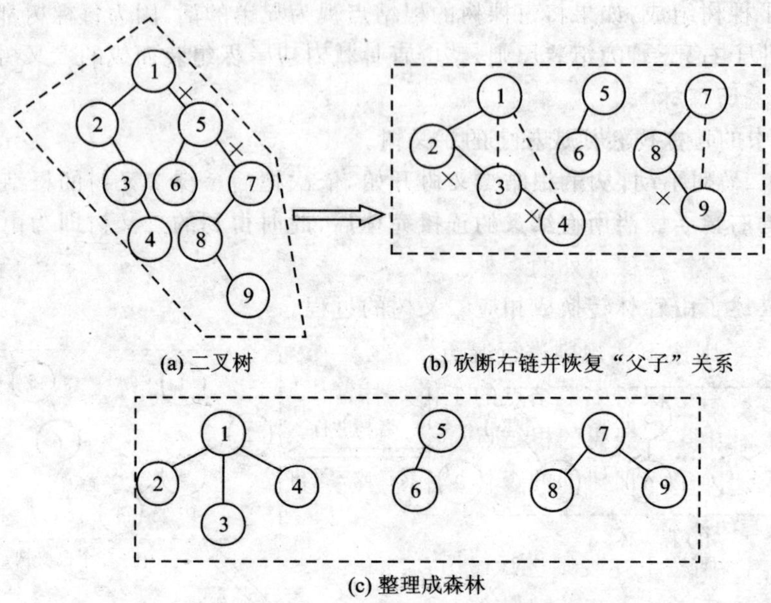

图 6-32　二叉树还原成森林的过程

经过这一转换,树和森林均可以转换成二叉树。于是,可以把对树和森林的一些操作最终都归结为对二叉树的操作,即完全可以借助二叉树上的运算方法来实现对树的一些运算。

6.6.2　树和森林的遍历

1. 树的遍历

一棵树可以分为根和子树两部分。于是,遍历树就有两种方法:先序遍历和后序遍历。树也可以进行层次遍历。

先序遍历就是先访问树的根结点,然后从左到右依次先序遍历根的每棵子树;后序遍历就是先从左到右依次后序遍历根结点的每棵子树,然后访问根结点。层次遍历是从树的根结点起,按层从上到下每层自左到右依次访问每个结点。

对于图 6-30 中的树和相应的二叉树,它们的各种遍历序列结果如下:

树的先序遍历序列	1 2 3 5 9 10 6 7 11 8 4
二叉树的先序遍历序列	1 2 3 5 9 10 6 7 11 8 4
树的后序遍历序列	2 9 10 5 6 11 7 8 3 4 1
二叉树的中序遍历序列	2 9 10 5 6 11 7 8 3 4 1
二叉树的后序遍历序列	10 9 11 8 7 6 5 4 3 2 1
树的层次遍历序列	1 2 3 4 5 6 7 8 9 10 11

请大家注意,树和二叉树的先序遍历序列完全一样,树的后序遍历序列和二叉树的中序遍历序列完全一致。难道这是巧合吗?其实不然,不难证明以下结论成立:

① 先序遍历树等价于先序遍历其所对应的二叉树。

② 后序编历树等价于中序遍历其所对应的二叉树。

2. 森林的遍历

森林的遍历也有三种方法：先序遍历、后序遍历和层次遍历。

(1) 先序遍历森林

若森林非空，则按下述规则进行遍历：

① 访问森林中第一棵树的根结点；

② 先序遍历第一棵树中根结点的子树森林；

③ 先序遍历除第一棵树外的森林。

(2) 后序遍历森林

若森林非空，则按下述规则进行遍历：

① 后序遍历第一棵树中根结点的子树森林；

② 访问森林中第一棵树的根结点；

③ 后序遍历除第一棵树外的森林。

(3) 层次遍历森林

若森林非空，则按下述规则进行遍历：

① 按层次遍历森林中第一棵树；

② 按层次遍历除第一棵树外的森林。

图 6-31 中森林及其相应二叉树的各种遍历序列如下：

森林的先序遍历序列	1 2 3 4 5 6 7 8 9
二叉树的先序遍历序列	1 2 3 4 5 6 7 8 9
森林的中序遍历序列	2 3 4 1 6 5 8 9 7
二叉树的中序遍历序列	2 3 4 1 6 5 8 9 7
森林的层次遍历序列	1 2 3 4 5 6 7 8 9
二叉树的层次遍历序列	1 2 5 3 6 7 4 8 9

仔细观察上述各种遍历序列不难验证以下结论的正确性：

① 先序遍历森林恰好等价于先序遍历其所对应的二叉树。

② 中序遍历森林恰好等价于中序遍历其所对应的二叉树。

Example 6-24

设森林 T 中有 4 棵树，第 1,2,3,4 棵树的结点个数分别是 n_1，n_2，n_3，n_4，那么当把森林 T 转换成一棵二叉树后，则根结点的右子树上有(　　)个结点。

A. n_1-1　　B. n_1　　C. $n_1+n_2+n_3$　　D. $n_2+n_3+n_4$

【解析】

森林中每棵树的根结点都相互称为兄弟，森林转换为二叉树就是把第一棵树的根结点作为转换后的二叉树的根结点，按照“左儿子右兄弟”的组装原则将所有树组装成一棵二叉树，则该二叉树左子树的根结点必定为第一棵树的第一个孩子，而这个结点的两个分支上的兄弟也好，孩子也罢，其实都是第一棵树的子孙，故转换后的二叉树的左子树上放置的必定为第一棵树的所有子孙，而其右子树上放置的必定为其余几棵树的所有结点。

对本题而言,转换后的二叉树左子树的结点数为 n_1-1,而右子树的结点数为 $n_2+n_3+n_4$。因此,本题答案为D。

由此,可以引出这样一条结论:由树转换成的二叉树,其根结点的右子树总是空的。

Example 6-25(青岛大学)

利用二叉链表存储树,则根结点的右指针是(　　)。

A. 指向最左孩子　　B. 指向最右孩子　　C. 空　　D. 非空

【解】

树转换成二叉树后就可以用二叉链表的形式存储在计算机里。另外,如果利用二叉链表存储树,则需要将树转换成相应的二叉树,又根据上面得到的结论,不难得出本题的答案为C。

Example 6-26(南京理工大学)

设森林F对应的二叉树为B,它有m个结点,B的根为p,p的右子树结点个数为n,森林F中第一棵树的结点个数是(　　)。

A. m－n　　B. m－n－1　　C. n+1　　D. 条件不足,无法确定

【解析】

由森林转换成的二叉树,其右子树中的结点数为除了第一棵树之外的所有树的结点总和。在此题中,森林结点总数为m,而右子树结点个数,即除了第一棵树之外的所有树的结点总和,为n,于是不难得出第一棵树的结点数为m－n。故本题答案为A。

6.7 哈夫曼树及其应用

6.7.1 哈夫曼树

从树中一个结点到另一个结点之间的分支构成这两个结点之间的路径,路径上的分支数目成为路径长度。结点的带权路径长度为从该结点到树根之间的路径长度与结点上权的乘积。树的带权路径长度(WPL)为树中所有叶子结点的带权路径长度之和。哈夫曼树就是在由n个带权叶子结点构成的所有不同二叉树中带权路径长度最短的二叉树。因此,哈夫曼树又称最优树。

可以利用哈夫曼算法来构造一棵哈夫曼树,步骤如下:

① 根据给定的n个权值$\{w_1,w_2,w_3,\cdots,w_n\}$构成的n棵二叉树的集合$F=\{T_1,T_2,T_3,\cdots,T_n\}$,其中每棵二叉树$T_i$中只有一个带权为$w_i$的根结点,其左、右子树均为空。

② 在F中选取两棵根结点的权值最小的树作为左、右子树来构造一棵新的二叉树,且置新二叉树的根结点的权值为其左、右子树上根结点的权值之和。

③ 在F中删除这两棵树,同时将新得到的二叉树加入F中。

④ 重复步骤②和③,直到F只含一棵树为止。这棵树就是哈夫曼树。

Example 6-27

设给定权集w=\{2,3,4,7,8,9\},试构造关于w的一棵哈夫曼树,并求其带权路径长度。

【解析】

像这种题目,直接手工计算即可,其方法如下。

从权集中选择两个最小的数,以其和为根组装成一棵树,并将其和与剩余的数组成新的权集。在新的权集上重复上述操作,直至权集只剩一个数为止。图 6－33 描述了整个操作过程。

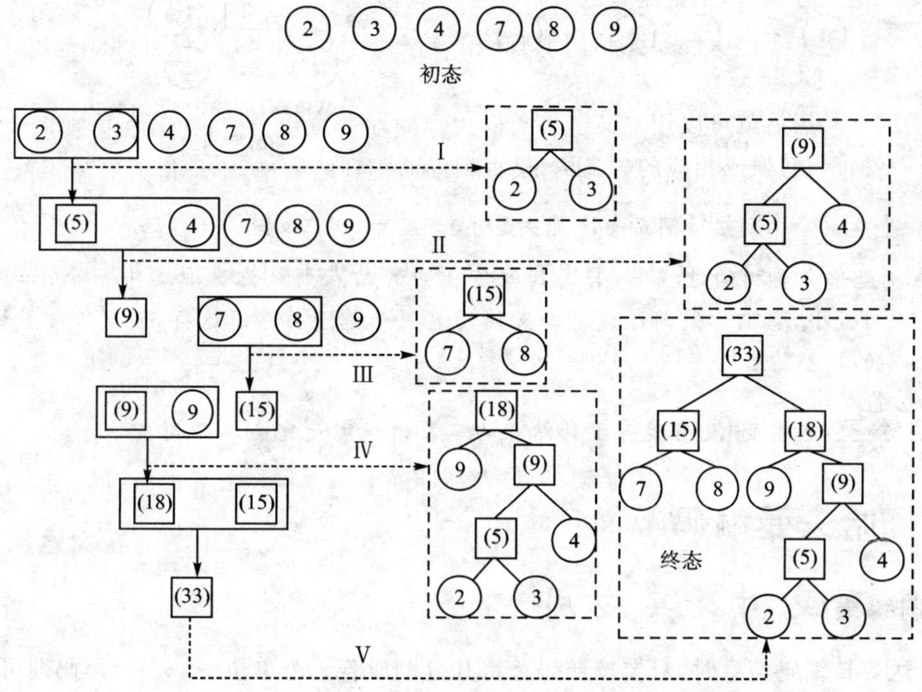

图 6－33　哈夫曼树的构造过程

树的带权路径长度为树中所有叶子结点的带权路径长度之和。该哈夫曼树的带权路径长度为

$$(7+8+9)\times 2+3\times 4+(2+3)\times 4=80$$

总结:

① 用 n 个权值(对应 n 个叶子结点)构造哈夫曼树,每两个权值合并后权集的权值数目减少 1,同时非终端结点个数增加 1,这是因为两个叶子合并后产生一个非终端结点。最后哈夫曼树构造完成,权集仅剩下一个权值。因此,全过程中需要合并 n－1 次,即哈夫曼树中非终端结点个数为 n－1。而具有 n 个叶子结点的哈夫曼树的总结点数为 2n－1。

② 哈夫曼树中没有度为 1 的结点,因为非终端结点都是通过两个结点合并而来的,所以,只要是非终端结点则其度必为 2,不可能是 1。但是反过来,没有度为 1 的二叉树并不一定就是哈夫曼树,比如图 6－34(a)所示的满二叉树就不是哈夫曼树。

③ 结点的带权路径长度取决于两个因素:该结点与根结点的路径长度及该结点的权值。由于结点所在的层次数恰好为其与根结点之间的路径长度,为了使整个树的带权路径长度最小,所以必须使权值大的结点靠近根结点(即层次数尽量小),从而减小其与根结点之间的路径长度。特别的,当每个结点的权值都相等时,哈夫曼树是个完全二叉树,因为在相同结点数的二叉树中,完全二叉树的深度最小。但是反过来,完全二叉树不一定就是哈夫曼树。如

图6-34所示。

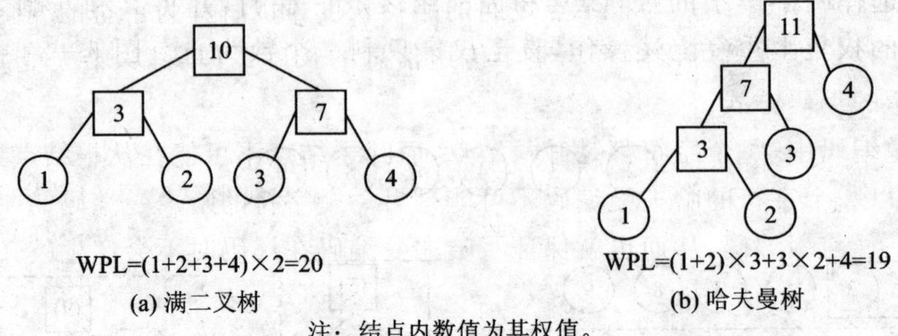

图6-34　哈夫曼树与无度为1的二叉树

④ 在构造哈夫曼树的过程中，若遇到权值相同的结点则随意选取其中一个；如果两个结点的权值均为最小，它们谁做新组成的二叉树的左孩子都没关系。这样，使得哈夫曼树的形态并不是唯一的。

思考　是不是"没有度为1的结点的二叉树一定是完全二叉树"？

6.7.2　哈夫曼编码

1. 前缀编码

在传送等长编码信息时，只要按照码长将其分割成若干个单位一一进行译码即可。然而，等长编码往往使整个信息的长度增长。如果对使用频率较高的词汇采用较小的编码长度，而对使用频率较低的词汇采用相对较长的编码长度，则总的信息长度有望减小。

但是，这种编码方法使得每个词汇的编码长度不一致，给译码带来了麻烦。比如：假设一段信息里使用四个词汇，其中"和平"和"要"两个词的使用频率较高，分别为它们设置的编码为0和1，而"战争"和"不要"两个词的使用频率较低，分别将其编码为01和10，在译码时就会出现歧义：当传来一段信息"1001"时，如何译码呢？是翻译成"不要战争"呢？还是"要和平战争"呢？抑或是"要和平和平要"呢？因此，为了避免歧义，在进行长度不等的编码时必须使用前缀码。

任一个字符的编码都不是另一个字符的编码的前缀，这样的编码称为前缀编码。前缀编码可以保证译码的唯一性。

2. 哈夫曼编码

哈夫曼树可以用来构造使得信息总长度最小的编码方案。设需要编码的字符集合C中有字符ci，其使用频率或次数为pi，则可以字符集合中的字符为叶子结点，pi为其权值来构造哈夫曼树，同时规定哈夫曼树中每个结点的左分支为0、右分支为1。因此，在从根到每个叶子结点的路径中，所有分支所组成的0、1序列为该叶子结点的编码，这样的编码叫做哈夫曼编码。

哈夫曼树是带权路径长度最小的树，而带权路径长度为其所有叶子结点的权值和其与根结点的路径长度乘积的累加和。在哈夫曼编码中，叶子结点的权值可以解释为要编码字符在信息中出现的次数，叶子结点与根结点之间的路径长度可以解释为字符的编码长度，从而哈夫曼树的带权路径长度也就可以解释为整个传送信息的长度了。所以，哈夫曼编码是能够使信息总长度最短的编码方式。

在哈夫曼编码中，每个字符都是叶子结点，而叶子结点不可能在从根结点到其他叶子结点的路径上，所以一个字符的哈夫曼编码不可能是另一个字符的哈夫曼编码的前缀，即保证了哈夫曼编码是一种前缀编码，从而也就保证了哈夫曼编码在译码时不会产生歧义。

Example 6－28

在哈夫曼编码中，若编码长度只允许小于等于 4，则除了已对两个字符编码为 0 和 10 外，还可以最多对(　　)个字符编码。

【解析】

根据哈夫曼编码的特点：对其进行编码的字符均为哈夫曼树的叶子结点。现在条件给出两个叶子结点的编码，则可以勾画出其在哈夫曼树中的位置。如图 6－35(a)所示。

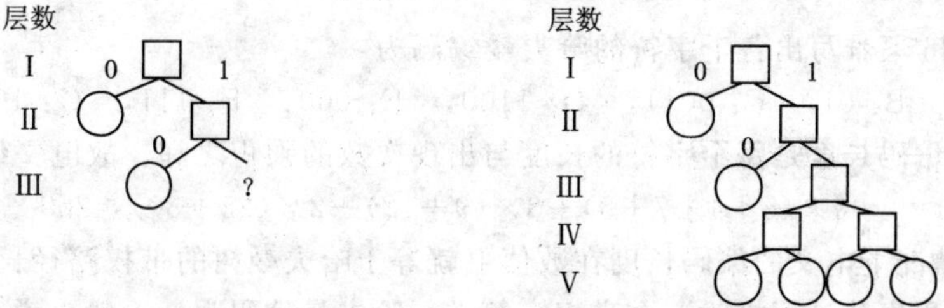

(a) 对两个字符进行0和10编码的情况　　(b) 在(a)发生前提下的所有可能编码情况

图 6－35　Example 6－28 图

在哈夫曼树中，每个叶子结点的最大编码长度为哈夫曼树的最大层数减 1，即深度为 h 的哈夫曼树，其叶子的最大编码长度为 h－1。对于图 6－35(a)中的哈夫曼树，已知其至少有两个叶子结点，而且最多层数应该有 5 层。为了能对尽可能多的字符编码，就应使叶子数目尽可能多，所以图(a)中的“?”处应为一个非终端结点，而且在没有到达第 5 层之前，其子孙结点应该全部为非终端结点。在第 5 层，无法继续分支而必须为叶子结点，所以第 5 层中的叶子结点数就是可以对其进行编码的最大字符数，如图 6－35(b)所示。因此，本题答案应该为 4。至于其编码请读者作为练习自己写出。

Example 6－29

假设某电文仅由 A,B,C,D,E,F,G,H 等 8 个字符组成。各个字符在电文中出现的次数分别为 5,25,4,7,9,12,30,8。试为这 8 个字符设计哈夫曼编码，并求该电文的编码至少有多少位。

【解析】

要设计哈夫曼编码，首先要以这 8 个字符的出现次数为叶子结点构造一棵二叉树。然后按照“左走为 0，右拐为 1”的原则对每条从根开始而终止于叶子结点的路径进行编码，所得到的 0、1 序列就是该路径所连叶子结点的哈夫曼编码。图 6－36 展示了对这 8 个字符进行哈夫曼编码的过程。

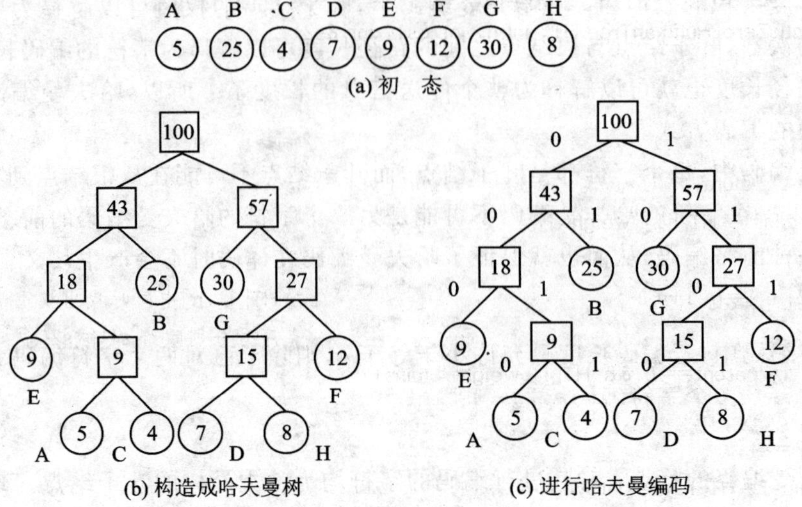

(a)初 态

(b)构造成哈夫曼树　　(c)进行哈夫曼编码

图6-36 哈夫曼编码

由图6-36不难写出各个字符的哈夫曼编码为

A：0010， B：01， C：0011， D：1100， E：000， F：111， G：10， H：1101

该电文的编码长度是每个字符的长度与出现次数的乘积之和。故电文编码长度为

$$4\times(5+4+7+8)+3\times(9+12)+2\times(25+30)=269$$

其实，在这种情况下电文的编码长度在数值上就等于哈夫曼树的带权路径长度。

如何利用程序让计算机对n个带权字符进行哈夫曼编码呢？一般来说分为两大步骤：构建n个结点的哈夫曼树和对哈夫曼树中的n个叶子结点分别进行编码。

在构造哈夫曼树和编码的过程中需要频繁使用双亲结点的信息，同时，还可以将其双亲的链域作为标志，用以当在新权集中寻找两个最小的权数时指示其是否已有双亲，如果有，则将其排除在候选项以外。在编码时需要对每条从叶子结点到根结点的路径进行编码，其中要用到双亲结点的信息，所以，如果使用二叉链表的形式就不能很好地满足要求。因此可以为每个结点增加一个指向其双亲结点的链域。这样，在进行编码的过程中可以顺其双亲指针一路直达根结点，使得构造哈夫曼树和对其叶子结点进行编码的操作都很方便。

可以对哈夫曼树的结点设定其结点结构如下。

描述6-6 哈夫曼树结点

```
typedef struct{
    int weight;                    //存放该结点的权
    int parent, lchild, rchild;    //三个链域分别指向双亲、左孩子和右孩子
}HTNode, * HuffmanTree;            //动态分配数组存储哈夫曼树
```

如果将n个字符的权作为叶子结点构造哈夫曼树，则根据哈夫曼算法需要n－1次合并，从而产生n－1个非终端结点。因而，利用n个字符构造的哈夫曼树需要2×n－1个结点空间。在此，利用动态分配数组HT[]来存储哈夫曼树的结点，其元素数目为2n，其中为适应人们的习惯，HT[0]不使用，则哈夫曼算法实现如下。

算法 6 - 34　构造哈夫曼树

```
SelectParentIsZero(HuffmanTree HT, int n, int &s1, int &s2)
{
   int i, temp;
   int mins1;                                          //暂存最小的权重
   if(n<=1) return;
   s1=1; mins1=HT[s1].weight;
   s2=2;
   for(i=2; i<=n; i++)                                 //在 HT[1..n]中同时找出权重最小和次小的结
                                                       //点序号分别赋给 s1 和 s2
     if(HT[i].parent==0 && HT[i].weight<mins1)
     {
        s2=s1;
        mins1=HT[i].weight;
        s1=i;
     }
}

CreatHuffmanTree(HuffmanTree &HT, int * w, int n)
{
  //构造 n 个字符(其权值放在 w 中)的哈夫曼树
  If(n<=1) return;
  int s1, s2, i;
  HTNode * p;
  int m=2 * n+1;                                      //哈夫曼树的结点总数
  HT=(HuffmanTree)malloc((m+1) * sizeof(HTNode));     //HT[0]不使用
  for(p=HT+1, i=1; i<=n; i++, p++, w++)               //以权值为根构建 n 棵二叉树的集合
  {
     p->weight= * w;
     p->parent=0;
     p->lchild=0;
     p->rchild=0;
  }
  for( ; i<=m; i++, p++)                              //初始化度为 2 的结点
  {
     p->weight=0;
     p->parent=0;
     p->lchild=0;
     p->rchild=0;
  }
  for(i=n+1; i<=m; i++)
  {
     //在 HT[1..i-1]中找 parent 为 0 且权最小的两个结点,序号分别为 s1 和 s2
```

```
        SelectParentIsZero(HT, i-1, s1, s2);
        HT[s1].parent=i; HT[s2].parent=i;              //两棵树合并成一棵二叉树
        HT[i].lchild=s1; HT[i].rchild=s2;
        HT[i].weight=HT[s1].weight+HT[s2].weight;
    }
}
```

如何在已经存在的哈夫曼树上对叶子结点进行编码呢？现在可以以叶子结点为视角中心，从每个叶子结点开始向根结点“进发”，同时对所经过的分支按照“左走为 0，右拐为 1”的原则进行编码，最后得到的编码序列就是该叶子结点的哈夫曼编码的逆序列，然后再将其倒置即可。因为从叶子到根的路径是唯一的，所以得到的每个叶子结点的编码也必定是唯一的。由于每个字符的编码长度不一样，因而不能给每个字符的哈夫曼编码申请同样大小的存储空间，而可以在编码过程中用一个临时空间暂存字符编码的逆序列，待该字符的编码完成后再按照编码的实际长度申请存储空间，并将编码从临时空间复制过去[这里复制使用 C 语言中的函数 strcpy(char * to, char * from)，即将 from 中的字符复制到字符串 to 中，注意 C 语言中要求字符串的结束以“\0”为标志]，这样可尽可能减少空间浪费。其算法实现如下。

算法 6-35　哈夫曼编码

```
char ** HuffmanEncode(HuffmanTree &HT, int n)
{
  //对有 n 个叶子结点的哈夫曼树的叶子进行编码
  char ** HC=(char **)malloc((n+1) * sizeof(char *));//申请 n+1 个编码头指针,其中 HC[0]不用
  Sstack s;                                          //编码需要逆序存放,这里使用栈 s
  Initialize(s);                                     //s 的容量至少为 n
  for(i=1; i<=n; i++)
  {
     for(c=i,f=HT[i].parent; f!=0; c=f, f=HT[f].parent) //对各个从叶到根的路径编码
       if(HT[f].lchild==c) push(s,'0');              //“左走为 0”
       else push(s,'1');                             //“右拐为 1”
     HC[i]=(char *)malloc((n-start) * sizeof(char)); //为每个叶子结点申请相应长度的编码空间
     //将已编好的编码复制到预先分配的编码空间
     for(j=0; !IsEmpty(s); j++)
     { pop(s, &HC[i][j]);}
     HC[i][j]='\0';                                  //每个叶子结点对应的编码都是一个字符
                                                     //串,并以'\0'结束
  }
  free(cd);                                          //所有叶子结点编码完后释放临时空间
  return HC;
}
```

Example 6-29 使用哈夫曼算法所对应的哈夫曼树的初态和终态分别如表 6-13 和表 6-14所列，其对应的哈夫曼编码如图 6-37 所示。

表 6-13　哈夫曼树初态

No.	weight	parent	lchild	rchild
1	5	0	0	0
2	25	0	0	0
3	4	0	0	0
4	7	0	0	0
5	9	0	0	0
6	12	0	0	0
7	30	0	0	0
8	8	0	0	0
9	—	0	0	0
10	—	0	0	0
11	—	0	0	0
12	—	0	0	0
13	—	0	0	0
14	—	0	0	0
15	—	0	0	0

表 6-14　哈夫曼树终态

No.	weight	parnet	lchild	rchild
1	5	9	0	0
2	25	13	0	0
3	4	9	0	0
4	7	10	0	0
5	9	11	0	0
6	12	12	0	0
7	30	13	0	0
8	8	10	0	0
9	9	11	3	1
10	15	12	4	8
11	18	13	5	9
12	27	14	6	10
13	43	15	11	2
14	57	15	12	7
15	100	0	13	14

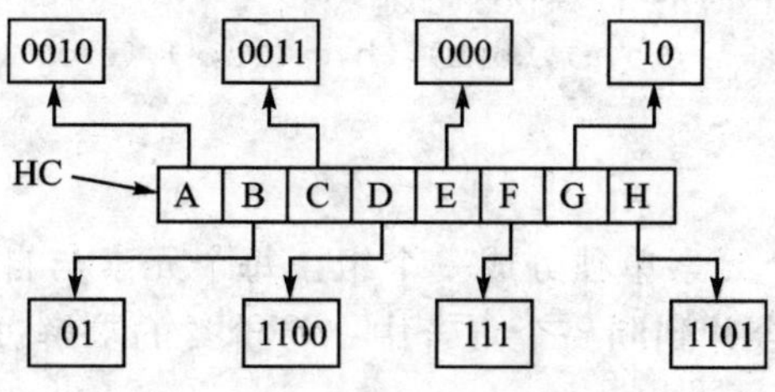

图 6-37　哈夫曼编码

6.8　树与等价问题

等价关系是现实世界中广泛存在的一种关系，许多问题都可以归结为按给定的等价关系划分等价类的问题，通常把这类问题称为等价问题。

数学上对等价关系和等价类的定义如下。

设 R 为定义在集合 A($A\neq\varnothing$)上的一个二元关系($R\subseteq A\times A$)，若 R 是自反的、对称的和传递的，则称 R 为 A 上的等价关系。R 的任意元素可以用形如(x,y)(x,y∈A)的等价偶对来表示。

设 R 是非空集合 A 上的等价关系，对任意的 a∈A，定义

$$[a]_R=\{x\in A \mid aRx\}$$

称为 a 关于 R 的等价类。可以证明，任意两个不同的等价类是互不相交的。

确定等价类的一种解决方案是先把每一个元素看做是一个单元素集合，然后按一定顺序

将属于同一等价类的元素所在的集合合并。

具体地说,设集合 A 有 n 个元素,m 个等价偶对确定了等价关系 R。求等价类的算法为:

① 令 A 中的每一个元素各自形成一个只含单个元素的子集,记为 $A_1, A_2, \cdots, A_n$。

② 对每个等价偶对(x,y)判定 x 和 y 所属的子集,设 $x \in A_i$, $y \in A_j$。若 x 和 y 分属于不同的子集,则合并 A_i 和 A_j 为一个集合。若 x 和 y 属于同一个子集,表示当前的集合划分已经能够体现等价偶对(x,y)所提供的信息,故而无需任何操作。

③ 处理完 m 个等价偶对后,现存的非空子集就是 A 的 R 等价类。

由此可见,要确定等价类,主要进行三种操作:

① 构造 n 个只含单个元素的子集。

② 查找特定元素 i 所在的子集的操作 Find(A,i)。

③ 合并 i,j 所在的两个互不相交的集合为一个集合的操作 Union(A,i,j)。

能够完成这三种功能的集合就是并查集(Union-Find Sets)。可以用树形结构来表示并查集。同一棵树上的元素属于同一个子集,只是树中元素的相互关系(父子关系、兄弟关系等)对所表示的集合而言是无意义的。只含单个元素的子集可以用只有一个结点的树来表示。如果规定树根结点的序号即为其所代表的子集的名字,则 Find(A,i)可以沿着结点 i 通往根的路径向上搜,直至到达根结点,并返回根结点的序号即可。若树采用双亲表示法,则 Union(A,i,j)操作可以通过将一棵树的根指向另一个棵树的根来实现。

Example 6 - 30

设集合 A={a,b,c,d,e},R 是 A 上的一个等价关系,有

R={(a,a),(a,b),(c,b),(a,c),(b,a),(b,b),(b,c),(c,a),(c,c),(d,d),(d,e),(e,d),(e,e)}

求 A 的等价类。

【解析】

首先将集合 A 中的每个元素单独分成一个组。每个元素与自身等价,然后根据给定的等价关系,逐渐把等价的元素合并到同一个集合中。等价类的求解过程如图 6 - 38 所示。

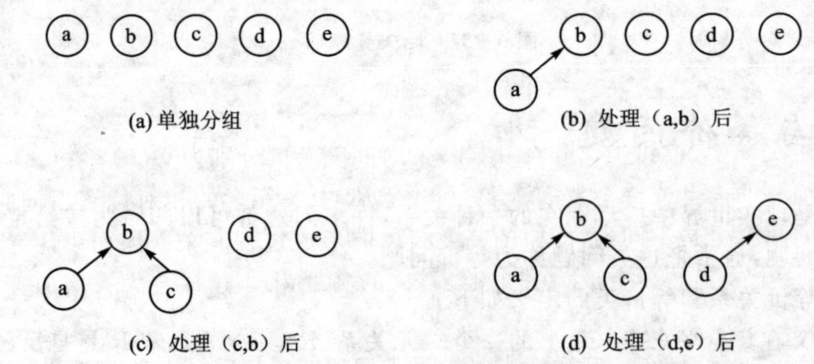

图 6 - 38 等价类求解过程

当处理到等价偶对(a,a)、(a,c)、(b,a)、(b,b)、(b,c)、(c,a)、(c,c)、(d,d)、(e,d)、(e,e)时,由于涉及的两个元素都在同一个子集里,所以没有任何操作。最终的等价类为{a,b,c},{d,e}。

为便于寻找根节点,这里采用双亲表示法作为存储结构,如图 6 - 39 所示。于是,每个结

点的指针域都是指向双亲的。同时规定根结点的指针域为－1。

可用类 C 语言实现确定等价类的三个功能。

	data	parents
0	a	1
1	b	-1
2	c	1
3	d	4
4	e	-1

图 6－39　并查集的存储表示

算法 6－36　并查集的初始化

```
void InitUFset(Ufset *s, int n)
{
  //将集合 s 中的每个元素单独分成一个组
  int i;
  s->size=n;                //集合元素总数
  for (i=0; i<n; i++)
    s->parent[i]=-1;
}
```

算法 6－37　简单查找算法

```
int Find (Ufset *s, int i)
{
  //在并查集中查找第 i 个元素所在的子集,以根序号为子集标志
  if (i<0 || i>s.size)
    return -1;
  while (s->parent[i]>=0)          //沿着第 i 个结点通往根的路径向上搜,直至到达根结点
    i=s->parent[i];
  return i;
}
```

算法 6－38　简单合并算法

```
void Union (Ufset *s, int i, int j)
{
  //合并两个子集,将第 i 个元素所在的树并入第 j 个元素所在的树
  if (i<0 || i>s.size || j<0 || j>s.size)
    return;
    s->parent[i]=j;
}
```

在上述算法实现中,查找操作和合并操作的时间复杂度分别为 O(h)和 O(1),其中 h 为树的高度。然而细心的读者或许会发现,当等价关系 R 中各元素的相对位置不同时,所构造的表示集合的树的高度也是不同的,即树的高度与树的形成过程有关。因而可能导致产生退化的树形,即代表一个子集的树会成为一个链表,树的高度为 n,这样会大大增加查找的时间复杂度[为 $O(n^2)$]。

可用归纳法证明,若每次合并操作都是结点少的树的根指向结点多的树的根,则所构造的树高度不超过$\lfloor \text{lb } n \rfloor+1$,其中 n 为所有子集所含元素总和。

因此,规定每次合并操作都是结点少的树的根指向结点多的树的根。为便于操作,规定树根的指针域不但为负数,而且其绝对值表示该树所含结点的个数。这样改进后的合并算法如下。

算法 6-39　改进的合并算法

```
void Union2 (Ufset *s, int i, int j)
{
    //合并两个子集,将含元素少的树并入含元素多的树
    if (i<0 || i>s.size || j<0 || j>s.size)
        return;
    if (s->parent[i]> s->parent[j])
    {
        //以第 i 个元素为根的子集所含元素少(指针域为负数,故值越大,绝对值越小)
        s->parent[j] += s->parent[i];
        s->parent[i] = j;
    }
    else
    {
        s->parent[i] += s->parent[j];
        s->parent[j] = i;
    }
}
```

同时,当所查找结点 i 不在树的第二层时,就将从根到结点 i 路径上的所有元素都变成根的孩子。这样可以进一步减小树的高度,压缩路径。其算法实现如下。

算法 6-40　改进的查找算法

```
int Find2 (Ufset *s, int i)
{
    //在并查集中查找第 i 个元素所在的子集,并将从根到结点 i 路径上的所有元素都变成根的孩子
    int j,k,t;
    if(i<0 || i>s.size)
        return -1;
    for (j=i; s->parent[j]>=0; j=s->parent[j]);    //查找第 i 个元素所在的子集,以其根序号
                                                   //为标志
    for (k=i; k!=j; k=t)                           //将从根到结点 i 路径上的所有元素都变
                                                   //成根的孩子
    { t=s->parent[k]; s->parent[k]=j; }
    return j;
}
```

在求等价类过程中,最多进行 n−1 次(n 为 s 所有元素数)合并,而每次的查找时间复杂度为 O(lb n),故而在整个求解过程中的时间复杂度为 O(n×lb n)。

第7章　图

【学习要点】

1. 熟悉图的定义、有关术语及基本概念。

2. 熟练掌握图的存储结构，并能根据问题的要求选择合适的存储结构。

3. 熟练掌握遍历图的两种算法。

4. 理解并掌握图的最小生成树、最短路径、拓扑排序和关键路径的算法。

【要点精讲】

对于给定的n个元素，可以构造出集合、线性表、树形结构和图形结构4种逻辑结构。集合中各元素之间除了具有“同属于一个集合”的关系外，别无其他关系；线性表中除了首尾元素外，每个元素都只有一个前驱和后继；树形结构的元素之间有着明显的层次关系，每一层的元素可能与下一层中多个元素相关，即有多个后继，但只能与上一层的一个元素相关，即只能有一个前驱；图中任意两个数据元素之间都可以相关，是一种多对多的网状结构，即一个顶点可能有若干个前驱，也可能有若干个后继，图中的数据元素一般称为顶点。其中，线性表和树可以为空，但图不能为空。

7.1　图的定义和相关概念

7.1.1　图的定义

图是由两个集合构成的结构，记为

$$G=(V,E)$$
$$E=\{\langle v,w\rangle \mid v,w\in V \text{ 且有 } P\langle v,w\rangle\}$$

其中，V是顶点的有穷非空集合；E是图中描述顶点关系（弧或边）的集合，此集合可以为空；⟨v，w⟩表示从v到w的弧；P⟨v，w⟩表示弧⟨v，w⟩的信息或意义。

7.1.2　图的相关概念

1. 有向图

如果图中任意两个顶点之间的偶对⟨v，w⟩是有序的，且是有方向的，即表示从v到w的连线与从w到v的连线具有不同的意义，称这样的图为有向图。其中，⟨v，w⟩表示弧，v称为弧尾（类似于箭尾），w称为弧头（类似于箭头），且称顶点v邻接到顶点w，而顶点w邻接自顶点v。

2. 无向图

如果图中有⟨v，w⟩∈E，必有⟨w，v⟩∈E，即顶点之间的连线是没有方向的，则称这样的图为无向图。通常以(v,w)∈E代表顶点v和w之间的连线,称为边;称v和w互为邻接点,即v和w相邻,而边(v,w)和顶点v,w相关联。

图7-1展示了有向图和无向图的形象。

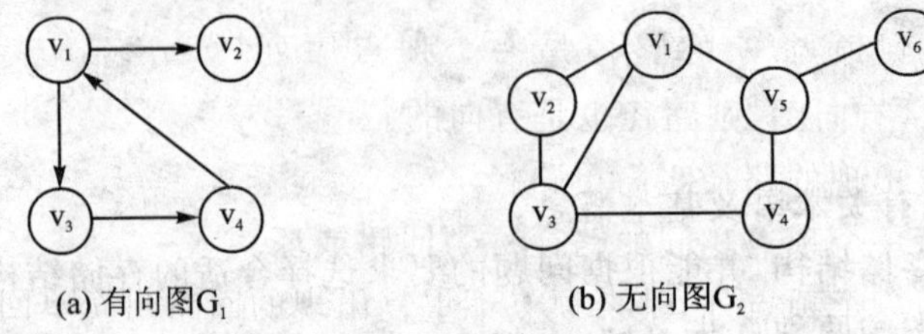

图7-1 图的形象

图7-1中,有向图 $G_1=(V_1,E_1)$,其中,$V_1=\{v_1,v_2,v_3,v_4\}$,$E_1=\{\langle v_1,v_2\rangle,\langle v_1,v_3\rangle,\langle v_3,v_4\rangle,\langle v_4,v_1\rangle\}$。无向图 $G_2=(V_2,E_2)$,其中,$V_1=\{v_1,v_2,v_3,v_4,v_5,v_6\}$,$E_2=\{(v_1,v_2),(v_1,v_3),(v_1,v_5),(v_2,v_3),(v_3,v_4),(v_4,v_5),(v_5,v_6)\}$。

同样,根据集合V和E也可以画出其所表示的图。

3. 完全图、有向完全图

在无向图中,如果任意两个顶点之间都有边相连,则称这样的无向图为完全图。如果不考虑从顶点到自身的边,对于一个有n个顶点的无向图,由于任意一个顶点都和其他n−1个顶点有一条边,则该图中总共有n×(n−1)条边;但是从v到w的边和从w到v的边其实是一条边,所以完全图总共有n×(n−1)/2条不同的边。

在有向图中,如果任意两个顶点之间都有两条反向的弧相连接,则称这样的图为有向完全图。如果不考虑从顶点到自身的弧,对于一个有n个顶点的有向完全图,其任意一个顶点都与其他n−1个顶点有弧连接,则总共有n×(n−1)个不同的弧。

4. 权、网

与边或弧相关的数据信息叫做权。带权的图称为网。

5. 度、入度、出度

与顶点v相关联的边的数目称为顶点v的度,记为TD(v)。

以顶点v为头的弧(即v接收的弧)的数目叫顶点v的入度,记为ID(v);以v为尾的弧(即v射出的弧)的数目叫顶点v的出度,记为OD(v)。顶点v的度为其入度与出度之和。

结论1 在有e条边或弧的图中,e在数值上等于其所有顶点度之和的一半;换句话说,图中所有顶点的度之和为边数的2倍。

因为无论是有向图还是无向图,每一条边(v,w)或弧⟨v,w⟩都连接了两个顶点v和w,该边或弧在v的度中被计入了一次,同时又在w的度中被计入了一次,即每条边或弧在计算顶点的度时都被计入了两次。所以,图的边或弧的总数为其所有顶点的度之和的一半。

结论2 有向图中所有顶点入度之和等于所有顶点出度之和。

整个有向图相对于外界来说是一个系统,它对外界既没有射出弧也没有接收弧。其所有顶点射出的弧,均被它的顶点接收了,而每个顶点射出的弧数为该顶点的出度,接收的弧数为该顶点的入度。所以,所有顶点的出度之和等于所有顶点的入度之和。

6. 路径、简单路径、回路(环)、简单回路(简单环)

在图中,从顶点 v 到顶点 w 的路径是一个顶点序列($v=v_{i,0},v_{i,1},\cdots,v_{i,m}=w$),其中($v_{i,j-1},v_{i,j}$)$\in E$。如果是有向图,则路径也是有向的。

序列中顶点不重复出现的路径叫简单路径。

第一个顶点和最后一个顶点相同的路径称为回路或环。

除了第一个和最后一个顶点外,其余顶点不重复出现的回路叫简单回路或简单环。

7. 连通图、强连通图

在无向图 G 中,如果从顶点 v 到顶点 w 有路径,则称 v 和 w 是连通的。如果对于图中任意两个顶点 $v_i,v_j\in V$,v_i和 v_j都是连通的,则称 G 是连通图。

在有向图 G 中,如果对于每一对 $v_i,v_j\in V(v_i\neq v_j)$,从 v_i到 v_j和从 v_j到 v_i都存在路径,则称 G 是强连通图。

结论 3 在有 n 个顶点的无向连通图 G 中,至少有 n−1 条边(n≥2)。

用归纳法证明。

当 n=2 时,无向连通图 G 只有一条边。结论成立。

假设当 n=k 时结论成立,即有 k 个顶点的无向连通图 G′至少有 k−1 条边,则当 n=k+1 时,可以认为是在 G′中又加了一个顶点(设为 w)。由假设知 G′中任意两个顶点之间都有路径,加上顶点 w 后,由于 G′中任意一个顶点与 w 均无路径,所以变成了非连通图。为了保证其连通性,必须在顶点 w 与 G′中某个顶点(设为 v)之间加上一条边。这样,由于 G′中任意一个顶点与 v 之间都有路径,而 v 和 w 之间也有路径,于是 G′中任意一个顶点与 w 均有路径,即为了使有 k+1 个顶点的无向图也是连通的,至少要有 k 条边。故结论在 n=k+1 时也成立。

于是,在有 n 个顶点的无向连通图 G 中至少有 n−1 条边。

8. 子图、连通分量、强连通分量

假设有两个图 G=(V,E)和 G′=(V′,E′),如果 V′∈V 且 E′∈E,则称 G′为 G 的子图。

无向图的极大连通子图称为连通分量。有向图的极大强连通子图称为强连通分量。

Example 7-1(北京邮电大学)

一个具有 n 个顶点的图,最少有(　　)个连通分量,最多有(　　)个连通分量。

A. 0　　B. 1　　C. n−1　　D. n

【解】

连通分量数最少的情况不可能是零,因为有顶点存在。如果该图是个连通图,则有 1 个连通分量,这是最少的连通分量数。当所有顶点自成连通分量即图中没有边时,连通分量数达到最大值 n。故本题答案为 B,D。

9. 生成树、生成森林

一个有n个顶点的连通图的生成树是一个极小连通子图，它含有图中所有顶点，但只有足以构成一棵树的n－1条边。

所谓极小是指在保证连通的条件下所需要的边的条数最少。如果一个图有n个顶点且仅有少于n－1条边，则其必定是不连通的；如果有多于n－1条边，则其必定有环。

在非连通图中，每个连通分量都可以得到一个极小连通子图，即一棵生成树。这些生成树就组成了一个非连通图的生成森林。

Example 7 - 2

在具有6个顶点的无向简单图中，当边数最少为多少条时才能确保该图一定是连通的？

【解】

要想正确解出这道题，首先应该弄清楚什么是简单图，什么是连通图。

简单图是不存在环的图，而连通图则是其中任意两个顶点之间都存在路径的图。根据结论3，在有n个顶点的连通图中至少有n－1条边。当然，当含有n个顶点的连通图中不含环时所需边的条数最少，即有n－1条边。所以，本题答案为5条边。

发散 **关于结论3的相关命题**

① 对于一个具有n个顶点的连通无向图，如果它有且仅有一个简单环，那么此图有几条边？

【解】

对于一个含有n个顶点的无向连通图，其所含边的条数至少为n－1。如果含有n－1条边则其为最小连通图，即在保证图为连通的情况下所需边的条数最少。一旦再加入一条边，这个图就会出现一个环。因此，如果它有且仅有一个简单环，则此图有n条边。

② 在具有n个顶点的无向图中，当边数最少为多少条时才能确保该图一定是连通的？

【解】

已经知道在顶点数相同情况下，只有完全图所需边的条数最多。因此，当其中n－1个顶点构成了一个完全图时，所耗费的边数最多。所以，只有用足够多的边去满足该图中n－1个顶点来构成完全图后，再在这个完全图和第n个顶点之间加一条边才可确保此图为连通图。而有n－1个顶点的完全图的边数为(n－2)×(n－1)/2，所以本题答案为(n－2)×(n－1)/2＋1。

Example 7 - 3

设G为一个有向图，则其所含边的条数最多为多少？最少为多少？

【解】

设G含有n个顶点。

当G为有向完全图时，其所含边的条数最多为n×(n－1)条。

有向图的边数为最少时，要求既要使任意两个顶点之间都有路径相通，同时还要使所耗费的边的条数为最少。故只有当G为一个有向环时，从任何一个顶点出发都可以到达其余所有顶点，而且所需要边的条数为最少，即n条。

7.2 图的存储表示

一个图包含两部分：顶点及顶点之间的关系。存储结构要求能正确反映逻辑结构。因此，在选择存储结构时应全面考虑这两个方面。通常，图的存储结构有数组表示法、邻接表、邻接多重表和十字链表4种结构。

7.2.1 数组表示法

本方法中使用了两个数组：一个是一维数组用于存放图中顶点的信息，另一个是二维数组，用于表示图中各顶点之间关系（边或弧）的信息。其中，这个二维数组叫做邻接矩阵。邻接矩阵的每一行或每一列都对应一个顶点，在第 i 行与第 j 列的交汇点就可以直接体现边或弧 $\langle v_i, v_j\rangle$ 的信息。因此，如果一个图 G=(V,E) 含有 n 个顶点，则其邻接矩阵 A 是一个 n×n 的矩阵，其元素 A[i][j]$(1\leqslant i,j\leqslant n)$为

$$A[i][j]=\begin{cases}1, & 若(v_i,v_j)\in E 或\langle v_i,v_j\rangle\in E\\ 0, & 若(v_i,v_j)\notin E 或\langle v_i,v_j\rangle\notin E\end{cases}$$

若图是带权的网，则邻接矩阵 A 的元素 A[i][j]$(1\leqslant i,j\leqslant n)$为

$$A[i][j]=\begin{cases}w_{ij}, & 若(v_i,v_j)\in E 或\langle v_i,v_j\rangle\in E\\ \infty, & 若(v_i,v_j)\notin E 或\langle v_i,v_j\rangle\notin E\end{cases}$$

其中，w_{ij} 表示边 (v_i,v_j) 或弧 $\langle v_i,v_j\rangle$ 上的权值；∞表示两个顶点之间没有直接边（弧）相连，以计算机所能表示的最大值表示。

注意：

邻接矩阵中的元素值仅仅是两个顶点之间直接相连的边或弧的信息（是否存在该边或弧上的权值），如果两个顶点间没有直接相连，即使有路径相通，其所对应的数组元素也是0或∞。

图7-1中的有向图 G_1 和无向图 G_2 的邻接矩阵分别为

$$\begin{array}{c} \\ v_1\\ v_2\\ v_3\\ v_4\end{array}\begin{array}{c} \begin{array}{cccc} v_1 & v_2 & v_3 & v_4\end{array}\\ \begin{bmatrix}0&1&1&0\\0&0&0&0\\0&0&0&1\\1&0&0&0\end{bmatrix}\end{array} \quad 和 \quad \begin{array}{c} \\ v_1\\ v_2\\ v_3\\ v_4\\ v_5\\ v_6\end{array}\begin{array}{c} \begin{array}{cccccc} v_1 & v_2 & v_3 & v_4 & v_5 & v_6\end{array}\\ \begin{bmatrix}0&1&1&0&1&0\\1&0&1&0&0&0\\1&1&0&1&0&0\\0&0&1&0&1&0\\1&0&0&1&0&1\\0&0&0&0&1&0\end{bmatrix}\end{array}$$

由上式可以看出：因为不考虑顶点到自身的边或弧，所以邻接矩阵的对角线元素必为零；另一方面，无向图的邻接矩阵为对称矩阵，所以用压缩存储的方式只存储其上（下）三角部分即可。无向图顶点的度为邻接矩阵中该顶点对应行（列）中非零元素的个数；而有向图中顶点的入度为该顶点对应列中非零元素的个数，出度为该顶点对应行中非零元素的个数。

用邻接矩阵表示图，矩阵元素的个数是顶点个数的平方，与边的条数无关。但是，矩阵中非零或非∞元素的个数与边的条数有关。因此，对于用邻接矩阵表示的无向图，由于其邻接矩阵为对称矩阵，故其边的条数就是矩阵上（下）三角部分的非零或非∞元素的个数。而在用邻接矩阵表示的有向图中，其弧的条数就是整个矩阵中非零或非∞元素的个数。

用邻接矩阵方法表示图,很容易确定图中任意两个顶点之间是否有边相连。但是,要确定图中有多少条边,则必须按行、列对每个元素进行检测,因而所花费的时间代价很大。图的邻接矩阵表示法适用于存储边较稠密的图。

下面描述用数组表示图的定义。

描述 7-1 图的数组表示定义

```
# define max 100                        //顶点最大个数
typedef struct arcell{
  VectorRelationType adj;              //VectorRelationType 是顶点关系类型。无权图以 0,1 表示相邻与
                                       //否;网为权值类型
  DataType *data                       //与弧相关信息的指针
}arcell, adjmatrix[max][max];          //邻接矩阵元素结构定义
typedef struct{
  VectorType   vexs[max];              //顶点向量
  adjmatrix   arcs;                    //邻接矩阵
  int   vexnum,arcnum;                 //图中当前顶点数和弧数
  GraphType kind;                      //图类型:有向图(DG),无向图(UDG),有向网(DN),无向网(UDN)
}MGraph;                               //图的数组表示结构定义
```


图 7-1(a)的图 G_1 的数组表示如图 7-2 所示。

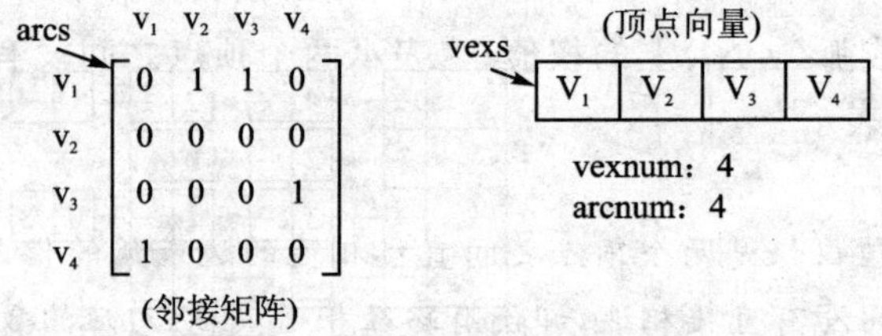

图 7-2 图的数组表示形象

由于在无向图中,若$\langle v_i, v_j \rangle$存在,则$\langle v_j, v_i \rangle$一定存在,故无向图的邻接矩阵一定是个对称矩阵;而有向图则不存在这种情况,所以有向图的邻接矩阵不一定是对称矩阵,但是并不是说一定不是对称矩阵,因为若该有向图为有向完全图,则其邻接矩阵就是对称的。

7.2.2 邻接表表示法

图中每个顶点都可能和其他若干个顶点相关,相应的也就附带了若干条与之相连的边或弧。因此,可以用一个一维数组存储图中的所有顶点,每个数组元素对应一个顶点;在每个数组元素之后再挂接一个单链表,该链表存储与其相连顶点的边或弧(有向图中表示该顶点射出的弧)的信息,而弧结点相应地也就有 3 个域:该弧所指向顶点的位置域、指向与该弧相关信息的指针域和指向与该弧有相同弧尾的下一个弧(其实,每个顶点的射出弧或接收弧之间是平等的,并没有先后之分,但是,为方便起见就人为地规定连接于同一个顶点的弧有先后之分)的指针域。从而既体现了顶点的信息又体现了所有边或弧的信息,并能够正确地反映出图这种复杂的逻辑结构。这就是邻接表的设计思想。

在这种存储方式下,单链表的结点结构定义如下。

```
typedef struct  ArcNode{
  Int              adjvex;           //该弧所指向的顶点的位置
  Struct ArcNode   * nextarc;        //指向该顶点射出的下一条弧
  DataType         * data;           //与弧相关的信息的指针
}ArcNode;                            //弧结点结构定义
```

一维数组元素的结构定义如下。

```
typedef struct VNode{
  VectorType data;                   //顶点信息
  ArcNode    * firstarc;             //指向第一条该顶点射出的弧结点
}VNode,Adilist[max];                 //顶点元素的结构定义
```

从而整个图的邻接表的结构可以定义如下。

描述 7-2　图的邻接表结构定义

```
typedef struct {
  Adjlist vets;                      //存放顶点的一维数组
  int vexnum,arcnum;                 //当前图中顶点数和弧数
  GraphType gtype;                   //该图种类
}ALGraph;
```


图 7-1 中图的邻接表表示如图 7-3 所示。

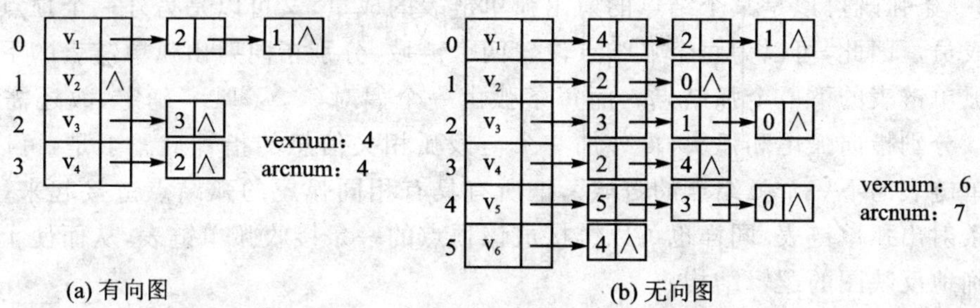

图 7-3　图的邻接表表示形象

邻接表是图的一种链式存储结构，有向图和无向图都可以构造相应的邻接表。对顶点的存储采用了数组的顺序存储方式，这样有利于随机访问任一顶点，较快地找到该顶点所附带的链表。

对于一个具有 n 个顶点和 e 条边的无向图，若采用邻接表表示，则一维数组（即表向量）的大小为 n；而同一条边对于其所依附的两个顶点而言，它是与这两个顶点相关联的边，在这两个顶点所附带的链表中分别体现一次，故所有顶点邻接表的结点总数为 2e。由于每个顶点所附带的链表表示了与其相关联的边，所以每个顶点的度就是其所附带的单链表中结点的个数。

对于一个具有 n 个顶点和 e 条弧的有向图，若采用邻接表表示，则一维数组（即表向量）的大小为 n；此时，每个顶点所附带的单链表存储该顶点所射出的弧。因而，这种情况下求解每个顶点的出度只要统计一下其所附带单链表的结点个数即可。然而，顶点的入度却不易求，必须遍历整个邻接表才能求出，即某顶点的入度就是所有单链表中其邻接点域为该顶点在数组中位置的所有结点的个数。

在有向图的邻接表中,每个顶点的单链表由该顶点射出的弧组成;如果规定该顶点所附带的单链表由该顶点所接收的弧组成,则就成为逆邻接表。因此,在逆邻接表中求某顶点的入度很容易,只要统计一下其所附带单链表中结点的个数即可。

如果一个图的边数较多,几乎接近完全图的边数,则用邻接表存储图就显得很复杂,因而邻接表不太适于稠密图的存储,而比较适于稀疏图的存储。

7.2.3 十字链表表示法

有向图的邻接表便于求某顶点的出度而不便于求入度;逆邻接表便于求入度而不便于求出度。能不能将这两种邻接表结合起来,使之共享这些弧结点,以达到既能方便求出度又能容易求入度呢?

于是,十字链表应运而生了,而也只有有向图才可以构造十字链表。

在十字链表中,每个顶点在逻辑上都附带两个单链表:一个由从该顶点射出的所有弧组成,这些弧的共同点是都有相同的弧尾;另一个由该顶点所有接收的弧组成,这些弧的相同点是都有共同的弧头。

在十字链表的物理实现上,仍然以一维数组存储所有的顶点信息,不过,顶点结点中至少要有指向第一个由它射出的弧和第一个它接收的弧两个指针域,再加上顶点本身的信息,故可以设计顶点有3个域。而对于弧结点,为了尽量节省整个十字链表的空间,增加弧结点的可重用性,同时考虑到每条弧对于其所依附的两个顶点中的一个顶点是射出弧,而对另一个则是接收弧,即同一条弧既可以是某个结点的射出弧单链表的成员,又可以是另外一个顶点的接收弧单链表的成员。因此,可以为每个弧结点设置两个链域,分别指向射出弧单链表的下一个弧结点和接收弧单链表的下一个弧结点。而每条弧由一个偶对〈v,w〉唯一确定,故还需为弧结点增加两个域分别指向弧尾和弧头,再外加一个与该弧相关信息的指针域。于是,可以通过"指向射出弧单链表的下一个弧结点的链域",把所有具有相同弧尾的弧结点链接起来,构成任一顶点的一条射出弧单链表,同样也可以链接成该顶点的一条接收弧单链表,从而使十字链表能够真正正确地反映图的逻辑结构。

弧结点在十字链表中的结构定义如下。

```
typedef struct ArcBox{
    int              tailvex, headvex;            //设置弧尾和弧头
    struct ArcBox *hlink, *tlink;                  //分别指向接收弧链表和射出弧链表的下一个结点
    DataType       *data;                          //指向该弧相关的信息
}ArcBox;
```

顶点在十字链表中的结构定义如下。

```
typedef struct vexnode{
    VectorType *data;
    arcbox       *firstin, *firstout;              //分别指向该顶点的第一个接收弧和射出弧
}vexnode;
```

从而整个十字链表的结构可以定义如下。

描述 7-3 有向图的十字链表结构定义

```
typedef struct {
  vexnode xlist[max];                  //存放顶点的一维数组
  int      vexnum, arcnum;             //图中当前顶点数和弧数
}OLGraph;
```

图 7-1 所示为有向图 G_1 的十字链表结构。

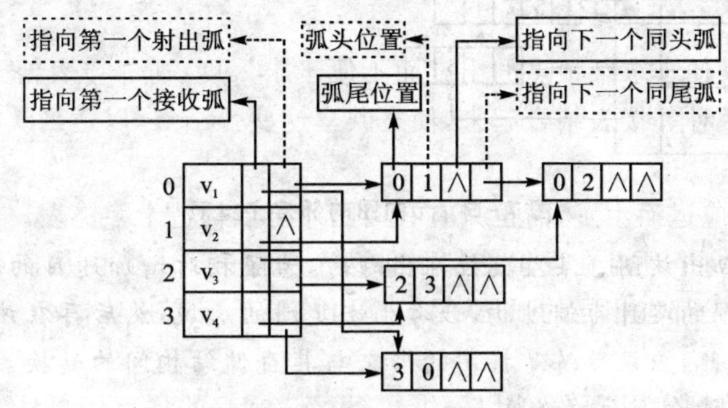

图 7-4 有向图的十字链表结构

7.2.4 邻接多重表

在无向图的邻接表中,每个边结点都出现了两次。如果想删除某条边,则需要在其所依附的两个顶点的单链表中依次删除,即需进行两遍删除操作才能将该边完全删除。但是,能不能在整个表中让边结点只出现一次呢?这样既可以少用边结点空间,又可以使删除边等操作变得相对简单。邻接多重表可以达到上述目的,并且只有无向图才可以构造相应的邻接多重表。

在邻接多重表中每个边结点的结构如下。

mark	ivex	ilink	jvex	jlink	info

其中,mark 为访问标记,ivex 和 jvex 为该边所依附的两个顶点在图中的位置,ilink 指向下一条依附于顶点 ivex 的边,jlink 指向下一条依附于顶点 jvex 的边,info 为指向与边相关联的信息的指针。

顶点结点依然由两个域构成:该顶点的信息域和指向该顶点第一条边的指针域,如下所示。

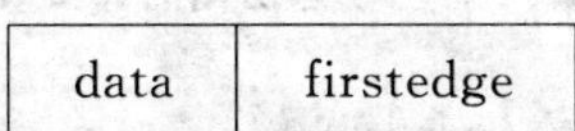

data	firstedge

图 7-1 中无向图 G_2 的邻接多重表如图 7-5 所示。

由图 7-5 可以看出,在含有 e 条边的无向图的邻接多重表中,边结点个数正好是 e,而每个结点(包括顶点结点)所射出的箭头数恰好为 2e。

友情提示:熟练掌握图的形象与其存储结构间的转换

上面讨论了给出一个图 G 就可以将其各种存储结构勾画出来。相反,如果给出图的某种

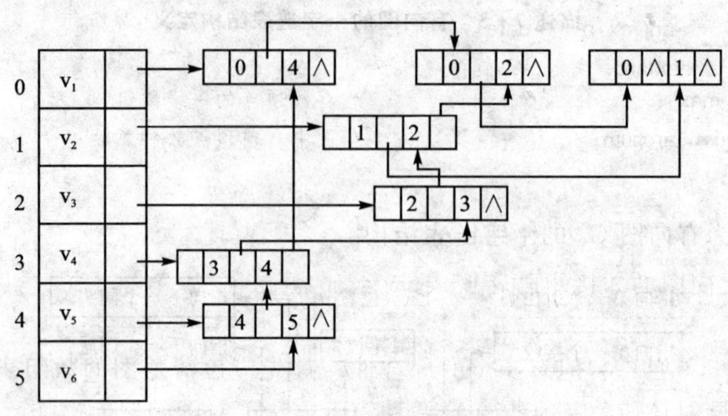

图 7-5　无向图的邻接多重表

存储结构,也应该能画出该图。某些院校在出题时,为了相对增加题目的难度,并不直接给出图的形象,而是给出图的某种存储结构,让考生恢复图的原貌,然后再在该图的某种存储结构上实现某种操作。因此,应该熟练掌握图的形象与其存储结构间的转换,这是最基础的一步,也是最重要的一步。请看下面的例题。

Example 7-4

如图 7-6 所示为用邻接表表示的图,请画出其形象图,并写出遍历此图的邻接表的算法。

【解析】

首先要确定该图是有向图还是无向图。由图 7-6 可知,顶点 A 可到达 B 而 B 却不能到达 A,该图应为有向图,故该图的形象图中所含有的箭头数应该与邻接表中的边表结点数相同。然后根据邻接表中各结点的含义及其相互关系逐步画出其形象图,如图 7-7 所示。

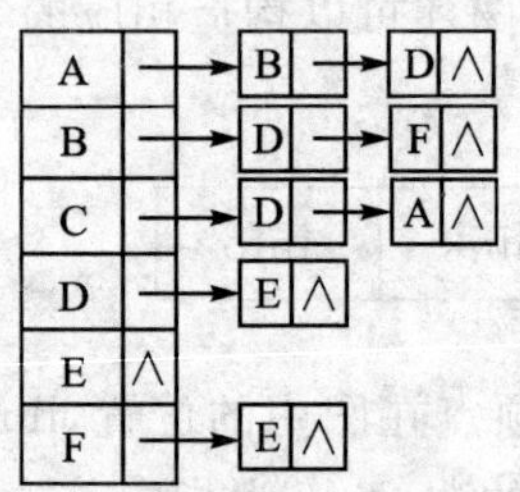

图 7-6　Example 7-4 图的邻接表

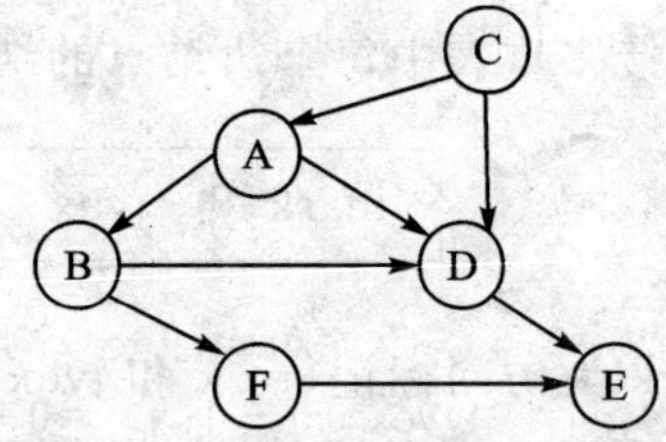

图 7-7　Example 7-4 图的形象

遍历该邻接表的算法如下。

算法 7-1　遍历图的邻接表

```
TraverseG(ALGraph G)
{                                      //遍历邻接表表示的图
   ArcNode * p;                        //指向边结点的指针
   for(i=0; i<G.vexnum; i++)           //逐个顶点地访问其邻接边
   {
      visit(G.vets[i]);                //访问第 i 个顶点
      p=G.vets[i].firstarc;            //p 指向第 i 个顶点所附带的边表的头结点
      while(p)                         //p 为空表示第 i 个顶点的边表已遍历完
```

```
        {                                    //访问依附于第i个顶点的边
          visit(p->adjvex,p->data);
          p=p->nextarc;
        }
      }
    }
```

Example 7 - 5

写出将一个无向图的邻接矩阵转换成邻接表的算法。

【解析】

这道题的难度不是很大,但有一定的综合性。首先应该清楚图的数组表示法和邻接表表示法的存储原理,同时还应熟练掌握在这两种表示方法下对图的遍历操作。

邻接矩阵的元素存储了图中边的信息,而顶点的信息则隐含在数组元素的下标中。当数组元素为零时表示对应的两个顶点之间不存在边,否则存在一条边。

邻接表是以一维数组存储图的所有顶点,而在每个数组元素的后边又挂接了一个单链表用以存储与对应顶点相连的边即边表,这个单链表相当于带头结点的单链表。

可以先建立一个空的邻接表,然后遍历图的邻接矩阵,若矩阵元素不为零,则在邻接表中对应的顶点所挂接的单链表中插入一个边结点。这里有两个细节需要注意:由于图是无向的,所以在边所依附的两个顶点所挂接的边表中都应该插入一个结点;在插入边结点时应该从表头插入,因为边表相当于一个带头结点的单链表,数组元素有一个指针域指向该链表的表头结点,故在表头插入边结点所用的时间复杂度为 O(1);而如果在表尾插入,则需遍历整个边表,如果顶点 i 的度为 d_i,则插入一个边结点的时间复杂度为 O(d_i)。

转换算法实现如下。

算法 7-2 无向图的邻接矩阵转换成邻接表

```
void MatrixToList( MGraph G1, ALGraph &G2)
{
  for(i=0; i<G1.vexnum; i++)
    G2.vets[i].firstarc=NULL;                    //初始化邻接表
  for(i=0; i<G1.vexnum; i++)
    for(j=G1.vexnum -1; j>=0; j--)
      if(G1.arcs[i][j]!=0)
      {
        p=(ArcNode *)malloc(sizeof(ArcNode));    //为顶点i的边表申请边表邻接点
        p->adjvex=j;                             //插入到表头
        p->nextarc=G2.vets[i].firstare;
        G2.vets [i].firstarc=p;
        p=(ArcNode *)malloc(sizeof(ArcNode));    //为顶点j的边表申请边结点
        p->adjvex=i;
        p->nextarc=G2.vets[j].firstare;
        G2.vets [j].firstarc=p;
      }
}
```

Example 7－6

写出将一个有向图的邻接表转换成邻接矩阵的算法。

【解析】

本题的算法思路是：先建立一个空的邻接矩阵，然后在邻接表上顺序取每个单链表中的表结点，如果表结点不为空，则将邻接矩阵中对应单元的值置 1。算法实现如下。

算法 7－3　有向图的邻接表转换成邻接矩阵

```
void list_to_mat(ALGraph G1, MGraph &G2)
{
    for(i=0; i<G1.vexnum; i++)                   //邻接矩阵初始化
      for(j=0; j<G1.vexnum; j++)
        G2.arcs[i][j]=0;
    for(i=0; i<G1.vexnum; i++)                   //遍历整个邻接表
    {
      p=G1.vets[i].firstarc;
      while(p!=NULL)                             //遍历顶点 i 的边表并置邻接矩阵相应的元素值
      {G2.arcs[i][p->adjvex]=1; p=p->nextare;}
    }
}
```


7.3　图的基本操作及其实现

图的基本操作主要有以下几种。

1. CreateGraph(&G)

创建一个图 G。

2. LocateVex(G,u)

若在图 G 中有顶点 u，则返回其在 G 中的位置，否则返回其他信息。

3. FirstAdjvex(G,v)

返回图 G 中顶点 v 的第一个邻接顶点。若没有邻接顶点则返回“空”。

4. NextAdjvex(G,v,w)

返回顶点 v 在图 G 中相对于顶点 w 的下一个邻接顶点。如果 w 是 v 的最后一个邻接顶点则返回“空”。

5. InsertVex(&G,v)

在图 G 中添加新顶点 v。

6. DeleteVex(&G,v)

若在图G中存在顶点v,则删除之,否则返回错误信息。

7. InsertArc(&G,v,w)

在图G中插入一条依附于顶点v和w的弧〈v,w〉。若G为无向图,则需添加对称弧〈w,v〉。

8. DeleteArc(&G,v,w)

在图G中若存在弧〈v,w〉,则删除之。若G是无向图,还需删除对称弧〈w,v〉。

9. DFSTraverse(G,v)

从顶点v开始深度优先遍历图G,并对其每个顶点访问且访问一次。

10. BFStraverse(G,v)

从顶点v开始广度优先遍历图G,并对其每个顶点访问且访问一次。

下面,仅就几个常用的基本操作讨论其在不同存储方式下的具体算法实现。

7.3.1 图的创建

1. 数组表示法中图的创建

由图7-2中所示图的数组形象可知,创建图时需要综合考虑图的顶点向量、邻接矩阵及顶点数和弧数三大部分。

具体算法实现如下。

算法7-4 创建有向图的数组存储

```
CreateGraph(Mgraph &G)
{
  //创建有向图G
  scanf( &G.vexnum, &G.arcnum);              //设置当前顶点数和弧数
  for(i=0; i<G.vexnum; i++)                 //设置顶点向量
    scanf( &G.vex[i]);
  for(i=0; i<G.vexnum; i++)                 //邻接矩阵初始化
    for(j=0; j<G.vexnum; j++)
      G.arcs[i][j]=INF;                     //INF为计算机所能表示的最大数
  for(k=0; k<G.arcnum; k++)                 //根据用户输入的弧设置邻接矩阵
  {
    scanf( &u, &v, &w);                     //读入弧〈u,v〉及权值w
    i=Locatevex(G,u); j=Locatevex(G,v);
    G.arcs[i][j]=w;
  }
```

```
Locatevex(G,v)                          //顶点定位操作的实现
{                                       //返回 v 在 G 中的位置
  for(i=0; i<G.vexnum; i++)             //遍历图的顶点向量
    if(G.vexs[i]==v) return i;
  exit(Error);                          //G 中无此顶点,则程序终止
}
```

对于无向图的创建,还要考虑到在设置边⟨u,v⟩的同时对其对称边⟨v,u⟩进行设置。

2. 邻接表表示法中图的创建

只要是创建图,不管采用何种存储方式都要综合考虑图的顶点向量、邻接矩阵及顶点数和弧数三大部分。

在邻接表存储方式下,图的创建算法具体实现如下。

算法 7-5 建立有向图的邻接表存储


```
CreateALGraph(ALgraph &G)
{
  scanf( &G.vexnum, &G.arcnum);                   //设置当前顶点数和弧数
  for(i=0; i<G.vexnum; i++)                       //设置顶点向量
  { scanf( &G.vets[i].data); G.vets[i].firstarc=NULL; }
  for(k=0; k<G.arcnum; k++)                       //创建弧的单链表
  {
    scanf( &u, &v);                               //输入弧⟨u,v⟩
    i=Locatevex(G,u); j=Locatevex(G,v);           //调用顶点定位函数
    s=(ArcNode *)malloc(sizeof(ArcNode));         //申请一个弧结点
    s-> adjvex=j;
    s->nextarc=G.vets[i].firstarc;                //将新弧结点插入到相应链表
    G.vets[i].firstarc=s;
  }
}

Locatevex(G,v)                                    //顶点定位操作的实现
{                                                 //返回 v 在 G 中的位置
  for(i=0; i<G.vexnum; i++)                       //遍历图的顶点向量
    if(G.vets[i].data==v) return i;
  exit(Error);                                    //G 中无此顶点,则程序终止
}
```

把顶点结点视为其所附带单链表的头结点,所以,在进行弧结点插入时,并不是在单链表的表尾插入,而是在表头插入。这样,就减少了插入之前必须要遍历整个单链表的时间,避免了不必要的时间浪费。

7.3.2 图的遍历

从图中某一顶点出发，遍访图中其余所有顶点一次且仅一次，这个过程叫做图的遍历。

通常，图有两种遍历方式：深度优先搜索和广度优先搜索。它们对无向图和有向图都适用。

1. 深度优先搜索

深度优先搜索的思想是：从图中某一顶点出发，先访问之，然后访问它的未曾被访问过的邻接点，继续优先访问它的邻接点中未曾被访问过的某个邻接点……这样往纵深方向发展直至到达这样一个顶点，其所有邻接点都已经被访问过了。此时，应沿着访问路径退回到最近的还有未曾被访问过的邻接点的顶点，并深度优先访问它的某个未曾被访问过的邻接点。以此类推，直至所有与初始顶点有路径相通的顶点都被访问且仅被访问一次。其遍历过程类似于树的先序遍历过程。

上述过程，对于一个连通图来说，可以遍访其所有顶点；可是对于非连通图而言，就行不通了。因为在连通图中，任何两个顶点之间都有路径存在，故从任意一个顶点出发都可以到达其余各顶点。而在非连通图中，任何两个连通分量中的顶点之间是没有任何边或弧相连的，如果从某个连通分量的一个顶点出发，无论如何也到达不了另外一个连通分量的某个顶点，因为如果能够到达，则说明两个连通分量是连通的，而这与“非连通图的连通分量之间是不连通的”相矛盾。所以，别无他法只好对图中所有顶点进行排查：从某一顶点开始深度优先遍历其所在的连通分量，然后检测图中所有顶点是否已经全部被访问了，如果是，则说明该图是个连通图，同时搜索算法结束；如果还有顶点没被访问，则选定一未被访问的顶点作为起始点，并进入其所在的连通分量深度优先访问之。如此下去，直至图中所有顶点均被访问一遍为止。

对非连通图进行深度优先遍历的过程如图 7-8 所示。

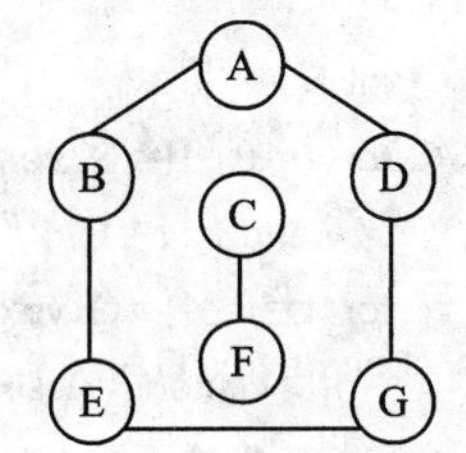

图 7-8 对非连通图的深度优先遍历

选定以 A 为出发点并访问之，与 A 相连的顶点有 B 和 D，任选两者之一访问，这里选择 B；接下来访问 B 的邻接点，而 B 只有一个未被访问的邻接顶点 E，于是只能访问 E；E 也只有一个未被访问的邻接顶点 G，只能访问 G；接下来应访问 D；而 D 的两个邻接点 A 和 G 均被访问完毕。此时，需沿来路退回至 G，而 G 的两个邻接点已访问完毕；继续退回到 E，E 的两个邻接点也已访问完毕，需继续退回……直至退回到 A，而 A 已无未被访问的邻接点了，且此时也无法再退了。但是，图中还有顶点(C 和 F)没有被访问到，于是需选择其一(比如 C)作为新一轮深度优先遍历的起始点并访问之，C 有一个未被访问的邻接点 F，访问 F；F 已无未被访问的邻接点了，于是需沿来路退回到 C，而 C 也无未被访问的邻接点了，且无法继续退回。此时，图中所有顶点已被访问且仅被访问过一遍，于是深度优先遍历结束，从而得到深度优先遍历图的序列为

A B E G D C F

注意：图的深度遍历序列不唯一，上面这个序列只是其中之一。

如何编制算法让计算机来完成上述操作呢？为了区别某个顶点是否已经被访问过，可以设置一个全局变量，即访问标志数组 visited[0..n]，其元素值为 1 表示对应顶点已被访问过，

否则表示还没有被访问；其初始值为 0。

所谓深度优先指访问完一个顶点(V_0)及其一个邻接点(V_1)后，在 V_0 和 V_1 的可访问邻接点同时存在的条件下，先深度优先访问 V_1 的邻接点，因为相对来说 V_1 比 V_0 的深度更深一些。这其实是一个递归的过程。于是可以写出深度优先遍历图的递归算法实现如下。

算法 7-6　递归地深度优先访问连通图

```
DFS(ALGraph G,int i)
{
  //从第 i 个顶点开始递归地深度优先访问其邻接点
  visit(G.vexs[i]);                //访问第 i 个顶点并置访问标志数组以表明本顶点已被访问
  visited[i]=1;                    //以下考虑访问其可访邻接点
  for(j=firstadjvex(G,i); j>=0; j=nextadjvex(G,i,j))
     if(!visited[j]) DFS(G,j);
  return 1;
}
```


从算法 7-6 的操作过程可知，所访问的每一个顶点都是由于其为上一个刚访问完的顶点的邻接点。换句话说就是每个访问到的顶点都与起始顶点有路径相连，即算法 7-6 可以遍访连通图中的所有顶点；而对于非连通图，此算法只能完成对起始顶点所在的连通分量的遍历。

为遍访图的所有顶点，还需编制算法对每个顶点进行排查：如果某个顶点已被访问过，则经过一次 DFS(G,i)函数的运行，其所在连通分量中的所有顶点都应该被访问过了；如果某个顶点还没有被访问，则需再次使用 DFS(G,i)函数遍历其所在的连通分量；直至所有顶点均被访问到为止。于是，可写出这个操作的算法实现如下。

算法 7-7　深度优先访问图

```
DFSTraverse(ALGraph G)
{
  int i;
  for(i=0; i!=G.vexnum; i++)              //初始化访问标志数组
    visited[i]=0;
  for(i=0; i!=G.vexnum; i++)              //排查每个顶点
    if(!visited[i]) DFS(G, i);            //对没被访问的顶点访问其所在的连通分量
  return 0;
}
```

算法 7-7 是在相对比较抽象的层次上实现的，并不十分依赖于图所采用的存储方式。对图的遍历过程实际上就是查找邻接点的过程。而在不同的存储方式下，算法 7-6 中的函数 firstadjvex(G,i)和 nextadjvex(G,i,j)的操作是不同的，因而所耗费的时间也有所差别(这两个函数在图的数组结构和邻接表结构下的具体实现务必请读者自行完成)。

在图的数组表示方式下，深度优先遍历的过程如表 7-1 所列。

表7-1　图7-8的邻接矩阵及深度优先遍历

行 列	A	B	C	D	E	F	G
A(一)	0	1①	0	1	0	0	0
B	1	0	0	0	1②	0	0
C(二)	0	0	0	0	0	1(1)	0
D	1	0	0	0	0	0	1
E	0	1	0	0	0	0	1③
F	0	0	1	0	0	0	0
G	0	0	0	1④	1	0	0

假定以A为起始点对图进行深度优先遍历，在A所在行中找到第一个值不为0且没被访问过的元素①，其列所对应的顶点为B，访问之；在B所在行中找到第一个值不为0且没被访问过的元素②……顺次操作直到元素④，该列所对应的顶点为D，访问之；而D所在行中的两个非零元素对应的顶点均已被访问过。此时，需返回到元素③，找其所在行中下一个不为0的元素，元素③为其行中最后一个元素，需继续返回到元素②……就这样一直返回到A(一)处，此后再无法返回。下面需排查还没有被访问的顶点，于是找到了C(二)，访问之；按上述过程又找到F，访问之，几经返回与排查终于访遍图中所有顶点。于是得到其深度优先遍历序列为

A B E G D C F

思考

① 这个深度优先遍历序列是否唯一(约定以A为起始点)?

② 在深度优先遍历过程中，栈的状态变化如何?(提示：每深入一层都要将路径保存栈中，设栈初始和结束状态均为空)

有n个顶点的以数组表示的图，进行深度优先遍历时，对每个顶点都需从其所在行逐个访问元素以找其邻接点，其时间复杂度为$O(n^2)$；而同时还要对所有顶点进行排查，故其时间复杂度为$O(n^2+n)$，等价于$O(n^2)$。

在邻接表表示的图中，深度优先遍历的过程如图7-9所示。

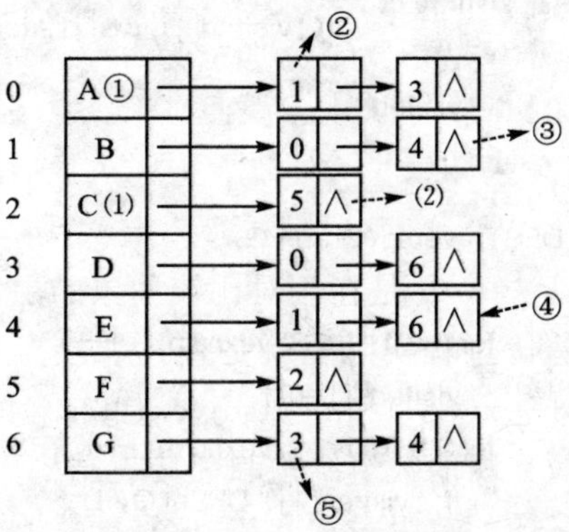

图7-9　图7-8的邻接表结构及深度优先遍历

在图7-9中，仍然以A为起始点，访问之并找其边表中的第一个结点②，该结点邻接点域为1(即为顶点B)，故访问B并找B的边表的第一个结点，此结点表示顶点A，而A已访问，需找其第二个结点(即③指示顶点E)，访问E……这样继续寻找直到访问完顶点D，其边表所指示的顶点全被访问完，此时需返回到结点⑤，其后的边结点所指为顶点E(已被访问)，需返回到④，其后已无结点，继续返回到③，②，①，此后再无法返回。需逐个顶点

地排查以找出下一个还没被访问的顶点。于是找到顶点C,访问之,按上述方法访问到顶点F,以后经过一系列的返回与排查终于遍访图中所有顶点。于是得到邻接表结构的图的深度优先遍历序列为

A B E G D C F

这个深度优先遍历序列是否唯一(约定以A为起始点)?

在有n个顶点e条边的邻接表表示的图中进行深度优先遍历,对每个顶点都需遍历其边表以寻找其邻结点,其时间复杂度为O(e)。同时还要对所有顶点进行排查,故总的时间复杂度为O(n+e)。

上面给出图的深度优先遍历的递归算法。但是,能不能写出非递归的深度优先遍历算法呢?

同样,仍在一种相对抽象的层次上完成此算法,至于在某种特定存储方式下的算法实现还请读者自行完成。根据对深度优先遍历算法的分析,遍历过程中需要沿来路返回以寻找那些还没有被访问的邻接点,故必须设立一个栈s用以保存刚访问完的顶点的邻接点。

算法 7-8　深度优先遍历图的非递归算法

```
DFSn(Graph G, int i)
{
    //从第i个顶点开始非递归地深度优先访问其邻接点
    push(s,i);
    while(!isempty(s))                    //栈空时为第i个顶点所在的连通分量已遍历完
    {
      k=pop(s);
      if(!visited(k))
      {
          visit(G.vexs[k]); visited[k]=1;
          //以下将刚访问完顶点的所有邻接点入栈,以备后用
          for(j=firstadjvex(G,k); j>=0; j=nextadjvex(G,k,j))
             if(!visited[j] && j!=top(s)) push(s, j); //图中有环时,j==top(s)
      }
    }
}
DFSTraverse(Graph G)
{
    for(i=0; i<G.vexnum; i++)         //初始化访问标志数组
      visited[i]=0;
    for(i=0; i<G.vexnum; i++)         //排查每个顶点
      if(!visited[i]) DFSn(G, i);     //对没被访问的顶点访问其所在的连通分量
}
```

2. 广度优先搜索

广度优先搜索的基本思想是:以某个顶点 v_i 为初始点,访问之,然后按照 v_{i1}, v_{i2}, …, v_{in} 的

顺序依次访问 v_i 的所有未曾被访问过的邻接点，然后再按 v_{i1}，v_{i2}，…，v_{in} 的顺序依次访问每个顶点的邻接点(已被访问的顶点除外)，再从这些被访问的顶点出发，逐个访问与它们邻接的全部顶点。总之，在访问过程中，坚持的原则就是：使得"先被访问的顶点的邻接点"优先于"后被访问的顶点的邻接点"被访问。这样，以此类推直至所有顶点都被访问且仅被访问一遍。

同样，在广度优先遍历算法中所有被访问到的顶点都是先前被访问到的顶点的邻接点。也就是说，所有能够访问到的顶点都与初始点有路径相通，即这样能够遍访一个连通图。若图是非连通的，则只能访问初始点所在的连通分量的所有顶点。为此，也必须对图中所有顶点进行排查：如果某个顶点已被访问过，则其所在的连通分量应该已经被遍历过了；如果某个顶点还没有被访问过，则以其为初始点广度优先遍历其所在的连通分量。这样，在对所有顶点排查一遍以后，图的所有顶点也就被广度优先地访问过了。其遍历过程类似于树的层次遍历过程。

比如对图 7－8 中的图进行广度优先遍历的过程为：假设以 A 为初始点，访问之；然后访问 A 的两个邻接点 B 和 D；此时，优先访问 B 的未被访问的邻接点 E，再访问 D 未被访问的邻接点 G；而 E 和 G 的两个邻接点都已经被访问过了。此时似乎可以遍历结束了，但是很显然图中还有顶点(C 和 F)没有被访问到。因此，需要以其中之一为起始点再次按照同样的原则进行遍历。不妨以 C 为起始点，访问之；接着访问其邻接点 F，而 F 的邻接点(C)已经被访问过。此时，图中所有顶点都已经被访问完，遍历结束。于是得到该图的广度优先遍历序列为

A B D E G C F

注意：图的广度优先遍历序列不唯一，上面这个序列仅仅是其中之一。

以上是手工操作过程，下面给出具体算法实现。

在广度优先遍历过程中，每访问完一个顶点都需要将其保留起来，以便之后让它提供其邻接点的信息。由于是按照"先访问的顶点，其邻接点也必定先被访问到"的原则，而这正好与队列的"先进先出"的特点吻合。所以，在算法中使用一个队列 q 来暂存刚访问过的顶点。

下面列出该算法的实现。

算法 7－9　图的广度优先遍历算法

```
BFS(Graph G, int i)
{
  //从第 i 个顶点起广度优先遍历连通图
  Initqueue(q);
  visited[i]=1; visit(G.vexs[i]);
  Enqueue( q, i);
  while(!QueueEmpty(q))                //队空时为第 i 个顶点所在的连通分量已遍历完
  {
    Dequeue(q, i);                     //访问队头顶点的未被访问过的邻接点
    for(j=firstadjvex(G,i); j>=0; j=nextadjvex(G,i,j))
       if(!visited[j])
       { visited[j]=1; visit(G.vexs[j]); Enqueue(q,j)}
  }
```

```
}
BFStraverse(Graph G)
{
  for(i=0; i<G.vexnum; i++)              //初始化访问标志数组
    visited[i]=0;
  for(i=0; i<G.vexnum; i++)              //排查每个顶点
    if(!visited[i]) BFS(G,i);            //对没被访问的顶点访问其所在的连通分量
}
```

算法 7-9 是在一个较为抽象的层次上实现的,并不十分依赖于图所采用的存储方式。对图的遍历过程实际上就是查找邻接点的过程。而在不同的存储方式下,算法 7-9 中的函数 firstadjvex(G,i)和 nextadjvex(G,i,j)的操作是不同的,因而所耗费的时间也有所差别。

在图的数组表示方式下,广度优先遍历的过程如表 7-2 所列。

表 7-2　图 7-8 的邻接矩阵及广度优先遍历

行 列	A	B	C	D	E	F	G
A(一)	0	1①	0	1②	0	0	0
B	1	0	0	0	1③	0	0
C(二)	0	0	0	0	0	1(1)	0
D	1	0	0	0	0	0	1④
E	0	1	0	0	0	0	1
F	0	0	1	0	0	0	0
G	0	0	0	1	1	0	0

假定以 A 为起始点对图进行广度优先遍历。首先访问 A 并入队,然后访问 A 所在行中所有非零元素对应的顶点,即 B,D 并入队;此时,先访问 B 所在行中未被访问的顶点 E 并入队,再访问 D 所在行中未被访问的顶点 G 并入队;而 E 所在行中的两个顶点 B 和 G 及 G 中的两个顶点 D 和 E 都已访问完,此时,队列已空。接着需排查每个顶点以找出还没有被访问过的顶点(即 C,F),不妨先访问 C 并将其入队;通过 C 找到其所在行中未被访问的顶点 F,并访问之,而 F 所在行中的顶点 D 和 E 均已访问完。遍历结束,得到遍历序列

A B D E G C F

在图的广度优先搜索中,对每个顶点都按依附于它的边搜索该顶点的邻接点,故其时间复杂度与深度优先搜索的一样,即在数组存储方式下,其时间复杂度为 $O(n^2)$。

在给定数组表示的图中,这个遍历序列是否唯一?

在图的邻接表表示中,图的广度优先遍历过程如图 7-10 所示。

在图 7-10 中,仍然假定以 A 为起始点对图进行广度优先遍历。访问 A 及其边表中所指示的所有顶点,即 B 和 D。由于 A 的第一个邻接点为 B,故先遍历 B 的边表:第一个结点指示 A,已访问完;第二个结点指示 E,故访问 E。再遍历 D 的边表:第一个结点指示 A,已访问完;第二个结点指示 G,故访问 G。经查证,E 和 G 的边表所指示的顶点均已访问完毕。这时

需排查每个顶点以找出还没有被访问过的顶点(即C,F),访问C并遍历其边表,找到顶点F并访问之,而F的边表所指示的顶点已经访问完毕。经排查图中所有顶点均已访问完毕,于是遍历结束。于是,得到邻接表存储方式下对图的广度优先遍历序列为

A B D E G C F

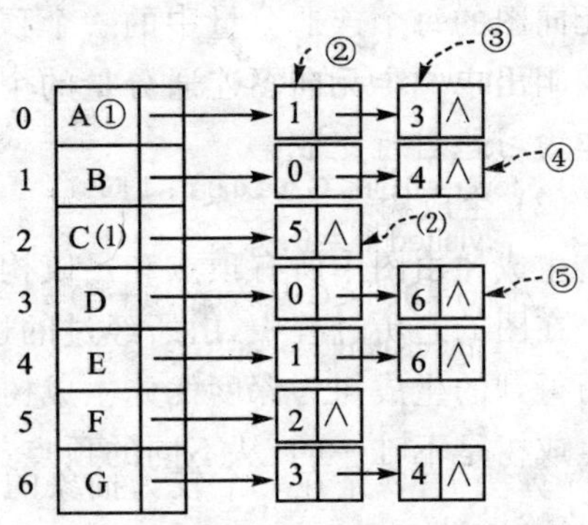

图7-10 图7-8中图的邻接表结构及其广度优先遍历

在给定邻接表表示的图中,这个遍历序列是否唯一?

在有n个顶点e条边的图中进行广度优先搜索时,对每个顶点都按依附于它的边搜索该顶点的邻接点,故其时间复杂度与深度优先搜索的一样,即在邻接表存储方式下,其时间复杂度为O(n+e)。

答疑解惑 **深度优先遍历图和广度优先遍历图有其必要性吗?**

从上述对深度优先遍历图和广度优先遍历图的算法介绍可知,这两种算法相对来说都不是很容易,因而引出以下疑问。

对图的遍历不就是对每个顶点都访问且只访问一次吗?已经知道对于树有必要对其进行先序遍历、中序遍历和后序遍历,这是因为在所介绍过的树的存储方式中没有一种存储方式能够直接得到所有结点信息。但是,对于图则不同,无论是图的数组表示法还是链式表示法都有存储各个顶点信息的一维数组,所以完全可以使用一条循环语句遍历整个一维数组,从而得到各个顶点的信息,那么又何必再进行递归和非递归的深度优先遍历及广度优先遍历呢?这样不是将原本简单的问题复杂化了吗?

其实不然,无论是对树的遍历还是对图的遍历都不仅仅是为了了解树或图中有多少顶点及各个顶点孤立的属性信息,更重要的是要知晓各个顶点之间的逻辑关系。如果仅仅遍历一个存储图的各个顶点的一维数组,只能得到各个孤立的顶点信息,而无从知道各个顶点之间到底存在什么样的关系。因为,数据结构包括两个方面:数据元素和各个数据元素之间的关系。如果仅用一个一维数组就可以存储图中所有数据元素和这些元素之间关系的话,又何必费尽心思地去探索图的各种存储方式呢?而且,通过深度或广度优先遍历图还可以反映出顶点之间的关系,利用这些关系就可以得知从一个顶点到另一个顶点之间的路径、图的连通性、是否存在环等重要的关系信息。

因此,对图进行深度或广度优先遍历不仅是必要的,而且是非常有必要的。

3. 遍历算法的应用

(1) 无向图的连通分量

无向图的连通分量是无向图的极大连通子图。

根据上面对图的遍历算法的讨论,当无向图是非连通时,从图中一个顶点出发遍历图,不能访问到该图的所有顶点,而只能访问到包含该顶点的极大连通子图中的所有顶点。因此,若

从无向图的每个连通分量中的一个顶点出发遍历图,则可求得无向图的所有连通分量。故不难编制出求一个无向图连通分量的个数及每个连通分量的顶点序列的算法。这个问题留给读者作为习题自行完成。

(2) 生成树

生成树由图中所有顶点和足以构成一棵树的边构成。

在图的遍历过程中,由所经过的边和所有顶点也可以构成一棵生成树。其中,由深度优先遍历得到的生成树为深度优先生成树;由广度优先遍历得到的生成树为广度优先生成树。图的生成树是不唯一的,从不同的顶点出发进行遍历,可以得到以不同顶点为根的生成树。

Example 7 - 7

如图 7 - 11 所示的连通图,请画出以顶点 1 为根的深度优先生成树。

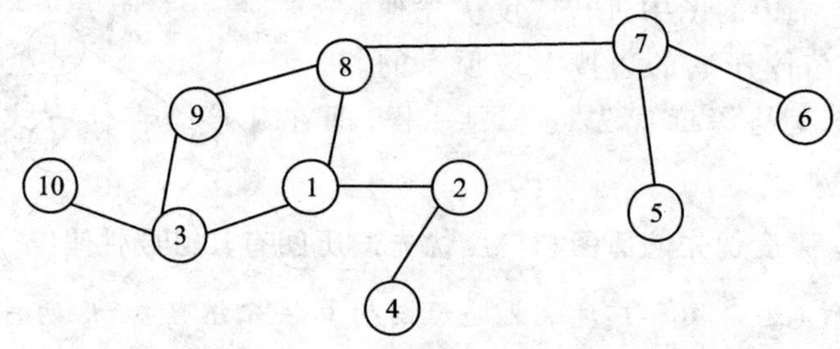

图 7 - 11　Example 7 - 7 图

【解】

图中共有 10 个顶点,故只需要 9 条边即可构成一棵生成树。首先将图中所有顶点按原图中的位置摆放好;然后按照深度优先遍历图的规则在原图中进行遍历,同时将所经过的边填入将要画的图中;待图遍历完后,生成树也即画出,如图 7 - 12 所示。

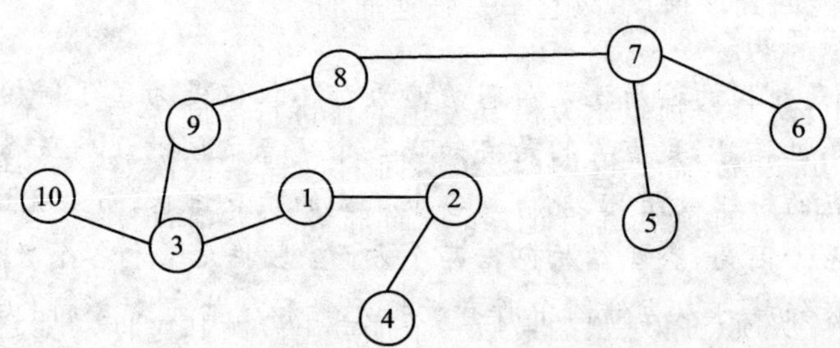

图 7 - 12　图 7 - 11 的一棵深度优先生成树

至于图的广度优先生成树,其画法与深度优先生成树一样。图 7 - 13 为图 7 - 11 中的图的一棵广度优先生成树。

可以将深度优先生成树和广度优先生成树进一步整理成为树的形状,分别如图 7 - 14 和图 7 - 15 所示。

(3) 有向图的强连通分量

判断一个有向图是否为强连通图,要看从任何一个顶点出发是否能够回到该顶点,如果能回到则是强连通的;否则不是强连通的。

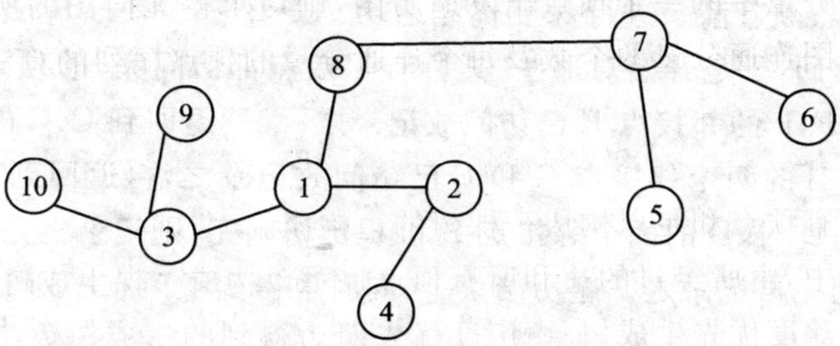

图 7-13 图 7-11 的一棵广度优先生成树

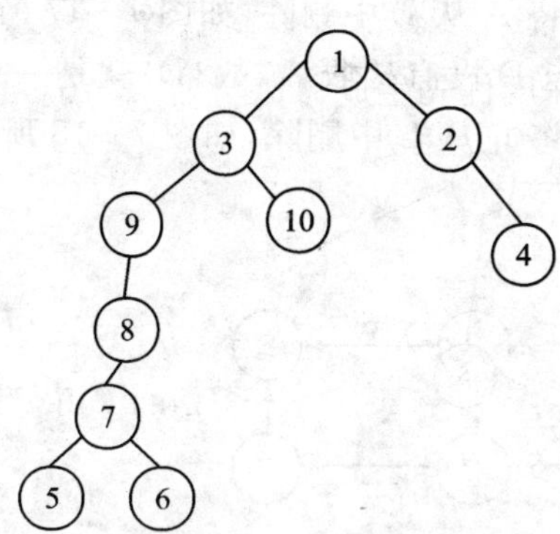

图 7-14 图 7-11 的一棵深度优先生成树最终形态

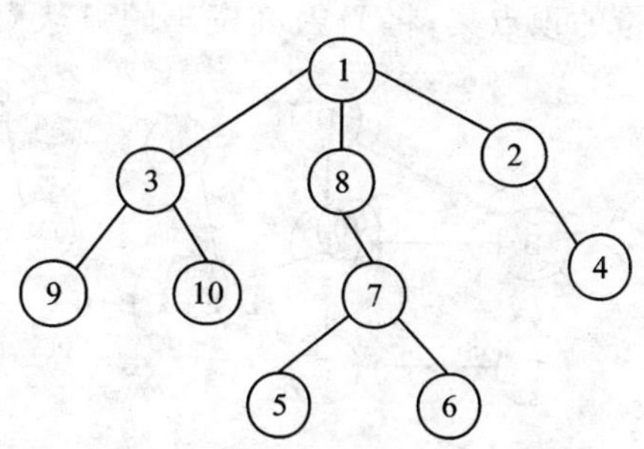

图 7-15 图 7-11 的一棵广度优先生成树最终形态

比如，图 7-16 中的有向图就不是一个强连通图。因为从顶点 E 无法到达其他任何一个顶点，而从其他任何一个顶点出发要想再回到该顶点，途中必须要经过顶点 E，因此从图中任何一个顶点出发都不能回到该顶点，故它不是强连通的。

求强连通分量的步骤为：

① 在有向图 G 中，从某个顶点出发沿其发出的弧进行深度优先遍历，在被迫（没有发出的弧）需要返回时，在返回的过程中依次对“其所有邻接点都访问完”的顶点进行记录，从而形成一个顶点序列 L。

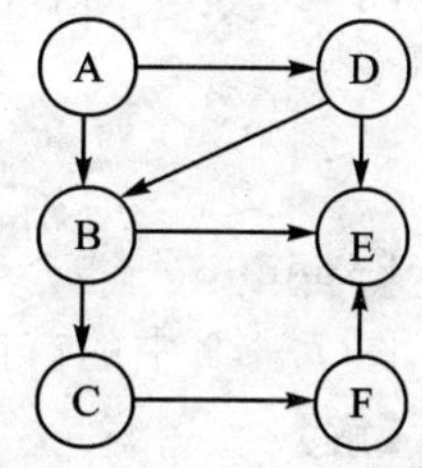

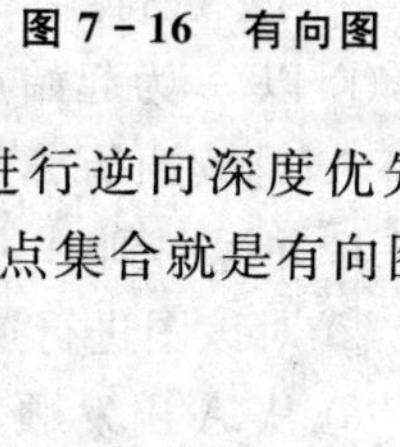

图 7-16 有向图

② 在有向图 G 中，从顶点序列 L 的最后一个顶点出发顺其接收的弧进行逆向深度优先遍历，遍历过程中将刚访问过的顶点及其发出的弧删除，同时将此顶点从 L 中删除。若此次遍历不能访问到有向图中的所有顶点，则继续从 L 中最后的那个顶点出发，顺其接收弧进行逆向深度优先遍历……直至图空为止。则每进行一次逆向的深度优先遍历所访问到的顶点集合就是有向图的一个强连通分量的顶点集。

Example 7-8

求图 7-16 中有向图的强连通分量顶点集。

【分析】

分以下两步进行：

① 以A为起始点顺着箭头进行深度优先遍历A→B→C→F→E,此时E没有发出的弧(即没有邻接点)需返回,于是开始对那些“其所有邻接点都访问完”的顶点进行记录,从E(对其开始记录)返回到F,F的邻接点E已访问故记录之;继续返回到C,C的邻接点F已访问故记录之;再返回到B,B的两个邻接点C和E已访问故记录之,再返回到A,而A的邻接点D还没访问,故访问之;此时,D的两个邻接点B和E已访问完,则记录之并返回到A;这时A的两个邻接点也已访问完再记录之。遍历结束了,同时也得到了顶点序列L(E F C B D A)。

② 此步骤包括:

ⓐ 应从A出发顺其接收的弧进行深度优先遍历,但A没有接收弧,故{A}就是一个强连通分量的顶点集;将A及其发出的弧从G中删除,同时将A从L中删除,如图7-17所示。

ⓑ 应从D出发顺其接收的弧进行深度优先遍历,但D没有接收弧,故{D}就是一个强连通分量的顶点集;将D及其发出的弧从G中删除,同时将D从L中删除,如图7-18所示。

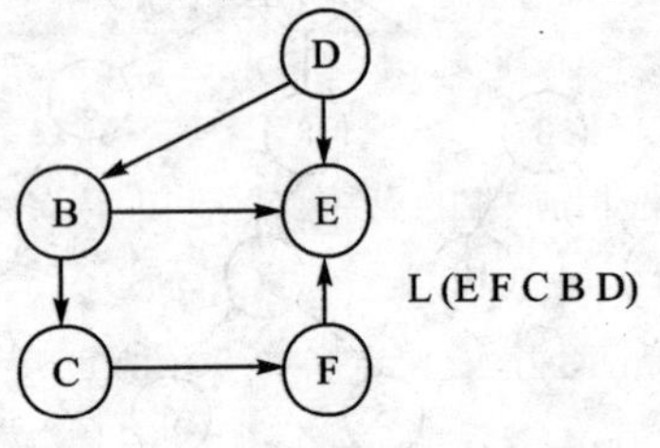

图7-17　Example 7-8解1

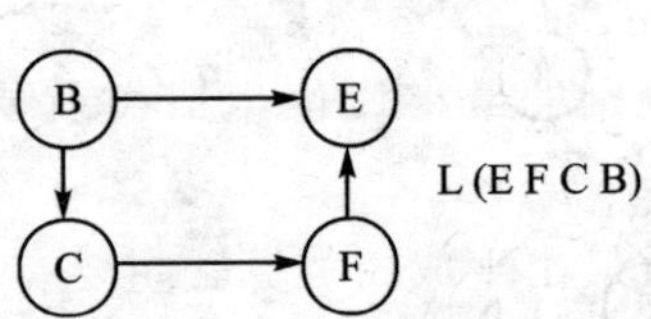

图7-18　Example 7-8解2

……

于是得到图7-16中有向图的强连通分量的顶点集为

{A} {D} {B} {C} {F} {E}

【解】

图7-16中的有向图,各个顶点自成强连通分量,故共有6个强连通分量,其顶点集分别为

{A} {D} {B} {C} {F} {E}

Example 7-9

图7-19中的有向图有几个强连通分量?给出该图的强连通分量。

【解】

分两步进行:

① 以A为起始点顺其发出弧进行深度优先遍历A→B,而B没有发出弧,需记录之并返回到A;继续遍历A→C→D,D的两个邻接点A和C均已访问,需记录之并返回到C;同理要记录C并返回到A。此时,遍历结束,得到顶点序列L(B D C A)。

② 对该图进行逆向深度优先遍历,其步骤是:

ⓐ 从A出发顺其接收弧进行逆向深度优先遍历到C再到D,此时D接收弧所连接的邻接点C已访问,需沿接收弧返回到C再返回到A,此时无法继续遍历下去,即已经遍历了一个强连通分量。故{A,C,D}为该图的一个强连通分量顶点集。将A,C,D及其发出的所有弧从图中删除,并将这些顶点从L中删除。

ⓑ 再从B出发顺其接收弧逆向深度优先遍历。但B没有接收弧,遍历被迫结束。故{B}

为该图的一个强连通分量顶点集。将B从图中删除后图变为空，操作结束。

于是可知，图有两个强连通分量，如图7-20所示。

图7-19 Example 7-9图

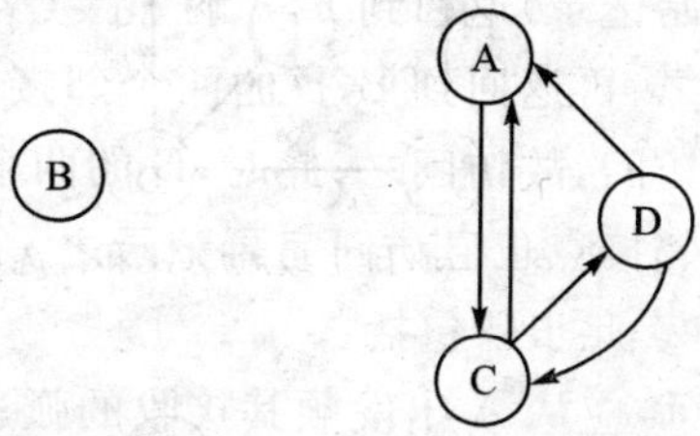

(a) 强连通分量① (b) 强连通分量②

图7-20 Example 7-9解图

7.4 最小生成树

连通网的最小代价生成树就是最小生成树。一棵生成树的代价就是树上各边的代价之和。

构成最小生成树的算法主要有Prim(普里姆)算法和Kruskal(克鲁斯卡尔)算法。它们共同的理论基础是：假设N=(V,E)是一个连通网，U是顶点集V的一个非空子集，若(u,v)是一条具有最小权值的边，其中u∈U，v∈V－U，则必存在一棵包含边(u,v)的最小生成树。

7.4.1 Prim(普里姆)算法

在无向连通网N=(V,E)中，假设(V_1，V_2)是顶点集V的一个划分，即$V_1 \cup V_2 = V$，$V_1 \cap V_2 = \Phi$，V_1的初始值为$\{v_0\}$($v_0 \in V$)，是最小生成树的顶点集，V_2的初始值为V。将V_1与V_2之间的最短边选入最小生成树的边集TE中，并将其在V_2中所连接的顶点从V_2中删除，然后并入到V_1中。如此重复执行，直至V_2空为止。

Example 7-10

利用普里姆算法求出图7-21中无向连通网的最小生成树。

【解】

以A为根结点，利用普里姆算法求解最小生成树的过程如图7-22所示。

于是最终得到的最小生成树如图7-23所示。

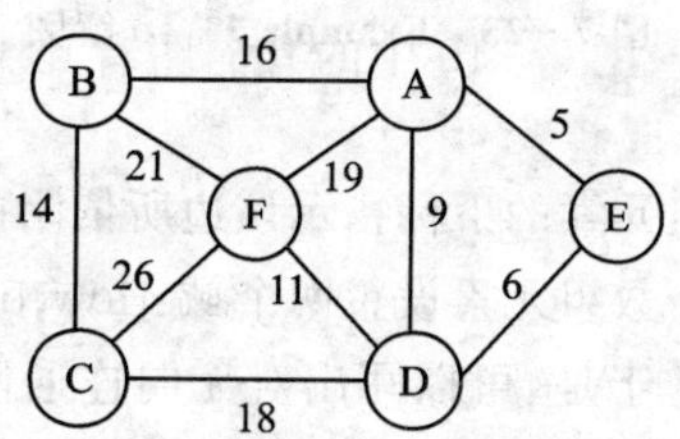

图7-21 Example 7-10图

在普里姆算法中，最重要的是要求出网的两个划分(V_1和V_2)之间的当前最短边。为此，设置一个辅助数组closedge，用来存放V_2中的每个顶点到V_1的最短边(直接连接两个顶点的边)。在需要用到两个划分之间的最短边时，只需在这个数组中查找其权值是数组当前所含顶点中最小的那个顶点对应的边即可。一旦选中某个顶点，则需对其在数组中的元素进行某种特殊处理(如置为零或其他特殊值)，以表示该顶点已经并入V_1中，以后再在数组中查找最短边时就不再考虑它了。

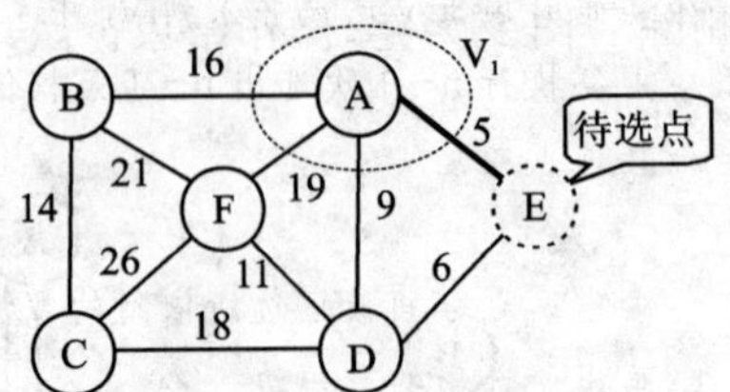

(a) 确定最短边AE和待选点E

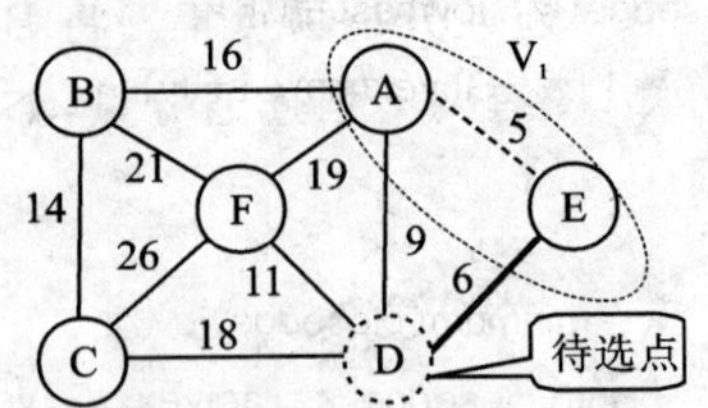

(b) 确定最短边ED和待选点D

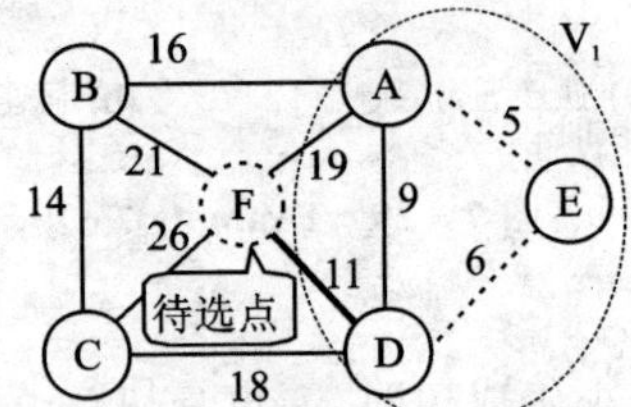

(c) 确定最短边DF和待选点F

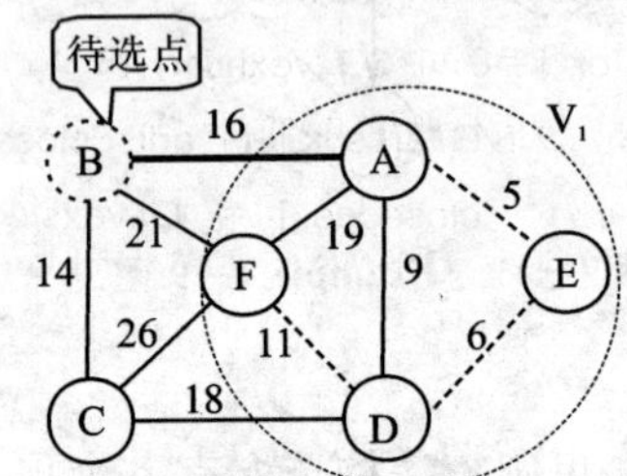

(d) 确定最短边AB和待选点B

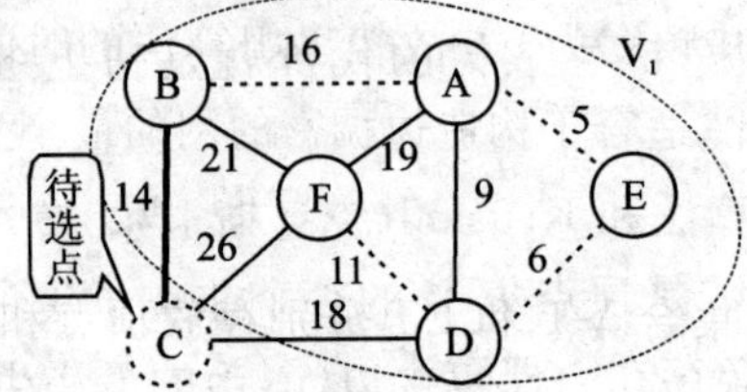

(e) 确定最短边BC和待选点C

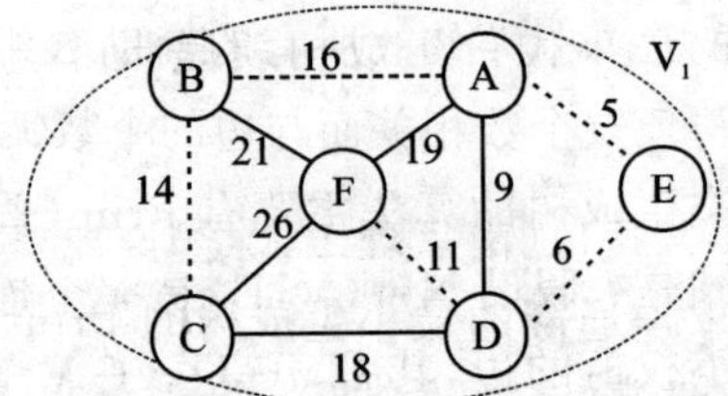

(f) 确定最小生成树各边和顶点

图 7-22 Prim 算法中最小生成树的生长过程

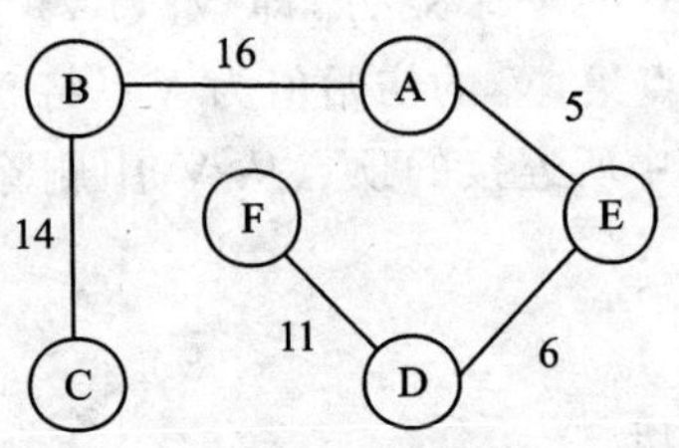

图 7-23 Example 7-10 解图

同时,由于该顶点被并入 V_1 后,有可能使得 V_2 中其他顶点与该顶点之间边的权值比与原来 V_1 的最短边的权值还要短。因而,还必须对数组中其他顶点所对应的元素一一进行检测,若出现了上述可能,则用其与刚并入 V_1 的顶点之间边的权值替代原来的权值;否则继续检测下一个数组元素。

但是已经知道,要想唯一确定网中的一条边必须具备三个要素:边所依附的两个顶点和该边的权值。可以利用数组元素的下标指示该边所依附的在 V_2 中的顶点,即其下标就是其在图中的位置,同时还要为每个数组元素设置两个域:lowcost(最短边的权值)和 adjvex(另外一个在 V_1 中的顶点)。

于是,可以写出对无向连通网(假定以数组方式存储)构造最小生成树的普里姆算法实现如下。

算法 7-10 普里姆算法

```
PrimTree(MGraph G, VertexType v)
{
    k=locate(G,v);                          //确定顶点 v 在图 G 中的位置
    for( j=0; j<G.vexnum; j++)              //初始化"表示 V2 中各顶点与 V1 间最短边"的数组
        if(j!=k) closedge[j]={v,G.arcs[k][j].adj}; //V2 初始时包含除 v 外的所有顶点
```

```
    closedge[k].lowcost=0;                               //初始时顶点v已被并入到V1中
    for(i=1; i<G.vexnum; i++)                            //重复执行n-1次选出n-1条权值最小的边及
                                                         //其顶点
    {
        k=minmum(closedge);                              //求出两划分间最短边所依附的V2中的点的位置
        printf(closedge[k].adjvex, G.vexs[k]);           //画出所选出的最短边
        closedge[k].lowcost=0;                           //将所选边依附的V2中的点并入到V1中
        for(j=0; j<G.vexnum; j++)                        //依次检测辅助数组各元素,看有没有更短边
            if(G.arcs[k][j].adj<closedge[j].lowcost)
                closedge[j]={G.vexs[k], G.arcs[k][j].adj};
    }
}
```

在利用普里姆算法构造含有 n 个顶点的无向网的最小生成树时,需重复执行 n−1 次选边的操作以选出 n−1 条权值最小的边。而在求每个权值最小的边的操作中,最坏的情况就是每将一个顶点并入 V_1 中,就要修改所有的辅助数组元素,其频度为 n。故普里姆算法的时间复杂度为 $O(n^2)$,它只与顶点个数相关而与边的个数无关,因此,适合于构造边稠密的网的最小生成树。

Example 7-11(南京理工大学)

下面是求连通网的最小生成树的 Prim 算法。集合 VT 和 ET 分别存放顶点和边,初始为①,下面步骤重复 n−1 次,即 a:②;b:③;最后:④。

① A. VT,ET 为空
   B. VT 为所有顶点,ET 为空
   C. VT 为网中任意一点,ET 为空
   D. VT 为空,ET 为网中所有边

② A. 选 i 属于 VT,j 不属于 VT,且(i,j)上的权最小
   B. 选 i 属于 VT,j 不属于 VT,且(i,j)上的权最大
   C. 选 i 不属于 VT,j 属于 VT,且(i,j)上的权最小
   D. 选 i 不属于 VT,j 属于 VT,且(i,j)上的权最大

③ A. 顶点 i 加入 VT,(i,j)加入 ET
   B. 顶点 j 加入 VT,(i,j)加入 ET
   C. 顶点 j 加入 VT,(i,j)从 ET 中删去
   D. 顶点 i,j 加入 VT,(i,j)加入 ET

④ A. ET 中为最小生成树
   B. 不在 ET 中的边构成最小生成树
   C. ET 中有 n−1 条边时为生成树,否则无解
   D. ET 中无回路时,为生成树,否则无解

【解】

这是一道基础题,考察 Prim 算法的思想。只要仔细阅读上面对算法思想的描述及对算法执行过程的介绍,不难得出本题的答案是

① C　　② C　　③ A　　④ A

7.4.2 Kruskal(克鲁斯卡尔)算法

克鲁斯卡尔算法是一种按照网中边的权值递增的顺序来构造最小生成树的方法。其基本思想是：在无向连通网 N=(V,E)中，设其含有 n 个顶点，一次性地选出所有点作为最小生成树的结点，然后依次在 E 中选取 n－1 条边来连接生成树的结点。选取边的原则是：

① 其权值为 E 中所存边中最小的；

② 在选取并连接生成树的结点后不能使子网中构成环；

③ 每条边最多只能被选取一次。

对图 7-21 中的无向连通网，利用克鲁斯卡尔算法构造其最小生成树的过程如图 7-24 所示。

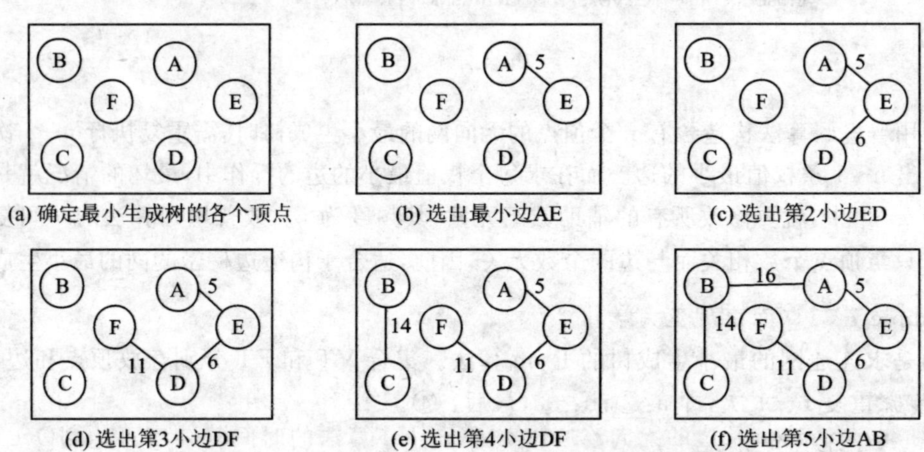

(a) 确定最小生成树的各个顶点　(b) 选出最小边AE　(c) 选出第2小边ED

(d) 选出第3小边DF　(e) 选出第4小边DF　(f) 选出第5小边AB

图 7-24　Kruskal 算法中最小生成树的生长过程

在图 7-24 的构造最小生成树的过程中，完成图(c)后，边(A,D)是网中所剩边中权值最小的，但是一旦选取它之后就将使得 A,D,E 三点构成一个环，所以应将其舍弃并取下一个权值最小的边……于是可得到其最小生成树图(f)。可以看出图(f)与用普里姆算法求出的最小生成树完全一样。

① 对于同一个无向连通网来说，不论是用 Prim 算法还是用 Kruskal 算法，它们所构造的最小生成树是否完全相同？

② Kruskal 算法中，在选取边的时候需要注意不造成子网中出现环，那么在 Prim 算法中是否也必须专门设置相应的操作语句以避免出现环呢？

无向连通网的最小生成树首先是一棵生成树，即它应该是一个使网中所有顶点相连通而所需边的条数为最小的子网络，且其代价和在所有生成树中为最小。因此，可以从网的连通性角度来观察 Kruskal 算法。

初始时，最小生成树就是网中所有顶点的集合，它们之间没有任何一条边连接，即它们自成一个连通分量。而 Kruskal 算法的执行过程其实就是一个选取网中权值为最小的边的过程，即将两个小的连通分量连接为较大的连通分量，直至所有顶点都在一个连通分量中为止。每当选取网中的一条边时总会出现以下两种情况之一：

① 该边所依附的两个顶点分属于不同的连通分量。这时,该边可以作为最小生成树的一条边,因为两个不同的连通分量通过这条边的连接而相连通,成为了一个连通分量。

② 该边所依附的两个顶点属于同一个连通分量。如果选取这条边作为最小生成树的一条边,则必将构成环。因为连通分量中任意两个顶点间都有路径相通,一旦再加入一条边,该边所依附的两个顶点之间就有了两条路径,即构成了环。故属于这种情况的边即使其权值小也应该舍弃。

下面给出在无向连通网 N=(V,E)中使用 Kruskal 算法构造最小生成树的描述。

描述 7-4 Kruskal 算法构造最小生成树

```
KruskalTree(WeightedNet N,Tree &T)
{
  T=(V, Φ);
  while(T 中所含边数<n-1)
  {
    从 E 中选取当前短边(u,v);
    从 E 中删除边(u,v);
    If((u,v)并入 T 后不产生回路)
      将边(u,v)并入 T 中;
  }
}
```

可以证明,求含有 e 条边的无向连通网时,Kruskal 算法的时间复杂度可达到O(e×lbe)。故其适用于求解稀疏图的最小生成树。

交流

对于 Prim 算法和 Kruskal 算法,考察得比较多的是它们的算法思想、时间复杂度及操作过程和操作结果。同时应该提醒大家的是,有些考题并不是直接要求考生使用某种算法求解图的最小生成树,而是给出一种算法思想要求判别是哪种算法,并用该算法构造图的最小生成树。比如:题目中要求"画出该图按权值递增顺序构造的最小(代价)生成树",此时马上反应出本题实际是在考察 Kruskal 算法吗?

拓展 **求无向连通网最小生成树的其他方法**

(1) 破圈法

在 Kruskal 算法中,是从带权无向连通图中的边集中选取当前权值最小的边作为最小生成树的边。如果换个角度就是说,不是从无向连通图的边集中取边并入最小生成树,而是将连通图中的边按其权值从大到小顺序逐个删除(删除时要坚持的原则是:保证在删除该边后各个顶点之间应该是连通的)。一旦删除某条边后,使得原来的连通图出现了两个或多个连通分量,则必须马上将其恢复。可以将破圈法形式地描述如下。

描述 7-5 破圈法构造最小生成树

```
BreakCircle(Graph &G)
{
```

```
将图中所有边按其权值从大到小排序为(e1,e2,e3,…,em);
 for(i=1; 连通网中所剩边数>=G.vexnum; i++)
 {
   从连通网中删除 ei;
   若网不再连通,则恢复 ei;
 }
}
```

描述7-5的算法被称为破圈法,即"任取图中一个圈,删除其权值最大的边",重复执行这一操作,直至图中没有圈为止。

在该算法中,所构造的子网顶点集为原连通网的顶点集;原来的网为连通网,并且在算法操作中都确保了所剩子网的连通性,所以,所构造的子网也是连通的;在退出for循环时,连通网的边数应该是G.vexnum—1;所删除的边都是在当前网中权值最大的,故所构造的子网中的各条边应该是原网中最小的G.vexnum—1条边。又因为一个连通图(简单图)中含有原图中的所有顶点,而边数为其顶点数减1,故其为原图的最小连通子图,也即为原图的一棵生成树;而其所有边的权值之和为原图所有最小权值边之和,故所构造的子网就是原网的最小生成树。

(2) Sollin算法

Sollin算法是将求无向网的最小生成树的过程分为若干个阶段,每个阶段选取若干条边。其具体算法为:

① 将每个顶点作为一棵独立的树,则整个图中所有的顶点就构成了一个大的森林。

② 为每棵树选取一条边,要求其是图中与外界相连的所有边中权值最小的一条。由于同一条边可能被两棵树同时选中,所以需要删除重复选出的边,而只保留一条边即可。这样,原来的森林就变成了其中所含树的数目相对较少的小规模森林。

③ 重复步骤②,直至森林连接成一棵树为止。

例如,利用Sollin算法对图7-21中的无向网求最小生成树的过程如图7-25所示。

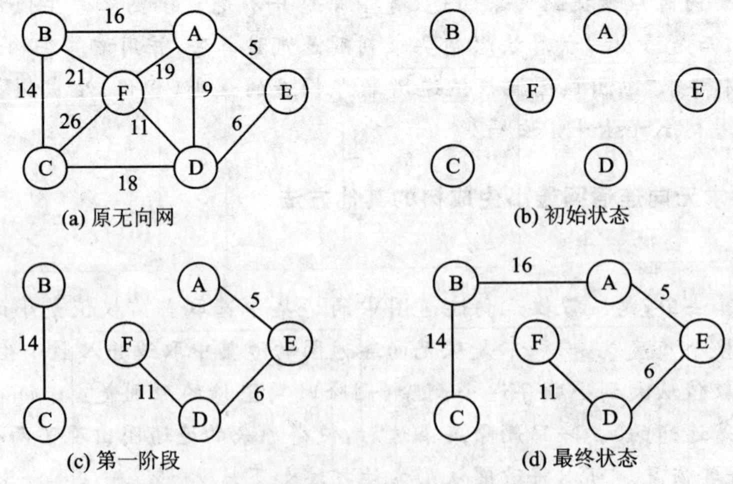

图7-25 Sollin算法求最小生成树的过程

在图7-25中为初始状态的各棵树选择其与外界所连最小边时,A与E所选边均为A—E(权为5),留其一即可;B与C所选边均为B—C(权值为14),留其一即可;D所选边为D—E

(权值为 6)；F 所选边为 F—D(权值为 11)。这样，森林中还剩下两棵树，从这两棵树在原图中的相连边中选取 B—A(权值为 16)。至此，森林变为一棵树，且其权值之和为所有生成树中最小的，于是算法结束。

(3) 迪杰斯特拉(Dijkstra)算法

迪杰斯特拉算法可以一次性地按照路径长度递增的次序产生从某个原点到其他顶点之间的最短路径。

而最小生成树则是其所有边的权值之和为最小的生成树，即每两个顶点之间的路径权值在连接这两个顶点的所有路径中为最小，因为如果存在另外一条路径，它连接这两个顶点的路径的权值更小，则用该条路径替换最小生成树中的那条路径会使生成树的权值之和更小，即原最小生成树就不成为最小生成树了。

因此，如果将迪杰斯特拉算法用在无向网上，则可以求出该无向网的最小生成树。假设无向网以数组方式存储，其实现步骤为：

① 将每个顶点视为一个独立的连通分量，则有 n 个顶点的无向网，初始时就有 n 个连通分量。

② 按一定顺序逐个检查每条边，判断其所依附的两个顶点是否在同一个连通分量上，如果是，则必定构成环，将其加入生成树中，并应将该环中权值最大的边舍去；否则将其加入生成树中。

③ 重复步骤②，直至所有边都检查一遍为止。

图 7-26 所示为以图 7-21 中的无向网为例介绍迪杰斯特拉算法求解无向网的最小生成树的过程。

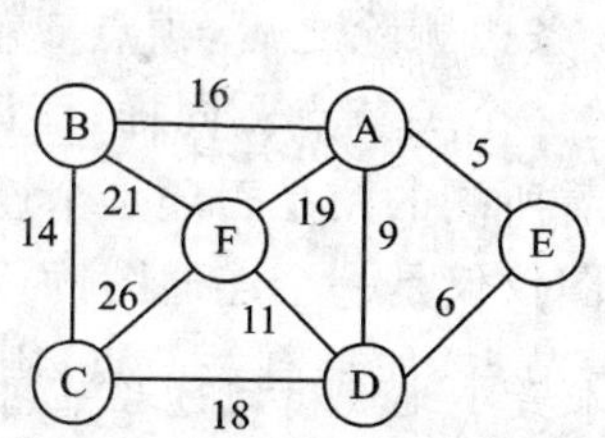

	A	B	C	D	E	F
A	∞	16	∞	9	5	19
B	16	∞	14	∞	∞	21
C	∞	14	∞	18	∞	26
D	9	∞	18	∞	6	11
E	5	∞	∞	6	∞	∞
F	19	21	26	11	∞	∞

(a) 原无向网及其邻接矩阵

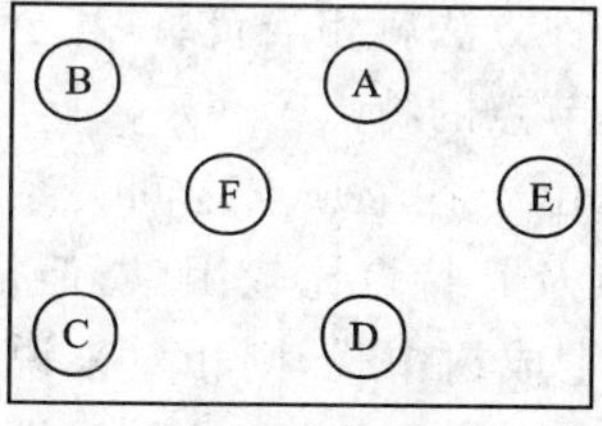

(b) 每个顶点都视为独立连通分量

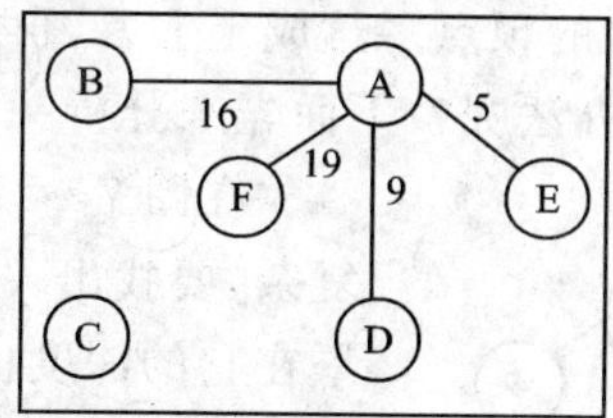

(c) 根据矩阵第1行确定边AB, AD, AE和AF

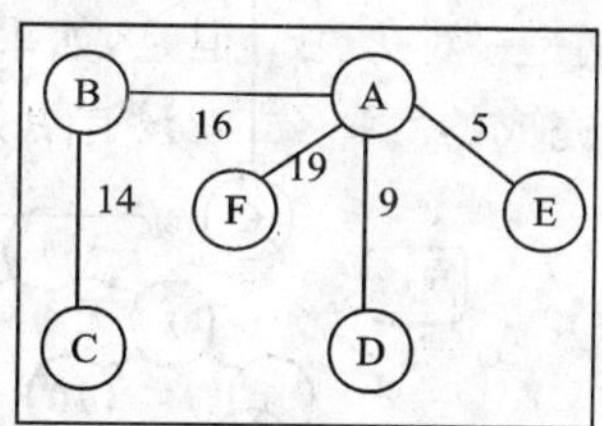

(d) 根据矩阵第2, 3行确定边BC

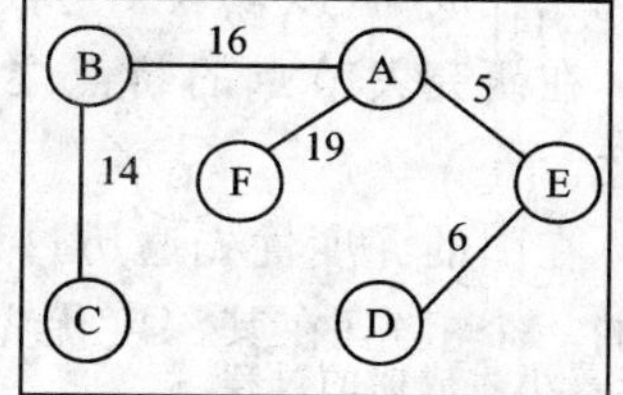

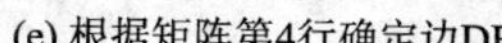
(e) 根据矩阵第4行确定边DE

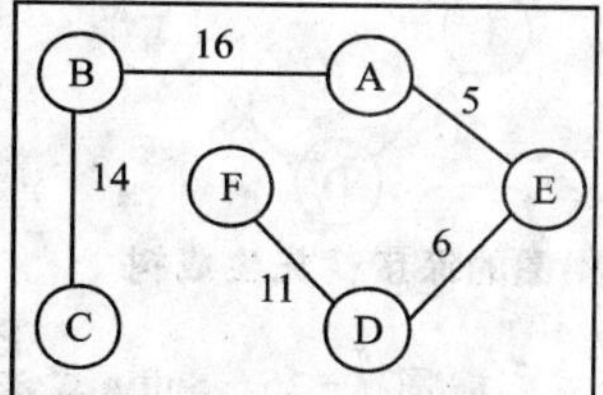

(f) 根据矩阵第5, 6行确定边DF

图 7-26 Dijkstra 算法求解最小生成树

7.5 关节点

如果从一个连通图中删除任意一个顶点及其相关联的边后,它仍然是一个连通图的话,则这个连通图叫做重连通图。

若连通图中的某个顶点和其相关联的边被删除之后,该连通图被分割成两个或者两个以上的连通分量,则这样的结点称为关节点。

由此可得结论:如果一个连通图含有关节点,则它必不为重连通图。

如果在连通图上至少删除 K 个顶点后才能破坏图的连通性,则称这个图的连通度为 K。

如图 7-27 所示的图就是一个连通图,但是,它是不是重连通图呢?

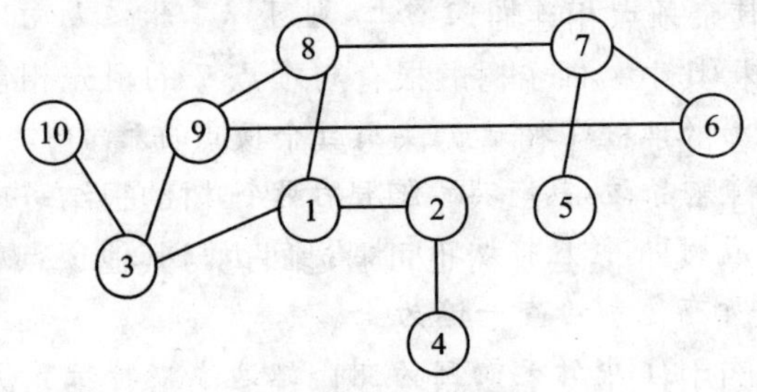

图 7-27 连通图

如果将图 7-27 中的顶点 7 连同与其相连的 3 条边删除之后,顶点 5 就和其他顶点没有路径相通了,由关节点的定义可知,顶点 7 为该图的一个关节点。同样,请读者试着将图中顶点 1,2,3 中的一个及其所连接的各条边删除后,看看所剩的图是否还是个连通图。其实,这些顶点也是图中的关节点。由此可知,图 7-27 中的图仅仅是一个连通图,而不是重连通图。

判断一个连通图是否为重连通图关键在于找关节点,如果有关节点,则不是重连通图;否则,就是一个重连通图。

那么如何找关节点呢?是不是要按照上面的方法一个顶点一个顶点地删除来判断呢?诚然,这是一种方法。但是,如果图中的顶点多达成千上万,再用这种方法就相当费事,甚至是不可能完成的。那么,有没有更好的办法呢?下面先来分析一下关节点的特点。

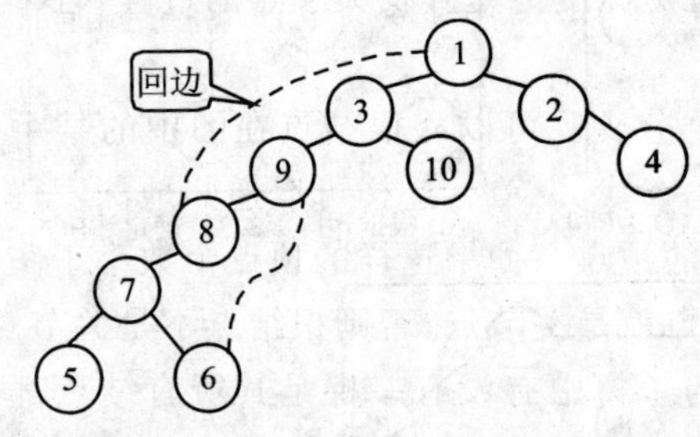

图 7-28 图 7-27 中图的深度优先生成树

在图 7-27 中,由于各个顶点之间关系较为复杂,要找出关节点及其特点比较困难;但是,如果在它的深度优先生成树中找,则相对来说比较容易。图 7-28 所示就是图 7-27 中连通图的深度优先生成树(以顶点 1 为根结点)。

在研究关节点的特点之前先来介绍回边的概念。

在图的深度优先遍历过程中,从一个顶点到它的一个祖先(在其深度优先生成树中的祖孙关系)的一条边称为回边。

由于访问完回边(u,v)所依附的一个顶点 u 后,在继续访问的过程中没有经过该边到达 v,而是经过另一条路径到达 v,访问完顶点 v 后,由于 u 已访问完,故边(u,v)就不再作为生成树的一条边了。而一条边所依附的两个顶点在深度优先遍历生成树中,先访问的顶点是后访问的顶点的祖先。所以,凡是在深度遍历图的过程中没有走过的边都是回边,即连通图中的边被分为深度优先生成树的边(树边)和回边两类。

图 7-27 中连通图的所有边都在图 7-28 中显示出来了。

已经知道,顶点 1 是该图的一个关节点,它在深度优先生成树中是根结点,并且它有两棵非空子树。故一旦将顶点 1 及与其相连的边删除,其两棵子树就无法相连通了。

顶点 3 也是关节点,它在生成树中也有两棵子树,且其两棵子树的根结点没有与顶点 3 的祖先相连的回边,删除了顶点 3 及与之相连的边后,顶点 10 就无法与其余顶点相连通了。

顶点 2 也有一棵子树,且其子树根结点都没有与顶点 2 的祖先相连接的回边,一旦删除了顶点 2,其子树将无法与其余顶点相连通。

顶点 7 也有两棵子树,其中一棵子树的根有与顶点 7 的祖先相连的回边,而另一棵没有;删除顶点 7 后,其没有回边的那棵子树将无法与其余顶点连通。

至于顶点 8 和 9,它们都只有一棵子树,但是这棵子树的根结点有一条回边分别指向它们的祖先,使得即使删除顶点 8 和 9,其子树也可通过回边与其他顶点相连通。故顶点 8 和 9 都不是关节点。

综上所述,对于连通图中任意一个顶点 v_i,则

① 如果 v_i是该连通图深度优先生成树的根结点,并且其有两个或两个以上的分支,则其必为连通图的关节点。

② 如果 v_i不是深度优先生成树的根结点,并且其某棵子树中的所有结点都没有与 v_i的祖先相通的回边(此时可以形象地理解为 v_i的这棵子树的所有子孙与 v_i的祖先相联系的唯一途径就是通过 v_i,而一旦删除 v_i,这个唯一的途径也中断了,于是整个图就不再连通了,即在访问完 v_i的双亲后就无法再继续访问该子树上的结点了),则 v_i必为关节点,即 v_i只要有一棵子树的所有子孙结点都没有与 v_i的祖先相通的回边,则 v_i必为关节点;只要每棵子树中至少有一个子孙结点有与 v_i的祖先相连通的回边,则 v_i就不是关节点。

③ 如果 v_i是深度优先生成树中的叶子结点,则其不是关节点。

鉴于图的关节点与其深度优先生成树之间存在的这种关系,就可以在对图进行深度优先遍历过程中查找其关节点,即深度优先遍历的过程就是深度优先查找关节点的过程,且都是递归的过程。

对于生成树的根结点,主要关心的就是它有几个分支。可以从根结点在图中的某个邻接点开始对图进行深度优先遍历,也就是进行深度优先查找关节点,这样可以递归地深度优先遍历到图中所有不通过根结点与该邻接点有路径相通的顶点。如果这样的顶点个数小于图中所有顶点数,则说明根结点至少有两个分支,并且根结点就是关节点;否则根结点不是关节点。

对于生成树中的非终端结点,主要关心的是它的子树中有没有一棵是其所有结点都与该非终端结点的祖先结点没有联系。如果有这样的子树,则在删除该非终端结点后,这棵子树将从原图中孤立出去,使得原连通图不再连通,即该非终端结点为关节点。

可以对该非终端结点的所有子孙结点进行统计:统计每个结点通过回边所能联系到的该非终端结点的"辈分"最长的祖先;由于对深度优先遍历来说,父子关系代表了结点之间被访问的先后关系,即"辈分"越长其访问序号就越小,所以将上述的"统计"反映在算法中,就是统计

每个结点所能联系到的其访问序号为最小的那个祖先。由于树是个连通图,即如果能访问到树中某个结点,则必能访问到树中所有结点,所以某个顶点所能联系到的"辈分"最长的祖先就是它或它的子孙所能联系到的"辈分"最长的祖先;而对于叶子结点,若它可通过回边联系到这样的祖先,则以该祖先的访问序号代表该叶子结点所能访问到的"辈分"最长的祖先;若无回边,则规定叶子结点本身的访问序号代表它所能访问到的"辈分"最长的祖先。因此,如果以visited[v]和low(v)分别表示顶点v在深度优先搜索过程中的访问序号和顶点v所能联系到的"辈分"最长的祖先的访问序号,则 low(v)=min{visited[v], low(w), visited[k]},其中w是顶点v在深度优先生成树上的孩子结点;k为顶点v在深度优先生成树上由回边连接的祖先结点。在访问到顶点v时就可确定visited[v],而在访问完顶点v和生成树中的所有子孙并返回到v后才可确定low[v]。

下面列出深度优先查找关节点的算法(假设图以邻接表方式存储)。

算法 7-11 深度优先查找关节点


```
FindArticul(ALGraph G)
{
  int count=1;                           //count为访问序号计数器
  int low[G.vexnum];
  visited[0]=1;                          //visited[]数组有两个角色:标志相应顶点是否被访问过;存储相
                                         //应顶点的访问序号
  for(i=1; i<G.vexnum; i++)
    visited[i]=0;
  p=G.vets[0].firstarc;                  //以邻接表的顶点数组中第一个顶点为深度优先生成树的根
  v=p->adjvex;                           //找到根的第一个邻接点
  DFSArticul(G,v);                       //从第一个邻接点出发深度优先搜索关节点
  if(count<G.vexnum)                     //若根有两个或更多分支,即根是关节点,则输出之
  {
      printf(0, G.vets[0].data);
      while(p->nextarc)                  //对根的其他分支逐个进行深度优先搜索关节点
      {
         p=p->nextarc; v=p->adjvex;
         if(visited[v]==0) DFSArticul(G,v, &count, low); //count以地址形式传递
      }
  }
}
DFSArticul(ALGraph G, int v,int *count, int low[])
{
  //从顶点v出发进行深度优先搜索关节点;算法框架是深度优先遍历图的算法框架
  int min,w;
  ArcNode *p;
  visited[v]=min=++(*count);             //暂且认为v所能联系到的最长的祖先的访问序号等于v的访
                                         //问序号
  for(p=G.vets[v].firstarc; p; p=p->nextarc)
```

```
  {  //对顶点v在生成树中的子树,递归地进行深度优先搜索关节点
     w=p->adjvex;
     if(visited[w]==0)              //顶点w未访问即w在生成树中为v的孩子
     {
        DFSArticul(G,w);
        if(low[w]<min)               //若v的孩子联系到的祖先比v联系到的"辈分"更长,则以最长
                                     //的为准
           min=low[w];
        if(low[w]>=visited[v])       //顶点v的子孙联系不到v的任何祖先,则v是关节点
           printf(v,G.vets[v].data);
     }
     else if(visited[w]<min)         //w已访问,即w在生成树中为v的祖先;w是v的回边联系到
                                     //的顶点
                                     //此时将指向双亲的树边也视为回边,这样不影响关节点的判别
        min=visited[w];              //若v的回边联系的祖先"辈分"更长,则以之作为当前所能找到
                                     //的最长祖先
  }
  low[v]=min;                        //综合v本身及其回边以及子孙联系的祖先,以其中最长者作为
                                     //v所联系到的最长祖先
}
```


由于算法7-11的执行过程就是在邻接表上进行深度优先遍历的过程,所以对于一个有n个顶点和e条边的图来说,本算法的时间复杂度为O(n+e)。

对图7-28中的深度优先生成树中各个结点计算所得到的visited/low函数值如图7-29所示。

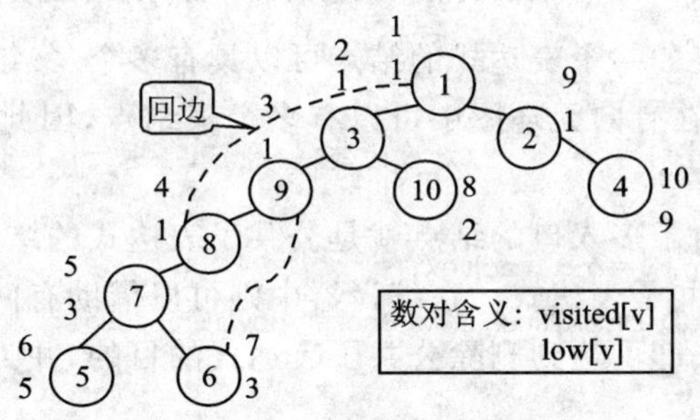

图7-29 图7-28中各结点的visited和low函数值

7.6 有向无环图的应用

在一个有向图G中,当且仅当从顶点i到顶点j存在一条有向路径时,则称顶点i是顶点j的前驱,而顶点j是顶点i的后继。

在一个有向图G中,当且仅当〈i,j〉是G的一条有向边时,则称顶点i是顶点j的直接前驱,顶点j是顶点i的直接后继。

一个无环的有向图就是有向无环图。

7.6.1 表达式的有向无环图

表达式树可以表示表达式且可被计算机较为方便地处理；然而，当表达式中含有很多公共子表达式时，表达式树中由于每个结点只有一个父结点，使得公共子表达式由重复的子树表示，这样就导致了冗余。对于这种现象，能否找到一种方法可以实现公共子表达式子树的共享，从而在最大程度上减少冗余呢？有向无环图就是描述含有公共子表达式的有效工具。

在有向无环图中，表达式中的每一个子表达式都有一个结点与之对应。非终端结点代表运算符，子结点代表其运算对象；叶子结点代表表达式中的操作数；子树表示表达式的每一个子表达式。例如，表达式((a+b)＊(b＊(c+d))+(c+d)＊e)＊((c+d)＊e)里含有很多公共子表达式，其二叉树表示形式和有向无环图表示形式如图 7-30 所示。

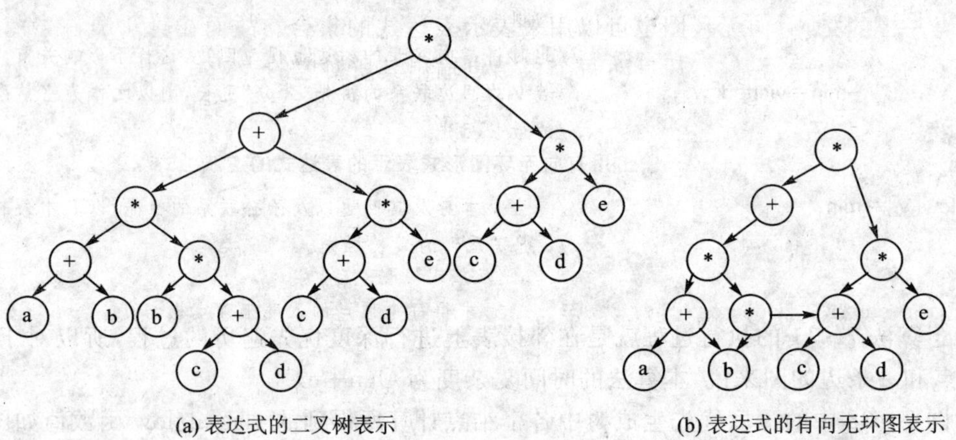

(a) 表达式的二叉树表示　　(b) 表达式的有向无环图表示

图 7-30　表达式的二叉树表示和有向无环图表示

在有向无环图中，代表公共子表达式的结点可以具有多个“父结点”，这样就实现了公共子表达式子树的共享。由于在有向无环图中可以有多个根结点，因此有向无环图也可以用来表示表达式的集合。

从另一个角度来说，由于多入口的结点就是公共子表达式的结点，所以表达式的有向无环图可以识别表达式中的公共子表达式。在编译器中则可以借助有向无环图来进行局部代码的优化，使用这样的表示方法即可达到删除公共子表达式的目的，并为后端生成高质量的目标代码奠定基础。

Example 7-12(中山大学)

用有向无环图描述表达式(A+B)＊((A+B)/A)，至少需要顶点的数目为(　　)。

A. 5　　B. 6　　C. 8　　D. 9

【解】

可以看出本题表达式中含有(A+B)和A两个公共子表达式，因此可以画出该表达式所对应的有向无环图如图 7-31 所示。

图 7-31　表达式(A+B)＊((A+B)/A)的有向无环图

由图中可以看出，用 5 个顶点即可表示该表达式；另外，表达式中含有“A”、“B”、“+”、“*”和“/”5 个符号，所以至少也要用 5 个顶点表示。综上所述，本题答案为 A。

Example 7 - 13(北京理工大学)

用有向无环图表示只含二元运算的算术表达式，可共享公共子表达式。设用邻接表存储算术表达式的有向无环图，每个操作数都用单个字母表示。试写邻接表的类型定义，编写输出算术表达式的逆波兰式的算法(请写明算法的基本思路，并在算法的主要步骤上添加注释)。

【解析】

邻接表的类型定义采用第 7.2.2 小节中的定义，这里不再赘述。

输出用有向无环图形式表示的表达式的逆波兰式(Reverse Polish Notation)的基本思想为：若某一结点是操作数(叶子结点)，则可以直接输出；若是操作符，则需要根据该结点所指向的结点按顺序依次输出其子表达式。

值得一提的是，有向无环图也可以用来表示表达式的集合。故而在算法中首先应该找出有向无环图的各个根结点，然后针对每个根结点输出其所对应的表达式。

具体算法实现如下。

算法 7 - 12　输出用有向无环图形式表示的表达式的逆波兰式

```
void RPN_DAG(ALGraph G)
{
  //输出用有向无环图形式表示的表达式的逆波兰式
  FindIndegree(G, indegree);            //通过求得每个顶点的入度来确定根结点
  for(i=0;i<G.vexnum;i++)
    if(!indegree[i]) r=i;               //入度为 0 的结点为根结点
  PrintRPN_DAG (G, i);                  //输出编号为 i 的根结点对应的表达式的逆波兰式
}

void PrintRPN_DAG(ALGraph G, int i)
{
  //输出编号为 i 的根结点对应的表达式的逆波兰式
  c=G.verts[i].data;
  if(!G.verts[i].firstarc)              //若当前结点为叶子结点(操作数)，可直接输出
    printf("%c",c);
  else                                  //若当前结点为中间结点(操作符)，则递归输出子表达式
  {
    p=G.verts[i].firstarc;
    PrintRPN_DAG (G, p->adjvex);
    PrintRPN_DAG (G, p->nexarc->adjvex);
    printf("%c",c);
  }
}
```

7.6.2　拓扑排序

在实际生活中，有些工作可以分成若干道工序来完成，如果每道工序都完成了，则整个工

作也就完成了。但是,通常情况下某些工序的开始要以另外一些工序的完成为前提。因此,可以用一个有向图来表示一个工作的流程,其中图的顶点表示工序,而表示顶点之间前驱后继关系的弧可以用来表示工序之间的优先关系,这样的有向图称为顶点表示活动的网络,或AOV网。显然,在AOV网中是不能出现环的,因为如果有环存在,则表明该环中的顶点(工序)互为前提,由此不难推出某项工序将以自己为先决条件,即系统出现了死锁现象,这种工作是无法完成的。比如图7-32所示的AOV网中就存在有向环,要想让工序B开始工作,必须等待工序A完成以后才可以;而工序A开始要以工序C为条件;工序C又要以工序B为前提,这样造成各道工序相互等待,使得工作无法继续下去。

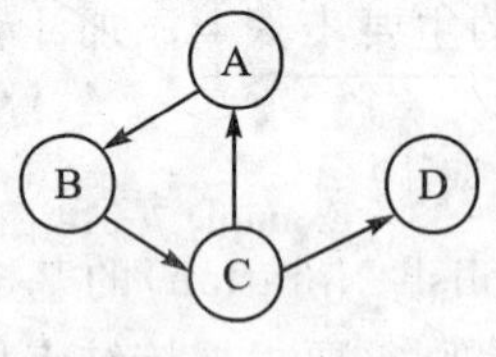

图7-32　有环的AOV网

在AOV网中,由于顶点之间有前驱后继的关系,因此可以将其顶点排成一个线性序列,方法是:按照AOV网中给出的顶点之间的次序关系,将网中顶点排成线性序列;对于网中没有限定次序关系的顶点,则可以人为地加上任意的次序关系。也就是说,如果在AOV网中,存在从顶点i到顶点j的一条有向路径,则在该线性序列中顶点i必定在顶点j之前;而对于网中没有有向路径的两个顶点k和l,也可以建立一个先后关系,或则l在k的前面,或则k在l的前面。把具有上述特性的线性序列称为拓扑有序序列,而构造AOV网的拓扑有序序列的操作叫做拓扑排序。

思考　一个有向图的拓扑序列一定是唯一的吗?

在如图7-32所示的存在有向环的AOV网中,对顶点进行拓扑排序时就会遇到麻烦:按照拓扑排序的规则,顶点A应在B的前面,而B应在C的前面,不难得出A应排在C的前面;又由于顶点C是A的前驱,所以还应该使C在A的前面。在一维线性序列中到底是A在C的前面还是C在A的前面?于是拓扑排序无法进行下去。

在AOV网中,应该避免出现有向环,因此对于给定的AOV网,应该首先判断其是否存在有向环;而在存在有向环的AOV网中,拓扑排序不能将其所有顶点排列成一个线性序列。由此不难想象,如果利用对AOV网进行拓扑排序的方法,就可以检测出其是否存在有向环:如果网中所有顶点都在拓扑序列中,则说明能够对该网进行拓扑排序,使得网中的每道工序都能按其先后顺序逐次完成,即AOV网中没有环;否则说明无法使每道工序排成线性序列,即网中存在有向环。

因此,判断一个AOV网中是否存在环的问题,就归结为对有向图进行拓扑排序的问题了。但是,如何对有向图进行拓扑排序呢?显然,拓扑序列中的第一个顶点在图中应该没有前驱,因为第一个顶点是以在其前没有任何顶点为先决条件的顶点。等该顶点确定了其在拓扑序列中的位置后,对它就不再考虑了,可以将其删除;而其余顶点肯定要排在该顶点之后,于是该顶点所发出的弧在后续拓扑排序中对各顶点在拓扑序列中的位置提供不出有效信息,亦可将其删除。于是,剩余的顶点和弧又构成一个规模相对较小的有向图,可继续对此图进行如上操作。因此,拓扑排序的方法是:

① 在有向图中选择一个没有前驱的顶点并将其输出;

② 从图中删除该顶点和它所发出的所有弧;

③ 重复步骤①和②直至图为空(此时,图中无环)或图中不存在没有前驱的顶点(此时,图

中存在环)为止。

Example 7-14(北京大学)

对图 7-33 中的有向图列出其全部可能的拓扑排序序列。

【解】

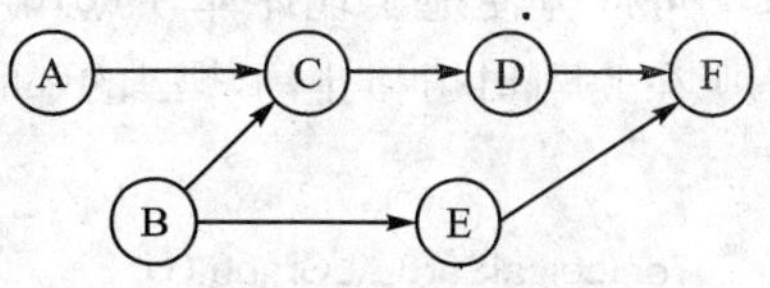

图 7-33 Example 7-14 图

图中没有前驱的顶点有两个(A 和 B),可分别以 A 和 B 为起始点列出拓扑序列。根据拓扑排序的方法,其各种可能的序列产生过程如下。

① 以 A 为起始点的序列产生过程为

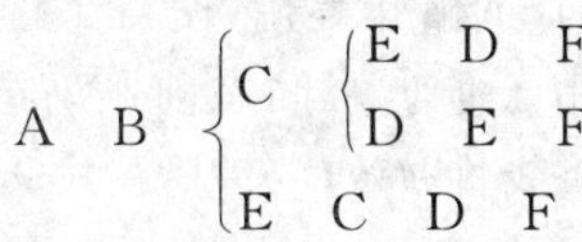

② 以 B 为起始点的序列产生过程为

B { A { C { D E F / E D F } / E C D F } / E A C D F }

于是,可得到其所有的拓扑排序序列为

A B C E D F
A B C D E F
A B E C D F
B A C D E F
B A C E D F
B A E C D F
B E A C D F

拓扑排序方法中的所谓没有前驱的顶点,可以从另一个角度理解为其入度为零的顶点,因此在拓扑排序方法步骤①中只需要将入度为零的顶点输出并删除(此处所谓删除指的是连同其所发出的所有弧一并删除)即可。

然而对于图这种复杂结构,频繁地对其进行删除操作将浪费很多时间,其实,在拓扑排序中之所以对顶点进行删除,是因为便于在输出一个顶点之后找到下一个入度为零的顶点,而并不是在物理上实际删除它。因此,没有必要对给定的有向图做出任何物理上的变动,只需要对每个顶点计算其入度即可,一旦其入度为零即可作为将要输出的顶点的候选。

同时,也没有必要在每输出一个顶点之后马上就对每个顶点重新计算其入度以确定下一个将要输出的顶点,而完全可以设置一个暂存空间用来暂时存放那些入度为零的顶点,并从这个暂存空间中提取一个顶点输出即可;待一个顶点输出后,只要将该顶点所有邻接点的入度减1即可,如果某个顶点的入度减到0,则将其放入暂存空间以备后用。至于这个暂存空间选择什么样的结构,一般依照其操作特性来选择,在此,只要是入度为零的顶点(即所有存放在该暂存空间的顶点)都可以输出而并没有什么特定的先后顺序,所以采用栈和队列都可以。

至于有向图选择什么样的存储结构,除了考虑要节省存储空间外,还依赖于所实现的功能。在拓扑排序中,这种存储结构应该能够方便地寻找入度为零的顶点,同时还能比较方便地将输出顶点从网中“删除”。对于数组表示法，由于顶点的度是间接体现出来的，所以该表示法不大适合作拓扑排序中有向图的存储结构；而采用邻接表则很容易实现“删除”顶点的功能，同时在存放各个顶点一维数组的元素中增加一个计数域(Indegree)，用来记录对应顶点的入度，且又可以方便地实现计算顶点入度的功能。故在此选择邻接表作为图的存储结构。

在此列出拓扑排序算法的一种实现方法。

算法 7-13　拓扑排序

```
ToplogicalSort(ALGraph G)
{
  //对以邻接表存储的有向图进行拓扑排序，并输出一个拓扑有序序列
  InitStack(s);                          //使用栈暂存入度为零的顶点
  for(i=0; i<G.vexnum; i++)              //将有向图中所有初始时入度为零的顶点都入栈以备后用
    if(!G.vets[i].indegree) push(i);
  count=0;                               //已排序顶点计数器，并作为图中是否有环的标志
  while(!Isempty(s))                     //栈为空时表明图中已经没有入度为零的顶点
  {
      pop(i); printf(i,G.vets[i].data); count++; //从栈中提取一个顶点输出之
      for(p=G.vets[i].firstarc; p; p=p->nextarc)
      {  //将第 i 个顶点的所有邻接点的入度减 1，即实现了“删除”顶点的功能
         k=p->adjvex; G.vets[k].indegree--;
         if(!G.vets[k].indegree) push(k);     //将“删除”顶点 i 后入度变为 0 的顶点入栈保存
      }
  }
  if(count<G.vexnum) printf("图中有环");      //图中所有顶点不能排成拓扑序列说明有环存在
}
```

在算法 7-13 中，对一个具有 n 个顶点和 e 条弧的有向图，第一个 for 循环的时间复杂度为 O(n)；while 循环中又嵌套了一个 for 循环，而对于这个 for 循环，每个顶点 i 所用的时间为 $O(d_i)$，其中 d_i 为顶点 i 的出度。而对于 while 循环，则是输出几个顶点需要循环几次，故其时间复杂度为 $O(d_1)+O(d_2)+\cdots+O(d_n)=O(e)$。所以本算法总的时间复杂度为 O(n+e)。

Example 7-15(合肥工业大学，南京理工大学，青岛大学)

在用邻接表表示图时，拓扑排序算法的时间复杂度为(B)。

A. O(n)　　B. O(n+e)　　C. O(n×n)　　D. O(n×n×n)

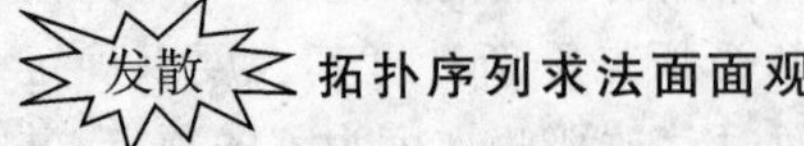

拓扑序列求法面面观

在每输出一个入度为零的顶点后，就将该点及其所发出的弧一并删除，重复这种做法直至所有顶点都被输出或图中没有入度为零的顶点为止，这样所得到的序列为拓扑有序序列。

在每输出一个出度为零的顶点后马上将该点及其所接收的弧一并删除，重复这种做法直至图为空或图中没有出度为零的顶点为止，这样所得的序列为逆拓扑序列。该序列正好是拓扑序列的逆序列。

在深度优先遍历图时，使用了函数 DFSn(G,i)，其功能是遍历图中第 i 个顶点所在的连通

分量。当G为有向无环图时,该函数在返回之前所访问的最后一个顶点的出度应为零。这样,每在该函数递归返回之前所访问的最后一个顶点的出度都为零,就相当于对图进行逆拓扑排序,所以所得到的序列为逆拓扑序列,然后再将其逆置即可得到拓扑序列。

看一个有向图是否存在环可以通过拓扑排序,也可以通过逆拓扑排序。故深度优先遍历有向图也可以判断一个有向图是否存在环:如果能够将有向图的所有顶点都排成逆拓扑序列,则有向图无环;否则,就有环存在。

另外,用图的逆邻接表也可以求出有向无环图的逆拓扑排序。因为,逆邻接表中某顶点所附带的单链表由该顶点所接收的弧组成,显然这种结构有利于逆拓扑排序。仿照拓扑排序的算法,不难写出以逆邻接表方式存储的有向无环图的逆拓扑排序的算法。


```
void RPN(ALGraph G)
{
  //G是有向无环图的逆邻接表,向量 outdegree 的各分量初值为 0
  for(i=0; i<G.NodeNum; i++)
    for(p=G.adjlist[i].firstedge; p; p=p->next)
      outdegree[p->adjvex]++;              //设 p->adjvex=j,则将 <j,i> 的起点 j 的出度加 1
    initstack (&S);                        //设置空栈 S
    for(i=0; i<G.NodeNum; i++)
      if (outdegree[i]==0)
        push(&S, i);                       //出度为 0 的顶点 i 入栈
    while (!StackEmpty(S))
    {
      i=pop(&Q);                           //出栈,相当于删除顶点 i
      printf("%C", G.adjlist[i].vertex);   //输出顶点 i
      for(p=G.adjlist[i].firstedge; p; p=p->next)
      {
        //扫描 i 的入边表
        j=p->adjvex;                       //j 是 i 的入边 <j,i> 的起点
        outdegree[j]--;                    //j 的出度减 1,即删除 i 的入边 <j,i>
        if (!outdegree[j])
          push(&S, j);                     //若 j 的出度为 0,则令其入栈
      }
    }
}
```

Example 7-16(中科院计算所,中国科技大学)

若在一个有向图的邻接矩阵中,主对角线以下的元素均为零,则该图的拓扑有序序列(A)。

A. 存在　　B. 不存在

【解】

判断有向图是否存在拓扑序列,关键在于看图中是否存在环,如果存在环则不存在拓扑序列,否则就存在拓扑序列。

鉴于题目中给出了图的邻接矩阵,就使用图的深度优先遍历来判断图中是否存在回路。对于以邻接矩阵存储的图的深度优先遍历,在前面章节已经有详细的介绍,在此不再赘述。采用深度优先遍历图的邻接矩阵来判断图是否有环,就是看在深度优先遍历过程中是否会出现再次访问到已经被访问过的顶点的情况。由于该有向图中的下三角元素全为零,则每访问到一个顶点v的邻接点w时,这个邻接点w必定比顶点v在数组中的下标大,而不会出现小于或等于的情况,也就是说,每深度优先往前访问一个顶点,则该顶点必定为从未被访问过的顶点,所以可以断定该图中不存在环。因此,如果有向图邻接矩阵的下三角元素全为零,则其必存在拓扑有序序列。

但是反之不成立,即若某有向图存在拓扑序列,则其邻接矩阵的下三角元素不一定全为零。

结论 对有向图顶点适当地编号,可使其邻接矩阵变为下三角形,且主对角线元素值为全零的充分必要条件是该图为无环图。

如何对有向图中的顶点号重新安排,才能使该图邻接矩阵中所有的1都集中到对角线以上呢?(清华大学)

7.6.3 关键路径

如果一个带权有向无环图的顶点表示事件,弧表示活动,弧上的权表示活动持续时间,则这样的图称为AOE网。

AOE网可以用来估算工作的预计完成时间。如果说AOV网关心的是某项工作能否完成,则AOE网更关心工作完成至少需要多少时间以及哪些工序是影响工作进度的关键。表示工作计划的AOE网中只有一个入度为零的点(表示整个工作开始)和一个出度为零的点(表示整个工作结束),分别称为源点和汇点。而且AOE网不应该有环存在。图7-34给出的有向图就是一个AOE网。

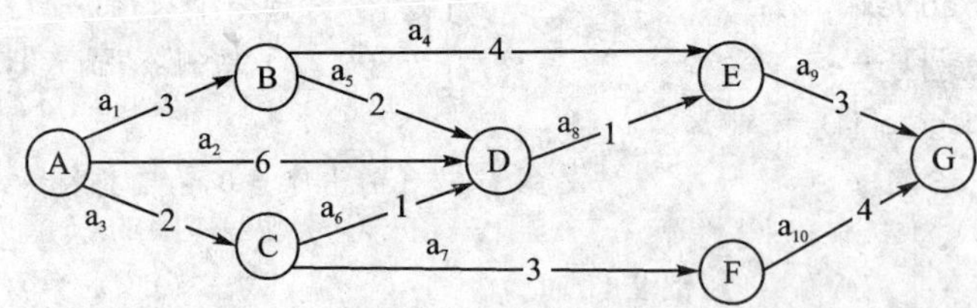

图7-34 AOE网

图7-34中7个顶点分别表示7个事件,其中顶点A为源点,顶点G为汇点,弧 a_i($1 \leqslant i \leqslant 10$)表示活动,其权值为该活动所需的时间。

在AOE网中,顶点给出活动完成的信号。每个顶点都必须等到其接收弧所表示的活动全部完成之后,该顶点所表示的事件才可发生,即只要有一个接收弧表示的活动没有完成,该顶点就不给出活动完成的信号。待顶点事件发生后,该顶点就通知其发出的各个弧所表示的活动可以并行开始了。如图7-34中,事件D必须等到活动 a_2,a_5,a_6 全部完成之后才可发生,并发出信号通知活动 a_8 可以开始了;而从事件B发生的那一时刻起,活动 a_4,a_5 同时开始运作。

由于AOE网中的活动可以并行进行，所以整个工作的最早完成时间就是从有向图中的源点到汇点的最长路径长度，即为该路径的权值之和；路径长度最长的路径叫做关键路径；在关键路径上的活动叫关键活动。关键活动的延时有可能造成整个工作的延期。

在AOE网中所表示的工作的最早完成时间就是网中汇点的最早发生时刻。现以图7-34中的网为例进行讨论。工作的最早完成时间就是顶点G的最早发生时刻，而根据顶点事件发生的特点，G的最早发生时刻取决于E和F两者中较晚发生的那个事件的最早发生时刻，同理E取决于B和D两者较晚发生的那个事件的最早发生时刻，D继而取决于A,B,C三者中较晚发生的那个事件的最早发生时刻，而B,C,F分别取决于A和C的最早发生时刻。

为便于计算，可以令源点A的最早发生时刻为0，则B和C的最早发生时刻分别为3和2；D的最早发生时刻为B→D(耗时3+2=5)、A→D(耗时6)、C→D(耗时2+1=3)三条路径中最晚到达D的那条路径所消耗的时间，即为6；E的最早发生时刻为B→E(耗时3+4=7)和D→E(耗时6+1=7)中耗时最大的那个，两者都是7，故E的最早发生时刻就是7；F的最早发生时刻为C的最早发生时刻(为2)与活动a_7的耗时(为3)之和，即5；而G的最早发生时刻取决于E→G(耗时7+3=10)和F→G(5+4=9)中最晚到达G的那条路径的耗时(为10)；从而得出整个工作的最早完成时间为10。

然而，怎样才能知道到底是哪些工序影响了整个工作的进度呢？如果能够找出这样的工序，就可以尽量缩短它们的耗时，从而有望使整个工作提前完成。实际中，有些工序是可以推迟一段时间再做的，这个可推迟的时间叫做松弛时间(松弛时间就是最晚发生时刻与最早发生时刻之差)；而有些工序则需要刻不容缓地一道接一道地完成，正是由于这些不可推迟的工序的参与，才使得整个工作必须等到某一特定时刻才能完成而不可能再提前。这些工序就是关键活动，其特点是它们的最早发生时刻和最晚发生时刻都在同一时刻，即其松弛时间为零。在AOE网中，活动(弧)的发生时刻与通知该活动可以开始的事件(顶点)的发生时刻相同。因此，只要找出每个事件的最晚发生时刻，就可以得知每个活动的最晚发生时刻，从而就能够确定哪些活动才是关键活动。

在AOE网中，汇点发出整个工作完成的信号，为了尽快完工，则规定在汇点处不再耽误任何时间，其最早发生时刻就是最晚发生时刻。而每个事件需保证最迟也要让其所有的后续事件(在AOE网中表现为该顶点的发出弧所指向的顶点)在最晚时刻得以发生，否则将影响整个工作的进度，这样，每个事件的最晚发生时刻取决于其所有的后续事件。下面仍以图7-34中的网为例进行讨论，同时假定每道工序的耗时(网中弧的权值)不可变。于是G的最晚发生时刻为10；E和F的最晚发生时刻取决于G，分别为7(即10-3)和6(即10-4)；而D的最晚发生时刻决定于E，为6(即7-1)；B的最晚发生时刻取决于E和D，为保证E和D能够最迟在其最晚发生时刻发生，B需要尽可能早地发生，但又不能发生得过早，使得后续事件有太多的松弛时间以致B的松弛时间减少，导致从源点到B路径上点的最晚发生时刻被迫提前，为保证E能够在最晚时刻发生，B应在时刻3(即7-4)发生，同样，为保证D能在其最晚时刻发生，B应在时刻4(即6-2)发生，因此B的最晚发生时刻应为3；同理，C的最晚发生时刻为3(与D相比其决定于F，即6-3)；A的最晚发生时刻取决于B,C,D，分别为0,1,0，应取最小值0。其实从另一个角度来看，A发出整个工作开始的信号，如果在这里有松弛时间即有时间耽搁，则必将延误整个工作的完成，故其最早发生时刻就应该是其最晚发生时刻。

综上所述，可以将各个事件的最早发生时刻和最晚发生时刻列于表7-3中。

表7-3　AOE网中事件的最早/最晚发生时刻表

事　件	A	B	C	D	E	F	G
最早发生时刻	0	3	2	6	7	5	10
最晚发生时刻	0	3	3	6	7	6	10

如果用ve(i)和vl(i)分别表示事件i的最早发生时刻和最晚发生时刻，用e(j)和l(j)分别表示活动a_j[以弧⟨p,q⟩表示，其权值表示为dut(⟨p,q⟩)]的最早发生时刻和最晚发生时刻，则不难得出以下关系：

$$e(j)=ve(p) \tag{7-1}$$

$$l(j)=vl(q)-dut(\langle p, q\rangle) \tag{7-2}$$

令ve(A)=0(A为汇点)，然后对各个事件顶点从左到右利用下列递推公式可求得ve(i)(i=A，B，…)：

$$ve(k)=\max\{ve(i)+dut(\langle i,k\rangle)\} \tag{7-3}$$

式中，所求解顶点为k，i为所有向k发射弧的顶点，式(7-3)可以理解为如图7-35所示形象。令vl(X)=ve(X)(X为汇点)，然后对各个事件顶点从右往左利用下列递推公式可求得vl(j)(j=A，B，…)：

$$vl(k)=\min\{vl(j)-dut(\langle k,j\rangle)\} \tag{7-4}$$

式中，所求解顶点为k，j为k的发射弧指向的所有顶点，式(7-4)可以理解为如图7-36所示形象。

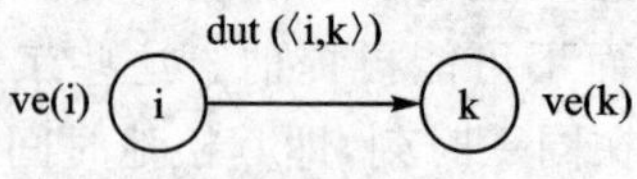

dut (⟨i,k⟩)
ve(i) i → k ve(k)

图7-35　式(7-3)的形象

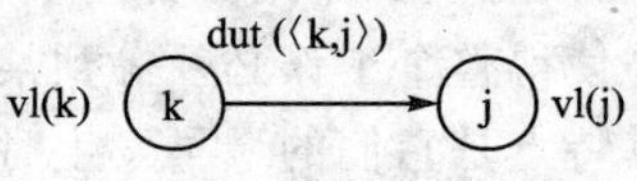

dut (⟨k,j⟩)
vl(k) k → j vl(j)

图7-36　式(7-4)的形象

由式(7-1)～式(7-4)不难导出图中各个活动的最早发生时刻和最晚发生时刻，并列于表7-4中。

表7-4　AOE网中活动的最早/最晚发生时刻表

活　动	a_1	a_2	a_3	a_4	a_5	a_6	a_7	a_8	a_9	a_{10}
最早发生时刻	0	0	0	3	3	2	2	6	7	5
最晚发生时刻	0	0	1	3	4	5	3	6	7	6
松弛时间	0	0	1	0	1	3	1	0	0	1

由表7-4不难看出，图7-34中AOE网中的关键活动为a_1，a_2，a_4，a_8，a_9。从而也就得到了两条关键路径A→B→E→G和A→D→E→G，其路径长度都为10。

式(7-1)～式(7-4)在有向图中无环的条件下成立，即可以将网中的顶点排成拓扑序列。由此得到求AOE网关键路径的操作过程如下：

① 从源点A出发，令ve(A)=0，按拓扑序列顺序求其余各顶点的最早发生时刻ve(i)。如果所求最早发生时刻顶点序列中的顶点数小于网中顶点总数，则说明网中有环，即该有向图无关键路径，算法终止；否则继续执行以下操作。

② 从汇点 X 出发,令 vl(X)=ve(X),按逆拓扑序列顺序求其余各顶点的最晚发生时刻 vl(j)。

③ 根据各个顶点的 ve(j)和 vl(j)值,求每条弧的最早发生时刻 e(i)和最晚发生时刻 l(i)。若某条弧满足条件 e(k)=l(k),则其所代表的活动为关键活动,由关键活动构成的路径即为关键路径。

根据以上求关键活动的操作过程可以知道,每个顶点的最早发生时刻实际上是在对有向图按拓扑序列的顺序进行遍历过程中递推出来的。因此,对拓扑排序的算法稍做修改即可实现求有向图顶点的最早发生时刻,即在拓扑排序过程中,每访问到一个顶点并将该顶点及其发出的所有弧删除,再利用关系式(7-3)统计出该顶点的最早发生时刻。

而每个顶点的最晚发生时刻则是在对图按逆拓扑序列顺序进行遍历过程中递推出来的,对有向图进行深度优先遍历就可以实现按照逆拓扑序列顺序对图进行遍历,因此可以对图的深度优先遍历算法稍做修改即可实现求解每个顶点的最晚发生时刻,即在调用用以完成遍历图的顶点 v 所在连通分量功能的函数 DFSn(G,v)返回之前,对其所访问的最后一个顶点利用递推关系式(7-4)统计出该顶点的最晚发生时刻。

从另一方面看,由于逆拓扑序列就是拓扑序列的逆序列,所以,可以在对有向图按拓扑序列进行遍历的同时将所访问到的顶点入栈,则出栈后各个顶点的序列就变成了逆拓扑序列。这样就可在对图进行一次遍历的同时将每个顶点的最早发生时刻求出来,并为求其最晚发生时刻做好了准备。因此,算法中也采用这种方法。

下面列出求关键活动算法的具体实现,供大家参考。在算法中,图 G 使用了在存储顶点一维数组的每个数据元素中都增加一个存储入度的域的邻接表存储形式。

算法 7-14　求有向网的关键活动

```
TopoEarlist(ALGraph G, Stack s)
{
  //按拓扑排序顺序求顶点的最早发生时刻
  Initstack(s);                    //s暂存已处理顶点,并为求顶点最晚发生时刻提供逆拓扑序列
  count=0;                         //已处理顶点的计数器,用做判断是否有环的标志
  ve[0..G.vexnum-1]=0;             //存放各顶点最早发生时刻的数组
  while(!Isempty(s1))
  {   //对有向图按拓扑序列顺序遍历并求各顶点的最早发生时刻;s1用来存放度为零的顶点
      pop(s1,&j); push(s,j); count++;
      for(p=G.vets[j].firstarc; p; p=p->nextarc)
      { //删除顶点j发出的弧,将度减为零的顶点入栈,同时求顶点j每个邻接点的当前最早发生时刻
        k=p->adjvex;
        if(--G.vets[k].indegree==0) push(s1,k);
        if(ve[j]+*(p->info)>ve[k])
            ve[k]=ve[j]+*(p->info);
      }
  }
  if(count<G.vexnum){printf("图中有环"); return;}
}
```

```
CriticalPath(ALGraph G)
{
    //按逆拓扑序列求出每个顶点的最晚发生时刻,并输出关键活动
    TopoEarlist(ALGraph G, Stack s);    //用 s 存放拓扑排序所处理过的顶点,以提供逆拓扑序列
    vl[0..G.vexnum-1]=ve[G.vexnum-1];
    while(!Isempty(s))
      for(pop(s,&j), p=G.vets[j].firstarc; p; p=p->nextarc)
      { //对每个顶点求其最晚发生时刻
        k=p->adjvex; dut=*(p->info);
        if(vl[k]-dut<vl[j]) vl[j]=vl[k]-dut;
      }
    for(j=0; j<G.vexnum; j++)
      for(p=G.vets[j].firstarc; p; p=p->nextarc)
      {  //判断每个顶点的松弛时间,若为零则说明为关键活动,输出之
        k=p->adjvex; dut=*(p->info);
        early=ve[j]; late=vl[k]-dut;
        if(early==late) printf(j,k);
      }
}
```


该算法相当于对有向图进行拓扑排序,因此对于一个有 n 个顶点和 e 条弧的有向图,其时间复杂度为 O(n+e)。

7.7 最短路径

假设给定一个有向图 G,图中的每一条弧都有一个非负的权值,则在该图中若从一个顶点 u 到另一个顶点 v 的路径的权值之和最小,则该路径叫做从 u 到 v 的最短路径,其中 u 称为源点,v 称为终点。需要注意的是,这里的有向图 G 是个带权有向图,所以,所谓的路径长度最短不是指路径中弧的数目最少,而是路径的权值之和最小。

可以将图 G 想象为一个航线图,图中的每个顶点表示一个国家,每条弧的权值是从一个国家飞往另一个国家所需要的时间,则最短路径问题考虑的是如何找到一条从国家 u 到国家 v的路径,使得花费的总时间最少。

如果把该问题推广开来,即是从一个顶点(即源点)找出与其他所有顶点(即终点)之间的最短路径问题。如果把最短路径问题进一步推广开来,则是从任一顶点到其他各顶点之间的最短路径问题,即每一对顶点之间的最短路径问题。

7.7.1 单源点的最短路径问题

所谓单源点的最短路径问题指在带权图 G 中,指定一个顶点 v_0 为源点,找出该顶点到其余各顶点之间的最短路径。

解决这个问题的一个最为直观的想法就是找到从顶点 v_0 到 v_i 的所有路径,并分别计算其权值之和,其中最小的那条路径就是最短路径。不过,这样做其复杂程度可想而知。

迪杰斯特拉于1959年第一次提出了一个解决此问题的较为高效的一般算法，称之为迪杰斯特拉算法。该算法的基本思想是按照路径长度递增的顺序产生最短路径。具体地说，就是按照从源点 v_0 到终点 $v_i(1\leqslant i\leqslant n-1)$ 的最短路径长度的升序依次求得从 v_0 到 $v_i(1\leqslant i\leqslant n-1)$ 的最短路径及其长度。

从源点到终点的路径有两种情况：

① 源点与终点之间有直接的弧相连；

② 源点与终点之间有若干个顶点作中转，几经辗转才构成相通的路径。

如果从源点 v_0 到某一终点 v_i 的弧 $\langle v_0, v_i\rangle$ 的权值是其发出的所有弧的权值中最小的一个，则这个最小权值就是从 v_0 到 v_i 的最短路径。因为，若它不是这两个顶点之间的最短路径，则必定存在若干个顶点 $v_p, v_q, \cdots, v_m$ 作为中转点构成一条路径，使得该路径的总路径长度比弧 $\langle v_0, v_i\rangle$ 的权值还小；然而弧 $\langle v_0, v_p\rangle$ 的权值必定小于该路径长度，于是也就小于弧 $\langle v_0, v_i\rangle$ 的权值，而这与“弧 $\langle v_0, v_i\rangle$ 的权值是最小的”相矛盾。所以最小权值弧就是其所依附的两个顶点之间的最短路径，其示意图如图7-37所示。

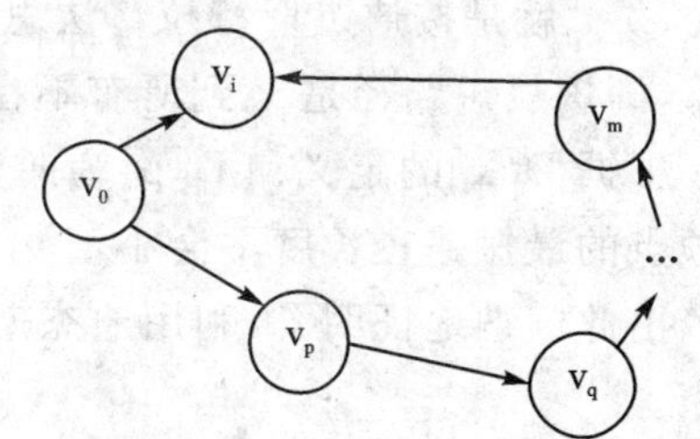

图7-37 最小权值弧为最短路径

而对于从源点 v_0 发出的所有弧中权值次小的一条弧，则不一定就是其所依附的两个顶点之间的最短路径，因为最短路径可能通过从 v_0 发出的所有弧中权值最小的那条弧中转。同样，权值更大的弧就更不确定了，其最短路径也有可能通过已选为最短路径的路径作中转。

由于 v_0 到其他各顶点之间的最短路径长度也不尽相同，也有长短之分，迪杰斯特拉算法就是按照最短路径长度依次递增的顺序来求各条最短路径的。可以按长度对各个最短路径进行排序，并依次标以 $l_1, l_2, \cdots, l_{n-1}(l_i\leqslant l_j, 1\leqslant i<j\leqslant n-1)$。

已经证明，v_0 发出的最小权值弧就是其所依附的两个顶点的最短路径，且它是 v_0 到其他各顶点之间最短路径中长度最小的 l_1。

假设 $l_i(i\geqslant 1)$ 及比它短的最短路径已经确定，并设这些最短路径的终点集为S，令S初始时只含有顶点 v_0，则 l_{i+1} 要么是与 v_0 直接相连的弧，要么是通过S中的某些顶点作中转而与其终点相连的弧，因为如果 l_{i+1} 不是 v_0 发出的弧，并且 l_{i+1} 是至少存在一个中转点(设为 V_x)不在S中的最短路径，则 v_0 到 v_x 的最短路径长度必定小于 l_{i+1} 的长度；而按照迪杰斯特拉算法，即按最短路径长度递增的顺序产生最短路径的思想，在搜寻 l_{i+1} 之前 v_0 到 v_x 的最短路径早该确定了(即 v_x 在S中)，而这与 v_x 不在S中相矛盾。故如果某条最短路径需要经过若干个中转点，则这些中转点必定是S中的顶点。

设顶点 $v_k(i+1\leqslant k\leqslant n-1)$ 不在S中，则从 v_0 到 v_k 的、其所有中转点都在当前S集中的所有路径及弧 $\langle v_0, v_k\rangle$ 组成一个集合，令向量元素D[k]表示该集合中最短的那条路径的权值，并设D[p]为向量D中最小元素值，则 l_{i+1} 可以确定下来，因为：

① v_0 到 v_p 的最短路径(设为 l_p)即为D[p]所对应的路径(设为 d_p)。

假设 d_p 不是 v_0 到 v_p 的最短路径，则必定存在路径长度小于D[p]的另外一条路径 x_p(如图7-38所示)，且这条路径首先穿过S到达某个顶点 v'，然后经过 $n(n\geqslant 1)$ 个不在S中的顶点最终到达 v_p。由于该路径长度比 d_p 的小，则 v_0 到 v' 的路径长度比 d_p 的就更小，又根据向量元素D[p]的定义，D[p]应该存放 v_0 到 v' 的路径长度，而不是 x_p 的长度；而这与实际相矛盾。

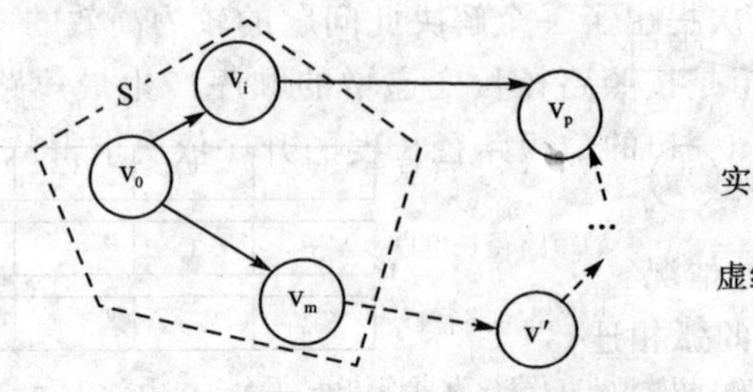

图 7-38 确定当前最短路径

② v_p就是按迪杰斯特拉算法思想确定的从 v_0 到它的最短路径的第 i+1 个顶点，且 l_{i+1}就是 l_p，即该最短路径是 v_0到所有不在 S 中的顶点的当前最短路径中最短的。

根据 D[k]的定义和 D[p]为向量 D 中的最小元素值，不难得出以下结论：v_0到非 S 中任意顶点的最短路径长度不会小于 v_0到 v_p的最短路径长度。

由此归纳地证明了，利用迪杰斯特拉算法可以将从 v_0到图中其余顶点的最短路径都确定下来。

于是，可以将迪杰斯特拉算法概括为以下几个步骤：

① 如果源点 v_0与其他顶点有弧相连，则假定其最短路径就是该弧，相应的，其最短路径长度就是该弧的权值；如果没有弧相连，则假定其没有最短路径，同时令其路径长度为∞，并以一个辅助向量 D 存储 v_0与其余顶点之间的当前待定最短路径长度，同时设置一个向量 D_p，用以存放与 D 中元素相对应的当前待定最短路径。

② 从 D 中所有待定最短路径长度中选取最小值，则 v_0到其所对应顶点 v 的最短路径就是 D_p 中的对应元素值，此时将 D 和 D_p 中的该元素值视为确定值，即实现了将 v 并入 S。

③ 由于 S 中新增了顶点 v，则使得不在 S 中的顶点将 v 作为中转点，从而找到一条比当前待定最短路径更短的路径。为了使 D_p 和 D 中各元素能准确地表示对应顶点的当前待定最短路径及其长度，必须要对其进行更新：对每个不在 S 中的顶点 w，检测是否具有一条通过到顶点 v 的最短路径而后到达顶点 w 的路径，该路径比以前记录的到达顶点 w 的距离还要短，若有则以较短的代替较长的。

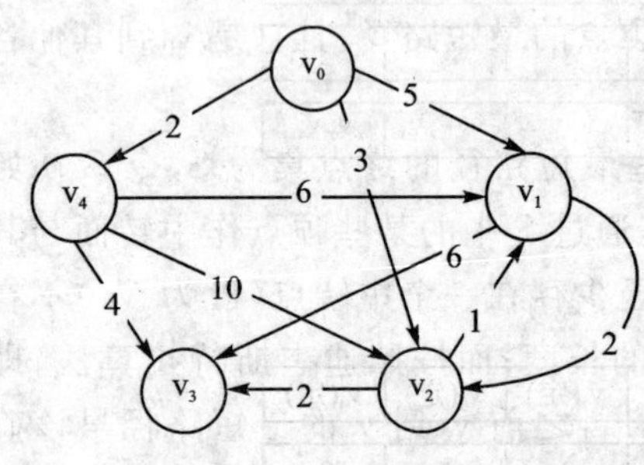

图 7-39 带权有向图

④ 重复执行步骤②和③，直至 v_0到所有其余顶点的最短路径都确定为止。

在图 7-39 中的带权有向图中，以顶点 v_0为源点，求 v_0到图中其余各顶点之间的最短路径的过程及各步状态如图 7-40(图中灰底的顶点为 S 中的点)所示。

由图 7-40 可以清晰地看到，顶点 v_4和 v_2并入 S 后对 v_0到顶点 v_3和 v_1的最短路径的影响。因此，每并入 S 中一个顶点都有必要对两个向量的内容进行更新。

为便于标志从源点到其余各点的最短路径是否已经确定，设置一个布尔型向量 Sure，若其元素所对应顶点的最短路径已确定，则用 True 表示。

在迪杰斯特拉算法实现中，有向网的存储结构采用数组表示法。在此，列出迪杰斯特拉算法的具体实现，供大家参考。

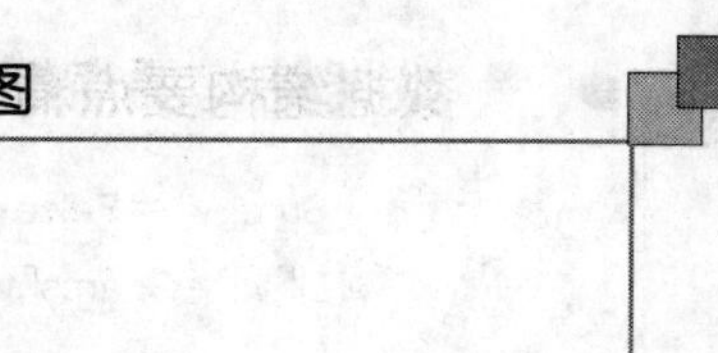

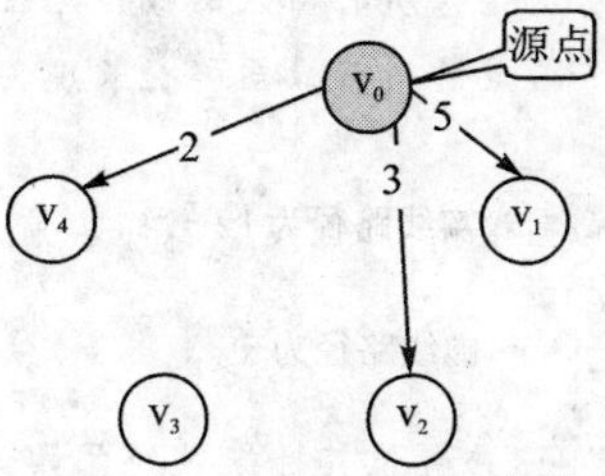

终点	v_1	v_2	v_3	v_4
最短路径长度D	5	3	∞	2
待定最短路径D_p	v_0v_1	v_0v_2		v_0v_4

(a) 初始时最短路径为直连边

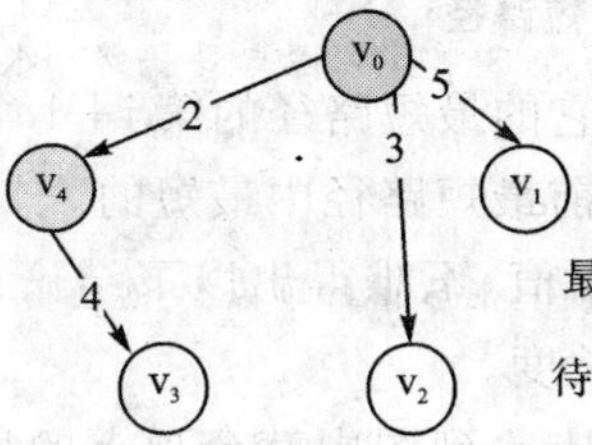

终点	v_1	v_2	v_3	v_4(定)
最短路径长度D	5	3	6	**2**
待定最短路径D_p	v_0v_1	v_0v_2	$v_0v_4v_3$	v_0v_4

(b) 确定到v_4的最短路径

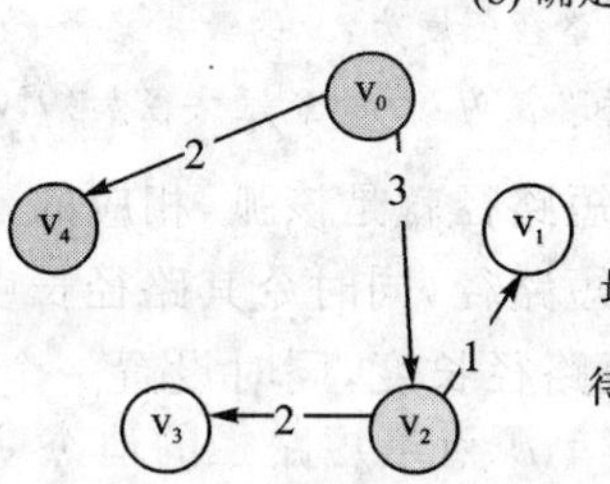

终点	v_1	v_2(定)	v_3	v_4(定)
最短路径长度D	4	**3**	5	2
待定最短路径D_p	$v_0v_2v_1$	v_0v_2	$v_0v_2v_3$	v_0v_4

(c) 确定到v_2的最短路径

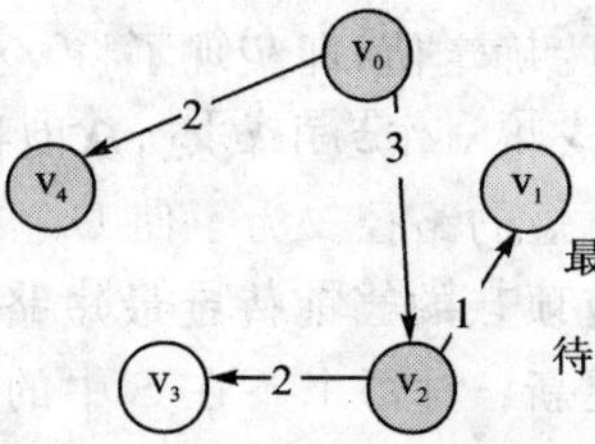

终点	v_1(定)	v_2(定)	v_3	v_4(定)
最短路径长度D	**4**	3	5	2
待定最短路径D_p	$v_0v_2v_1$	v_0v_2	$v_0v_2v_3$	v_0v_4

(d) 确定到v_1的最短路径

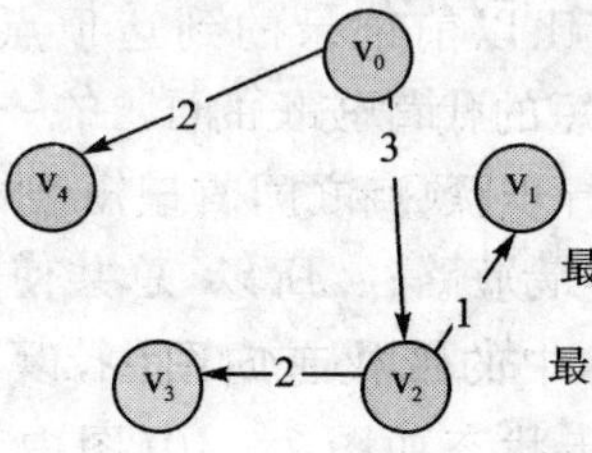

终点	v_1(定)	v_2(定)	v_3(定)	v_4(定)
最短路径长度D	4	3	**5**	2
最短路径D_p	$v_0v_2v_1$	v_0v_2	$v_0v_2v_3$	v_0v_4

(e) 确定到v_3的最短路径20P

图 7－40　单源点最短路径求解过程

算法 7－15　迪杰斯特拉算法求有向网的单源点最短路径

```
ShortestPathDijkstra(MGraph G, int v0, path Dp, shortestlen D)
{
    for(v=0; v<G.vexnum; v++)            //进行初始化
    {
```

```
        Sure[v]=False;                      //标志数组初始化为所有顶点的最短路径还没有确定
        D[v]=G.arcs[v0][v];                 //初始时每个顶点的当前最短路径长度为与源点有直接
                                            //弧的弧长
        if(D[v]<INF) Dp[v]=v0+'->'+v;//若与源点有直接弧,则假定该弧即当前最短路径
    }
    for(i=1; i<G.vexnum; i++)
    { //开始主循环,每次求得源点到某个顶点 v 的最短路径,并置位其标志数组元素
        for(w=0, min=INF; w<G.vexnum; w++)//寻找下一个将确定其最短路径的顶点 v
            if(!Sure[w] && D[w]<min)        //v 应是不在 S 中且到源点最短路径长度最小的顶点
            {v=w; min=D[w];}
        Sure[v]=True;                       //将 v 并入 S 中
        for(w=0; w<G.vexnum; w++)           //依次更新不在 S 中的顶点 w 的当前最短路径和长度
            if(!Sure[w] && (min+G.arcs[v][w]<D[w]))
            { //出现了通过源点到 v 的最短路径然后又到达 w 的最短路径,应更新之
                D[w]=min+G.arcs[v][w];      //当前最短路径长度为:v 的最短路径长度加<v,w>的长度
                Dp[w]=Dp[v]+'->'+w;         //当前最短路径为:v 的最短路径加<v,w>
            }
    }
}
```


在具有 n 个顶点的有向网的数组存储方式下求解单源点最短路径的迪杰斯特拉算法实现中,初始化的时间复杂度为 O(n);主循环是个双重循环,外循环需执行 n-1 次,内循环需执行 n 次,故其时间复杂度为 $O(n^2)$,占用的辅助空间的时间复杂度为 O(n)。需说明的是,如果图采用邻接表存储方式,则虽然更新 D 和 D_p 的时间减少了,但是寻找下一个顶点 v 并确定其最短路径的时间复杂度仍为 $O(n^2)$。

其实,求从某源点到某个顶点间的最短路径与到图中其余顶点间的最短路径是两个同等复杂的问题,其时间复杂度都是 $O(n^2)$。

7.7.2 每一对顶点之间的最短路径问题

迪杰斯特拉算法是求解某一个顶点到其余各顶点之间最短路径问题的一个较为有效的方法。对于一个具有 n 个顶点的有向网来说,为求出每一对顶点之间的最短路径,可以对每一个顶点使用迪杰斯特拉算法,从而求出任意顶点之间的最短路径,所以,总共使用 n 次迪杰斯特拉算法。由于迪杰斯特拉算法的时间复杂度为 $O(n^2)$,故利用迪杰斯特拉算法求每一对顶点之间最短路径的时间复杂度为 $O(n^3)$。

在迪杰斯特拉算法中,每确定源点到一个顶点的最短路径后,就可以利用这个最短路径来确定其他顶点的最短路径。但是,在求解每一对顶点之间的最短路径时,每用一次迪杰斯特拉算法求出某一个顶点(以它为源点调用迪杰斯特拉算法)到其他顶点间的最短路径后,这些已经求出的最短路径并不能为确定下一个顶点到其他顶点之间的最短路径提供服务。为了能够有效利用已求得的信息,下面介绍弗洛伊德(Floyd)算法,这种算法可以一次性求出每个顶点对间的最短路径。

弗洛伊德算法的基本思想是:从任意两个顶点 v_i 和 v_j 的所有存在的路径中,选出一条长

度最短的路径作为这两个顶点之间的最短路径。

有向网的带权邻接矩阵表示了任意两个顶点之间弧的情况，对有 n 个顶点的有向网可以建立两个 $n \times n$ 矩阵 D 和 P，其中 D[i][j]表示顶点 v_i 和 v_j 之间的最短路径长度，而 P[i][j]则表示顶点 v_i 和 v_j 之间的最短路径。

在有 n 个顶点(设为 $v_1, v_2, \cdots, v_n$)的有向网中，任意两个可达顶点之间的最短路径或者是直接连接这两个顶点的弧，或者是以 $v_1, v_2, \cdots, v_n$ 中任意顶点为中转点的路径。

在有 n 个顶点(设为 $v_1, v_2, \cdots, v_n$)的有向网中，其邻接矩阵的元素值表示了每一对顶点之间弧的权值。可以认为，图中每一对顶点之间的当前最短路径长度就是邻接矩阵中相应元素的值，并设此时邻接矩阵为 D_0，对应的当前最短路径矩阵为 P_0。下面对弗洛伊德算法进行推导。

如果在每一对顶点 v_i 和 v_j ($1 \leqslant i, j \leqslant n$ 且 $i \neq j$)之间插入一个顶点 v_1，令 $Path_1$[i][j]表示顶点 v_i 和 v_j 之间的弧 $\langle v_i, v_j \rangle$ 和以 v_1 为中转点的路径 $v_i \to v_1 \to v_j$(若存在的话)，并选取 $Path_1$[i][j]中最小者作为顶点 v_i 和 v_j 之间的当前最短路径长度。待每一对顶点之间都这样筛选完之后，矩阵 D_0 中的元素则表示相应顶点对之间在弧 $\langle v_i, v_j \rangle$ 和所有以 v_1 为中转点的路径中所筛选出来的最短路径长度，此时矩阵 D_0 就更新为 D_1，相应的 P_0 也更新为 P_1。

在 D_1 的基础上再在每一对顶点 v_i 和 v_j 之间插入一个顶点 v_2，令 $Path_2$[i][j]表示顶点 v_i 和 v_j 之间的弧 $\langle v_i, v_j \rangle$ 和以 v_1 或 v_2 为中转点的所有路径。同时使得从 v_i 到 v_2 的路径长度为 D_1[i][2]，从 v_2 到 v_j 的路径长度为 D_1[2][j]，并将这条新路径的长度与 D_1[i][j]的大小比较，取其中最小者，这个值就表示顶点 v_i 和 v_j 之间在弧及所有以顶点 v_1 和 v_2 为中转点的路径中最短一条路径的长度。待所有顶点对都这样筛选完之后，整个矩阵 D_1 就更新为 D_2，相应的矩阵 P_1 更新为 P_2。

以同样的方法在矩阵 D_{k-1} ($1 < k \leqslant n$)中各元素所对应的顶点对 v_i 和 v_j 之间再插入顶点 v_k，使得从 v_i 到 v_k 的路径长度为 D_{k-1}[i][k]，从 v_k 到 v_j 的路径长度为 D_{k-1}[k][j]，并将这条新路径的长度与 D_{k-1}[i][j]的大小比较，取其中最小者，如果令 $Path_k$[i][j]表示顶点 v_i 和 v_j 之间的弧 $\langle v_i, v_j \rangle$ 和以 $v_1, v_2, \cdots, v_k$ 为中转点的所有路径，则这个值就表示 $Path_k$[i][j]中最短一条路径的长度。待所有顶点对都进行了这样的筛选之后，整个矩阵 D_{k-1} 就更新为 D_k，相应的矩阵 P_{k-1} 更新为 P_k。

经过这样的变换，得出的矩阵 P_n 中的元素 P_n[i][j]就表示顶点对 v_i 和 v_j 之间在弧 $\langle v_i, v_j \rangle$ 及所有以顶点 $v_1, v_2, \cdots, v_n$ 中的任意顶点为中转点的路径中最短的一条路径，也就是所说的最短路径；相应的，矩阵 D_n 的元素 D_n[i][j]就表示这条最短路径的长度。

由以上分析可知，在用 Floyd 算法求解各顶点的最短路径时，每个表示两点间路径的 $Path_{k-1}$[i,j]一定是 $Path_k$[i,j]的子集($k=1,2,3,\cdots,n$)。因为 $Path_k$[i,j]中包含弧 $\langle v_i, v_j \rangle$ 及所有以顶点 $v_1, v_2, \cdots, v_k$ 中的任意顶点为中转点的路径，它比 $Path_{k-1}$[i,j]多考虑了以顶点 v_k 为中转点的所有路径的情况。

弗洛伊德算法就是从图的邻接矩阵表示开始进行的，对上述两个矩阵 D 和 P 进行不断更新最终得到矩阵 D_n 和 P_n，从而较简单地实现了一次性求出每一对顶点之间的最短路径。

于是，可以将弗洛伊德算法概括为以下几个步骤：

① 令有向网的邻接矩阵为 D_0，它在本算法中表示每一对顶点 v_i 和 v_j ($1 \leqslant i, j \leqslant n$ 且 $i \neq j$)之间的当前最短路径长度，对应的当前最短路径矩阵为 P_0。

② 按照顶点 $v_1, v_2, \cdots, v_n$的顺序选取一个定点 $v_k(1 \leqslant k \leqslant n)$，重复执行以下步骤 n 次，直到将矩阵 D_0和 P_0更新为 D_n和 P_n为止。

③ 将顶点 v_k作为中转点插入到每一对顶点的当前最短路径中，并将这条路径与原来所认定的最短路径进行长度比较，按照以下公式对最短路径长度矩阵 D 进行更新，即

$$D_k[i][j] = \min\{D_{k-1}[i][j],\ D_{k-1}[i][k] + D_{k-1}[k][j]\} \quad (1 \leqslant k \leqslant n)$$

并根据对参与比较的两条路径的取舍情况来更新最短路径矩阵 P。

下面以图 7-41 中的有向网为例，展示求其每一对顶点之间最短路径的弗洛伊德算法的具体执行过程。该有向网的邻接矩阵(即算法中的 D_0)和最短路径矩阵(即算法中的 P_0)如表 7-5所列。

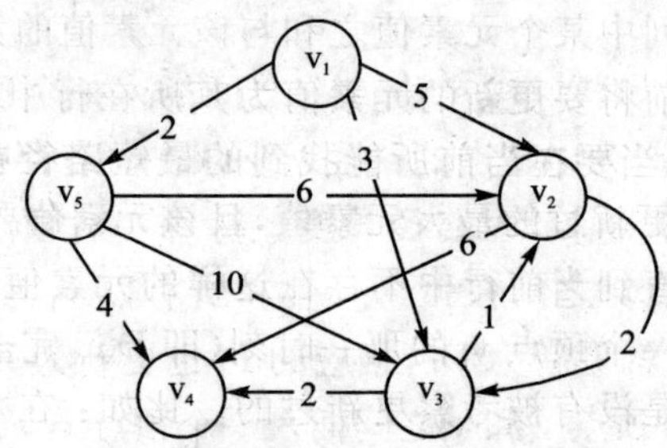

图 7-41 弗洛伊德算法中的有向网

表 7-5 有向网的矩阵 D_0和 P_0

D_0	v_1	v_2	v_3	v_4	v_5	P_0	v_1	v_2	v_3	v_4	v_5
v_1	∞	5	3	∞	2	v_1		$v_1\ v_2$	$v_1\ v_3$		$v_1\ v_5$
v_2	∞	∞	2	6	∞	v_2			$v_2\ v_3$	$v_2\ v_4$	
v_3	∞	1	∞	2	∞	v_3		$v_3\ v_2$		$v_3\ v_4$	
v_4	∞	∞	∞	∞	∞	v_4					
v_5	∞	6	10	4	∞	v_5		$v_5\ v_2$	$v_5\ v_3$	$v_5\ v_4$	

在 D_0的基础上，在每对顶点之间插入顶点 v_1后，D_0中 v_1所在的行(列)中的数据不需要更新，因为 v_1到 v_1不存在路径(这个原则对插入任何一个顶点都适用)。同时，在本例中由于所有顶点到 v_1都没有路径，所以 D_0无需更新，即 $D_1 = D_0$。因此，矩阵 P_0也就没有更新的必要了。

在 D_1的基础上，在每对顶点之间插入顶点 v_2后，同样的，v_2所在的行(列)中的数据不需要更新。考察由从 v_1到 v_2的当前最短路径 P[1][2]和从 v_2到 v_3的当前最短路径 P[2][3]所组成的从 v_1到 v_3的路径，由于 $D_1[1][2] + D_1[2][3] = 7$ 大于 $D_1[1][3] = 3$，故仍保留原来的 $P_1[1][3]$和 $D_1[1][3]$的值不动。再考察由从 v_1到 v_2的当前最短路径 $P_1[1][2]$和从 v_2到 v_4的当前最短路径 $P_1[1][4]$所组成的从 v_1到 v_4的路径，该路径长度为 $D_1[1][2] + D_1[2][4] = 5 + 6 = 11$ 小于 $D_1[1][4] = \infty$，故将 $D_1[1][4]$更新为 11，同时将 $P_1[1][4]$更新为 $P_1[1][2] + P_1[2][4] = v_1 v_2 v_4$。按同样的方法将 D_1和 P_1两个矩阵中的其余元素全部更新后即形成了 D_2和 P_2，如表 7-6 所列。

表 7-6 有向网的矩阵 D_2 和 P_2

D_2	v_1	v_2	v_3	v_4	v_5	P_2	v_1	v_2	v_3	v_4	v_5
v_1	∞	5	3	11	2	v_1		v_1 v_2	v_1 v_3	v_1 v_2 v_4	v_1 v_5
v_2	∞	∞	2	6	∞	v_2			v_2 v_3	v_2 v_4	
v_3	∞	1	∞	2	∞	v_3		v_3 v_2		v_3 v_4	
v_4	∞	∞	∞	∞	∞	v_4					
v_5	∞	6	8	4	∞	v_5		v_5 v_2	v_5 v_2 v_3	v_5 v_4	

由上述对矩阵每个元素更新的过程不难发现：每当对某个元素更新时，实际上是将其所在行中某个元素值与其所在列中某个元素值之和与该元素值的大小进行比较，若前者小，则更新；否则，不更新。而如果当前将要更新的元素值为其所在行中的最小值，就没有必要考虑对其进行考察更新了。因此，每当要在当前所能找到的最短路径中插入一个顶点 v_k 时，可以选择每行中当前还没有被考察更新过的最大元素值，且该元素值要大于该行中 v_k 所对应的元素值，并按照上述原则更新之，直到当前行中不存在这样的元素值为止。注意，每当要在原来所得到的当前最短路径中插入一个顶点 v_k 的那一时刻(即 D_{k-2} 完全更新为 D_{k-1} 的那一时刻)，都认为两个矩阵的所有元素都是没有被考察更新过的。比如：在 D_1 的基础上，在每对顶点之间插入顶点 v_2 时，考虑 v_1 所在的行，v_1 和 v_2 所对应的元素值不必考虑更新；剩下值最大的就是 v_4 所对应的元素∞，它符合“没有更新过、值是最大的、大于 v_2 所对应的元素值 5”这一条件，故将其更新为 11；而 v_3 和 v_5 所对应的元素值(分别为 3 和 2)由于不满足“大于 v_2 所对应的元素值 5”这一条件，故无需考虑对其进行考察更新，可跳过它们而直接转入下一行继续执行同样的操作。

按照上述方法，在 D_2 的基础上，在每对顶点之间插入顶点 v_3 后，各顶点之间的当前最短路径长度矩阵和最短路径矩阵更新为 D_3 和 P_3，如表 7-7 所列。

表 7-7 有向网的矩阵 D_3 和 P_3

D_2	v_1	v_2	v_3	v_4	v_5	P_2	v_1	v_2	v_3	v_4	v_5
v_1	∞	4	3	5	2	v_1		v_1 v_3 v_2	v_1 v_3	v_1 v_3 v_4	v_1 v_5
v_2	∞	∞	2	4	∞	v_2			v_2 v_3	v_2 v_3 v_4	
v_3	∞	1	∞	2	∞	v_3		v_3 v_2		v_3 v_4	
v_4	∞	∞	∞	∞	∞	v_4					
v_5	∞	6	8	4	∞	v_5		v_5 v_2	v_5 v_2 v_3	v_5 v_4	

在 D_3 的基础上，在每对顶点之间插入顶点 v_4 后，由于 v_4 到各顶点之间当前没有路径，故不需更新，即 $D_4=D_3$ 和 $P_4=P_3$，如表 7-8 所列。

表 7-8 有向网的矩阵 D_4 和 P_4

D_2	v_1	v_2	v_3	v_4	v_5	P_2	v_1	v_2	v_3	v_4	v_5
v_1	∞	4	3	5	2	v_1		v_1 v_3 v_2	v_1 v_3	v_1 v_3 v_4	v_1 v_5
v_2	∞	∞	2	4	∞	v_2			v_2 v_3	v_2 v_3 v_4	
v_3	∞	1	∞	2	∞	v_3		v_3 v_2		v_3 v_4	
v_4	∞	∞	∞	∞	∞	v_4					
v_5	∞	6	8	4	∞	v_5		v_5 v_2	v_5 v_2 v_3	v_5 v_4	

在 D_4 的基础上，在每对顶点之间插入顶点 v_5 后，各顶点之间的当前最短路径长度矩阵和最短路径矩阵更新为 D_5 和 P_5，如表 7－9 所列。

表 7－9　有向网的矩阵 D_5 和 P_5

D_2	v_1	v_2	v_3	v_4	v_5	P_2	v_1	v_2	v_3	v_4	v_5
v_1	∞	4	3	5	2	v_1		$v_1v_3v_2$	$v_1\ v_3$	$v_1v_3v_4$	$v_1\ v_5$
v_2	∞	∞	2	4	∞	v_2			$v_2\ v_3$	$v_2v_3v_4$	
v_3	∞	1	∞	2	∞	v_3		$v_3\ v_2$		$v_3\ v_4$	
v_4	∞	∞	∞	∞	∞	v_4					
v_5	∞	6	8	4	∞	v_5		$v_5\ v_2$	$v_5v_2v_3$	$v_5\ v_4$	

由此可得，表 7－9 中的两个矩阵分别表示图 7－41 中有向网的每两个顶点之间的最短路径长度和最短路径。

在此，列出弗洛伊德算法的具体实现，供大家参考。

算法 7－16　Floyd 算法

```
SortestPath_Floyd(MGraph G, PathMatrix P[], DistanceMatrix D)
{
  for(i=0; i<G.vexnum; i++)
     for(j=0; j<G.vexnum; j++)
     {  //初始化最短路径及其长度矩阵，即得到 D0 和 P0
        D[i][j]=G.arcs[i][j];
        if(D[i][j]<Infinity)
          P[i][j]=vi vj;
     }
     for(k=0; k<G.vexnum; k++)             //按照顶点 v1,v2,…,vn 的顺序选取一个定点 vk(1≤k≤n)
       for(i=0; i<G.vexnum; i++)           //插入到当前所能找到的最短路径中，并加以考察比较
         for(j=0; j<G.vexnum; j++)
           if(D[i][k]+D[k][j]<D[i][j])
           {  //若插入中转点后的路径更短，则用其替代原来的当前最短路径，并更新两个矩阵
              D[i][j]=D[i][k]+D[k][j];
              P[i][j]=P[i][k]+P[k][j];
           }
}
```

在算法 7－16 中，对最短路径矩阵及其长度矩阵进行初始化的时间复杂度为 $O(n^2)$，而连续插入顶点并更新两个矩阵的时间复杂度为 $O(n^3)$。故 Floyd 算法总的时间复杂度为$O(n^3)$。

第8章　查　找

【学习要点】

1. 掌握静态查找(顺序查找、折半查找和分块查找等)及其分析的方法,并能灵活地运用。
2. 掌握二叉排序树的构造方法、查找过程及其查找分析。
3. 掌握平衡二叉树的构造、调整方法及平衡树查找分析。
4. 掌握 B—树的特点及其查找分析,会对其进行插入和删除操作。
5. 了解 B+树的特点。
6. 掌握哈希表的建表方法和处理冲突的方法,理解哈希表与其他查找表的本质区别。
7. 掌握各种查找方法的平均查找长度。
8. 掌握用各种方法表示的查找表的存储结构及其优缺点和适用场合。

【要点精讲】

查找(又称检索、搜索)无论是在日常生活中,还是在计算机的系统软件和应用软件中都会广泛涉及到。信息检索已经成为计算机应用领域中的一个重要方面。当所要查找的数据量相当大时,寻找一种高效的查找方法就显得尤为重要。如果数据元素或记录项很多以至于内存都无法存放所有的数据元素或记录,则有必要把一些数据元素存储到磁盘或磁带上去,在这种情况下的查找叫做外部查找;而如果所需要查找的数据元素都在内存中,则称这种情况下的查找为内部查找(这里只考虑内部查找,当然有些算法在外部查找中也同样适用)。本章将介绍在不同物理结构下效率较高的几种查找方法,并评判其查找效率的优劣。

8.1　基本概念和相关约定

8.1.1　基本概念

1. 查找表

查找表是由同一类型的数据元素或记录构成的集合。在这个集合中的元素之间除了同属于一个集合外再无其他关系。但是这样的查找表会对查找带来很大的不便,于是就在这样的查找表的基础上,再加上一些特定的关系以便按某种规则进行查找。也就是说以另一种数据结构来表示查找表。

2. 静态查找表

只对其进行"查找"操作的查找表叫做静态查找表。其中,所谓的"查找"操作指查询某个特定的数据元素是否在查找表中或检索某个特定的数据元素的各种属性。在对其进行查找后,其中的数据不会被更改。

3. 动态查找表

不但对其进行“查找”操作,同时还在查找过程中插入其不存在的数据元素,或从中删除已存在的某个数据元素的查找表叫做动态查找表。动态查找表的特点是其本身是在查找的过程中动态生成的;在对其进行查找后,其中的数据也会变动。

4. 关键字

关键字是数据元素(记录)中某个数据项的值,可以标志一个数据元素(记录)。

5. 主关键字

若一个关键字可以唯一地标志一个数据元素(记录),则叫做主关键字。

6. 次关键字

用以识别若干记录的关键字叫做次关键字。

7. 查　找

根据给定的关键字值在表中确定一个其关键字值等于给定值的数据元素的过程叫做查找。查找之后出现两种可能性:如果表中存在这样的数据元素(记录),则返回该数据元素(记录)或其在表中的位置,此时称查找成功;若找不到拥有所给关键字的任何数据元素(记录),则为查找失败,返回“空”或查找失败的信息。

8.1.2　算法的平均查找长度

很显然,查找是通过对关键字的比较而进行的,因此,查找算法中计算机所做的工作总量与关键字的比较次数紧密相关。所以,对查找算法的分析就主要集中在对关键字的比较次数的分析上。

一个算法在最坏情况下的性能和平均性能是非常有意义的。通常使用平均查找长度(查找中与关键字比较次数的期望值)来分析查找算法的平均性能。这就自然而然地涉及到各种查找算法的等概率与不等概率下查找成功和查找失败时的平均查找长度。而这也正是本章的一个重要知识点。

一个含有 n 个数据元素的查找表,其查找成功时的平均查找长度(ASL)为

$$\mathrm{ASL} = \sum_{i=1}^{n} P_i C_i \tag{8-1}$$

其中,P_i为查找表中第 i 个记录的概率,且所有 P_i之和为 1,在等概率时为 1/n;C_i 为当找到表中关键字与给定值相等的第 i 个记录时,与给定值已进行过关键字比较的次数,它的值取决于所查记录在表中的位置。

在一个含有 n 个数据元素的查找表中,查找失败事件可能发生在给定值位于查找表的任意两个元素之间,或在表的第一个元素之前,或在表的最后一个元素之后,总共有 n+1 种可能的情况。故其查找失败时的平均查找长度(uASL)为

$$uASL = \sum_{i=1}^{n+1} Q_i U_i \tag{8-2}$$

其中，Q_i为查找过程中第 i 个查找失败事件发生的概率，所有 Q_i之和为 1；在等概率时，为 1/(n+1)。U_i 为第 i 个查找失败事件发生时，与给定值已进行过关键字比较的次数。

在式(8-1)中都认为所有 P_i之和为 1，即认为在查找过程中，每次查找都是成功的。其实，在实际应用中，查找成功的可能性比失败的可能性要大得多，尤其是在 n 很大时，查找失败的概率可以忽略不计。

但是，当查找失败不可忽视时，查找算法的平均查找长度(ASL′)应为查找成功时的平均查找长度与查找失败时的平均查找长度之和，即为

$$ASL' = \sum_{i=1}^{n} P_i C_i + \sum_{i=1}^{n+1} Q_i U_i \tag{8-3}$$

其中，P_s和 P_u分别为查找成功和失败发生的概率，P_i，Q_i，C_i，U_i与式(8-1)和式(8-2)中的相同；同时 P_i 和 Q_i 要满足关系式

$$\sum_{i=1}^{n} P_i + \sum_{i=1}^{n+1} Q_i = 1$$

一般认为，查找成功和失败发生的概率是相等的，而对每个记录的查找概率也相等，每个查找失败事件发生的概率也是相等的。在这种情况下查找算法的平均查找长度(ASL′)就变为

$$ASL' = \frac{1}{2n}\sum_{i=1}^{n} C_i + \frac{1}{2(n+1)}\sum_{i=1}^{n+1} U_i \tag{8-4}$$

其中，C_i和 U_i与式(8-1)和式(8-2)中相同。

8.1.3 判定树

通过研究查找算法的执行过程，可以获得算法的判定树(也称为比较树、决策树或搜索树)，树中每个结点(用一个圆圈表示)表示与关键字的一次比较，在圆圈里放置与给定值比较的关键字或该关键字在表中的位置；如果给定值与该关键字相等，则算法在该结点处成功终止。从结点引出的分支表示比较的可能结果。其中左分支中的结点为在有序表中先于根出现的结点(若不存在这样的数据，则以矩形表示之，这样表示的判定树就成了扩充的判定树，为方便起见，仍称之为判定树)，右分支中的结点为在有序表中后于根出现的结点(若不存在这样的数据，则以矩形表示之)。

若给定值在查找表中小于第一个元素、大于最后一个元素或在任意两个元素之间，为清晰地表示这种情况，在适当的分支末尾标记上 F(代表查找失败，用方框表示)，并称之为外部结点；若算法查找失败，则终止于外部结点。

在某些特定算法中，判定树可以比较形象而直观地表达出一个查找算法在查找任意给定值所进行的比较次数：当查找成功时，所走的路径为从根结点到所查结点的路径，与关键字比较的次数为该路径上的结点数；查找失败时，所走的路径为从根结点到外部结点的路径，与关键字比较的次数为该路径上的内部结点数。

判定树是分析查找算法的一个常用工具，既可以遍历算法的每个操作，还可以求解出查找算法在查找成功时的平均查找长度。对于式(8-1)中的 C_i就是从根结点到结点 i 之间路径上的结点数，也等于该结点所在的层次数；再利用式(8-1)～式(8-4)不难得出各种查找算法的

等概率与不等概率下查找成功时的平均查找长度。

8.1.4 相关约定

1. 查找表的数据结构

由于查找表是数据元素的集合，元素之间的关系比较松散，不便于查找操作，所以这里给数据元素之间加上一些关系，即分别就静态查找表和动态查找表两种抽象数据类型来讨论其表示和操作的实现方法。

2. 关键字、数据元素类型说明

数据元素的关键字可以是任何可能的数据类型，比如：整型(int)、字符串类型(＊char)等。为统一格式，这里将涉及到的关键字类型和数据元素类型统一说明如下。

以下是关键字类型说明。


```
typedef int KeyType;            //整型
typedef float KeyType;          //浮点型
typedef char * KeyType;         //字符串类型
```

以下是数据元素类型说明。

```
typedef struct {
    KeyType key;                //关键字
    ⋮                           //其他数据项
}ElemType;                      //数据元素类型
```

3. 实现不同类型关键字比较的宏定义

在查找过程中，常常要比较两个关键字的大小以判断它们是否相等。然而关键字的类型可以是整型、浮点型和字符串类型等；对于不同类型的关键字，其大小的比较方式是不同的，表示方法也是相异的。如果是整型、浮点型，则只要比较其值的大小即可，并用“＜”,“＞”和“＝”来表示其大小；如果是字符串类型，且按照字母顺序来决定其大小，则可以用C语言中strcmp函数来比较其大小。但是实际中并不能仅仅针对整型或字符串类型的关键字编写算法，这样会失去通用性。为使算法具有一般性，就希望不针对某一种具体的关键字类型编写算法，而是编写通用的算法使之覆盖所有的关键字类型。

具体可以通过以下函数来实现。

```
Boolean  EQ(KeyType Key1, KeyType Kye2);    //若关键字Key1与Key2相等，返回True
Boolean  LT(KeyType Key1, KeyType Kye2);    //若关键字Key1小于Key2，返回True
Boolean  GT(KeyType Key1, KeyType Kye2);    //若关键字Key1大于Key2，返回True
```

这样，每当需要进行关键字比较时只需调用上述两个函数即可。然而，这又出现了问题：在查找算法中，“比较关键字大小”操作发生的频率是很高的，这就使得算法为调用函数占去整个比较操作的大部分时间。

C语言中的宏就可以允许以函数调用的通用形式来编写代码，并且对于特殊类型的关键字运用设计操作符的方法来达到同样的执行效率。宏是由预处理程序来处理的，因此当运行宏时，其指令在编译之前就已经复制到程序里面。这样，在执行时就不需要专门为调用函数而浪费时间了。

当关键字为数字类型时，可以通过下面的方式来声明宏：

```
# define EQ(a,b)             # define LT(a,b)             # define GT(a,b)
     ((a)==(b))                   ((a)<(b))                    ((a)>(b))
```

当关键字为字符串类型时，可以通过下面的方式来声明宏：

```
# define EQ(a,b)             # define LT(a,b)             # define GT(a,b)
  (!strcmp((a),(b)))          (strcmp((a),(b))<0)          (strcmp((a),(b))>0)
```

注意：上面关于宏的声明中，a 和 b 的括号不可省略，因为若其为表达式，则可保证宏展开式的顺序是正确的。

4. 有序表中的"序"

表中的元素按照有序排列，而这个"有序"指元素关键字可能是按升序排列，也可能是按降序排列。在本章中，如果没有特别的说明，则约定元素是按其关键字的升序进行排列的，即表中所有元素（记录）的关键字都满足下列关系：

$$St.elem[i].key \leqslant St.elem[i+1].key \quad (i=1,2,3,\cdots,n-1)$$

则称表中的元素（记录）按关键字有序。

相反，如果表中的元素（记录）按关键字的降序排列，则称为逆序有序。

5. 求平均查找长度的条件

在实际生活中，查找各个元素的概率是不同的。但在本章中，如无特殊说明则都是在各元素被查找概率相同的条件下求查找算法的平均查找长度。

8.2 静态查找表的查找算法

使用顺序表表示静态查找表可以对其结构描述如下。

```
typedef struct {
  ElemType *elem;                    //数据元素存储空间基址；elem[0]不用
  int length;                        //顺序表长度
}SSTable;                            //顺序表类型
```

8.2.1 无序顺序表的查找——顺序查找法

顺序查找的基本思想是：从表的最后一个数据元素（记录）开始，顺序扫描整个线性表，依次扫描到的结点关键字与给定值 K 相比较，若当前扫描到的结点关键字与 K 相等，则查找成功；若扫描结束后，仍没有找到关键字等于 K 的结点，则查找失败。

顺序查找的具体算法实现如下。

算法 8-1 顺序查找

```
SeqSearch(SSTable St,KeyType K)
{
  //在顺序表R[1..n]中顺序查找关键字为K的结点,成功时返回找到的结点位置,失败时返回0
  int i=0;
  St.elem[0].key=K;                                    //设置哨兵
  for(i=St.length;!EQ(St.elem[i].key, K); i--);       //从表后往前找
  return i;                                            //若i为0,表示查找失败,否则St.elem[i]
                                                       //是要找的结点
}
```

算法中用到了哨兵,作用在于:一是作为临时变量存放当前要进行比较的关键字的副本,二是在查找循环中用来监视下标变量 i 是否越界。因为在算法中对每个扫描到的结点都要将其关键字与给定值比较,这是不能省略的;同时为防止下标越界还要检测一下该结点是否已经是表中的第一个结点,以便决定是否继续扫描下去,如果不使用监视哨(即哨兵),则需要将当前结点的下标与 1 比较,如果使用哨兵则这个比较就可以省略。尤其是当表中记录很多时,哨兵的作用就会更为明显。

下面对顺序查找算法分析如下。

1. 空间复杂度

算法中使用了一个哨兵,这要占用一个元素的空间,故其空间复杂度为 O(1)。

2. 平均查找长度

在一个含有 n 个数据元素的顺序表上执行顺序查找算法,若扫描完整个表 St.elem[1..n]都没有找到其关键字与给定值相等的结点,说明查找失败;而算法的循环也必定终止于 St.elem[0]=K,此时返回的 i 值为 0。显然,若给定一个值且查找失败,则与之进行关键字比较的次数为n+1。而这样的给定值可能位于顺序表第一个元素之前、最后一个元素之后以及任意两个相邻元素之间,总共有 n+1 种可能,假设每一种发生的概率都相等,则其概率为 1/(n+1)。于是,可以得到在查找失败时的平均查找长度为

$$uASL = \sum_{i=1}^{n+1} Q_i U_i = \sum_{i=1}^{n+1} \frac{1}{n+1}(n+1) = n+1$$

若算法中的循环终止于 i≥1,则表明查找成功。若查找的是顺序表最后一个元素,则只需比较 1 次;若为倒数第二个元素,则需比较 2 次;一般的,若查找第 i 个元素,则需比较 n-i+1 次;当然若查找第一个元素,则需比较 n 次。若假设查找每个元素的概率是相等的,则其概率为 1/n。这样又可以得到顺序查找中查找成功时的平均查找长度为

$$ASL = \sum_{i=1}^{n} P_i C_i = \sum_{i=1}^{n} \frac{1}{n}(n-i+1) = \frac{1}{n}\,\frac{n(n+1)}{2} = \frac{n+1}{2}$$

当顺序查找失败不可忽视时,查找算法的平均查找长度(ASL′)应为查找成功时的平均查找长度与查找失败时的平均查找长度之和,即为

$$ASL' = \frac{1}{2n}\sum_{i=1}^{n}C_i + \sum_{i=1}^{n+1}U_i = \frac{1}{2n}\sum_{i=1}^{n}(n-i+1) + \frac{1}{2(n+1)}\sum_{i=1}^{n+1}(n+1) = \frac{3}{4}(n+1)$$

其实，也可以这样计算：

$$ASL' = \frac{1}{2}ASL + \frac{1}{2}uASL = \frac{1}{2}\frac{n+1}{2} + \frac{1}{2}(n+1) = \frac{3}{4}(n+1)$$

在判定树中(如图 8-1 所示)，若查找成功，则查找是从根结点出发而终止于树中的某一个内部结点，且该路径上的结点数就是查找该结点所需进行的比较次数，也即该结点所在的层次数。因此，不难看出，查找结点 1 需要比较 1 次，查找结点 i 则需比较 i 次。如果查找失败(这有 n+1 种可能)，它们对应了树中的 n+1 个外部结点，而每查找失败一次，都要进行 n+1 次比较。

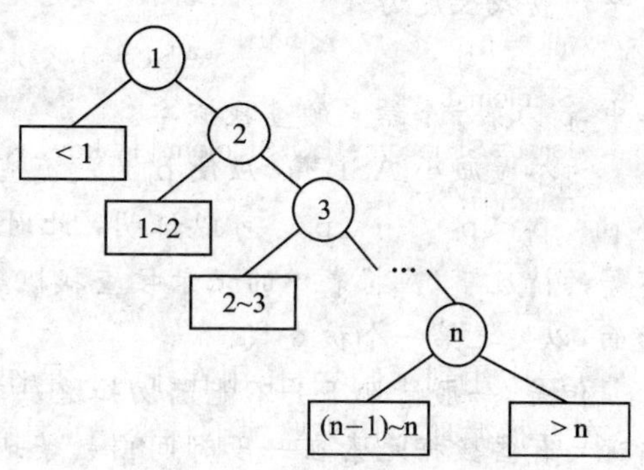

图 8-1　顺序查找判定树

注意：

在一般的顺序表上执行顺序查找时，若查找失败，则不能使用其判定树中从根结点到对应叶子结点路径上的内部结点数来表示已经与表中结点进行比较的次数。因为，不遍查整个顺序表的所有元素，就不能得出"该顺序表中不存在以给定值为关键字的结点"这样的结论。但是，对于有序表则可以用判定树中从根结点到叶子结点路径上的结点数来表示在查找失败时已经与表中结点进行比较的次数。比如：在图 8-1 中的判定树中，若将结点的值视为关键字的值，则该顺序表是一个有序表。若在该有序表中查找值在 2～3 之间的关键字，则可从根出发经过结点 2，此后继续查找即可得出结论(即到达叶子结点 2～3)，因为此后所有结点的关键字值都应该比给定值大。

当顺序表为有序表时，查找失败的平均查找长度为

$$uASL = [1+2+3+\cdots+(n+1)]/(n+1) = (n+2)/2$$

查找成功时的平均查找长度为

$$ASL = (1+2+3+\cdots+n)/n = (n+1)/2$$

若假设查找成功与否，各特点的查找概率都相等，即在查找树中所有 2n+1 个结点的查找概率都相同，则此时有序表采用顺序查找时的平均查找长度为

$$ASL' = \{(1+2+3+\cdots+n) + [1+2+3+\cdots+(n+1)]\}/(2n+1) = (n+1)^2/(2n+1)$$

顺序查找算法很简单，它对表的结构没有任何要求，不论采用顺序存储结构还是采用链式存储结构，都可以使用顺序查找；对于表中元素是否按顺序排放，顺序查找法也都同样适用。

但是，从上面的算法分析也可以看出，顺序查找在查找成功时的平均比较次数约为表长度的一半；若给定值不在表中，则必须遍历整个表之后才能得出查找失败的结论。所以，顺序查找的缺点就是平均查找长度较大，查找效率低。故当表很长时，即表中所含元素很多时，顺序查找法不是一个很好的选择。

拓展 **查找概率不等条件下的顺序查找**

前面对顺序查找算法的分析是基于对每个关键字的查找概率都相同的条件。但是,在实际生活中,并不一定对每个关键字的查找概率都相同。在这种情况下,顺序查找在查找成功时的平均查找长度为

$$ASL=1\times p_n+2\times p_{n-1}+\cdots+n\times p_1$$

其中,p_i为第 i 个结点的查找概率。

为尽量减小 ASL 值,应使 p_1为所有查找概率中最小的,p_2为次小的……p_n为最大的,即使得 $p_1<p_2<p_3<\cdots<p_n$。可以证明:此时顺序查找的平均查找长度最小。所以,在查找概率不等的情况下,应将表中的记录按查找概率从小到大排列,把查找概率最大的记录放在表的最后面,以使之第一个被查找。

但是,一般情况下并不能确切知道每个数据元素(记录)的查找概率。很可能会出现这种情况:有些数据元素在一段时间内频繁地被访问,此后就基本上不被访问了。为解决这些问题,人们设计了自组织线性表。它有三种自组织方式:计数方式、移到表尾、互换位置。

计数方式是为每个数据元素保存一个访问计数器,每访问成功一次就将该计数器加 1,当该数据元素的访问次数大于其后面数据元素的访问次数时,就将该数据元素移到后面,即实现表按访问次数递增的次序排放数据元素。这种方法的缺点是移动数据元素浪费很多时间,同时每个元素还要增加一个计数器的空间。

移到表尾方式就是在成功查找一个数据元素后,就将该元素移到表尾,以使之在下次能最先被查找。这种方式能很快地适应元素访问频率改变的情况;但是移动元素的情况会常常发生,所以不太适于顺序存储结构的表,而比较适于链式存储结构的表。

互换位置方式是把被成功查找到的元素与其后面的元素互换位置。时间一长,最常被查找的元素就会被移动到表尾。这种方式同时适于顺序和链式存储结构的表。

Example 8-1(华中理工大学)

顺序查找有 n 个元素的顺序表,若查找成功,则比较关键字的次数最多为______次;当使用监视哨时,若查找失败,则比较关键字的次数为______。

【解析】

顺序查找是从表的最后一个数据元素(记录)开始,顺序扫描整个线性表,依次扫描到的结点关键字与给定值 K 相比较:若当前扫描到的结点关键字与 K 相等,则查找成功;若扫描结束后,仍没有找到关键字等于 K 的结点,则查找失败。

当查找成功时,与关键字比较次数最多的情况就是该关键字与给定值相同的元素位于顺序表的第一个位置,找到它所需的比较次数为 n。

在使用监视哨的情况下,因为本题中的顺序表并不一定是有序表,所以当每一个“查找失败”事件发生时,就已经与表中所有元素都比较了一次,同时还要与监视哨比较一次才能结束查找,从而得出结论:当查找失败时所需比较的次数都是 n+1。

故本题答案为 n 和 n+1。

8.2.2 有序顺序表的查找——折半查找法

当然，有序表也可以使用顺序查找的方法。但是，这种方法的查找效率并不是很高。由于表是有序的，所以可以使用折半查找法。

折半查找是一种二分查找，其基本思想是：设查找范围为[low, high]，在 low 与 high 之间找该范围的中点 mid，这样就把原查找范围分割成三部分：[low, mid－1]，mid 和[mid＋1, high]。若 mid 位置的元素关键字与给定值相等，则查找成功，算法结束；若给定值小于 mid 位置的元素关键字，则在第一部分中查找，即当前查找范围缩小为[low, mid－1]；若给定值大于 mid 位置的元素关键字，则在第三部分中查找，即当前查找范围缩小为[mid＋1, high]。继续将当前范围按照上述原则分为规模更小的三部分，并将给定值与中间的元素关键字相比较。这样，每经过一次关键字的比较，就缩小一半的查找范围，如此进行下去，直至找到要查找的元素（即为查找成功）或查找范围缩小到只有一个元素但仍没有找到要查找的元素（即为查找失败）。

在折半查找中，每将给定值与 mid 位置元素的关键字进行比较后，或者查找成功，或者丢弃所查找元素不可能在的那一半元素，即查找范围缩小为原来的一半。在此基础上，继续用同样的办法查找下去。这个过程很显然是一个递归的过程，于是不难写出折半查找算法的递归形式如下。

算法 8-2 折半查找递归形式

```
Binary_Search(SSTable St,KeyType K,int low,int high)
{
  //用折半法在有序表中查找关键字等于给定值的元素。若成功则返回其在表中的位置，否则返回 0
  mid＝0;
  if(low<＝high)
  {
     mid＝(low＋high)/2;
     if(LT(K,St.elem[mid].key))                //若给定值小于 mid 位置的关键字
        mid＝Binary_Search(St,K,low,mid－1);   //则舍去表的右半部，在左半部递归查找
     else if(GT(K,St.elem[mid].kdsfey))        //若给定值大于 mid 位置的关键字
        mid＝Binary_Search(St,K,mid＋1,high);  //则舍去表的左半部，在右半部递归查找
  }
  return mid;                                  //若给定值等于 mid 位置的关键字，则返回当
                                               //前的 mid 值
}
```

由于该递归算法是一个尾递归，所以很容易将其转换为循环迭代形式如下。

算法 8-3 折半查找非递归形式

```
Binary_Search(SSTable St,KeyType K)
{
  //在有序表中非递归折半查找给定值。若查找成功返回元素在表中的位置，否则返回 0
  low＝1; high＝St.length; mid＝0;
  while(low<＝high)                       //只要当前查找范围长度不为 0 就继续查找
```

```
    {
        mid=(low+high)/ 2;
        if(EQ(K, St.elem[mid].key))            //给定值等于当前 mid 位置的关键字则返回该位置
            return mid;
        else if(LT(K, St.elem[mid].key))       //若给定值小于 mid 位置的关键字
            high=mid - 1;                      //则舍去表的右半部,在左半部递归查找
        else                                   //若给定值大于 mid 位置的关键字
           low=mid+1;                          //则舍去表的左半部,在右半部递归查找
    }
    return 0;                                  //遍寻整个表都没有找到关键字值与给定值相等的元素
}
```

图 8-2 描述了折半查找算法从有序表到规模更小的有序表的细分过程(即查找范围逐渐缩小的过程)。

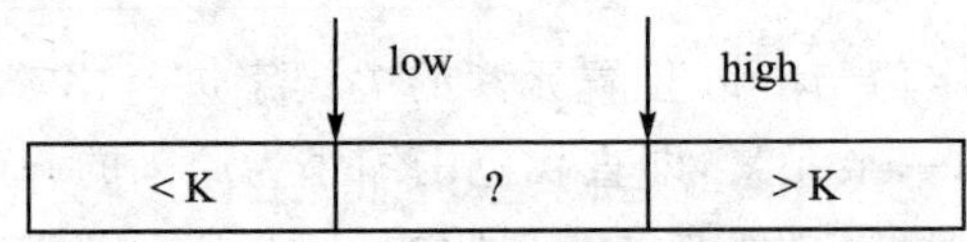

图 8-2　折半查找算法中表的细分过程

图 8-2 中,第一部分仅包含关键字值严格小于 K 的数据元素(记录),而最后一部分则仅包含关键字值严格大于 K 的数据元素(记录)。故在这种方式实现的折半查找算法中,若 K 在表中不止出现一次,则将返回其任意出现的位置。

下面看一个具体实例以体会折半查找的具体执行过程。

在有序表{1,10,11,14,23,27,29,55,68}中利用折半查找法查找 8 和 55。

图 8-3 演示了其执行过程。

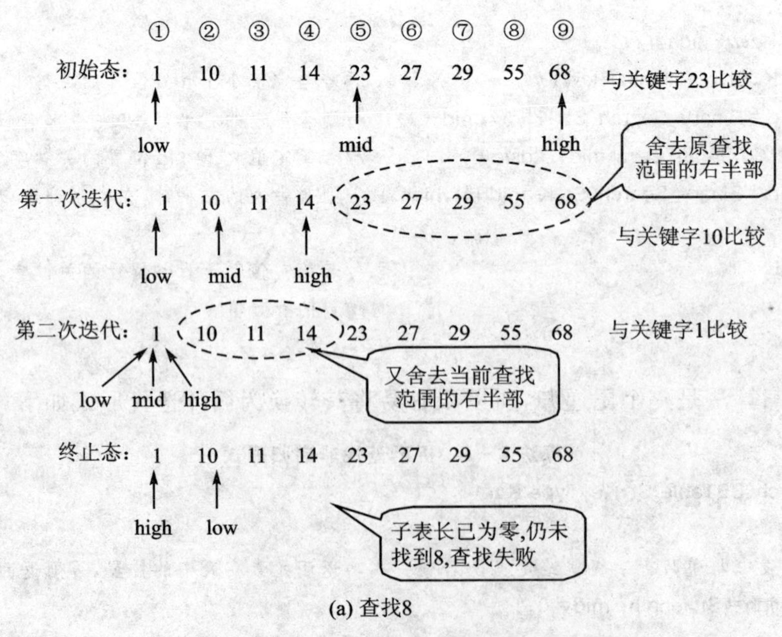

(a) 查找8

图 8-3　折半查找执行过程

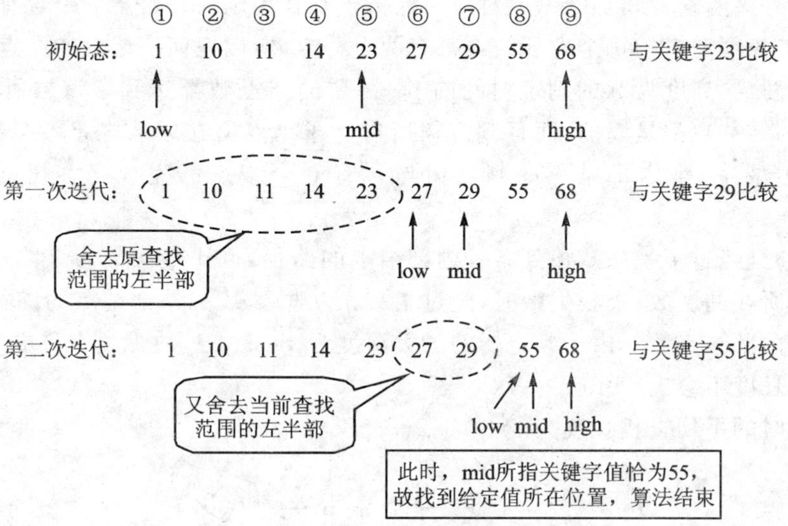

① ② ③ ④ ⑤ ⑥ ⑦ ⑧ ⑨

初始态： 1 10 11 14 23 27 29 55 68 与关键字23比较

low mid high

第一次迭代： 1 10 11 14 23 27 29 55 68 与关键字29比较

舍去原查找范围的左半部

low mid high

第二次迭代： 1 10 11 14 23 27 29 55 68 与关键字55比较

又舍去当前查找范围的左半部

low mid high

此时，mid所指关键字值恰为55，故找到给定值所在位置，算法结束

(b) 查找55

图 8-3 折半查找执行过程(续)

折半查找的过程也可以使用判定树来描述。把当前查找范围中间位置(即 mid 所指)上的结点作为根，左子表(即查找范围[low，mid－1])和右子表(即查找范围[mid＋1，high])中的数据元素(若不存在这样的数据，则以矩形表示之)分别作为左子树和右子树上的结点。上例中的有序表进行折半查找的判定树可表示如图 8-4 所示。

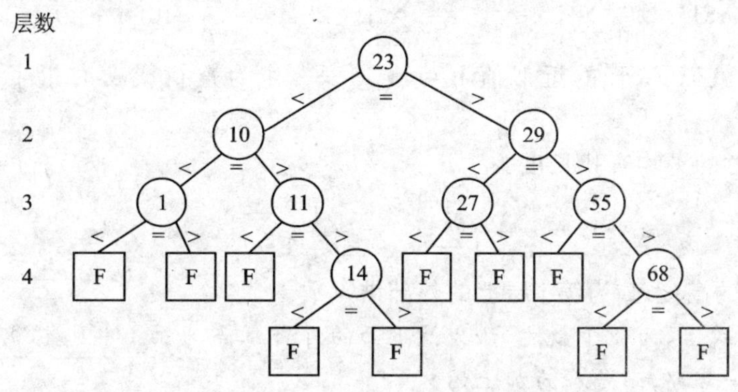

图 8-4 折半查找判定树

若在判定树中查找其关键字值与给定值相等的元素，则首先与根结点关键字 23 比较，若相等则查找成功，算法结束；若给定值小，则继续在左子树中查找；若给定值大，则继续在右子树中查找。

例如，在上述查找表中查找关键字为 8 的数据元素(记录)的过程，在判定树中经历了23→10→1→F 这样一条路径，与关键字比较的次数为该路径上的内部结点数，即比较了 3 次后算法终止于外部节点，故最终得出结论：查找失败；查找 55 则走了一条 23→29→55 的路径，与关键字比较的次数为该路径上的结点数，即比较了 3 次后算法终止于内部结点 55，故为查找成功。

算法性能分析如下。

任何一个有序的查找表都唯一地对应一棵折半查找判定树。对于一个含有 n 个元素的有序表,其折半查找判定树的每个内部结点都有两个分支,所以任何一层上的结点数不会超过上一层结点数的两倍,高度为 h 的判定树的前 h−1 层的结点数都达到了该层所能达到的最大值,即这些层的结点数都是满的;而且判定树所有叶子结点所在层数之差不会超过 1(可由归纳法证明),故含有 n 个内部结点的判定树与含有 n 个结点的完全二叉树的高度相同,即为$\lfloor \text{lb } n \rfloor+1$。

查找成功时,经过了一条从根到某一内部结点的路径,且比较次数为该路径上的结点数,也等于该结点所在的层数;查找失败时,经过了一条从根到某一外部结点的路径,且比较次数为该路径上的内部结点数。由于判定树的最大深度为$\lfloor \text{lb } n \rfloor+1$,故无论查找成功与否,折半查找的最大查找长度不会大于$\lfloor \text{lb } n \rfloor+1$。

查找成功时的平均查找长度为

$$\text{ASL}=\frac{1}{n}\sum_{i=1}^{n}C_i=\frac{1}{n}\sum_{j=1}^{h}j\times N_j$$

其中,C_i 为找到表中关键字与给定值相等的第 i 个记录时,与给定值已进行过比较的关键字个数;h 为判定树的高度;N_j 为第 j 层上的结点数,且有如下关系:

$$\sum_{j=1}^{h}N_j=n$$

下面以判定树为满二叉树的特殊情况为例来说明上述公式的使用。

满二叉树中第 j 层上的结点数为 2^{j-1} 个,则平均查找长度为

$$\text{ASL}=\frac{1}{n}\sum_{j=1}^{h}j\times N_j=\frac{1}{n}\sum_{j=1}^{h}j\times 2^{j-1}=\frac{n+1}{n}\text{lb}(n+1)-1$$

当 n 很大时,就以 ASL 的近似值 lb(n+1)−1 作为查找成功时折半查找的平均查找长度。

在查找失败时的平均查找长度为

$$\text{uASL}=\frac{1}{n+1}\sum_{i=1}^{n+1}U_i=\frac{1}{n+1}\sum_{j=h}^{h+1}(j-1)\times L_j$$

其中,h 为判定树的高度;L_j为第 j 层上的外部结点数。

注:在这个公式里,为便于叙述,认为最下面的外部结点为第 h+1 层,其实外部结点本不应视为判定树的一部分,而是人为加上的。

同样,在满二叉树中,查找失败时的平均查找长度为

$$\text{uASL}=\frac{1}{n+1}\sum_{j=h}^{h+1}(j-1)\times L_j=\frac{1}{n+1}(n+1)h=h=\text{lb}(n+1)$$

由此看来,查找成功和查找失败时的平均比较次数几乎是相同的。所以,若利用折半查找法通过比较关键字来查找某个元素(记录)的话,事先知道该元素是否存在于查找表中对找到它并没有任何的帮助。

折半查找是以比较为基础的最坏情况下的最好算法,其优点是查找速度快,效率高。

但是,折半查找要求查找表按记录的关键字大小排列,而且算法中需要随机找到任何一个元素,故要求查找表必须是顺序存储结构。所以,对于经常要对表进行插入和删除操作的表或是链式存储结构的查找表不宜采用折半查找。

由于在构造折半查找判定树时，先于根出现的元素都在根的左子树上，而后于根出现的元素都在右子树上，所以，折半查找判定树是中序有序的二叉树。

Example 8-2(燕山大学)

对线性表进行二分查找时，要求线性表必须( )。

A. 以顺序方式存储　　B. 以顺序方式存储，且数据元素有序

C. 以链接方式存储　　D. 以链接方式存储，且数据元素有序

【解析】

二分查找在这里就可理解为折半查找，而折半查找需要随机地找到任何一个元素的位置，所以需要线性表以顺序方式存储；同时为确定当前查找范围内按关键字大小位于表中间的元素，则需要线性表按数据元素有序。故本题答案为B。

Example 8-3(华中理工大学)

假定对有序表{3,4,5,7,24,30,42,54,63,72,87,95}进行折半查找，试回答下列问题：

① 画出描述折半查找过程的判定树；

② 若查找元素54，需依次与哪些元素比较？

③ 若查找元素90，需依次与哪些元素比较？

④ 假定每个元素的查找概率相等，求查找成功时的平均查找长度。

【解析】

① 把当前查找范围中间位置上的结点作为根，左子表和右子表中的结点分别作为左子树和右子树上的结点，即可递归地画出描述折半查找过程的判定树，如图8-5所示。

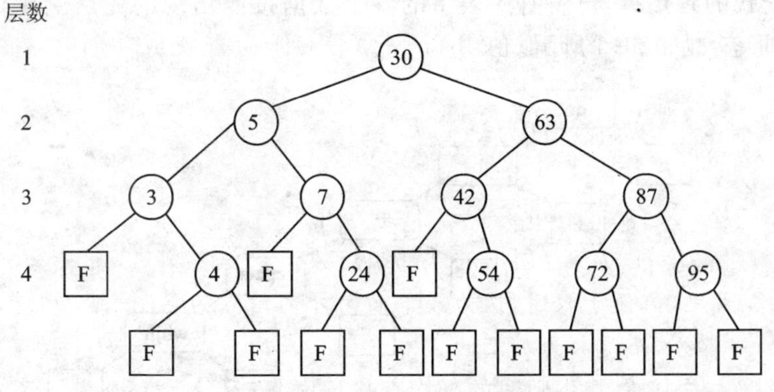

图8-5　Example 8-3 折半查找判定树

② 查找元素54，则所走的路径为30→63→42→54，所以需依次与元素30,63,42,54比较之后，最终查到元素54。

③ 查找元素90，则所走的路径为30→63→87→95→F，需依次与元素30,63,87,95比较之后，因为最终到达了外部结点，所以表中不存在元素90，故查找失败。

④ 查找成功时，所走路径都终止于内部结点。而找到每个结点时已与关键字比较的次数为该结点所在的层数：第1层有一个内部结点30，查找它所需比较次数为1；第2层有两个内部结点，查找它们需比较2次…第4层有5个内部结点，查找它们所需的比较次数为4，故总的比较次数为$1\times1+2\times2+4\times3+5\times4=37$；又因每个元素的查找概率相等，即为1/12，所以

查找成功时的平均查找长度为

$$ASL=(1\times1+2\times2+4\times3+5\times4)\times1/12=37/12$$

Example 8-4(清华大学)

设有五个数据 do,for,if,repeat,while,它们排在一个有序表中,其查找概率分别为 $p_1=0.2$,$p_2=0.15$,$p_3=0.1$,$p_4=0.03$,$p_5=0.01$;而查找它们之间不存在数据的概率分别为 $q_0=0.2$,$q_1=0.15$,$q_2=0.1$,$q_3=0.03$,$q_4=0.02$,$q_5=0.01$,如表 8-1 所列。

表 8-1 Example 8-4 表

数 据		do		for		if		repeat		while	
查找概率	q_0	p_1	q_1	p_2	q_2	p_3	q_3	p_4	q_4	p_5	q_5

① 试画出对该有序表采用顺序查找时的判定树和采用折半查找时的判定树。

② 分别计算顺序查找时的查找成功和失败的平均查找长度,以及折半查找时的查找成功和失败的平均查找长度。

③ 判定是顺序查找好?还是折半查找好?

【解析】

① 判定树中每个结点(用一个圆角矩形表示)表示与关键字的一次比较,在圆角矩形里放置与给定值相比较的关键字;从结点引出的分支表示比较的可能结果。其中左分支中的结点为在有序表中先于根出现的结点(若不存在这样的数据,则以矩形表示),右分支中的结点为在有序表中后于根出现的结点(若不存在这样的数据,则以矩形表示)。

要画顺序查找的判定树,可将有序表中的各个数据按照出现的先后顺序依次排放成二叉树即可,其具体形态如图 8-6 所示。

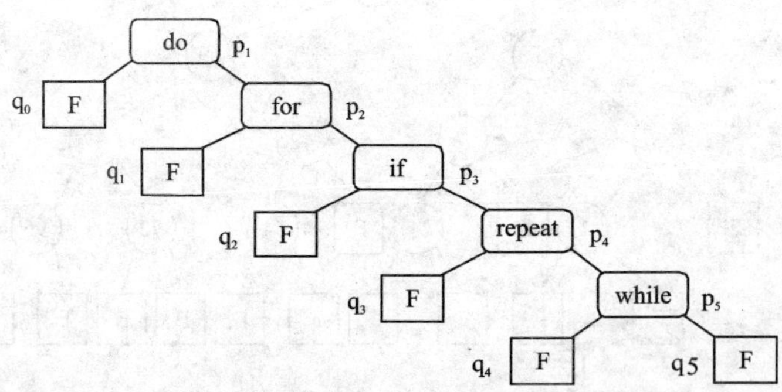

图 8-6 Example 8-4 顺序查找判定树

要画折半查找的判定树,是把当前查找范围中间位置上的结点作为根,左子表和右子表中的数据元素(若不存在这样的数据,则以矩形表示)分别作为左子树和右子树上的结点即可。本题中的有序表在折半查找时的判定树如图 8-7 所示。

② 查找成功时的平均查找长度为

$$ASL=\sum_{i=1}^{n}P_iC_i$$

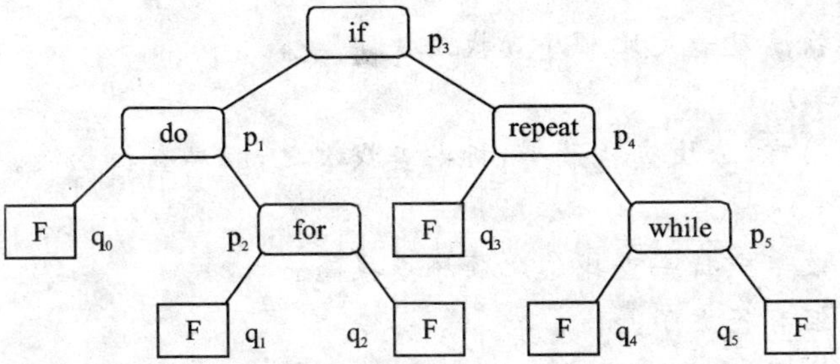

图 8-7 Example 8-4 折半查找判定树

其中，P_i 为查找表中第 i 个数据的概率；C_i 为找到第 i 个数据时，与给定值已进行过比较的数据个数，在判定树中表现为该结点所在的层数。

所以，顺序查找时的平均查找长度为

$$ASL = \sum_{i=1}^{n} P_i \times i = p_1 \times 1 + p_2 \times 2 + \cdots + p_5 \times 5 = 0.97$$

折半查找时的平均查找长度为

$$ASL = \sum_{i=1}^{n} P_i \times C_i = p_3 \times 1 + (p_1 + p_4) \times 2 + (p_2 + p_5) \times 3 = 1.04$$

查找失败时的平均查找长度为

$$uASL = \sum_{i=0}^{n} q_i L_i = \sum_{j=1}^{m} M_j \times (j-1)$$

其中，q_i 为查找不存在数据的概率；L_i 为第 i 个查找失败事件发生时，与给定值已进行过比较的关键字个数，在判定树中表现为从根到 q_i 对应结点路径上内部结点个数；m，M_j 分别为（扩充）判定树的层数和第 j 层含有的外部结点个数。

所以，顺序查找时的平均查找长度为

$$uASL = \sum_{i=0}^{n} q_i \times L_i = \sum_{j=1}^{m} M_j \times (j-1) =$$
$$q_0 \times 1 + q_1 \times 2 + q_2 \times 3 + q_3 \times 4 + (q_4 + q_5) \times 5 = 1.07$$

折半查找时的平均查找长度为

$$uASL = \sum_{i=0}^{n} q_i \times L_i = \sum_{j=1}^{m} M_j \times (j-1) = (q_0 + q_3) \times 2 + (q_1 + q_2 + q_4 + q_5) \times 3 = 1.3$$

③ 从第②问中的精确计算可知，无论是从查找成功的平均比较次数方面来看，还是从查找失败的平均比较次数方面来看，顺序查找的性能都优于折半查找的性能，所以顺序查找更好。

评注：

在每个元素查找概率相同条件下，有序表折半查找算法的平均查找长度是最短的。而当元素的查找概率不等时，只有查找频繁的元素先被访问到的算法才能使得平均查找长度达到更短。查找最频繁的元素不一定就排在当前查找范围的最中央（因为有序表的排序并不一定是以查找概率为标准的），所以此时折半查找也就不一定是最优的查找算法了，有时还不如顺序查找的性能，本题不就说明了这一点吗？请读者看看以下几道题目。

①（山东大学）

折半查找法的查找速度一定比顺序查找法快。

②（西安交通大学）

就平均查找长度而言，分块查找最小，折半查找次之，顺序查找最大。

③（北京邮电大学）

查找相同结点的效率中折半查找总比顺序查找高。

也许大家心里已经有答案了。

查找算法的速度快慢、查找效率的高低，一个很重要的度量标准就是平均查找长度。所以第①、③题实际是在说折半查找算法的平均查找长度一定比顺序查找法小。诚然，在每个元素查找概率相同的条件下，这个命题是正确的，然而在各元素查找概率不同的条件下，这个命题就不对了。

至于第②题，暂且留着分块查找不考虑，仅从“折半查找次之，顺序查找最大”这一句话来判断，这个命题就是不正确的。理由同上。

在本例中，顺序表的排列也恰好是按照每个数据的查找概率排列的，所以它能够使得在使用顺序查找算法下的平均查找长度达到最短，然而，对本例中的有序表，顺序查找是否就是最好的查找算法呢？其实，以每个数据的查找概率为权值构造一棵最优查找树，以该树为判定树的查找算法就是在各数据元素查找概率不等的条件下最优的算法，因为最优查找树的ASL最短。

8.2.3 次优查找树

最优查找树的带权内路径长度之和(设为PH)最小，而以此树为判定树的算法的平均查找长度与PH值成正比。所以，在各数据元素查找概率不等的条件下，最优的算法是以最优查找树为判定树的算法，因为最优查找树的ASL最短。然而，构造一棵含有n个结点的最优查找树的时间复杂度为$O(n^3)$。在这种情况下，次优查找树(其带权内路径长度在所有具有同样权值的二叉树中近似为最小)是个不错的选择。

构造次优查找树的思想与构造折半查找算法判定树的思想类似，都是从有序表的当前查找范围选出一个元素i作为根，并以此元素为界限将原来的查找范围分为两个较小规模的查找范围，递归地对左子查找范围构造判定树、对右子查找范围构造判定树(所构造的子树也应保证为次优查找树)，直至左、右子范围为空或只有一个元素为止。不同的是，两种算法每次选择元素i的原则不同，构造折半查找判定树时是选择位于有序表中间位置上的元素作为根结点；而构造次优查找树时是选择其左右子序列中所有元素的权值(查找概率)和之差为最小的元素作为根结点，即选择使得

$$\Delta P_i = \left| \sum_{j=i+1}^{high} w_j - \sum_{j=low}^{i-1} w_j \right|$$

取最小值的元素i，其中，low和high为当前查找范围的下、上界，w_j为第j个元素的权值。而对于有序序列，在选择根的过程中还要坚持一个原则，即使得权值较大的元素离根较近。如果按照第一个原则选出的根结点的权值比其子树根结点权值还要小，则应做适当调整(选取邻近权值较大的关键字作根，而在寻找原来根的当前位置时应以“不破坏各个结点之间逻辑上的相对次序关系”为原则)以使根结点权值最大，从而保证整棵树的内部带权路径长度更小。

这样,如果有若干个查找概率不等的数据,就可以先构造一个有序表,再对这个有序表构造其次优查找树,然后以次优查找树的形式存储在计算机里,以后每当要查找某一数据时,就可以搜索这棵次优查找树了。因此,次优查找树又称为静态查找树表,其搜索过程类似于折半查找判定树的搜索过程,即将给定值与根比较,若相等则查找成功,搜索结束;若给定值较小,则在左子树中继续搜索;若给定值较大,则在右子树中继续搜索。

Example 8-5(清华大学)

设有一组数据 black,blue,green,purple,red,white,yellow,它们的查找概率分别为0.10,0.08,0.12,0.05,0.20,0.25,0.20,试以它们的查找概率为权值构造一棵次优查找树,并计算其查找成功的平均查找长度。

【解析】

要构造一棵次优查找树首先要确定各个结点的左右子序列中所有元素的权值(查找概率)和之差,从中找出最小的那个值,并以该值所对应的元素为根。表8-2列出了各数据的ΔP的值。

表8-2 原表各数据的ΔP值

编号 j	1(low)	2	3	4	**5**	6	7(high)
数据	black	blue	green	purple	**red**	white	yellow
权值 w_j	0.10	0.08	0.12	0.05	**0.20**	0.25	0.20
ΔP_i	0.90	0.72	0.52	0.35	**0.10**	0.35	0.80

表8-2中ΔP值最小的为 red,故选择它作为整棵树的根结点,下面分别在左子表{black,blue,green,purple}和右子表中选择左、右子树的根结点,如表8-3所列。

表8-3 左、右子表各数据的ΔP值

编号 j	1(low)	**2**	3	4(high)	(根)	**6(low)**	7(high)
数据	black	**blue**	green	purple		**white**	yellow
权值 w_j	0.10	**0.08**	0.12	0.05		**0.25**	0.20
ΔP_i	0.25	**0.07**	0.13	0.3		**0.20**	0.35

从表8-3中可以看出,应该分别选择 blue 和 white 作为左、右子树的根结点。这样,又可在 blue 右子表中选出 green 作为右子树的根结点,如表8-4所列。

表8-4 blue 右子表各数据的ΔP值

编号 j	**3(low)**	4(high)
数据	**green**	purple
权值 w_j	**0.12**	0.05
ΔP_i	**0.05**	0.12

小技巧 **ΔP 的方便求法**

对表 8-2～表 8-4 中每个数据的 ΔP 值，您是怎么求出来的呢？是不是对每个数据都要分别求得其左右两边所有数据的权值和，然后再用后者减去前者呢？是否还有更方便的算法呢？

下面定义对应每一个数据的"累计权值和"sw 为

$$sw_i = \sum_{j=low}^{i} w_j$$

其中，low 为当前查找范围的下界。同时，定义 $sw_{low-1}=0, w_{low-1}=0$。

sw 所表示的意义可用图 8-8 的示意图来说明。

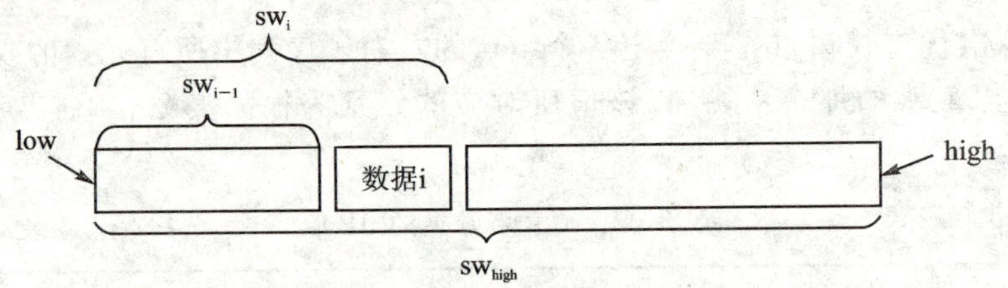

图 8-8　累计权值和示意图

于是，ΔP_i 就可以通过如下公式递推求得

$$\Delta P_i = \left| \sum_{j=i+1}^{high} w_j - \sum_{j=low}^{i-1} w_j \right| = |(sw_{high} - sw_i) - sw_{i-1}|$$

本例中各数据的 ΔP 的求解过程如表 8-5 所列。

表 8-5　原表各数据的 ΔP 值求解过程

编号 j	1(low)	2	3	4	**5**	6	7(high)
数据	black	blue	green	purple	**red**	white	yellow
权值 w_j	0.10	0.08	0.12	0.05	**0.20**	0.25	0.20
sw_j	0.10	0.18	0.30	0.35	**0.55**	0.80	1.00
ΔP_i	|1−0.1−0| =0.90	|1−0.18−0.1| =0.72	|1−0.3−0.18| =0.52	|1−0.35−0.3| =0.35	**|1−0.55−0.35| =0.10**	|1−0.8−0.55| =0.35	|1−0.8−1| =0.80

其他数据的 ΔP 值也可类似求出。

由表 8-2～表 8-4 所提供的信息，不难画出以各数据查找概率为权值的次优查找树，其初步形态如图 8-9 所示。

图 8-9 中以 blue 和 red 为根的二叉树根的权值都小于左、右子树根的权值，应调整之。由于题目中没有说明原来序列是个有序序列，故可以不必坚持"调整中应保持原来序列的先后次序"的原则，只需要将 red 和 white 交换即可；同样，将 blue 和 green 交换。所得到的次优查找树如图 8-10 所示。

查找成功时的平均查找长度为

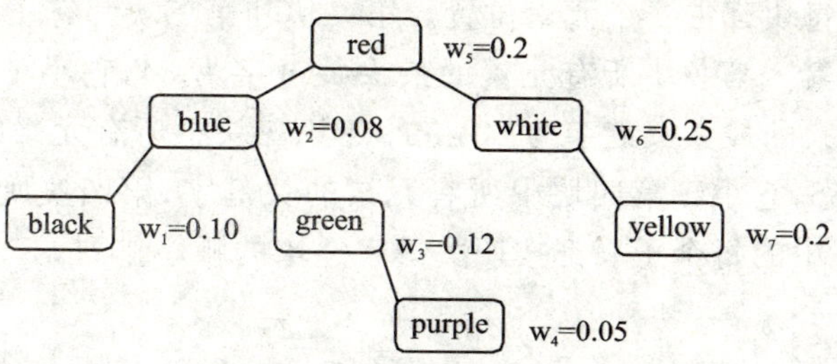

图 8－9　次优查找树初步形态

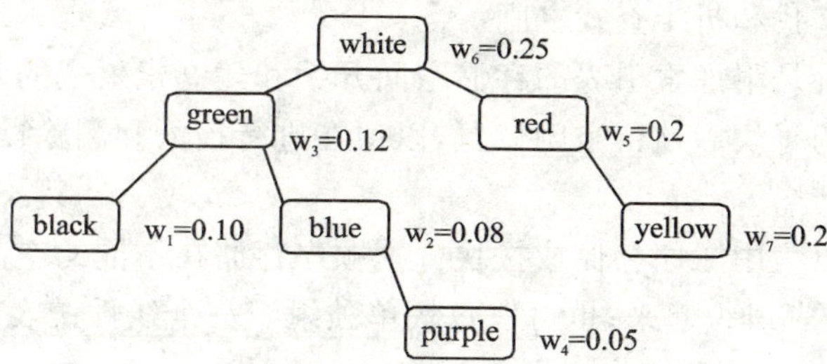

图 8－10　构造次优查找树的最终状态

$$ASL = \sum_{i=1}^{4} P_i \times C_i = \sum_{i=1}^{4} WN_i \times i =$$

$$0.25 \times 1 + (0.12 + 0.2) \times 2 + (0.1 + 0.08 + 0.2) \times 3 + 0.05 \times 4 = 2.03$$

其中，WN_i为第 i 层上所有结点的权值和。

8.2.4　索引顺序表的查找——分块查找

索引顺序表除了包括一个存储数据的顺序表(称为主表)外，还包括一个“索引表”。顺序表被分成若干个子表(也称为块，块中元素可以按关键字有序，也可以无序)，整个顺序表或者有序或者分块有序。所谓分块有序就是后出现的子表中的每个元素的关键字都大于先于它出现的子表中所有元素的关键字。将每个子表中的最大关键字取出，再加上一个指向该关键字元素所在子表第一个元素位置的指针，就构成一个索引项；将这些索引项按关键字从小到大排列，就构成了索引表。

图 8－11 所示的就是一个索引顺序表。

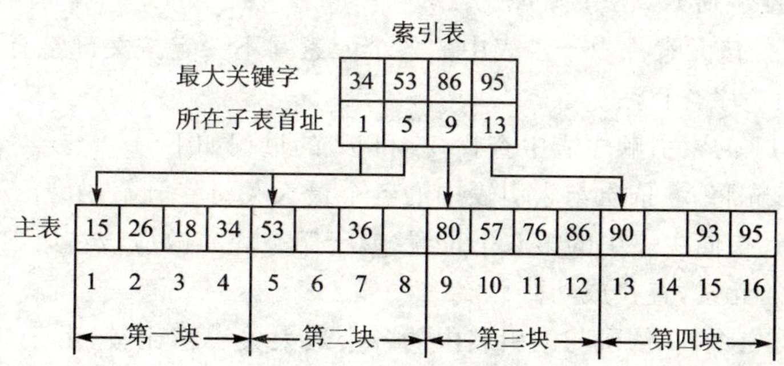

图 8－11　索引顺序表

主表被分成四块,每块都占 4 个元素位置。第一块和第三块都有 4 个元素;第二块有 2 个元素;第四块有 3 个元素。第一块所有元素的最大关键字为 34,它小于第二块中所有元素的关键字;第二块所有元素的最大关键字为 53,它小于第三块中所有元素的关键字;第三块所有元素的最大关键字为 86,它小于第四块中所有元素的关键字;第四块所有元素的最大关键字为 95。可以看出,主表中的每个子表都按照关键字递增的顺序排列。

1. 特　点

分块查找的特点是:

① 性能介于顺序查找和折半查找之间。

② 分块查找的代价是附加索引表的存储空间开销和建立索引表的时间开销。

③ 可以在主表中的每块后预留空闲位置,以便在进行插入和删除操作时只涉及相应的块和该块的索引项。

④ 主表中各块可以集中顺序存储或按块分别顺序存储在不同的空间中;主表中的所有记录还可以用一个线性链表组织起来;也可以每块单独组织一个线性链表,而主表则是由这些线性链表组成的线性链表。

Example 8 - 6(南京理工大学)

当采用分块查找时,数据的组织方式为(　　)。

A. 数据分成若干块,每块内数据有序

B. 数据分成若干块,每块内数据不必有序,但块间必须有序,每块内最大(或最小)的数据组成索引块

C. 数据分成若干块,每块内数据有序,每块内最大(或最小)的数据组成索引块

D. 数据分成若干块,每块(除最后一块外)中数据个数需相同

【解】答案为 B。

2. 查找过程

分块查找算法的查找过程分为两个阶段:

① 定位以给定值 K 为关键字的元素所在的子表(块)。由于索引表是按关键字有序的,所以既可以使用顺序查找法,也可以使用折半查找法。设所定位的子表中最大关键字为 K_i(i 为其在索引表中的位置),则 $K_{i-1}<K\leqslant K_i$。

② 在子表中定位该元素。由于子表中的各个元素并不一定按关键字有序,故折半查找法不能使用,只能采用顺序查找法。

比如,在图 8 - 11 的索引顺序表中查找 36 和 92 的过程如下。

① 查找 36。首先将 36 依次与索引表中的各个最大关键字比较,由于 $34<36\leqslant 53$,而 53 所在索引项中的指针指向主表中的第 5 个位置(属于第二块),故应该在第二块中顺序查找,最终找到了下标为 7 的元素,查找成功。

② 查找 92。首先将 92 依次与索引表中的各个最大关键字比较,由于 $86<92\leqslant 95$,而 95 所在索引项中的指针指向主表中的第 13 个位置(属于第四块),故应该在第四块中顺序查找,最终没有找到关键字为 92 的元素,查找失败。

3. 算法性能分析

既然分块查找分为两个步骤，当然其平均查找长度也就取决于这两个步骤的平均查找长度。其实，分块查找的平均查找长度(L_{bs})为定位所在块的平均查找长度(L_b)与在块中定位元素的平均查找长度(L_w)之和，即

$$L_{bs}=L_b+L_w$$

一般都是将长度为 n 的主表平均分成 b 块，每块含有 s 个元素，所以 $b=\lceil n/s \rceil$；假设查找每个元素的概率都相等，则每块的查找概率也相同，且为 1/b；而块中每个算法的查找概率为 1/s；如果使用顺序定位所在子表，则分块查找成功时的平均比较次数为

$$ASL=L_b+L_w=\frac{1}{b}\sum_{j=1}^{b}j+\frac{1}{s}\sum_{i=1}^{s}i=$$

$$\frac{b+1}{2}+\frac{s+1}{2}=\frac{1}{2}\left(\frac{n}{s}+s\right)+1\geqslant\sqrt{n}+1$$

其中，当且仅当 n/s=s 即 $s=\sqrt{n}$时取“=”。

由此看来，在各个元素查找概率相同的条件下，分块查找比折半查找的性能还要好。

分块查找的优点是在表中插入或删除一个元素时，只要找到该元素所在的块，然后在块内进行插入和删除操作即可。因为在块中元素的存放是任意的，所以插入和删除比较容易，不需要移动大量记录。分块查找的主要代价是增加一个辅助数组的存储空间和将初始表分块排序的运算。

Example 8-7(北京工业大学)

分块检索中，若索引表和各块内均用顺序查找，则有 900 个元素的线性表分成________块最好；若分成 25 块，其平均查找长度为________。

【解析】

$s=\sqrt{n}$(s 为每一块所含元素的个数，n 为整个线性表中的元素个数)时，分块查找的平均查找长度最短。所以当 $s=\sqrt{n}=\sqrt{900}=30$ 时，即 $b=\lceil n/s \rceil=900/30=30$(b 为主表所分的块数)时，平均查找长度最小。

当主表分成 25 块时，b=25；于是可求出平均查找长度为

$$ASL=\frac{1}{2}\left(\frac{n}{s}+s\right)+1=\frac{1}{2}\left(\frac{n}{b}+b\right)+1=\frac{1}{2}\left(\frac{900}{25}+25\right)+1=31.5$$

于是可得本题答案为 30 和 31.5。

8.3 动态查找表

动态查找表是具有相同特性的数据元素的集合，每个数据元素都含有类型相同的关键字，并可唯一地标志数据元素；各个数据元素之间的关系同属于一个集合。这些特点与静态查找表都是相同的；但是动态查找表与静态查找表的不同之处在于它不仅支持查找操作，还支持插入、删除等改变表中数据的操作。

如果查找表是有序的,则其查找效率一般比无序表的查找效率要高;若查找表的存储结构为链式结构,则对其进行插入、删除操作将会更加方便。动态查找表恰好是有序的且一般都采用链式存储结构,故动态查找表能够进行快速搜索,并且能够快速地进行插入和删除操作。甚至表结构本身也是在查找过程中动态生成的,即对于给定值 K,若表中存在其关键字等于 K 的记录,则查找成功;否则将插入关键字等于 K 的记录。

下面介绍几种动态查找表的树形结构,即动态查找树表,它们既有较高的查找效率,又能支持有效的插入和删除操作。

8.3.1 二叉排序树

1. 二叉排序树的定义及特点

二叉排序树是一棵二叉树,它或者为空,或者每一个结点中包含一个键,并满足如下条件:

① 若其左子树不空,则左子树上所有结点的键值都小于根结点的键值。

② 若其右子树不空,则右子树上所有结点的键值都大于根结点的键值。

③ 其左、右子树也分别为二叉排序树。

两个属性①和②描述了左、右子树中的结点相对于根结点中键值的排列顺序;第③个属性则将前两个属性推而广之,延伸到整个二叉树中的所有结点,所以可以看出,二叉排序树也是一个递归的结构。故在搜索到根结点后,应根据给定值与根结点键值的比较来决定是转向左子树还是右子树;又因它们都是二叉排序树,这样又可能再次在较小规模的二叉排序树上使用同样的算法。

由这个定义中的前两个属性可知,二叉排序树中没有两个结点的关键字是相同的。因为左子树中所有结点的键值都严格小于根结点的键值;而右子树中所有结点的键值都严格大于根结点的键值。当然,也可以将前两个属性中的“小于”改为“小于或等于”,将“大于”改为“大于或等于”以允许二叉排序树中含有相同关键字的结点;但是这样做将使算法的复杂性大大增加。所以,总是假设任何两个结点的关键字都不相同。

值得一提的是,定义中说的是左子树中“所有结点”的关键字都小于根结点的关键字,右子树中“所有结点”的关键字都大于根结点的关键字;而不仅仅是左(右)子树的根结点的关键字小(大)于二叉排序树的根结点的关键字。比如,图 8-12(b)中的二叉树就不是二叉排序树,尽管左、右子树都是二叉排序树,但左子树中结点 35 比根 20 大,故这棵二叉树并不是二叉排序树。

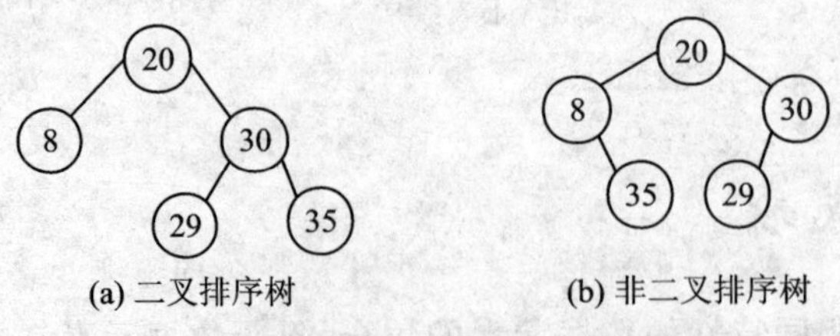

(a) 二叉排序树　　(b) 非二叉排序树

图 8-12　二叉排序树和非二叉排序树

通常可以将二叉排序树视为一种特殊的二叉树,故适用于二叉树的所有操作都适用于二叉排序树;而又因为二叉排序树中每个结点都包含一个键值,也可以用来进行信息检索,所以又可以将其视为查找表的一种新的实现方式。

构造二叉排序树的查找表序列不一定是有序的,但是构造二叉排序树后,该二叉排序树中各个结点的键值已经排序,且是一个中序有序序列,即以中序遍历一棵二叉排序树,将得到一个以关键字值递增排列的有序序列。

通常,取二叉链表作为二叉排序树的存储结构。

Example 8-8(厦门大学)

一棵二叉排序树结构如图 8-13 所示,各结点的值从小到大依次为 1～9,请标出各结点的值。

【分析】

为便于叙述,为二叉树的每个结点都加标号(如图 8-14所示)以示辨别。该二叉树为二叉排序树,所以左子树中所有结点的关键字值都小于根结点的关键字值,右子树中所有结点的关键字值都大于根结点的关键字值。

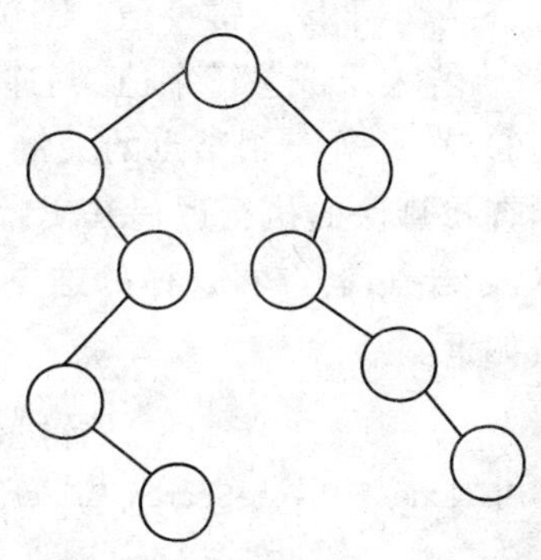

图 8-13 Example 8-8 图

【解法一】

为便于叙述,可以为每个结点赋予一个代号,如图 8-14(a)所示。图中左子树有 4 个结点,右子树也有 4 个结点,故 A 必定为 9 个数中最中间的那个(为 5);再来看左子树,其根只有右子树而无左子树,故 B 为 1～4 中最小者(为 1);以 D 为根的子树其结点关键字只能从 2～4 中选择,D 只有左子树,故 D 为其中最大者(为 4);H 为 F 的右子树,故 H 应较 F 大,从而确定出 F 为 2,H 为 3。

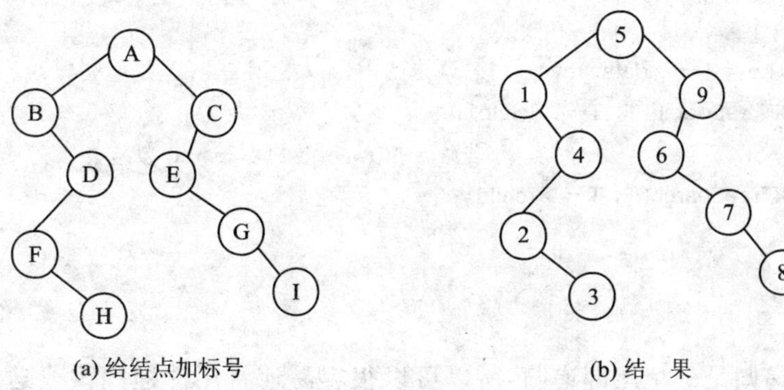

(a) 给结点加标号 (b) 结 果

图 8-14 Example 8-8 解析图

右子树中,其根 C 只有左子树而无右子树,所以 C 应为 6～9 中最大者(为 9);以 E 为根的子树只有右子树,故 E 为 6～8 中最小者(为 6);I 为 G 的右子树,故 G 应较 I 小,从而确定出 G 为 7,I 为 8。

从而得出,A B C D E F G H I 的关键字序列分别对应 5 1 9 4 6 2 7 3 8。本题答案如图 8-14(b)所示。

【解法二】

如前所述,二叉排序树是中序有序的。也就是说,其中序序列是按照关键字值递增的顺序排列的;又因为其各结点值从小到大依次为 1～9,所以其结点关键字的中序序列就应为 1～9

序列。而另一方面,对图8-14(a)中的二叉树进行中序遍历所得的序列为B F H D A E G I C。所以,A B C D E F G H I的关键字序列就分别对应5 1 9 4 6 3 7 2 8。本题答案如图8-14(b)所示。

2. 二叉排序树的查找

(1) 查找算法

二叉排序树的查找算法为:若二叉排序树为空,则查找失败,算法结束;否则,将给定值K与根结点的关键字值相比,且

① 若小于该关键字值,则递归地查找左子树。

② 若大于该关键字值,则递归地查找右子树。

③ 若K等于根结点的关键字值,则查找成功,算法结束。

查找算法的执行过程其实就是在对二叉排序树的遍历过程中,查找其关键字值等于给定值K的结点,若存在这样的结点则查找成功;否则查找失败。于是,可以写出递归实现的查找算法如下。

算法8-4 二叉排序树查找算法的递归实现

```
BiTNode *BiTreeSearch(BiTree *T, KeyType key)
{
  //在二叉排序树中查找关键字值等于Key的结点,若查找成功则返回其位置;否则返回空
  if(T)                             //若子树为空则直接返回空指针;否则遍历该二叉排序树
  {
    if(EQ(key, T->data.key))        //若找到,则返回其位置
      return T;
    else if(LT(key, T->data.key))  //若给定值小,则转向左子树递归地查找
      return BiTreeSearch(T, T->lchild);
    else                            //若给定值大,则转向右子树递归地查找
      return BiTreeSearch(T, T->rchild);
  }
  return T;
}
```

算法8-4的递归是一个尾部递归,所以可以很容易地将尾部递归改成迭代算法,其具体实现如下。

算法8-5 二叉排序树查找算法的非递归实现

```
BiTNode *BiTreeSearch(BiTree *T, KeyType key)
{
    //在二叉排序树中查找关键字值等于Key的结点,若查找成功返回其位置;否则返回空
    p=T;
    while(p && !EQ(key, p->data.key))
    {
    //进入此循环为给定值小于、大于根结点关键字值的两种情况,即此循环负责在子树中查找
    if(LT(key, p->data.key)) p=p->lchild;      //若给定值小,则在左子树中查找
```

```
    else p=p->rchild;                    //若给定值大,则在右子树中查找
  }
  return p;  //跳出循环要么是查找成功,要么是搜索到空子树;不管怎样都要返回当前结点位置
}
```

(2) 查找算法分析

细心的读者可能会发现二叉排序树的搜索与折半查找树的查找似乎有些联系。其实,若在折半查找树上进行查找恰好执行了与 BiTreeSearch 函数相同的比较操作(若它们应用于同一棵二叉树),只不过折半查找是静态查找表的查找方法,而二叉排序树则是动态查找表的一种实现方法,它有着折半查找"逐步缩小查找范围"的特点,同时又更适合于插入、删除等操作。

不过,一旦已经知道了查找表中的所有元素及其查找概率,就应该使用静态查找表先对其进行排序,然后使用折半查找法进行查找,因为一般情况下(即各个数据元素的查找概率都相等的条件下)折半查找的平均查找效率要高于二叉排序树的平均查找效率。任何一个有序序列的折半查找树是唯一确定的,即一个有序序列与折半查找树是一一对应的;可是构造二叉排序树的查找表元素之间并不要求是有序的,故对于同一个查找表中的元素,其二叉排序树并不是唯一的(不过一旦输入元素的先后顺序确定了,则其所对应的二叉排序树就确定了)。例如:对于查找表元素集合{A,B,C,D,E,F,G},与其对应的几个二叉排序树如图 8-15 所示。

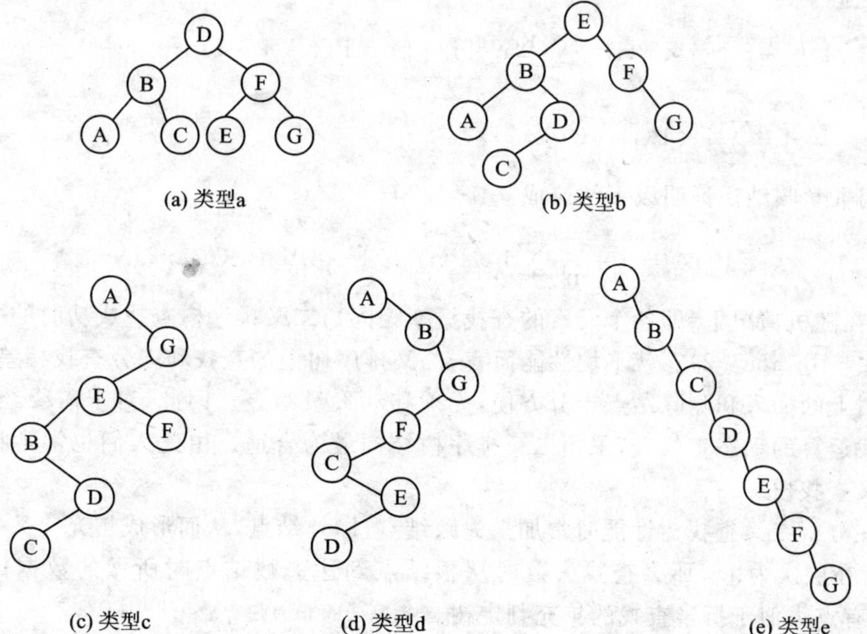

图 8-15 具有相同关键字的部分二叉排序树的形态

因为查找每一元素都走了一条从根到该结点的路径,比较的次数恰好为该路径上的结点数,也等于该结点所在的层数,所以进行比较的次数不会超过二叉排序树的深度。图 8-15 中的类型 a 也正是有序序列 A B C D E F G 的折半查找树,故利用函数 BiTreeSearch 在这棵二叉排序树上查找某一元素所需的比较次数,同用折半查找所需的比较次数一样多。这是最理想的情况,其平均查找长度与折半查找的相同。类型 b 的二叉排序树的查找性能稍逊于类型 a,

然而类型c和类型d的二叉排序树的查找性能则退化得很快,到了类型e其性能则完全退化为顺序查找的性能了,这是最坏的情况。所以二叉排序树的查找效率与二叉树的形态有关,在呈单枝树时其查找效率最低。

假设在有n个元素的二叉排序树中,左子树有i个结点,则右子树有 $n-i-1$ 个结点,设 $P_i(n)$ 是在这样一棵二叉排序树上以等概率成功查找出一个元素的平均比较次数,设 $P(n)$ 为在一棵具有n个结点的二叉排序树上成功查找一个元素的平均比较次数,则

$$P(n)=\frac{1}{n}\sum_{i=0}^{n-1}P_i(n)$$

$$P_i(n)=\frac{1}{n}\{1+i\times[P(i)+1]+(n-i-1)\times[P(n-i-1)+1]\}$$

于是得到

$$P(n)=\frac{1}{n}\sum_{i=0}^{n-1}P_i(n)=$$

在查找左子树前已和根比较了一次，故查找左子树中的每个结点平均需要P(i)＋1次比较

$$\frac{1}{n}\sum_{i=0}^{n-1}\frac{1}{n}\{1+i\times[P(i)+1]+(n-i-1)\times[P(n-i-1)+1]\}=$$

$$\frac{1}{n^2}\sum_{i=0}^{n-1}[n+i\times P(i)+(n-i-1)\times P(n-i-1)]=$$

$$1+\frac{1}{n^2}\Big[\sum_{i=0}^{n-1}i\times P(i)+\sum_{i=0}^{n-1}(n-i-1)\times P(n-i-1)\Big]=$$

$$1+\frac{2}{n^2}\sum_{i=0}^{n-1}i\times P(i)\quad(n\geqslant 2)$$

可以用数学归纳法证明以下结论成立:

$$P(n)=1+\frac{2}{n^2}\sum_{i=0}^{n-1}i\times P(i)\leqslant 1+4\text{lb }n\quad(n\geqslant 2)$$

所以,在随机情况下(即各个元素的查找概率相同),二叉排序树查找成功时的平均查找长度不超过 $1+4\text{lb }n(n\geqslant 2)$。就平均性能而言,二叉排序树上的查找和二分查找相差不大,并且二叉排序树上的插入和删除结点十分方便,无须移动大量结点。因此,对于需要经常做插入、删除和查找运算的动态查找表,采用二叉排序树结构最为合适。由此人们也常常将二叉排序树称为二叉查找树。

一般在分析二叉查找树性能时常加入失败结点,即外结点,从而形成扩充二叉树。若设失败结点i所在层次为 L_i,那么查找失败时从根结点到达失败结点时所做的数据比较次数为 L_i-1。这有点类似于折半查找的扩充判定树。

Example 8-9(东北大学)

设二叉排序树的关键字由1到1 000的整数组成,现要查找关键字为363的结点,下述关键字序列哪一个是不可能在二叉排序树中查到的序列?说明原因。

① 51,250,501,390,320,340,382,363;

② 24,877,125,342,501,623,421,363。

【分析】

二叉排序树的特点是:若为非空,则其左子树上所有结点的关键字值都小于根结点的关

键字值;同时右子树上所有结点的关键字值都大于根结点的关键字值。

二叉排序树的查找过程是:若二叉树非空,首先将给定值 K 与根结点关键字比较,若相等,则查找成功;若不等,则当根结点的关键字值大于 K 时,到根的左子树中继续查找,否则到根的右子树中继续查找。该过程正是走了一条从根结点到所查结点路径的过程。由此,若某次查找能够到达左子树中某结点,则必不能到达右子树中的某结点,即互为兄弟的两棵子树在该查找路径上是相互排斥的。

由于一个递增的有序序列并不能唯一确定一棵二叉排序树,于是,其根结点也就不唯一了。从而导致查找同一关键字所形成的结点序列也会不一样。

【解法一】

从序列①中可看出,根结点应为 51。而根的后续结点为 250,说明从根转向其右子树中继续查找,则 51 之后的所有关键字值都应该大于 51;经检查,序列①符合这一要求。路径 250→501 说明到达结点 250 后继续转向其右子树查找,故 250 后面的所有结点关键字都应大于 250,依次检查之,符合这个要求。对序列①所表示路径上的所有结点都按照这个原则检查,最终验证序列①是一种可能的查找序列。

对于序列②,把焦点集中到结点 501 上:由于其在序列中的后续结点关键字为 623,则说明查找所走的路径是经结点 501 进入到其右子树中继续查找的,所以其后续的所有结点的关键字值都应该大于 501 才对;然而后边序列中竟然出现了 421,这是不可能出现的情况。序列②至少不能满足这个要求,故它不是在二叉排序树中查找结点 363 的一种可能序列。

【解法二】

如果感觉上述解法比较抽象,那么将每个序列画成图则会显得更加形象。图 8-16 是将这两个序列各插入到一个初始为空的二叉排序树中之后的结果。

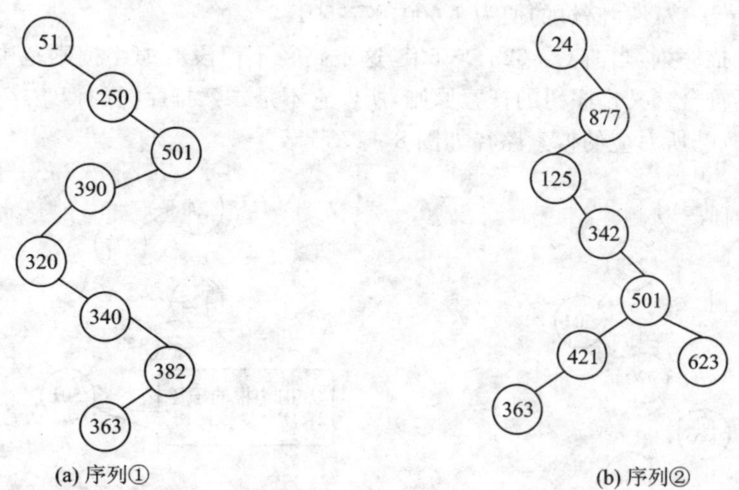

图 8-16　由关键字序列构造的二叉排序树

已经知道,在二叉排序树中进行查找必定只能走一条路径而不可能有分支,图 8-16(a)中确实为一条路径,所以其所对应的序列①可能是在二叉排序树中查到的序列;而图 8-16(b)中则明显存在一个分支,所以其所对应的序列②必定不是在二叉排序树中查到的序列。

【解法三】

二叉排序树搜索的一个很重要的原则就是逐步缩小搜索范围,直至搜索范围为零或找到待查元素。在搜索过程中,一旦遇到某一元素值小于待查元素值,则必定转向其右子树,该元素是以后搜索范围的最小可能值,即以后搜索到的元素不可能比它还小;同样,若遇到某一元素值比待查元素值大,则必定转向其左子树,该元素是以后搜索范围的最大可能值,即以后搜索到的元素不可能比它还大。

按照这个规律,可以设置两个变量 max 和 min,分别用来记录搜索路径中搜索到的最大和最小元素值,初值为计算机所能表示的 KeyType 型的值,分别设为 MAXKEY 和 MINKEY(当然它们在搜索过程中是动态更新的)。当 max=min 时,查找成功。

用这个规律来判定某一序列是否为二叉排序树搜索序列时,可以从左到右依次扫描整个序列(设当前元素值为 C,待查元素值为 X),若 min<C≤X<max,则以 C 更新 min 值(因为 C 比 min 更靠近 X,即更能缩小当前搜索范围),继续往后扫描,一旦出现 C<min,则说明不是二叉排序树搜索序列;若 min<X≤C<max,则将 C 值作为当前 max 值,继续往后扫描,一旦出现 C>max,则说明不是二叉排序树搜索序列。如此扫描下去直至 max=min,此时说明该序列为二叉排序树的搜索序列。用上述规律判定序列①和序列②的过程如下。

- 对于序列①:
  - — 变量 min 曾经存储过的值为 1,51,250,320,340,363;
  - — 变量 max 曾经存储过的值为 1 000,501,390,382,363。

序列①能够成功使 max=min,故它为二叉排序树的搜索序列,且查找成功。

- 对于序列②(当扫描到 501 时):
  - — 变量 min 曾经存储过的值为 1,24,125,342;
  - — 变量 max 曾经存储过的值为 1 000,877,501。

此时,继续扫描序列,当前 C=623 > 501,这条路径不但没有缩小搜索范围,反而更加增大了搜索范围,这不符合二叉排序树的搜索原则,所以它不是二叉排序树的搜索序列。

序列①和序列②所对应的搜索路径如图 8-17 所示。

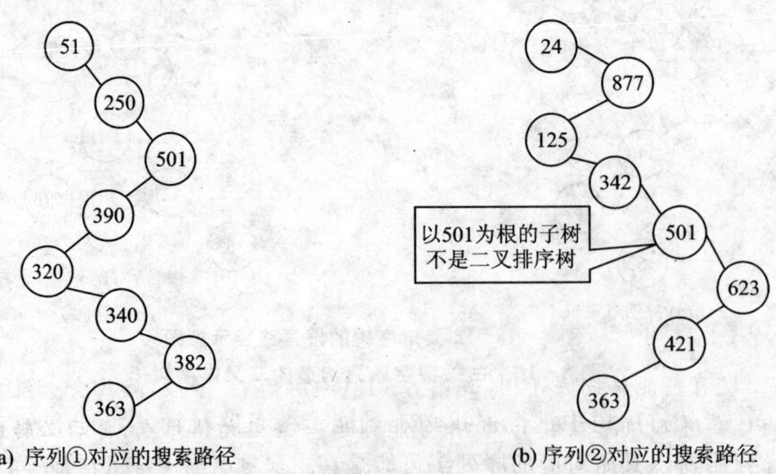

(a) 序列①对应的搜索路径　　(b) 序列②对应的搜索路径

图 8-17　(非)二叉排序树的搜索路径

上述算法用C语言描述如下。

算法 8-6 二叉排序树的搜索序列辨别算法

```
IsBiTSPath(KeyType  * L)
{
  //判断给定序列 L 是否为二叉排序树的搜索序列。若是则返回 1,否则返回 0
  max = MAXKEY; min = MINKEY;
  i=0;
  while(max != min)
  {
     if(L[i]<min || L[i] > max)   //一旦有扩大搜索范围的倾向就可否定之
       return 0;
     if(L[i]<=x) min=L[i];         //保证 min 一定在 x 的左子树上
     if(L[i] >=x) max=L[i];        //保证 max 一定在 x 的右子树上
     i++;
     if(i>L.length)                //若整个序列都扫描完,但没有找到待查元素
       return 1;                   //说明是二叉排序树搜索路径,但是查找失败
  }
  return 1;                        //若 max=min 则是二叉排序树搜索路径,且搜索成功
}
```

注意:

针对像本题这类的题目,有些人又提出了如下的判别思想。

他们坚持的原则仍然是:搜索路径只可能沿某一结点的左或右分支逐级往下搜索,而不可能在两个分支之间跳跃或往上回溯。搜索范围应在待搜索关键字的上下波动,且不断缩小,最终等于搜索元素,并且采用如图 8-18 所示的方法实现。

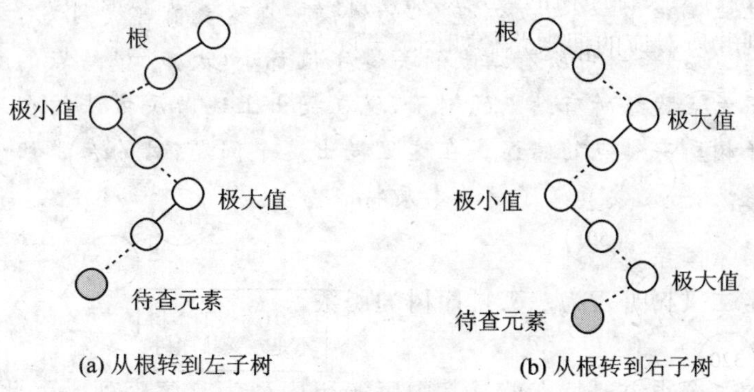

(a) 从根转到左子树　　(b) 从根转到右子树

图 8-18 二叉排序树的搜索路径示意图

从根结点出发有可能转向左子树[如图 8-18(a)所示]。一般,路径会一直向左而到达一个极小值结点;此后必进入该结点右子树,并可能到达一个极大值结点;再后必转向该结点的左子树,一直向左又可能到达另外一个极小值结点……如此交替地到达极小值结点和极大值结点,直至找到(条件是查找成功)待查元素结点为止。

同样,若路径是从根结点转向右子树[如图 8-18(b)所示],则路径也会交替地到达极大值结

点和极小值结点,并最终找到(条件是查找成功)待查元素结点。

如果用两个数组max和min分别收集路径上的极大关键字值和极小关键字值,则max数组中的元素值必定是递减的,因为路径到达每一个极大值之后都必定会转向其左子树,即max中在该极大值之后出现的元素值都小于它;而min数组中的元素值则是递增的,因为路径到达每一个极小值之后都必定会转向其右子树,即min中在该极大值之后出现的元素值都大于它。而另一方面,之所以能到达一个极小值而继续转向其右子树,是因为待查元素关键字值大于该极小值,对每一个极小值都是如此,故min中除待查元素外的所有值都应小于待查元素关键字值;而之所以能到达一个极大值而继续转向其左子树,是因为待查元素关键字值小于该极大值,对每一个极大值都是如此,故max中除待查元素外的所有值都应大于待查元素关键字值。

因此,他们认为只要符合上述两个条件的路径就是二叉排序树的搜索路径。

对于题目中的序列①,其max={501, 382}, min={51, 320, 363},并符合这样两个条件:两个数组中的元素分别是单调递减和单调递增的,且max中所有元素值都大于363,而min中所有元素值都不大于363。按照上述算法思想,这个序列应该为二叉排序树的搜索路径。

但是对于序列②,其max={877, 623},min={24, 125, 363},数组max是单调递减的,数组min是单调递增的;max中所有元素值都大于363,而min中所有元素值都不大于363,按照上述算法思想,该序列也是一个二叉排序树的搜索序列。但事实恰恰相反!问题何在?

上述思想中对于搜索路径中的极大值结点和极小值结点,以及对max数组中的元素必须是单调递减的、min数组中的元素必定是递增的,且max数组的所有元素值都不小于待查元素值,min数组中的所有元素值都不大于待查元素值的分析都是没有问题的。但是这并不是判断序列是否为二叉排序树的搜索序列的一个充分必要条件,这些都是一棵二叉排序树的搜索路径所体现出来的特点,即其前提是查找树是一棵二叉排序树;而仅仅符合了这些要求的序列并不一定就是二叉排序树的搜索序列,因为这个序列可能并不是在一棵二叉排序树上搜索而得到的序列。

编者认为这其实是犯了一个"以偏概全"的错误。在这之前曾提到关于二叉排序树的定义中要注意,必须要左(右)子树中所有结点的关键字值都小(大)于根结点的关键字值。前面就曾有人以子树的根结点代替所有结点的例子,现在提出上述解决方法的人又犯了一个以极大(小)值结点代替子树所有结点的错误。在这里提出这个问题,目的在于让读者能够谨慎地对待二叉排序树的定义,一定要真正了解其本质特点。

Example 8-10(南京大学)

编写判断给定二叉树是否为二叉排序树的函数。

【解析】

二叉排序树的一个很重要特点就是其中序遍历序列为有序序列。因此,如果得到给定二叉树的中序序列,只要检查其是否为有序序列即可。最简单的办法就是对二叉树进行中序遍历,同时检查当前结点与其中序前驱关键字值的大小:若对每个结点都能保证其左、右子树为二叉排序树,且当前结点关键字值大于其中序前驱结点关键字值,则可断定该二叉树为二叉排序树。但是,只要有一条不满足就可断定它不是二叉排序树,算法结束。

算法 8-7　二叉排序树的判定算法

```
IsBiSTree(BiTree T, BiTNode * pre)
{  //中序遍历过程中判定给定二叉树T是否为二叉排序树,若是则返回1,否则返回0
   //pre指向中序前驱结点,初值为NULL,其data域为机器所表示的最小值
   if(!T) return 1;                                    //空二叉树也是二叉排序树
   if(IsBiSTree(T->lchild, pre))
   {
       if(!pre ||(pre->data.key<T->data.key)) //左子树为二叉排序树且关键字值大于前驱
                                                       //结点关键字值
       {                                               //此时,是否为二叉排序树取决于右子树
           pre=T;
           return IsBiSTree(T->rchild, pre);
       }
   }
   else return 0;                                      //左子树不是二叉排序树,则整个二叉树也不是
}
```

① 为什么在对二叉树进行中序遍历过程中不考虑中序后继的关键字值也应该大于当前结点的关键字值? 该算法是不是不完整?

② 能不能根据二叉排序树的定义来判断给定二叉树是否为二叉排序树呢? 若能,应该注意些什么? 请判断下面的算法是否正确。

算法 8-8　待判的给定二叉排序树的算法

```
IsBiSTree( BiTree T)
{  //根据定义判断给定二叉树是否为二叉排序树,若是则返回1,否则返回0
   if(!T) return 1;                                         //空二叉树也是二叉排序树
   if(IsBiSTree( T->lchild) && IsBiSTree( T->lchild))      //左、右子树也分别为二叉排序树
      if(T->data.key>T->lchild->data.key && T->data.key<T->rchild->data.key)
                                                            //根关键字大于左子树而小于右子树
         return 1;
   return 0;
}
```

如果算法 8-8 的正确性不好判断,就请用图 8-19 所示的二叉树作为例子来试验一下吧。

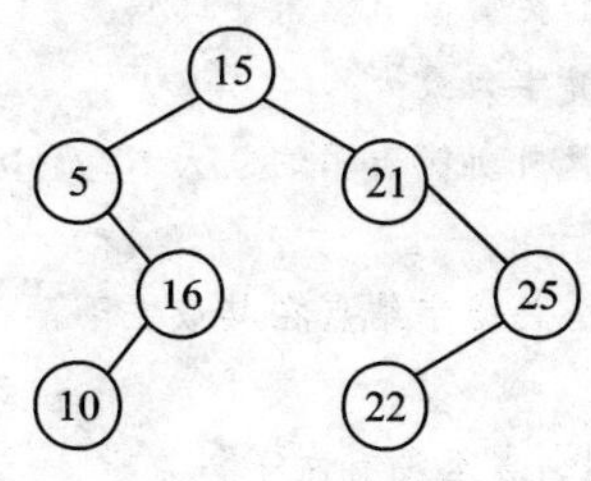

图 8-19　二叉树

很显然,图 8-19 中二叉树的左、右子树都是二叉排序树,并且 5<15<21,所以按照算法 8-8 就可以断定该二叉树为二叉排序树。但是,其中序序列为 5 10 16 15 21 22 25,这显然不是一个有序序列,与二叉排序树的中序有序的特点相矛盾,故该二叉树不是二叉排序树。

其实,算法 8-8 中只比较了根结点关键字与左、右子树根结点关键字的大小,而按照定义,应该是左(右)子树所有结点的关键字

都小(大)于根结点的关键字。所以,该算法误将图8-19中的二叉树判为二叉排序树。

为符合定义的要求,必须考虑到左、右子树的所有结点。所以,根结点的关键字不是与左子树根结点的关键字相比,而是与左子树所有结点中的最大关键字比较;不是与右子树根结点的关键字相比,而是与右子树所有结点中的最小关键字比较。于是,可将算法8-7改写如下。

算法8-9　按定义判断是否为二叉排序树

```
IsBiSTree(BiTree T)
{  //根据定义判断给定二叉树是否为二叉排序树,若是则返回1,否则返回0
   if(!T) return 1;                                    //空二叉树也是二叉排序树
   if(IsBiSTree(T->lchild) && IsBiSTree(T->lchild))//左、右子树也分别为二叉排序树
   {
       m=max(T->lchild); n=min(T->rchild);         //m,n分别为左子树最大关键字和右子树
                                                       //最小关键字
       if(T->data.key > m && T->data.key<n)         //根关键字大于左子树最大关键字而小于
                                                       //右子树最小关键字
           return 1;
   }
   return 0;
}
KeyType max(BiSTree T)
{  //返回二叉排序树T所有结点中的最大关键字值
   p=T;
   if(!p)                                              //空二叉排序树的关键字值相对于其双亲
                                                       //和右兄弟的关键字为最小
     return MINKEY;                                    //MINKEY为计算机所能表示的最小KeyType的值
   else                                                //二叉排序树最大关键字结点在其最右下端
   {
       while(p->rchild)                                //顺右子树向下找,直至没有右子树为止
         p=p->rchild;
       return p->data.key;
   }
}
KeyType   min(BiSTree T)
{  //返回二叉排序树T所有结点中的最小关键字值
   p=T;
   if(!p)                                              //空二叉排序树的关键字值相对于其双亲
                                                       //和左兄弟的关键字为最大
       return MAXKEY;                                  //MAXKEY为计算机所能表示的最大KeyType
                                                       //的值
   else                                                //二叉排序树最小关键字结点在其最左下端
   {
       while(p->lcild)                                 //顺左子树向下找,直至没有左子树为止
         p=p>lchild;
```

```
        return p->data.key;
    }
}
```

3. 二叉排序树的插入

二叉排序树是一种动态查找树，其特点就是在查找过程中，若没有其关键字值等于给定值的结点，则执行插入操作，二叉排序树本身的结构也是在查找过程中动态生成的；同时二叉排序树的中序有序性又要求，在插入结点前后二叉树必须保持这个有序性。由于新插入的结点是在查找失败时执行插入操作的结果，所以新插入的结点实际上是插入前扩充二叉排序树的查找失败结点，即为查找失败路径上所访问的最后一个结点的孩子结点，在插入后的二叉排序树中也必定是叶子结点。

二叉排序树的插入必须保证插入后二叉排序树仍为二叉排序树，即不能破坏其特性。于是可按如下步骤进行插入：

① 若二叉排序树为空，则把将要插入的结点作为根结点插入。

② 若将要插入结点的关键字值等于二叉排序树根结点的关键字值，则不须做插入操作。

③ 若将要插入结点的关键字值大于二叉排序树根结点的关键字值，则在右子树中插入。

④ 若将要插入结点的关键字值小于二叉排序树根结点的关键字值，则在左子树中插入。

⑤ 在子树中的插入操作同步骤①，②，③，④。

Example 8-11(华中理工大学)

依次输入表{30，15，28，20，24，10，12，68，35，50，46，55}中的元素，生成一棵二叉排序树。

① 试画出生成之后的二叉排序树；

② 对该二叉排序树作中序遍历，试写出遍历序列；

③ 假定每个元素的查找概率相等，试计算该二叉排序树的平均查找长度。

【分析】

二叉排序树的生成过程，实际上就是一个从空树开始不断执行二叉排序树结点插入操作的过程。以给定表中元素建立二叉排序树的过程如图 8-20 所示。

【解】

① 生成之后的二叉排序树如图 8-20 中最后一部分所示。

② 对该二叉排序树进行中序遍历，所得序列为

10 12 15 20 24 28 30 35 46 50 55 68

③ 由于每个元素的查找概率相等，故每个元素的查找概率为 1/12。二叉排序树的平均查找长度的计算，类似于利用折半查找判定树计算折半查找的平均查找长度。于是不难求出该二叉排序树的平均查找长度为

$$\mathrm{ASL} = \frac{1}{n}\sum_{i=1}^{n} C_i = \frac{1}{n}\sum_{j=1}^{h} j \times N_j =$$

$$\frac{1}{12}\sum_{j=1}^{5} j \times N_j = \frac{1}{12}(1\times 1 + 2\times 2 + 3\times 3 + 4\times 3 + 5\times 3) = 3.42$$

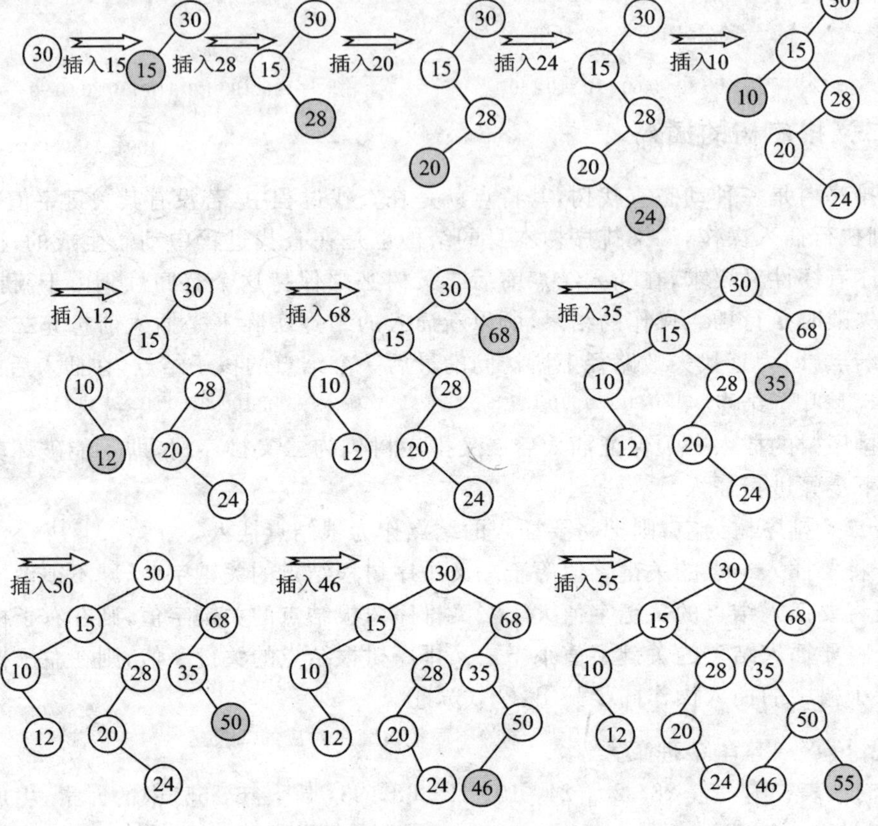

图 8-20　二叉排序树的生成过程

其中，j为二叉排序树的层次数，N_j为第j层上所含结点的个数。

注：

题目中给出的表是一个无序表，但是其所构造出的二叉排序树的中序序列却是一个有序序列。由此可见，二叉排序树的构建过程实际上就是对无序序列进行排序的过程。现将题目中的表变换一下，即将其中元素之间的相互位置改变一下，形成一个新表

{15, 24, 28, 55, 30, 35, 12, 68, 10, 50, 20, 46}

利用上述方法可对这个新表构造其对应的二叉排序树，如图8-21所示。

图8-21中二叉排序树的中序序列为

10 12 15 20 24 28 30 35 46 50 55 68

可以看出，同样的元素如果输入顺序不同，其所构造的二叉排序树的形态则大相径庭。因此，相同元素的不同序列所对应的二叉排序树是不同的；但是，这些二叉排序树的中序遍历序列却是相同的，因为同样的元素其有序序列是唯一的。

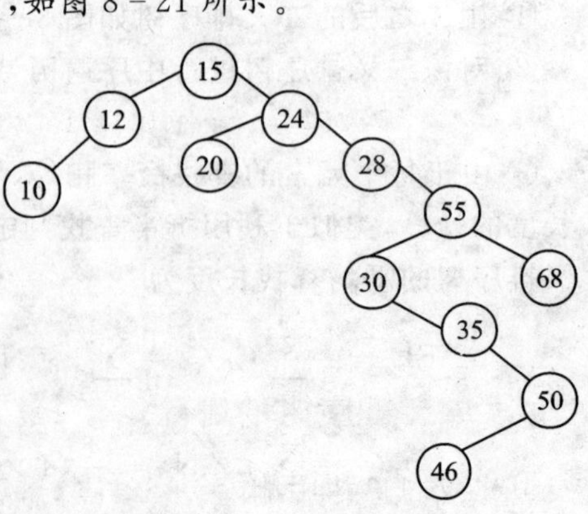

图 8-21　二叉排序树

注意：

这里说的“相同元素的不同序列所对应的二叉排序树是不同的”，并不是说相同的元素只要是不同的

输入顺序就一定对应不同形态的二叉排序树,也就是说具有相同元素的输入序列与二叉排序树并不是一一对应的。请看图 8-22 所示的例子。

输入序列：100 80 90 60 120 110 130

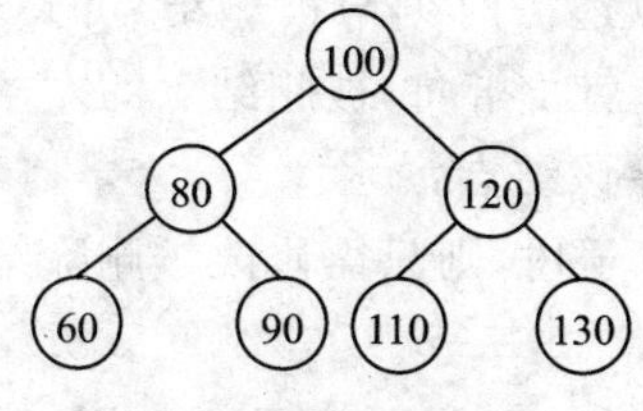

(a) 二叉排序树Ⅰ

输入序列：100 120 110 130 80 60 90

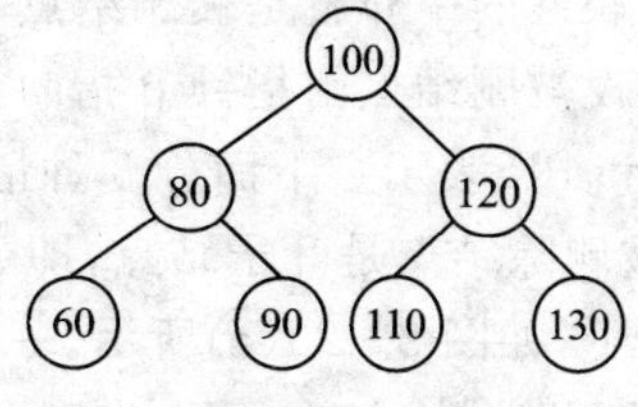

(b) 二叉排序树Ⅱ

输入序列：100 60 80 90 120 110 130

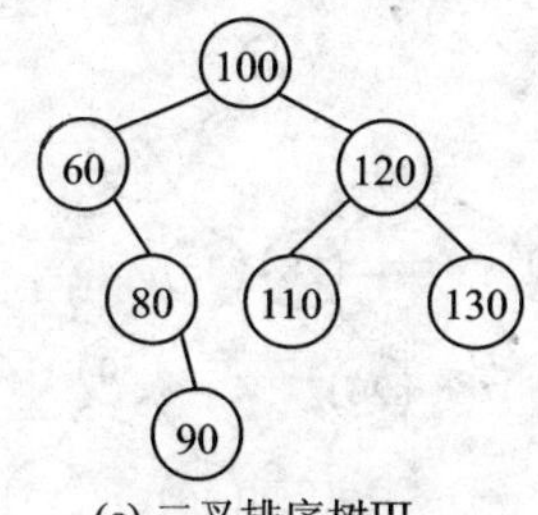

(c) 二叉排序树Ⅲ

输入序列：100 80 60 90 120 130 110

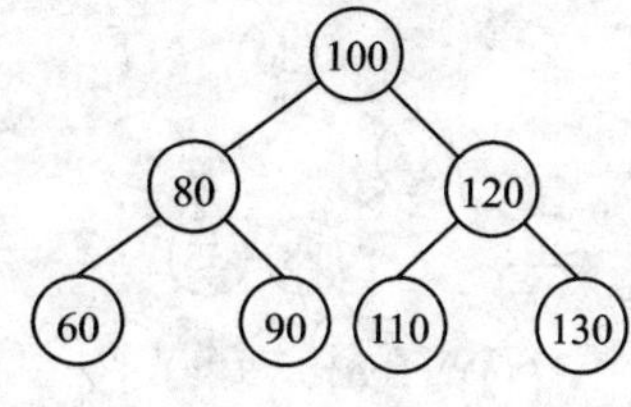

(d) 二叉排序树Ⅳ

图 8-22 相同元素的不同输入顺序对应的二叉排序树

由于每次插入的结点都是二叉排序树的叶子结点,因此在进行插入操作时不需要改变其他结点,而仅仅将某个结点的指针由空变为指向新结点的指针即可。二叉排序树的插入操作可描述如下。

算法 8-10 二叉排序树的插入算法

```
InsertBiSTree(BiSTree T, KeyType k)
{
  //在二叉排序树 T 中插入关键字值为 k 的结点
  if(!T)                          //若二叉排序树为空,则以新结点为根建立一棵二叉排序树
  {
     T=(BiSTNode *)malloc(sizeof(BiSTNode));
     T->lchild=NULL; T->rchild=NULL; T->data.key=k;
  }
  else if(k > T->data.key)        //若给定值大于根结点关键字,则插入右子树
     InsertBiSTree(T->rchild, k);
  else                            //若给定值小于根结点关键字,则插入左子树
     InsertBiSTree(T->lchild, k);
}
```

4. 二叉排序树的删除

从二叉排序树中删除一个结点后,需要保证删除后所得到的二叉树仍是一棵二叉排序树。删除操作首先是进行查找,以确定被删除结点是否在二叉排序树中。若删除的结点是叶子结

点，则不会影响其余结点之间的关系，也不会破坏二叉排序树的结构；但是，若删除的结点还有子孙的话，则删除该结点后其子孙将会从原二叉排序树中被隔离出来，因此，必须想办法在删除结点后将其子孙连接到剩余的二叉树中并保持其二叉排序树的特性。而被删结点的子孙与剩余二叉树联系的中介就是被删结点的双亲结点，所以还需时刻与被删结点的双亲结点保持联系。现假设被删结点由指针 p 指向，其双亲结点由指针 f 指向，被删结点的左子树和右子树分别用 PL 和 PR 表示。下面分 3 种情况讨论如何删除该结点：

① 若被删除结点是叶子结点，即 PL 和 PR 均为空子树，则只需修改被删除结点的双亲结点的指针即可，如图 8-23(a)所示。

② 若被删除结点只有左子树 PL 或只有右子树 PR，此时只要令 PL 或 PR 直接成为其双亲结点的左子树或右子树即可，如图 8-23(b)所示。

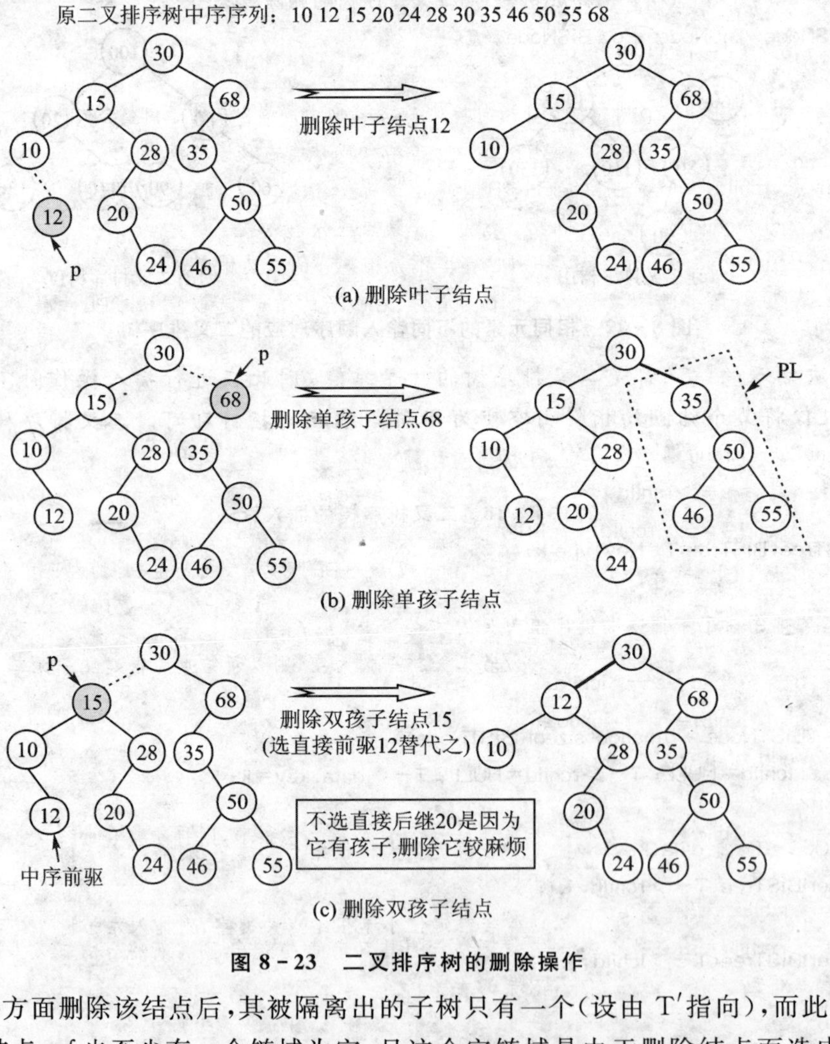

(a) 删除叶子结点

(b) 删除单孩子结点

(c) 删除双孩子结点

图 8-23　二叉排序树的删除操作

因为，一方面删除该结点后，其被隔离出的子树只有一个(设由 T′指向)，而此时被删结点 ＊p 的双亲结点 ＊f 也至少有一个链域为空，且这个空链域是由于删除结点而造成的；另一方面，若 ＊p 为其双亲 ＊f 的左孩子，则 T′中所有结点的关键字必定介于 ＊f 及其在剩余二叉树中序前驱的关键字之间，若 ＊p 为其双亲 ＊f 的右孩子，则 T′中所有结点的关键字必定介于 ＊f 及其在剩余二叉树中序后继的关键字之间。所以不论何种情况，链接两个二叉树都可以归结

为将 * f 的因删除了结点而变为空的指针域置为 T′之值即可。

③ 若被删除结点 * p 的左子树 PL 和右子树 PR 均不空，则删除 * p 后用其 PL 中关键字值最大结点或 PR 中关键字值最小结点替代之。这样既使得剩余结点能够链接成一棵二叉树，且这棵二叉树又保持了二叉排序树的特性。

具体做法是：首先用被删除结点在该树中序遍历序列中的直接前驱(或直接后继)结点的值取代被删除结点的值，然后再从二叉排序树中删除那个直接前驱(或直接后继)结点。

如果编写算法让计算机执行删除操作，可按照如下思想实现。

若删除结点 * p 后，则其双亲的其中一个分支(设为 s)必定为空，同时 PL 和 PR 将被隔离出来；接着可以将 PL 和 PR 按二叉排序树的特点整合成一棵新的二叉排序树，然后将这棵新的二叉排序树挂接在 s 上即可。其算法的具体实现过程描述如下。

算法 8-11　二叉排序树的删除算法

```
DeleteBiSNode( BiSNode *p, BiSNode *f)
{
  //在二叉排序树中删除 p 所指结点，f 指向其双亲；s 指向由隔离出来的子树整合成的新二叉排序树的根
  if(!p->lchild)                //若*p 为叶子结点或只有右孩子的结点
    s=p->rchild;                //则 PR 直接作为新整合的二叉排序树的右子树
  else if(!p->rchild)           //若*p 为叶子结点或只有左孩子的结点
    s=p->lchild;                //则 PL 直接作为新整合的二叉排序树的左子树
  else                          //若*p 为有左、右孩子的结点，选取左子树 PL 中最大关键字值结点
                                //取代*p
  {
     q=p; s=p->lchild;          //在左子树 PL 中
     while(s->rchild)           //寻找最大关键字值结点，即左子树 PL 中最右下端的结点
     { q=s; s=s->rchild; }
     s->rchild=p->rchild;       //PR 作为新整合的二叉排序树的右子树
     if(q !=p)                  //(*p 的前驱或者是 PL 根结点，或者在 PL 的右子树上)若*p 的前
                                //驱在 PL 的右子树上
     {                          //需先将其删除再把 PL 作为新二叉排序树的左子树
        q->rchild=s->lchild;
        s->lchild=p->lchild;
     }  //end_of_if
  } //end_of_else
  if(p==f->lchild)              //若被删结点为其双亲的左孩子，则将新整合的二叉排序树作为其双
                                //亲的左子树
     f->lchild=s;
  else f->rchild=s;             //若被删结点为其双亲的右孩子，则将新整合的二叉排序树作为其
                                //双亲的右子树
  free(p);
}
```

Example 8-12(中国科学技术大学)

已知序列{17,31,13,11,20,35,25,8,4,11,24,40,27}，请画出该序列的二叉排序树，并分

别给出下列操作后的二叉树：

① 插入数据 9；

② 删除结点 17；

③ 再删除结点 13。

【解析】

在根据给定序列构造其所对应的二叉排序树时，需要严格按照题目中给定序列的顺序逐个读入数据，同时在构造过程中一定要使之保持中序有序性。所构造的二叉排序树如图 8-24(a)所示(题目给定序列中有重复元素 11，应按其第一次出现时确定它在二叉排序树中的位置，当再次读入它时将不再做插入操作)。

① 插入数据 9，需先查找其应在二叉排序树中的位置，然后再插入。插入数据 9 后的二叉树形态如图 8-24(b)所示。

② 结点 17 是双孩子结点，则删除它后应使用其中序前驱(结点 13)或后继(结点 20)替代之。结点 13 只有左子树，只要将其上提，其左子树自然而然地作为新二叉排序树的左子树；而结点 20 有右子树，若使用它替代 17，在删除 20 时由于它是单孩子结点，所以只要用 20 的右子树替代 20 即可，即直接挂接在 31 的左分支上。这两种操作所对应的结果二叉排序树如图 8-24(c)、(d)所示。

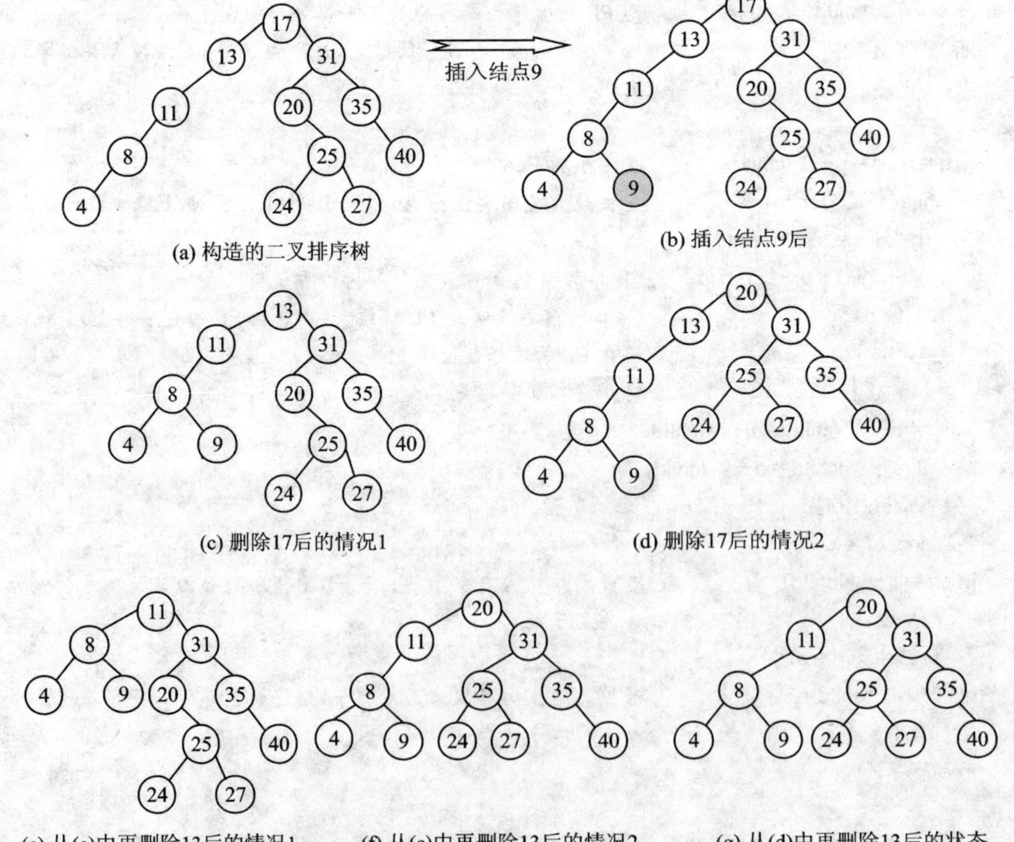

图 8-24　Example 8-12 解图

③ 要删除结点13，对于图8-24(c)而言，类似于上面删除17的情况，其操作结果如图8-24(e)、(f)所示。而对于图8-24(d)而言，13是个单孩子结点，只要将其左孩子挂接在20的左分支上即可，如图8-24(g)所示。

在一棵非空二叉排序树中删除一个结点后再将其插入，则所得到的二叉排序树与原二叉排序树一定相同吗？

如果被删除的结点是叶子结点，则删除它后不会影响其他元素之间的关系；若再插入它必定又是叶子结点，且还在原来的位置上。所以，删除叶子结点再将其插入，所得二叉排序树与原来的一样。

但是，如果删除的结点有子孙，则必将影响其子孙和剩余二叉树中结点之间的关系；若再将其插入二叉树，其子孙与其他结点之间的关系将保持删除后的关系，而不能再恢复到初始状态。所以，若删除的结点有子孙，则再将其插入所得的二叉排序树与原来的不同。

Example 8-13(同济大学)

输入一个正整数序列{53,17,12,66,58,70,87,25,56,60}，试完成下列各题。

① 按次序构造一棵二叉排序树BS。

② 依此二叉排序树，如何得到一个从大到小的有序序列？

③ 画出在此二叉排序树中删除"66"后的树结构。

【解析】

① 构建二叉排序树的过程就是从空二叉排序树开始逐个插入结点的过程。在插入时首先要进行查找，以确定正确的插入位置。按题目中给定次序构成的二叉排序树如图8-25所示。

② 按照上述方法构造出的二叉排序树是中序有序的，且其中序序列为递增序列；但是本小题要求得到一个从大到小的递减序列。可以先对该二叉排序树进行中序遍历得到中序序列，然后将其逆置即可。不过，在介绍二叉树的遍历算法时，曾经提到过一种优先考虑右子树的中序遍历序列(RNL)及其与中序遍历(LNR)序列的关系：对同一棵二叉树分别进行LNR和RNL遍历，所得到的两个序列恰好是互逆的。于是，可以对该二叉排序树进行优先考虑右子树的中序遍历，所得的序列即为题目所要求的序列，算法实现如下。

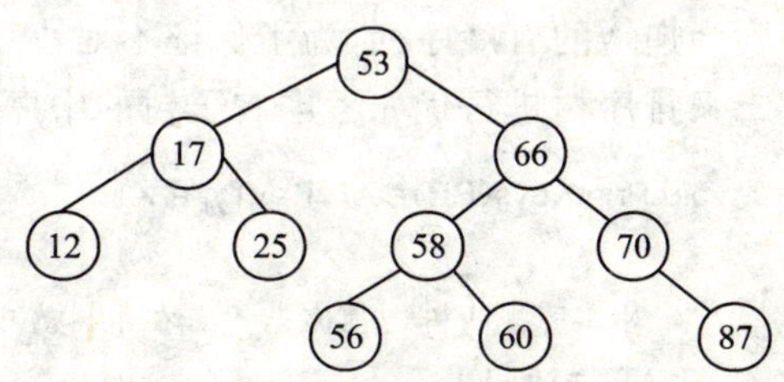

图8-25 Example 8-13解图1

算法8-12 二叉排序树的逆中序遍历

```
AntiInorder(BiSTree T)
{
  //按从大到小顺序输出有序序列
  if(T!=NULL)
  {
    AntiInorder(T->rchild);          //先递归访问右子树
    printf(T->data.key);             //再访问根结点
```

```
    AntiInorder(T->lchild);          //最后递归访问左子树
  }
}
```

由算法 8－12 得出的从大到小的有序序列为 87 70 66 60 58 56 53 25 17 12。

③ 结点 66 为双孩子结点，删除它后需用其中序前驱或后继替代之。这里选择其前驱 60，因为它是叶子结点，所以将其从原位置删除后不需要考虑其孩子如何安排。至于选择其后继 70 代替 66 的情况，请读者自己动手练习。

这样，删除“66”后的树结构如图 8－26 所示。

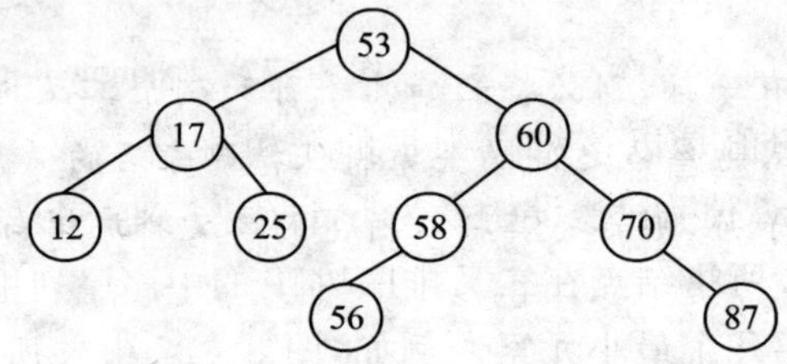

图 8－26 Example 8－13 解图 2

Example 8－14(中科院软件所)

试编写一递归算法，从大到小输出二叉排序树中所有值不小于 X 的关键字，要求算法的时间复杂度为 O(h＋m)，其中 h 为树的高度，m 为输出的关键字个数。

【解析】

为了尽可能降低时间复杂度，必须不能对小于 X 的关键字进行遍历。二叉排序树的中序序列为递增的有序序列，为了保证不对小于 X 的关键字进行访问，输出序列最好是递减序列。对二叉排序树进行优先考虑右子树的中序遍历即可满足这一要求。

```
void PrintKeys(BiTree T,KeyType X)
{
  //对二叉排序树进行优先考虑右子树的中序遍历
  if (T!=NULL)
  {
    PrintKeys(T->rchild);            //先递归访问右子树
    if(!LT(T->data, X))              //输出不小于 X 的结点
      printf(T->data);
    PrintKeys (T->lchild);           //最后递归访问左子树
  }
}
```

分析上述算法，递归深度不会超过二叉排序树的高度。因此，初始递归阶段时间复杂度为 O(h)，后续访问不小于 X 的 m 个关键字的时间复杂度为 O(m)。故而整个算法的时间复杂度为 O(h＋m)。

Example 8-15(中科院软件所)

设二叉排序树的存储结构为:

```
Typedef struct node
{
  KeyType key;
  int size;
  BiTree *lchild;
  BiTree *rchild;
  BiTree *parents;
}
```

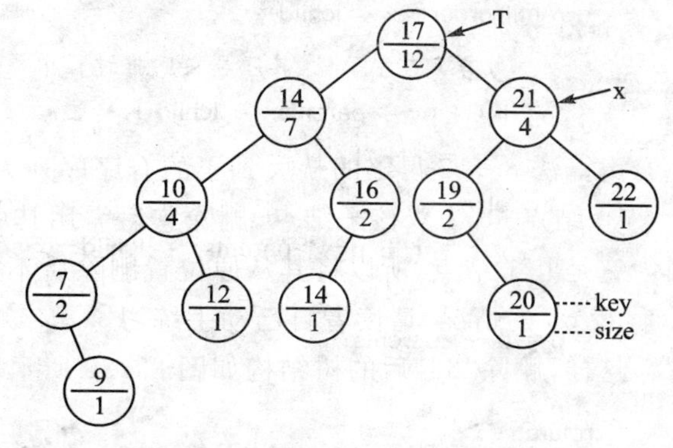

图8-27 Example 8-15中二叉排序树存储结构

一个结点x的size域的值是以该结点为根的子树中结点的总数(包括x本身)。例如,图8-27中x所指结点的size值为4。设树高为h,试编写一时间复杂度为O(h)的算法Rank(BiTree T, node x),返回x所指结点在二叉排序树T的中序序列里的排列序号,即求x结点是根为T的二叉排序树中第几个最小元素。例如,图8-27中x所指结点是树T中第11个最小元素。

提示:可利用size值和双亲指针parents。

【解析】

确定x在树T中的排列序号,可通过先求其在T的子树中的排列序号,再根据x所在的子树是左子树还是右子树来进行:若x在T的左子树中,则x在树T中的排列序号即是x在树T左子树中的排列序号;若x在T的右子树中,则x在树T中的排列序号即是x在T的右子树中的排列序号与T的左子树结点数之和再加1(加1是因为要把根包含进来)。而x在T的子树中的排列序号则可通过其所在的T的子树的子树中的排列序号来求得,依次递推,直至求出x在以x为根的子树中的排列序号r。r的求法如下:由于x的左子树中所有结点在中序序列中都排在x的前面,所以有r=x的左子树大小(size)+1(这里加1是包括x本身)。当x左子树为空时,相当于左子树size为0。这是自上而下的思维方式,由于给定初始条件已经给出X的具体位置,所以可用同样方式自下而上逆推回去。这个过程最多是回推到根结点,所以执行时间不超过树的高度。

具体算法实现如下。

```
Rank(BiTree T, node x)
{
  if (!x->lchild)                    //先求出x在以x为根的子树中的排序序号r
    r = 1;
  else
    r = x->lchild->size+1;
  p=x;
  while (p!=T)
  {
    //然后回推到根
    //r表示x在以p为根的子树中的排序序号;当p指向根T时,r即为所求
    if (p = p->parents->rchild)
```

```
        {
            //若 x 在左子树,其序号在回推过程中不改变,所以只需考虑右子树的情况
            if ( ! p->parents->lchild )
                r = r + 1;
            else
                r = r + p->parents->lchild->size + 1;
        }
        p= p->parents;
    }
    return r;
}
```

8.3.2 平衡二叉树

平衡二叉树(又称 AVL 树),即它或者是一棵空树,或者是具有下列性质的二叉树:它的左子树和右子树都是平衡二叉树,且左子树和右子树的深度之差的绝对值不超过 1。

二叉树上结点的平衡因子是该结点的左子树的深度减去右子树的深度。平衡二叉树中每个结点的平衡因子的绝对值均不超过 1,也就是说,一旦二叉树中某个结点的平衡因子的绝对值大于 1,则该二叉树不是一棵平衡二叉树。

完全二叉树是平衡二叉树。

注意:若二叉树中所有结点的平衡因子均为零,则其必为平衡二叉树;反之则未必。如图8-28 所示。

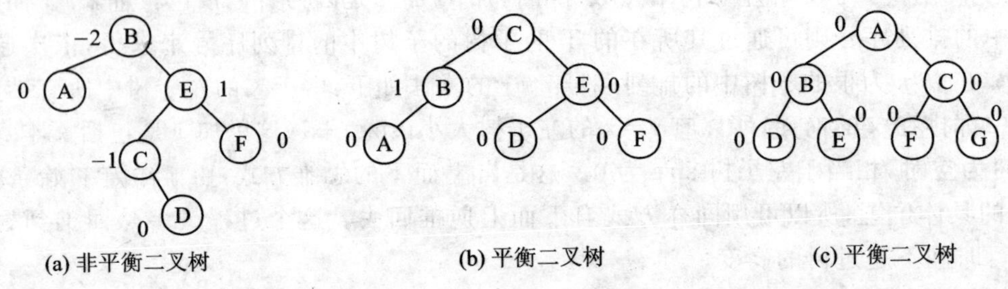

图 8-28 (非)平衡二叉树

二叉排序树的查找效率取决于二叉树的形态,而构造一棵形态匀称的二叉排序树与结点插入的次序有关。但是结点插入的先后次序往往不是随人的意志而定的,这就要求找到一种动态平衡的方法,对于任意给定的关键字序列都能构造一棵形态匀称的二叉排序树,即平衡二叉排序树。

1. 二叉排序树的平衡处理

在构造二叉排序树的过程中,每当插入一个结点后都有可能使得原来平衡的二叉树失去平衡。因此,在插入一个结点后应先检查是否因插入而破坏了树的平衡性,若是,则找出其中最小不平衡子树(以离插入结点最近、且平衡因子绝对值大于 1 的结点为根的子树),在保持排序树特性的前提下,调整最小不平衡子树中各结点之间的连接关系,以达到新的平衡。假设最

小的不平衡二叉树的根结点为 A，则失去平衡后进行调整的规律可归纳为以下 4 种情况。

(1) 单向右旋平衡处理(LL 型)

由于在 A 的左子树根结点 B 的左子树 BL 上插入结点 C，导致 A 的平衡因子由 1 增为 2，使得以 A 为根的子树失去平衡[如图 8－29(a)所示]。

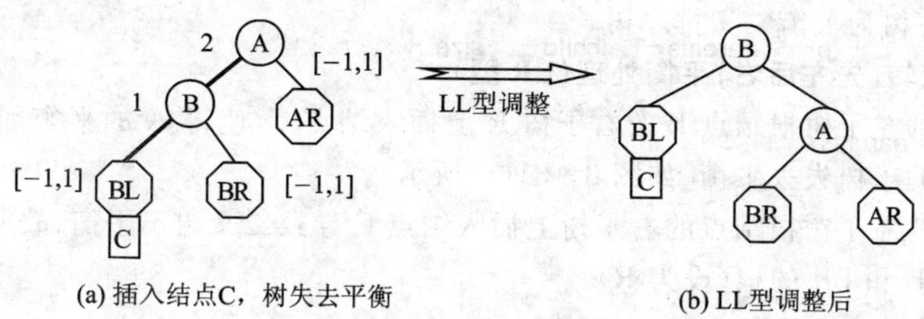

图 8－29　LL 型平衡处理

图 8－29 中，之所以原来的二叉树失去平衡，是因为插入了结点 C，导致 A 的平衡因子变为 2。其中所涉及到的结点主要有 A、A 的左子树根结点 B 和 B 的左子树根结点(设为 BLR)。

具体的调整办法为：

① 将这 3 个结点按关键字大小排序为 A，B，BLR。

② 取值介于中间的那个结点(即 B)为根结点，以关键字最小的那个结点(即 BLR)为根的子树(含 C)作为左子树，以关键字最大的那个结点(即 A)为根的子树(不含 A 的左子树)作为右子树。

③ 而 B 的右子树此时还没有被安排位置。因它在原二叉排序树中位于 B 和 A 之间，即在 B 的右子树上和 A 的左子树上，故可安排在如图 8－29(b)所示的位置，从而构成一棵新二叉排序树。

这个以 B 为根的二叉排序树就是一棵平衡二叉排序树。

(2) 单向左旋平衡处理(RR 型)

由于在 A 的右子树根结点 B 的右分支 BR 上插入结点 C，使得 A 的平衡因子由－1 变为－2，从而以 A 为根的子树失去平衡[如图 8－30(a)所示]。

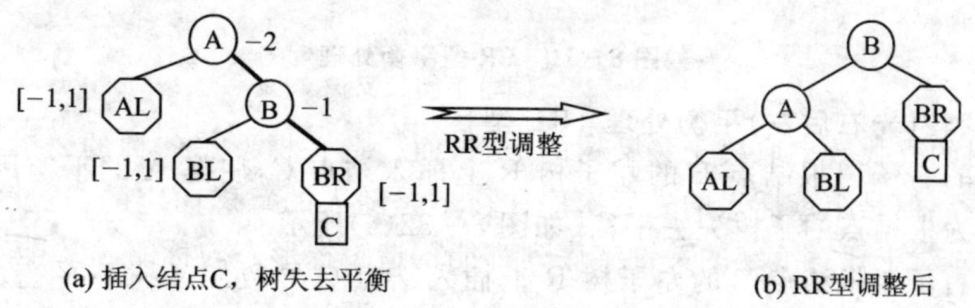

图 8－30　RR 型平衡处理

因为在 A 的右子树的右分支上插入 C 导致二叉树不平衡，故所涉及到的 3 个结点分别为 A，B 和 BR 的根(设为 BRR)。

具体的调整办法为：

① 将这 3 个结点按关键字大小排序为 A，B，BRR。

② 选中间的 B 为根结点，以 A 为根的子树(不含 A 的右子树)作为左子树，以 BRR 为根

的子树(含C)作为右子树。

③ B的左子树BL还没有安排位置。因它在原二叉排序树中位于A与B之间,故为保持二叉排序树的中序有序性,BL应在A的右子树和B的左子树上,所以应将其安排在如图8-30(b)所示的位置,从而构成一棵新的二叉排序树。

该二叉排序树为平衡二叉排序树。

(3) 双向旋转(先左后右)平衡处理(LR型)

由于在A的左子树根结点B的右子树R上插入结点C,使得A的平衡因子由1增为2,导致以A为根的子树失去平衡[如图8-31(a)所示]。

因为在A的左子树根结点的右子树上插入结点C导致二叉树不平衡,故所涉及到的3个结点分别为A,B和BR的根(设为R)。

具体的调整办法为:

① 将这3个结点按关键字大小排序为B,R,A。

② 选中间的R为根结点,以B为根的子树(不含B的右子树)作为左子树,以A为根的子树(不含左子树)作为右子树。

③ R的左、右子树RL(含C)和RR都还没有安排位置。因RL(含C)在原二叉排序树中位于B和R之间,故为保持二叉排序树的中序有序性,RL应在B的右子树、R的左子树上。而RR在原二叉树中位于R和A之间,故应将其安排在R的右子树和A的左子树上。所以它们的具体位置如图8-31(b)所示,从而构成一棵新的二叉排序树。

该二叉排序树为平衡二叉排序树。

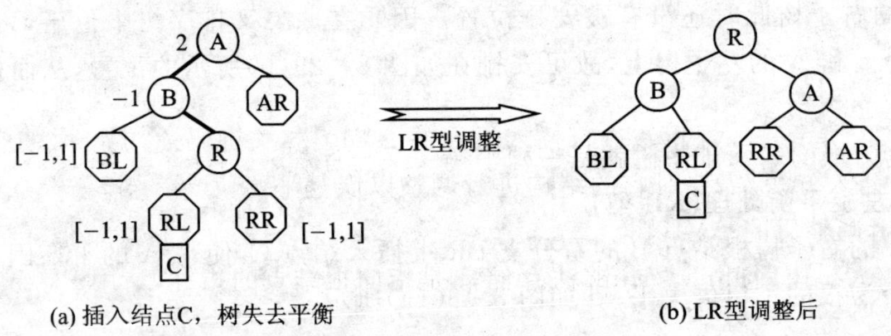

图8-31 LR型平衡处理

(4) 双向旋转(先右后左)平衡处理(RL型)

由于在A的右子树根结点B的左子树R上插入结点C,使得A的平衡因子由-1变为-2,导致以A为根结点的子树失去平衡[如图8-32(a)所示]。

因为在A右子树根结点B的左子树R上插入结点C导致二叉树不平衡,故所涉及到的3个结点分别为A,B和R。

具体的调整办法为:

① 将这3个结点按关键字大小排序为A,R,B。

② 选中间的R为根结点,以A为根的子树(不含A的右子树)作为左子树,以B为根的子树(不含左子树)作为右子树。

③ R的左、右子树RL(含C)和RR都还没有安排位置。因RL(含C)在原二叉排序树中位于A和R之间,故为保持二叉排序树的中序有序性,RL应在A的右子树和R的左子树上。

而 RR 在原二叉树中位于 R 和 B 之间，故应将其安排在 R 的右子树和 B 的左子树上。所以它们的具体位置如图 8-32(b)所示，从而构成一棵新的二叉排序树。

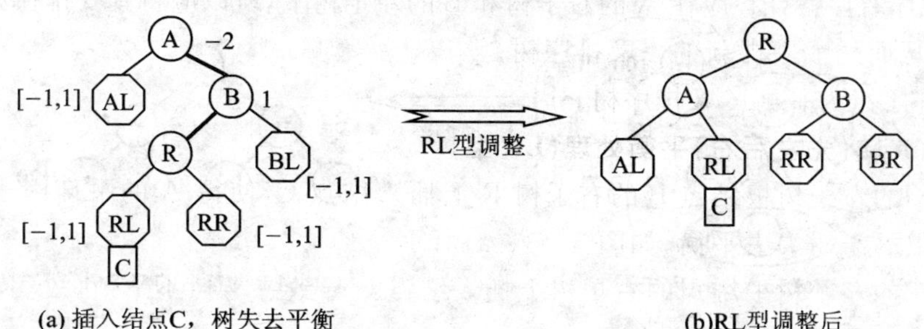

图 8-32 RL 型平衡处理

该二叉排序树为平衡二叉排序树。

上述 4 种平衡处理方式有许多相似之处，只是由于插入位置的不同而稍有区别。下面将其统一为一种形式如下：

① 寻找最小不平衡二叉树。若存在这样的二叉树，则转入②，否则平衡处理结束。

② 找出涉及到的 3 个结点，并将其关键字按从小到大排序(设排序序列为 A B C)，并选择其位于中间的结点 B 为根、关键字最小的结点 A 及其子孙为左子树、关键字最大的结点 C 及其子孙为右子树构造一棵新的二叉树。

③ 将 B 的左、右子树在保持二叉排序树中序有序的条件下，插入到新二叉树的适当位置。转入①。

Example 8-16(北京大学)

如图 8-33 所示是一棵正在进行插入运算的 AVL 树，关键码 70 的插入使它失去平衡，按照 AVL 树的插入方法，需要对它的结构进行调整以恢复平衡。

① 请画出调整后的 AVL 树。

② 假设 AVL 树用 llink-rlink 法存储，t 是指向根结点的指针，请用 Pascal(或 C)语句表示出这个调整过程。

(说明：不必写出完整的程序，只需用几条语句表示出在本题给出的具体情况下，调整过程中指针的变化。在调整过程中还有两个指针变量 p 和 q 可以使用)

【解析】

正是因为在 *T 的左子树的右分支上插入关键码 70 后导致以 *T 为根的子树失去平衡，它是最小的不平衡二叉排序树，于是可对其进行 LR 型调整，步骤是：

① 所涉及到的 3 个结点的关键字分别为 100,60,80，将其排序为 60,80,100；

② 将关键码 80 作为根，关键码 60 及其左分支作为左子树，关键码 100 及其右分支作为右子树构造一棵新的二叉排序树；

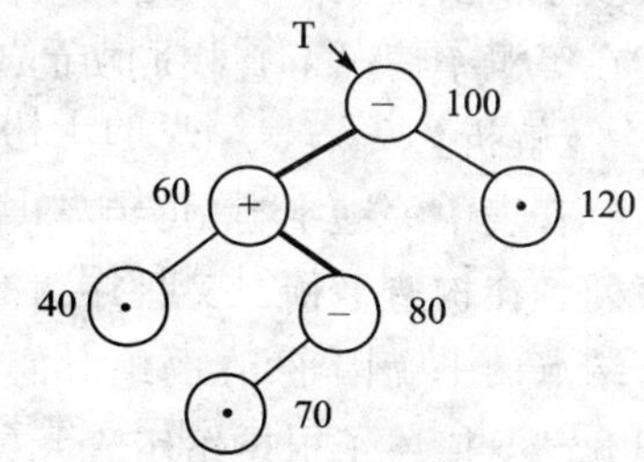

图 8-33 Example 8-16 图

③ 还没有被安排位置的关键码 70 位于关键码 60 和 80 之间，故可将其放置在 60 的右子

树、80的左子树上。

调整后的AVL树如图8－34(b)所示。

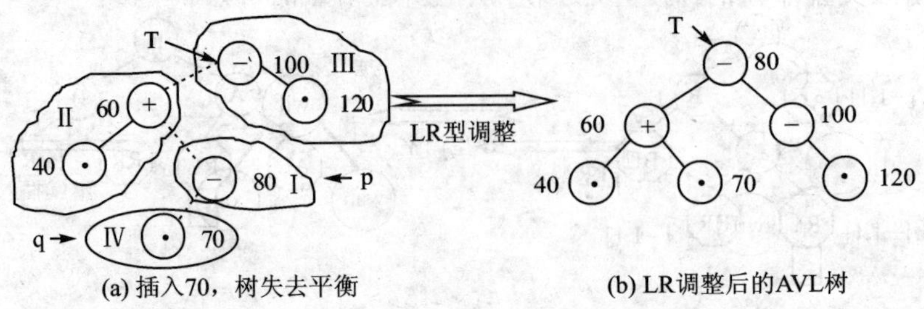

图8－34　Example 8－16解图

经过上面的调整过程，原来不平衡的二叉树其实被分为如图8－34(a)所示的4大部分，调整的过程其实就是对这4部分进行重新组装的过程。因此，原则上应该由4个指针分别指向之；但是根据题目中给出的条件，可用指针只有T，p，q三个。部分Ⅳ只能由80的llink指出，在组装过程中该指针域要用来指向部分Ⅱ，故需要一个指针指向之，不妨用q；80作为新的根结点，也需要一个指针指向之，不妨用p；自然的，T用来指向部分Ⅲ；当然，部分Ⅱ可由T－>llink指出，不过为安全起见，应先将该部分组装到适当位置。于是，可用下面几条语句表示出在本题给出的具体情况下，调整过程中的指针变化。


```
p=T->llink->rlink;              //p指向部分Ⅰ
T->llink->rlink=NULL;           //形成部分Ⅱ
q=p->llink;                     //q指向部分Ⅳ
p->llink=T->llink;              //首先组装部分Ⅱ
T->llink=NULL;                  //形成部分Ⅲ
p->rlink=T;                     //组装部分Ⅲ
p->llink->rlink=q;              //组装部分Ⅳ
T=p;                            //T指向新的根结点
```

Example 8－17(山东大学)

已知长度为11的表{xal, wan, wil, zol, yo, xul, yum, wen, wim, zi, yon}，按表中元素顺序依次插入一棵初始为空的平衡二叉排序树，请画出插入完成后的平衡二叉排序树，并求其在等概率情况下查找成功的平均查找长度。

【解析】

若表中关键字类型为字符串，则二叉排序树的中序序列是按照字典顺序进行排序的有序序列。在构造平衡二叉排序树时，不但要保证其中序有序性，还要保证其平衡性，即使得其每个结点的平衡因子bf的绝对值都不超过1。一旦bf的绝对值超过1，则视具体情况平衡之。图8－35描述了根据给定表元素构造相应平衡二叉排序树的过程。

插入完成后的平衡二叉排序树如图8－35(e)所示。其在等概率情况下查找成功的平均查找长度为

$$\mathrm{ASL}=\sum_{i=1}^{n}P_iC_i=\frac{1}{n}\sum_{j=1}^{h}j\times N_j=$$

$$\frac{1}{11}(1\times1+2\times2+3\times4+4\times4)=3$$

其中，h 为平衡二叉排序树的深度，N_j为第 j 层上所含结点的个数。

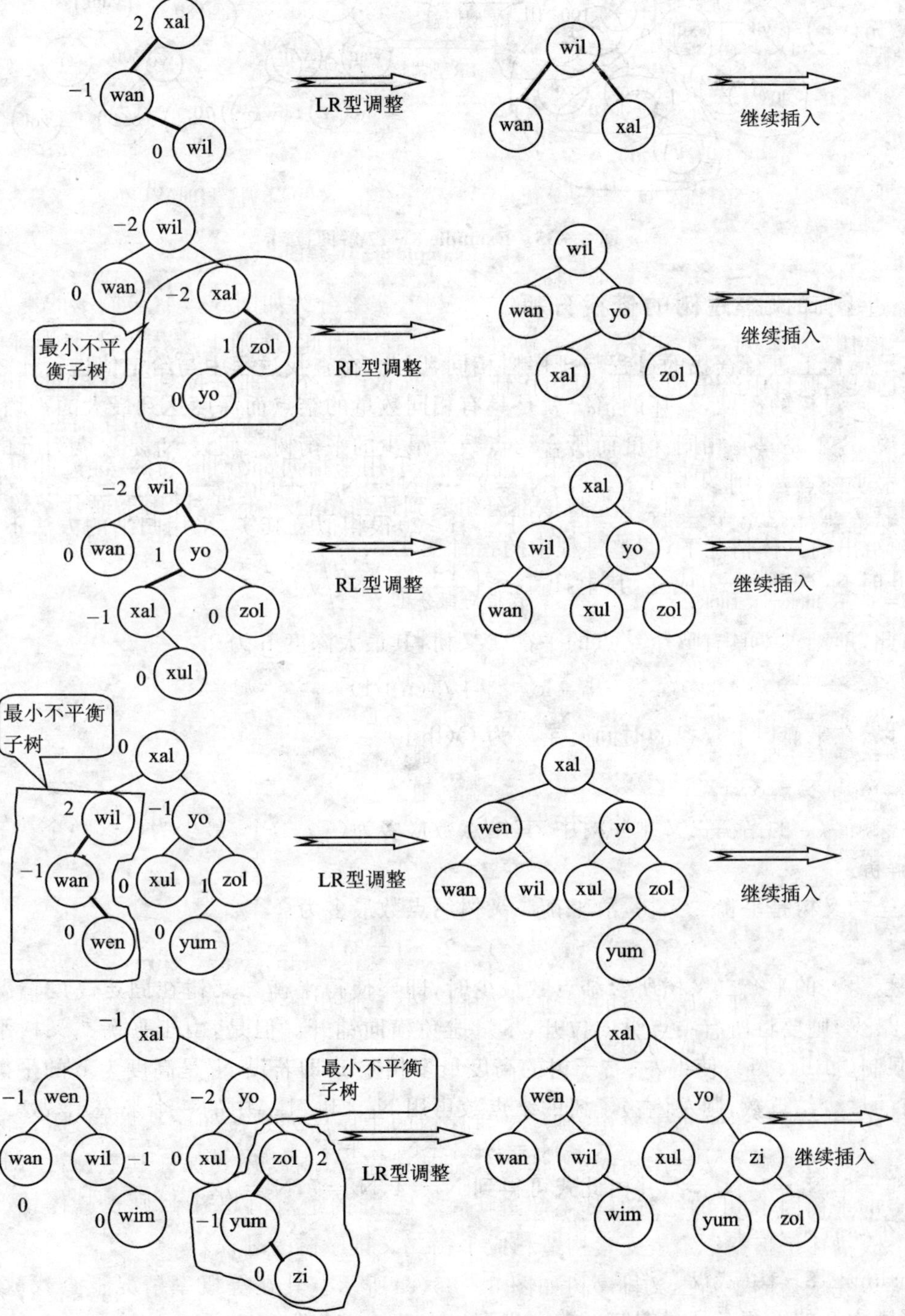

图 8－35 Example 8－17 解图

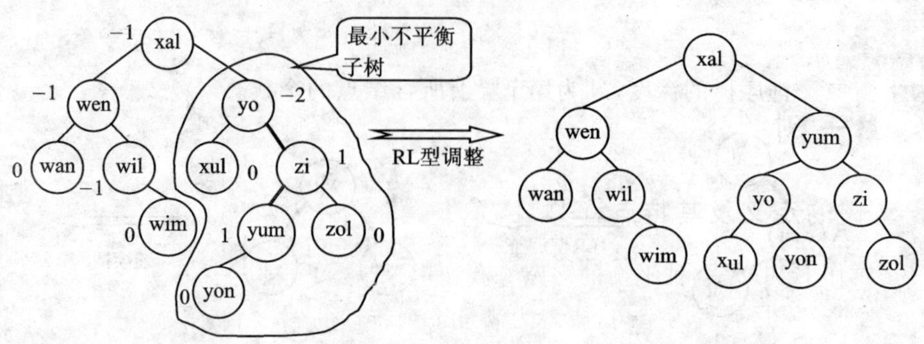

图 8-35　Example 8-17 解图(续)

2. 平衡二叉排序树的查找分析

在平衡树上进行查找的过程与排序树相同，因此，在查找过程中与给定值进行比较的关键字个数不超过树的深度，最坏的情况就是具有相同数量的结点而深度达到最大的平衡树；从另一方面说，也就是具有相同深度而所含结点数为最少的平衡树。假设 N_h 是深度为 h 的平衡树所含的最少结点数，则 $N_0=0, N_1=1, N_2=2, \cdots, N_h=N_{h-1}+N_{h-2}+1$。这个关系与斐波那契序列的递推式($F_0=0, F_1=1, F_i=F_{i-1}+F_{i-2}; i\geqslant 2$)很相似。其实，采用归纳的方法不难证明，当 $h\geqslant 0$ 时 $N_h=F_{h+2}-1$ 成立，其中，$F_{h+2}\approx\left(\frac{1+\sqrt{5}}{2}\right)^{h+2}\Big/\sqrt{5}$。

由此，不难求得具有 n 个结点的平衡二叉树，其最大深度 h 为

$$h=\log_{\frac{1+\sqrt{5}}{2}}[\sqrt{5}(n+1)]-2$$

所以，在平衡树上查找的时间复杂度为 O(lb n)。

Example 8-18

在深度为 5 的平衡二叉排序树中，其结点数最多为(　　)个，最少为(　　)个。

【解析】

完全二叉树是平衡二叉树，故平衡二叉树结点数最多为

$$2^h-1=2^5-1=31$$

而当深度为 5 的平衡二叉树所含结点数最少时，即要使得平衡二叉树在固定高度情况下所含结点数最少，则要将所有结点纵向拉开，尽量避免横向铺开。但是，由于平衡二叉树平衡因子 BF 的限制($|BF|\leqslant 1$)，使得左、右子树的高度最多相差 1，即若设 N_h 是高度为 h 的平衡二叉树所含有的最少结点数，则左(右)子树的结点数可用 N_{h-1} 和 N_{h-2} 中的一个来表示，故

$$N_h=N_{h-1}+N_{h-2}+1$$

其中，$N_0=0, N_1=1, N_2=2$，并由此式可得到 $N_3=4, N_4=7, N_5=12$。

故本题答案为 31，12。

Example 8-19(武汉大学)

高度为 8 的平衡二叉树的结点数至少有________个。

【解析】

根据 Example 8-18 中的解析及得到的递推公式 $N_h=N_{h-1}+N_{h-2}+1$，可得到：当 h=8

时，$N_8=54$。

故本题答案为54。

8.3.3 B－树

1. B－ 树的定义及其特点

B－ 树(读作B树)是一种平衡的多路查找树。

一棵m阶B－ 树，或者为空树，或者为满足下列特性的m叉树：

① 树中每个结点至多有m棵子树。

② 若根结点不是叶子结点，则至少有两棵子树。

③ 除了根结点外的所有非终端结点至少有$\lceil m/2 \rceil$棵子树。

④ 每个非终端结点中包含下列信息$(n, A_0, K_1, A_1, K_2, A_2, \cdots, K_n, A_n)$，其中，n表示结点中关键字的个数，故$\lceil m/2 \rceil-1 \leqslant n \leqslant m-1$；$A_i(0 \leqslant i \leqslant n)$表示指向子树的指针；$K_i(1 \leqslant i \leqslant n)$表示第i个关键字。

⑤ 每个非终端结点中可能含有多个关键字，且这些关键字是按从小到大顺序排列的(即$K_1<K_2<K_3<\cdots<K_n$)，而位于任意两个关键字$(K_i, K_{i+1})(0 \leqslant i \leqslant n$，同时认为$K_0$和$K_n$分别为机器所能表示的KeyType的最小值和最大值)之间的指针A_i指向的子树中的所有结点的关键字都小于K_{i+1}，而大于K_i。

⑥ 有些叶子结点都出现在同一层次上，且不带信息(可认为是查找失败的结点，指向叶子结点的指针为空)，即叶子前一级的非终端结点都在同一层次上。

在B－树的上述特性中，①，②，③，⑥表明了其平衡性，即通过限制每个结点中包含元素的最少个数，以及要求所有的失败结点(空子树)都在同一层上，来防止产生退化树形；⑤表明了其查找树的排序性，即在B－树中以结点为单位中序遍历整个树，每访问到一个结点时，需自左而右顺序访问结点中的所有关键字，所得到的关键字序列为一个有序序列；④表明了其多路性。B－树及其结点结构概图如图8－36所示。

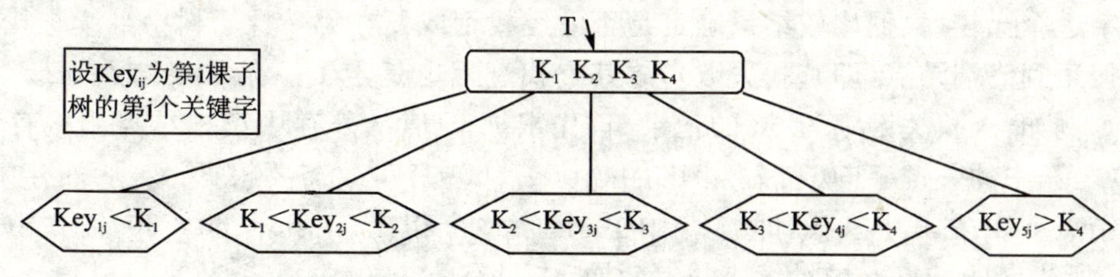

图8－36　B－树及其结点结构概图

由于平衡m路查找树的叶子结点并不一定在同一层上，而m阶B－ 树的叶子结点必须在同一层上，所以m阶B－ 树是平衡的m路查找树；但是反过来，平衡m路查找树并不一定就是m阶B－ 树。

B－ 树的每个结点都包含若干关键字和指向子树的指针，这些指针恰好位于任意两个关键字的空隙之间及第一个关键字的前面和最后一个关键字的后面。故，若一个结点有m棵子树，则其所含关键字为m－1个。无论m阶非空B－ 树的阶数m为何值，根结点中最少可以有1个关键字，而最少可有2个指向子树的指针。

图 8-37 所示为一棵三阶的 B—树。

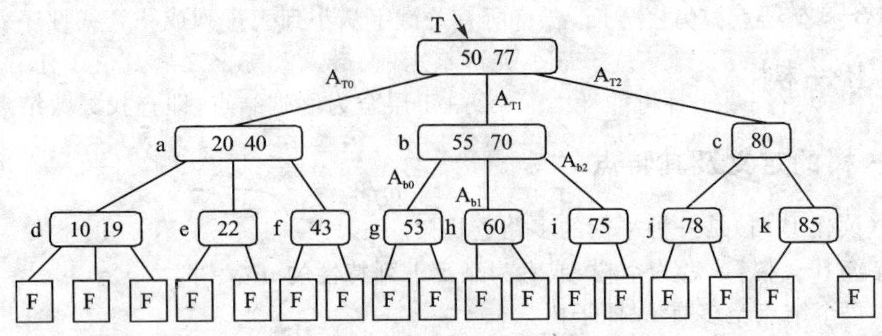

图 8-37　三阶的 B— 树

在图 8-37 中的三阶 B—树中,每个非终端结点最多含有 m−1=2 个关键字,最少含有 $\lceil m/2 \rceil-1=\lceil 3/2 \rceil-1=1$ 个关键字;由于其每个结点的子树个数为 2 或 3,故又被称为 2-3 树。每个结点中的关键字都是按升序排列的,且每个关键字都大于位于其左边指针指向的子树中的所有关键字,而小于位于其右边指针指向的子树中的所有关键字;由此位于左边子树中的最大关键字比位于右边子树中的最小关键字还小。所有叶子结点均在最后一层上,叶子结点上一级的非终端结点也都在同一层上。

B—树结构多用于文件系统中,是文件的动态索引结构,是文件索引的思想源泉。一个关键字代表一条记录,而这条记录可以是全部属性都在其关键字所在结点中,也可以是结点中存放记录的关键字,其后紧跟指向含有这些关键字的记录所存放的地址(磁盘存储器的地址);由若干个关键字组成一个结点,一般一个结点以一个"块"的形式存放在磁盘上。而内存中只存放指向根结点的 T 指针,当需要对哪条记录进行操作时,就顺着 T 指针找到其所在的结点,并读入内存,然后再在该结点中查找这条记录。故对 B— 树进行操作必然要涉及对外存的存取。

2. B— 树的查找及其分析

在 B— 树中进行查找操作的过程与二叉排序树的查找过程类似:首先将给定值与根结点中的关键字逐个比较,根据比较结果确定是否已经找到或要在哪一棵子树中继续查找,直至查找成功或搜索到终端结点(即查找失败),故其查找过程也是走了一条从根结点到最终搜索结点的路径。例如,查找关键字为 60 的记录,首先根据 T 值从外存中读根结点到内存中,并将给定值 60 与其中的关键字 50 和 77 相比,由于 $50<60<77$,故需要根据 A_{T1} 从外存中读入其所指向的结点 b,并在其中查找,即与其中的关键字逐个相比,因 $55<60<70$,需在由 55 右边的指针 A_{b1} 所指向的结点 h 中继续查找,该结点中只有一个关键字 60,故查找成功。查找失败的过程也类似,只不过是最后搜索到叶子结点罢了。

在 B— 树中查找的过程,其实就是顺着指针查找结点和在结点的关键字中进行查找的交叉过程。由于结点都存储在外存中,故查找结点一次就要读磁盘一次,将该结点对应的数据块读入到内存中是相当耗时的,故这个时间将是影响查找效率的关键因素。于是,查找过程中访问外存的次数(即待查关键字所在结点在 B— 树中的层次数)成为了 B— 树查找效率的决定因素。

根据 B— 树的定义,一棵深度为 h+1、具有 n 个关键字的 B— 树,其第一层为根结点。根结点至少有 2 棵子树,故第二层至少有 2 个结点。除根以外,每个非终端结点至少有 $\lceil m/2 \rceil$ 棵子树，故第三层至少有 $2\times\lceil m/2\rceil$ 个结点，第四层至少有 $2\times\lceil m/2\rceil^2$ 个结点……第 h+1 层至少有 $2\times\lceil m/2\rceil^{h-1}$ 个结点。另一方面，若将所有关键字从小到大排列成一个线性序列，则查找失败的情况可能为：待查关键字位于最小关键字之前、最大关键字之后及位于任意两个关键字之间的空隙中，共有 n+1 种可能性。而第 h+1 层全为终端结点，即查找失败结点，故其个数应为 n+1。这样就有不等式

$$n+1 \geqslant 2\times\lceil m/2\rceil^{h-1}$$

由此解出

$$h\leqslant\log_{\lceil m/2\rceil}\left(\frac{n+1}{2}\right)+1$$

所以，在具有 n 个关键字 m 阶的 B— 树中进行查找操作的过程中，访问外存的次数(即查找路径长度)最多不会超过 $\log_{\lceil m/2\rceil}\left(\frac{n+1}{2}\right)+1$ 次。

联想　**具有 n 个关键字的 m 阶 B—树的最小高度是多少？**

若能使得每一层关键字数达到最大值，m 阶 B— 树的高度就会达到最小。

由于 m 阶 B— 树中每个非终端结点最多可有 m 个关键字，故第一层的根结点最多可有 m−1 个关键字，同时就有 m 个分支；第二层最多有 m 个结点，故最多可有 $m\times(m-1)$ 个关键字，同时最多可有 m^2(因为每个结点最多可有 m 个分支)个分支；而第三层最多可有 m^2 个结点，故最多可有 $m^2\times(m-1)$ 个关键字……可以归纳地证明：第 h 层最多可有 $m^{h-1}\times(m-1)$ 个关键字，则有下式成立：

$$\begin{aligned}n&=(m-1)+[m\times(m-1)]+[m^2\times(m-1)]+\cdots+[m^{h-1}(m-1)]=\\&m+m^2+m^3+\cdots+m^h-(1+m+m^2+\cdots+m^{h-1})=\\&\frac{m\times(1-m^h)}{1-m}-\frac{1-m^h}{1-m}=\\&\frac{(m-1)\times(1-m^h)}{1-m}=m^h-1\end{aligned}$$

于是，可以求出

$$h=\log_m(n+1)$$

而最后一层为叶子结点，故具有 n 个关键字的 m 阶 B—树的最小高度为 $\log_m(n+1)+1$。

由此，可以得出结论：若具有 n 个关键字的 m 阶 B— 树的高度为 h，则 $\log_m(n+1)+1\leqslant h\leqslant\log_{\lceil m/2\rceil}\left(\frac{n+1}{2}\right)+2$。

在 B— 树中查找与在二叉排序树中查找的不同之处在于：B— 树中所有结点都存储在外存中，当搜索到某个结点时，需先将其调入内存后再进行查找，而二叉排序树中的所有结点都在内存中，且其算法较为简单，查找速度很快；B— 树中的每个结点可能有多个关键字，而二叉排序树的每个结点只有一个关键字，故当具有相同数目的关键字时，B— 树可压缩查找树的高度，使得其高度小于二叉排序树的高度，有助于提高查找效率。

Example 8-20(武汉大学)

高度为5(除叶子层之外)的三阶B—树至少有____________个结点。

【解析】

由于在高度为5的三阶B—树中,根结点至少有2棵子树,而除根结点之外的所有非终端结点至少有$\lceil 3/2 \rceil=2$棵子树。所以,若使得该B—树的结点数达到最少,必须使每个结点的子树数最少,即每个结点只有2棵子树。

这就相当于求一棵5层满二叉树所含有的结点数,即至少有$2^5-1=31$个结点。

3. B— 树的插入

将一个记录插入B— 树中,首先要检查B— 树中是否包含相同关键字值的记录,如果存在,则插入运算失败终止;否则搜索必定终止在失败结点处,此时,将新记录插入到该失败结点的上一层结点中。

但是,插入新记录后应当保证原来的B— 树不会因此而改变性质。根据B—树的定义,m阶B—树中每个结点最多含有m—1个关键字。故插入新记录后,结点有可能超出其所能容纳的关键字个数,此时必须对其实施分裂,即以第$\lceil m/2 \rceil$个关键字$K_{\lceil m/2 \rceil}$为拆分点,将其一分为三,分成$K_{\lceil m/2 \rceil}$左边的部分、$K_{\lceil m/2 \rceil}$和$K_{\lceil m/2 \rceil}$右边的部分。

在m阶B— 树中执行插入操作的具体步骤为:

① 在B— 树中查找给定关键字值的记录,若查找成功,则表示在插入该记录后会有重复记录,故插入操作失败;否则将新记录和一个空指针插入到代表查找失败的叶子结点的上一层结点(由q指向)中。

② 若插入新记录(和一个指针)后,结点*q的关键字个数没有超出m—1,则插入操作执行成功;否则转入步骤③。

③ 若插入新记录(和一个指针)后,结点*q的关键字个数已经超出m—1,则以$K_{\lceil m/2 \rceil}$为拆分点将该结点分为三部分。$K_{\lceil m/2 \rceil}$左边的部分仍保留在原来的结点中,将其右边的部分存放在一个新创建的结点(设由p指向)中,而关键字值为$K_{\lceil m/2 \rceil}$的记录和指针p插入到q的双亲结点中。这样,在双亲结点中又多了一个记录和指针,故必须对双亲结点检查其是否已经超出其所能容纳的记录个数,根据检查结果按照步骤②和③的原则进行相应的操作。

④ 在步骤③中,若结点*q分裂,且是根结点,由于其并无双亲,则由分裂产生的两个结点的指针p和q以及关键字为$K_{\lceil m/2 \rceil}$的记录组成一个新的根结点。这样,B—树的高度增加1。不过,只要从根结点到新记录插入位置的路径上至少有一个结点的关键字数小于m—1,则B—树的高度就不会增加。

例如,在图8-30中的三阶B— 树中插入关键字值为18的记录,具体插入操作的步骤如下。

在 三阶B—树中每个结点最多只能存放2个记录。经过查找,B—树中没有关键字值为18的记录,且应该插入结点d中。但是由于d中的记录数已经为2,插入后将超出其最大容纳数量,故需将其分裂。新插入记录连同指向新增结点的指针p一并插入到d的双亲结点a中。同样,结点a插入后也超出其最大容量,需要分裂,则将关键字值为20的记录连同指向新增结点的指针p′插入到a的双亲结点的根结点内。根结点的记录数也为2,仍需要分裂,但它没有双亲结点,故将关键字值为50的记录与由分裂产生的两个结点的指针一并组成一个新的根结点。至此,成功完成插入关键字值为 18 的记录。图 8-38 形象地显示了这个插入的分裂过程。

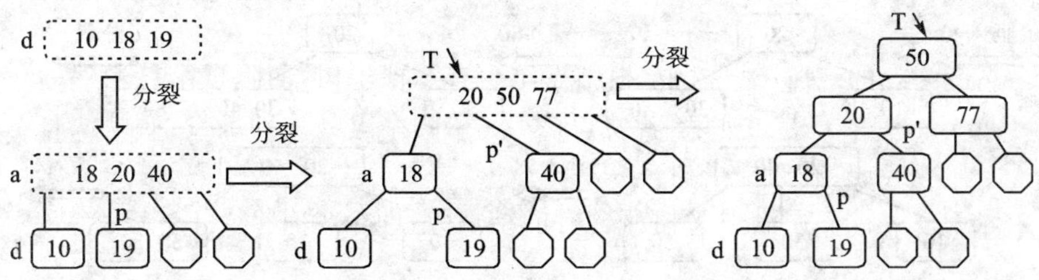

图 8-38 B—树中插入操作的局部示意图

插入关键字值为 18 的记录后,B—树如图 8-39 所示。

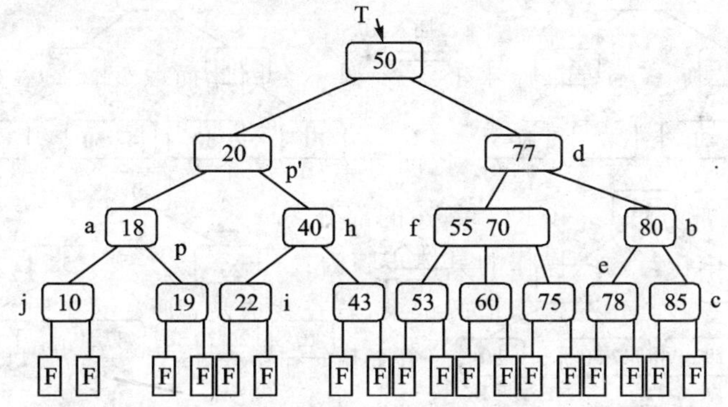

图 8-39 向图 8-37 的 B—树中插入 18 后的形态

在一棵深度为 h+1 的 B— 树中插入一条记录,先查找其插入位置,这是读外存的过程;然后进行插入操作(需要时结点会发生分裂),这是写外存的过程。读外存的次数就是从根结点到插入结点的路径上,所需访问外存的次数 h。而在插入过程中,会因记录数量超额,使得在查找路径上自底向上地发生某些结点分裂,从而产生出新的结点,这些新的结点又需要写入外存中。其中,根结点的分裂会产生 3 个结点;除了根结点以外的非终端结点分裂会产生 2 个结点。假设内存能够放下所有读入内存的结点,则在最坏的情况(即查找路径上的所有结点都需要分裂)下需向外存中写入结点的次数为 $2\times(h-1)+3=2h+1$ 次。

Example 8-21(华南理工大学)

设有一棵空的三阶 B— 树,依次插入关键字 30,20,10,40,80,58,47,50,29,22,56,98,99,请画出该树。

【解析】

构建三阶 B—树的过程就是往空的三阶 B—树中依次插入关键字的过程。其每个结点中的关键字个数不可超过 2 个。具体构造过程如图 8-40 所示。

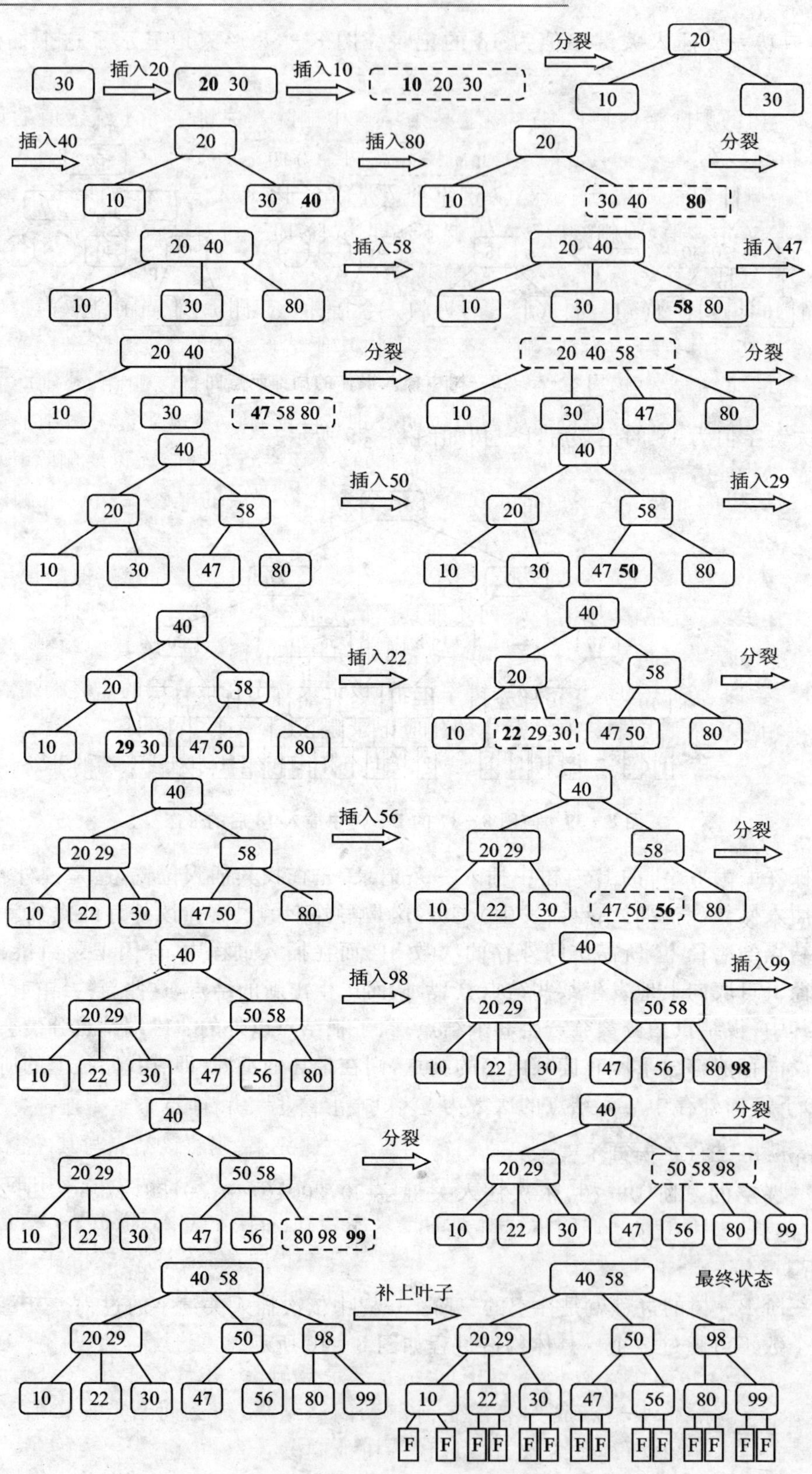

图 8-40　Example 8-21 图

4. B—树的删除

m 阶 B— 树的删除指的是在 B— 树上某个结点中删除其关键字等于给定值的记录及其邻近的一个指针。在 B—树的删除操作中需要注意两个方面：

① 要进行删除记录的结点中所含关键字个数是否多于⌈m/2⌉—1 个，如果多于该值，则可直接删除；若恰等于该值，则删除后该结点就不满足 m 阶 B— 树对结点中关键字个数的最低要求，故需进行合并操作。

② 删除一条记录后必定也要连同其邻近的一个指针一起删除，若当前结点为最底层的非终端结点，由于其中的指针均为空，删除后不会影响其他结点，故可直接删除；但是，若当前结点不是最底层的非终端结点，且其中的指针指向一棵子树，则不可直接删除，否则会将由该指针指向的子树一并删除，故此时也需要做相应的处理：将其右(左)边邻近子树中的最小(大)关键字记录(该记录必定在最底层的非终端结点中)移入该结点，这样，无论要删除其中记录的结点是否为最底层的非终端结点，都可以最终归结为在最底层的非终端结点中删除其中的记录。

对于 B— 树的删除，首先要查找 B—树中是否存在其关键字值等于给定值的记录，若不存在，则删除操作失败；若存在，则需视下列几种具体情况而定：

① 若当前结点不是最底层的非终端结点，则删除其中的记录后，将其所在结点中右(左)边邻近指针所指向子树中的最小(大)关键字记录(该记录必定在最底层的非终端结点中)移入该结点，并将相应的最底层非终端结点中的相应记录删除。

② 若当前结点中的关键字个数多于⌈m/2⌉—1 个，并且该结点为最下端的非终端结点，则直接从其中删除记录即可。

③ 如果删除记录后，当前结点中的关键字个数不足⌈m/2⌉—1 个时，处理的方法有二：

- 如果其左侧兄弟包含多于⌈m/2⌉—1 个关键字，则可以向其左兄弟借一个关键字最大的记录及其邻近的右指针；否则，如果其右侧兄弟有多于⌈m/2⌉—1 个关键字，则向其右侧兄弟借一个关键字值最小的记录及其左指针。这里所说的“借”，对于指针可以直接搬过来，但对于关键字就不可以，而要按以下做法进行：设当前结点由其父结点的指针 p 指向，借给当前结点记录的兄弟结点由其父结点的指针 q 指向，则需要将 p 和 q 之间的那个记录借到当前结点中来，再将所借记录移到双亲结点中。
- 如果左、右兄弟结点所含关键字数恰好达到 m 阶 B— 树中每个结点所能达到的最低要求(即⌈m/2⌉—1 个关键字)，且当前结点有左侧兄弟，则将该结点与其左侧兄弟结点合并成一个结点；否则与右侧兄弟结点合并。所谓“合并”是将两个结点中的记录连同其双亲结点中指向它们的指针所夹的记录组合在一个结点中，而另一个结点被撤销。这意味着从其双亲结点中删除一个记录以及一个指向被撤销的结点指针，将可能导致双亲结点中关键字个数不足⌈m/2⌉—1 个，所以需继续检查其双亲结点，并根据具体状况按照情况②和③的方法进行处理。

④ 如果由于合并操作导致根结点中的一个记录被删除，并且该根结点只包含一个记录，则该记录被删除后，根结点成为不含任何记录的空结点，那么两结点连接后，被保留的那个结点将成为 B— 树新的根结点，这时，B— 树的高度当然也会减小。如果 B— 树本来就只有一个根结点，且该根结点只包含一个记录，那么当这唯一的记录被删除后，B— 树便

成为空树。

例如,从图 8-39 中的三阶 B— 树中相继删除关键字为 78 和 20 的记录的过程如下。

关键字 78 所在结点中只有一个关键字,已经达到了三阶 B— 树要求的最低限,故删除 78 后,需要向其兄弟结点"借"关键字或与其父兄结点进行"合并"。由于其左、右兄弟结点也都达到了三阶 B—树所要求的最低限,已无能力再借给当前结点关键字了,所以只能进行"合并"操作。假设保留 85 所在的结点 c 而撤销 78 所在的结点 e,于是从结点 e 中删除 78 及其邻近的一个指针后,剩余的关键字及指针都转移到其兄弟结点 c 中去,并将其双亲结点 b 中由指向这两个兄弟结点的指针所夹的关键字 80 也转移到结点 c 中去。

由于结点 b 中仅有一个关键字且被删除,则需要从其左兄弟结点 f 中"借"一个最大关键字 70,具体操作为:将其双亲结点 d 中的关键字 77 下落到结点 b 中,f 中的最大关键字 70 上提到其双亲结点 d 中,70 右侧的指针直接安放在结点 b 的最左侧。至此,删除关键字为 78 的记录且调整过程结束,具体如图 8-41 所示。

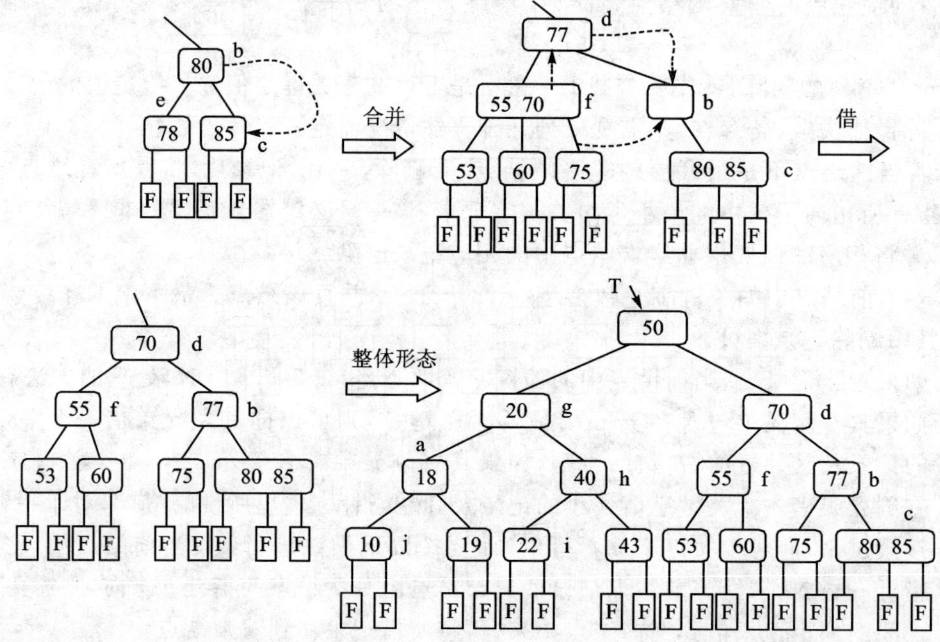

图 8-41 从图 8-39 的 B—树中删除 78 的过程

继续删除关键字为 20 的记录,图 8-42 形象地描述了继续删除关键字 20 的调整过程。

20 所在的结点 g 并非最底层的非终端结点,选择其所在结点中右边邻近指针所指向子树中的最小关键字记录(该记录必定在最底层的非终端结点 i 中)移入结点 g,并将结点 i 中的相应记录(关键字为 22 的记录)删除。

结点 i 为最底层非终端结点,且其右边兄弟结点无法借给它关键字,所以只好采用合并的方法:将结点 h 中的 40 下移到结点 k,并将结点 i 中所剩的指针移入结点 k。

结点 h 删除了关键字 40,虽然 h 不是最底层的非终端结点,但是删除 40 并不是人们的初衷,而是在调整过程中的一种操作,所以对它的调整必须按照 B— 树中删除记录法则的情况②和③而定。由于其左边兄弟结点 a 无法借给它关键字,故仍需要合并操作。在此,保留结

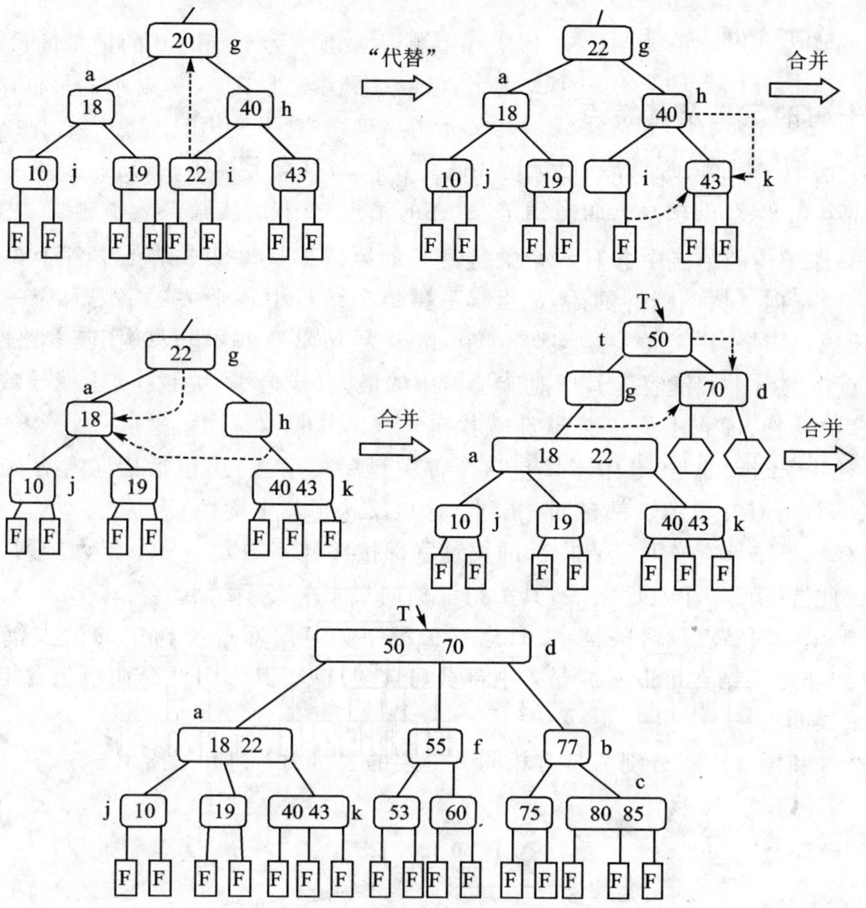

图 8-42 从图 8-39 的 B—树中继续删除 20 的过程

点 a而撤销结点 h,做法是:将结点 a 和 h 的双亲结点 g 中指向它们的两个指针之间的关键字 22以及结点 h 中剩下的指针都移到结点 a 中。

结点 g 中删除了关键字 22,这与结点 h 的情况类似,不同的是其双亲结点为根结点,故需将保留的那个结点作为新的根结点。

Example 8-22(中国科技大学,南京理工大学)

在一棵 m 阶 B—树中,若在某结点中插入一个新关键字而引起该结点分裂,则此结点中原有关键字的个数是__________;若在某结点中删除一个关键字而导致结点合并,则该结点中原有关键字的个数是__________。

【解析】

这道题主要考察大家对 B—树定义的了解程度。

一棵 m 阶 B—树的每个结点中,关键字个数在$[\lceil m/2 \rceil-1, m-1]$之间。若一个结点中关键字个数少于$\lceil m/2 \rceil-1$ 个,则它不能支撑起一个 B—树结点,必须将其与另一个结点合并;若一个结点中关键字个数多于 $m-1$ 个,则超出了 B—树结点所能容纳的最大关键字个数,故需要将其分裂。

故本题答案为:$m-1$,$\lceil m/2 \rceil-1$。

8.3.4　B+树

1. B+树的定义及其特点

一棵 m 阶 B+树是一棵 m 路平衡索引树，它是一个多级分块结构，是对 B−树的一种改进。其不同于 m 阶 B− 树的特点是：

① 有 n 棵子树的结点中含有 n 个关键字。如果说 B−树每个结点中各个关键字之间的空隙对应一个指向子树的指针的话，那么 B+树每个结点中各个关键字则对应一个指向子树的指针。所以，其结点中关键字最多为 m 个，最少为⌈m/2⌉个(这也反映了其多路性)。

② 结点中的每个关键字为其所对应子树中的最大(或最小)关键字(这就导致 B+树不具有中序有序的特性，即它不是一棵 m 路查找树)。

③ 所有叶子结点非空，其中不仅包含全部关键字的信息，还包括指向含有这些关键字的记录的指针，且所有叶子结点都在同一层上(这也反映了其平衡性)。

④ 所有叶子结点本身及结点内部的关键字都按关键字的大小从小到大排列，其各个叶子结点顺序彼此链接成一个有序链表，其头指针指向最小关键字结点。

⑤ 由于非终端结点包含关键字，且这些关键字为其所对应子树中的最大(或最小)关键字，因此这些非终端结点可以看成是索引部分(这也反映了其索引性)，而不包含指向含有这些关键字的记录的指针。

图 8-43 和图 8-44 分别为具有相同关键字的三阶 B+树和三阶 B−树。

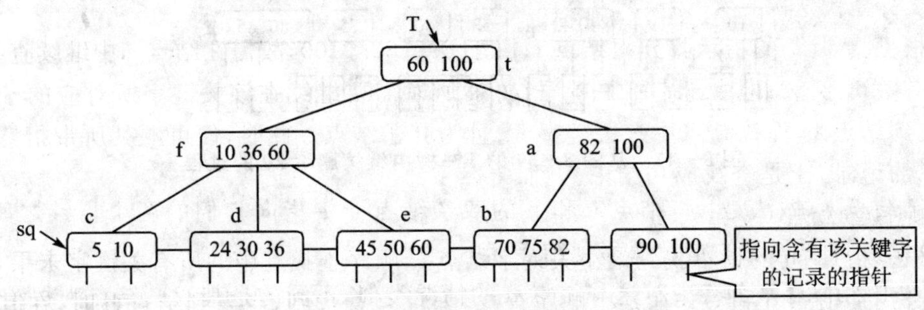

图 8-43　三阶 B+树

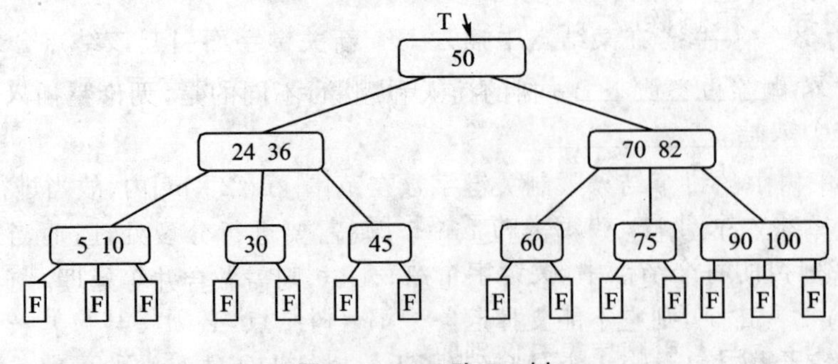

图 8-44　三阶 B−树

从图 8-43 和图 8-44 的对照可以清晰地看出 B−树和 B+树的区别。

B+树中含有两个头指针，一个指向根结点，另一个指向关键字最小的叶子结点。所以，要想得到所有关键字的一个有序序列，在B+树中，只需要从头指针sq出发遍历整个由叶子结点构成的有序单链表即可；而在B−树中，则需中序遍历整个树的所有结点，每访问到一个结点时，需自左而右顺序访问结点中的所有关键字。

B+树中的叶子结点非空；而B−树中的叶子结点为空结点。

B+树中的叶子结点包含了所有的关键字；而B−树中的关键字则分布在所有的结点中。B+树中只有叶子结点中的关键字带有指向包含该关键字的记录的指针，而B−树中所有非终端结点中的关键字都可以带有指向包含该关键字的记录的指针。

B+树中结点的关键字不仅起到分界线的作用，而且关键字本身还是其所对应子树中的最大关键字；而B−树中结点的关键字则是其左、右两侧指针所指向的子树的分界线。

2. B+树的查找

由于B+树中含有两个头指针，故相应地也有两种查找方法：

① 从指向根结点的头指针T出发进行索引查找。

这种方法类似于B−树的查找，不同的是，若非终端结点中的关键字等于给定值时查找并不能结束，而是继续向下直至到达叶子结点为止，因为这样的结点中的关键字不带有包含该关键字的记录的地址。所以，在B+树中查找，不管成功与否都经历了一条从根结点到叶子结点的路径，访问结点的次数等于路径上的结点数。

② 从指向最小关键字结点的指针sq出发对由叶子结点构成的有序链表进行顺序查找。

例如，在图8-43的B+树中查找关键字为82的记录的方法如下。

(1) 索引查找法

首先根据指针T的指示找到根结点t；由于60<82<100，故需在结点a中继续查找，该结点中恰含有关键字82；但由于它不是叶子结点，所以需要继续在该关键字所对应的子树中查找，于是找到结点b，而该结点中有关键字82且为叶子结点。此时，便可顺其所带指针找到关键字为82的记录，于是查找成功结束。

(2) 顺序查找法

首先根据指针sq的指示找到最小关键字结点c，顺序查找其中的所有关键字未果，需沿着右指针依次找到结点d和e并在其中顺序查找，都没有查找到，当来到结点b时，在其中查找到关键字82，于是便可顺其所带指针找到关键字为82的记录。

3. B+树的插入和删除

B+树的插入和删除也类似于B−树的插入和删除，不同的是，无论是插入操作还是删除操作均在叶子结点中进行。

由于m阶B+树中的每个结点限制关键字数在范围[$\lceil m/2 \rceil$, m]内，故当进行插入操作时，需检查插入后结点所含的关键字数，若超过m个，则需要进行分裂处理；而当进行删除操作时，需检查删除后结点所含的关键字数，若不足$\lceil m/2 \rceil$个，则需做合并等处理。

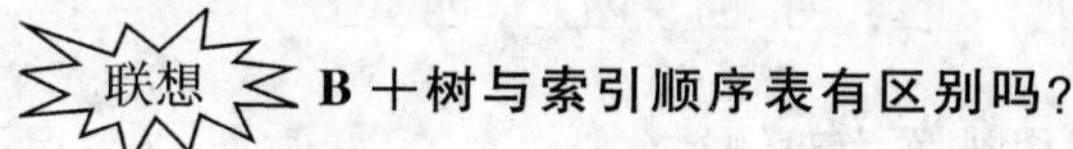

B+树与索引顺序表有区别吗？

其实，B+树是一种动态索引结构，而索引顺序表则是一个静态索引结构。

静态索引结构指这种索引结构在初始创建和数据装入时就已经定型，而且在整个系统运行期间,树的结构不发生变化,只是数据在更新;而动态索引结构指在整个系统运行期间,树的结构随数据的增删而及时调整,以保持最佳的查找效率。

静态索引结构的优点是结构定型,建立方法简单,存取方便;缺点是不利于更新,插入和删除时效率低。动态索引结构的优点是在插入或删除时能够自动地调整索引树的结构,以保持最佳的查找效率;缺点是实现算法复杂。

Example 8-23(北方交通大学)

下面关于B树和B+树的叙述中,不正确的是(　　)。

A. B树和B+树都是平衡的多叉树

B. B树和B+树都可用于文件的索引结构

C. B树和B+树都能有效地支持顺序检索

D. B树和B+树都能有效地支持随机检索

【解析】

一棵m阶B+树是一棵m路平衡索引树,B树是一棵平衡的多路查找树;它们都可用于文件的索引结构,且都能够有效地支持随机检索。

由于B+树的所有关键字均在叶子结点中,且所有的叶子结点均通过链相链接,且有一个指针指向关键字值最小的叶子结点,因而能有效地支持顺序检索;而B树则没有这个特点,它不能有效地支持顺序检索。

故本题答案为C。

8.3.5 键　树

与前面几种动态查找树不同,键树是一棵多叉树,树中每个结点并不代表一个关键字或记录。在键树中,关键字被肢解开分布在每个结点中,即每个结点(根结点为空结点)中含有一个组成关键字的符号,而关键字则分布在从根结点到叶子结点的路径上,其中叶子结点为表示"结束"的标识符($)。故键树中从根到树叶路径上的所有结点连接起来构成关键字。故而,每个叶子结点对应一个关键字,关键字个数等于叶子结点数;在叶子结点还可以包含一个指针,指向该关键字所对应的元素。键树可用以构造自动化进行模式匹配,在内容监控防火墙等方面有重要应用。

键树是有序树,在同一层中各个兄弟结点之间按其所含符号自左至右有序,并约定结束符$小于任何字符。

键树的深度取决于其所能表示的最长关键字的长度,而与关键字的个数无关。所以关键字越多,键树的深度不一定要增长,但是它却会往横向伸展。

在键树中,每一棵子树代表具有相同前缀的关键字值的子集合。

设有以下关键字集{had, have, he, her, here},其所对应的键树如图8-45所示。

键树的存储结构可有两种:

1. 双链树

以树的孩子兄弟链表来表示键树,此时键树被称为双链树。

树的孩子兄弟链表表示实际上是将树转换成二叉树的表示形式,其中二叉树的左子树为树的孩子结点,而二叉树的右子树则为树的兄弟结点,然后再用二叉链表存储。由树转换成相应二叉树的具体方法为：

① 在树中所有相邻的“亲兄弟”（即同一个双亲的兄弟，堂兄弟不行）之间加一条连线，表示前一兄弟的右指针指向其下一个兄弟。

② 树中每个结点都只保留其与第一个孩子之间的连线，删除其与其他孩子之间的连线。

③ 将树整形，调节成各结点之间位置相对比较协调的二叉树形状。

图 8-46 展示了与图 8-45 中的键树相应的孩子兄弟表示结构，即双链树。

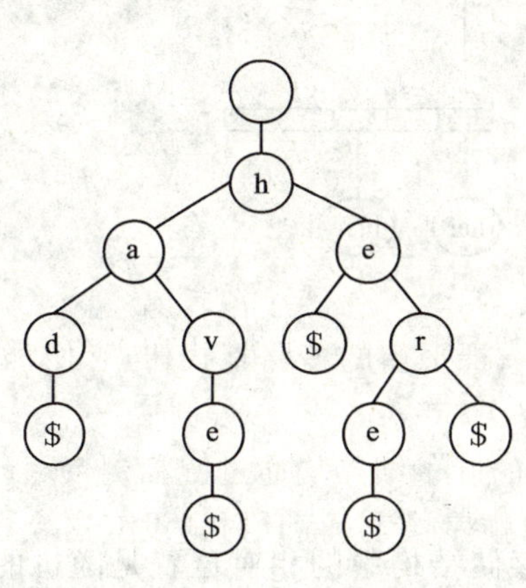

图 8-45 键 树

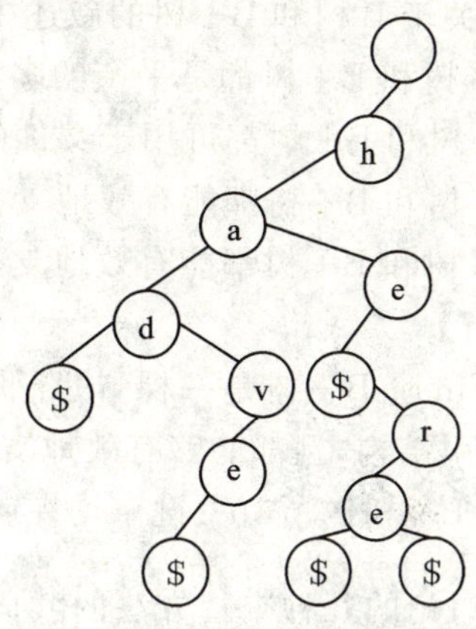

图 8-46 双链树

双链树的搜索过程是：从双链树的根结点开始，将关键字的第一个字符与该结点的字符比较，若相同，则沿左孩子结点往下找比较下一个字符，否则沿右兄弟结点顺序搜索，直到某个结点的值等于待比较的字符，或者某个结点的字符大于待查字符，或者不再有兄弟为止。

2. Trie 树

以多重链表作为键树的存储结构，此时的键树称为Trie 树。

由于是多重链表的表示形式，故每个结点中必须包含指向关键字每一位“字符”的所有可能取值（其中也包括结束符 $）的指针，设其个数为 d（比如字母类型的字符，其 d 为 27）。

若从键树的某个结点开始到叶子结点的路径上，每个结点中都只有一个孩子，即为单支树，则可将该路径上的所有结点压缩成一个“叶子”结点，且在该叶子结点中存放关键字值及指向该元素的指针等信息。所以，在 Trie 树上有两类结点：分支结点和叶子结点。其中，每个分支结点包含 d 个指针域和一个指示该结点非空指针域个数的整数；叶子结点包括关键字域和指向元素的指针域。在分支结点中不设置数据域，每个分支结点所表示的字符均由其双亲结点（指向该结点）的指针所在的位置决定。

图 8-47 展示了与图 8-45 中键树相对应的多重链表表示结构，即 Trie 树。

在 Trie 树中的查找操作为：从根结点出发，沿着与给定值相应的指针逐层向下，直到叶子结点，若叶子结点中的关键字与给定值相等，则查找成功；若分支结点中与给定值相应的指针为空，或叶子结点中的关键字与给定值不相等，则查找失败。

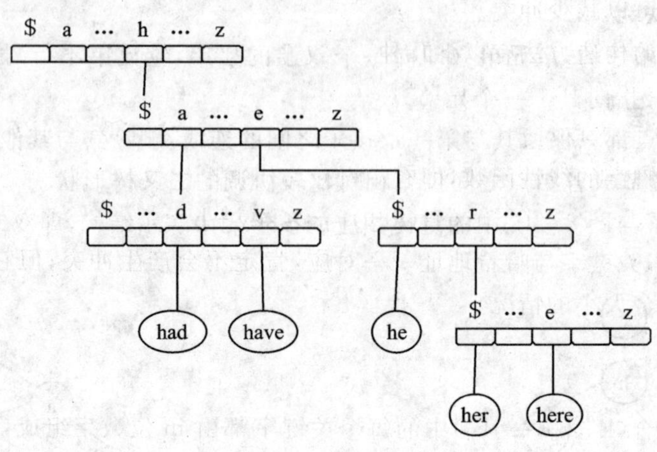

图 8-47 Trie 树

8.4 哈希表

前面讨论的几种查找方法的共同特点是：记录在存储结构中的相对位置是随机的，因此在查找过程中要通过一系列的关键字比较才能确定待查记录在存储结构中的位置。也就是说这类查找都是以关键字的比较为基础的，所不同的是与给定值进行比较的关键字的顺序不同。而查找的效率取决于与给定值进行比较的关键字个数，但它们的平均查找长度都不为零。

一般总想在得知给定值后就能马上得到其在表中的位置，而不想经过任何的比较。这就要求记录在表中的位置与其关键字之间存在一种确定的对应关系。于是，可以设立一个函数H(key)，用来将关键字的集合映射到某个地址集合上，其中，记录的关键字为自变量，记录的存储位置为因变量。这个把关键字值映射到位置的函数称为哈希函数(或散列函数)，这样建立的表称为哈希表(或散列表)，这一映象过程称为哈希造表或散列，所得的存储位置称为哈希地址或散列地址。

生成哈希表就是把记录逐一存放到以相应函数值为地址的存储单元中。当需要查找时，只需用同一哈希函数进行计算得到待查记录的存储地址，即可得到所求信息。因此，哈希表是一种重要的存储方法，也是一种重要的查找方法。

然而，一般情况下，关键字值的集合往往比地址空间大得多，也就是说哈希函数是一个压缩映像。这就不可避免地会出现将两个不同关键字映射到同一地址的情况，即当 key1≠key2 时，而 H(key1)=H(key2)，这种现象称为冲突。具有相同函数值的关键字对该哈希函数来说称为同义词。即使是地址空间比关键字值的集合大，也不能完全避免冲突，换句话说就是冲突是不可避免的，但却是可以减少的。所以，在设计哈希函数时既要考虑选择一个好的哈希函数，又要考虑如何较好地处理冲突。

8.4.1 哈希函数的构造方法

哈希函数的构造方法无一定之规，但一个好的、实用的哈希函数应符合以下条件：

① 能快速计算。

② 具有均匀性。当 key 是从关键字集中随机选择时，则 H(key)将等概率地分布在哈希

地址集上。这样做可以减少冲突。

常用哈希函数的构造方法有以下几种：

1. 直接定址法

哈希函数是关键字的线性函数，即有

$$H(key)=a\times key+b$$

采用这种方法，关键字与哈希地址一一对应，肯定不会产生冲突；但它仅限于地址集合的大小等于关键字集合大小的情况。

2. 数字分析法

假设关键字集合($k_1,k_2,\cdots,k_n$)中的每个关键字都由 m 位数字组成，分析所有的关键字，并从中提取分布均匀的若干位或它们的组合作为地址。

这种方法需要预先知道关键字中每一位上其所有可能的数字的出现频率，以确定分布均匀的那些位。

3. 平方取中法

若关键字的每一位都有某些数字重复出现频度很高的现象，则按数字分析法取其中的若干位(或其组合)作地址就会造成很多的冲突。因此需要先求关键字的平方值，以通过“平方”来扩大差别，减小数字重复出现的频率，尽可能地达到平均分布，减小冲突的可能性；同时平方值的中间几位又受到整个关键字中各位的影响。这样就可以取关键字平方值的中间几位作为地址了。

4. 折叠法

若关键字的位数特别多，且关键字中每一位上数字分布大致均匀时，则可将其分割成几部分，然后取它们的叠加和为哈希地址。可有移位叠加和间接叠加两种处理方法。其中，移位叠加是将分割后的每一部分的最低位对齐，然后相加；而间接叠加则是从一端向另一端沿分割界来回折叠，然后对齐相加。

5. 除留余数法

让关键字对某个数 p 取模，即取关键字被 p 除后所得的余数作为哈希地址，其计算公式是

$$H(key)=key\ MOD\ p \quad (p不大于表长m)$$

该方法不仅可以对关键字直接取模，也可在进行折叠、平方取中等运算之后取模，还可以在取模之后继续使用直接定址法和数字分析法等。

p 的取值对冲突的影响很大，一般当 p 取不大于表长 m 的素数或不含小于 20 的质因数的合数时冲突会减小到尽可能小。

6. 随机数法

选择一个随机函数，取关键字的随机函数值作为其哈希地址。所产生的随机数并不是真

正的纯随机数,而是根据关键字值而定的一个伪随机数。在关键字长度不等时常采用此法。

总之,选择哈希函数的准则是随机性好,均匀性好,尽量避免冲突。

8.4.2 处理冲突的方法

所谓冲突是由在关键字映射得到的地址位置上已有记录存在而引起的,而处理冲突就是为产生冲突的地址寻找下一个可用的哈希地址。

常用的处理冲突的方法有:开放定址法、再哈希法和链地址法。

1. 开放定址法

一旦某一关键字 key 经哈希函数映射得到的地址 H_0 产生冲突,则开放定址法将在 H_0 的基础上加上一个增量 d_1 求得另一个地址 H_1,若 H_1 位置上无记录存在,则将以 key 为关键字的记录插到 H_1 位置上,开放定址法任务完成;若 H_1 位置上有记录存在,则在 H_0 的基础上加上增量 d_2,并检查该地址处是否存在记录……直至找到一个可用的地址为止。这样,不同的增量序列可产生不同的需要被检查位置的序列 H_0,H_1,…,H_n,并称之为探查序列,其中,H_0 称为基位置。而对每个关键字来说,由增量序列产生的探查序列 H_i 应均不相同,且能覆盖哈希表中所有地址。

根据生成探查序列的不同规则,即根据增量序列的不同,可有线性探测再散列、二次探测再散列和伪随机探测再散列等三种生成探查序列的方法。

(1) 线性探测再散列

从基位置 H_0 开始,若该位置已被占用,则以 H_0 右边邻近的那个位置作为 H_1,并检查 H_1 是否被占用,若还没被占用,则线性探测结束;否则继续右移一个位置并检测之。若直到表的最右端还没有找到空位置,则转向表的最左端并逐个位置地进行探测直至找到空位置为止。于是,产生如下的循环探查序列 H_0,H_1,…,0,1,…,H_0-1,它可用一个统一的表达式表示为

$$H_i=(H_0+i)\ \mathrm{MOD}\ m \quad (i=0,1,2,\cdots,m-1;m\text{ 为表长})$$

注意: H_i 中的 i 表示发生冲突时,其数值为同义词的地址计算次数;而不是表示第 i 个关键字的散列地址。

Example 8-24

设有一组关键字{19,01,23,14,55,20,84,27,68,11,10,77},采用哈希函数 H(key)=key%13,使用开放定址法的线性探测再散列方法解决冲突,试在 0~18 的 Hash 地址空间中对该关键字序列构造 Hash 表。

【解析】

题目中的条件给出表长 m=19。对于关键字 19 经映射得到的地址为 6,而 6 号地址为空,故可将其直接填入。同样,对于关键字 01 和 23 都可经一次地址计算而成功插入,并不产生冲突。而对于关键字 14,其经哈希函数映射得到的地址为 1,可 1 号地址已经被关键字 01 所占用;根据线性探测再散列的方法应继续探测 2 号地址,恰好 2 号地址为空,可直接插入其中,地址计算次数为 2。对于关键字 55 和 20,不产生冲突,一次计算即可得到最终的存放位置。关键字 84 经第一次地址计算(哈希函数映射)得到地址号为 6,但 6 号地址被占;再经第二次地址计算(线性探测,即右移一个位置)得到 7,仍然冲突;再经第三次计算(右移一个位

置)而得到地址号为8,此为空地址,可以填入。类似的,关键字27经4次地址计算而得到最终存放位置,即4号地址;关键字68,11,10和77分别经3次、1次、3次和2次地址计算而得到最终存放位置,如表8-6所列。

表8-6 线性探测再散列

地址号	0	1	2	3	4	5	6	7	8	9	10	11	12	13	14	15	16	17	18
关键字		01	14	55	27	68	19	20	84		23	11	10	77					
计算次数		1	2	1	4	3	1	1	3		1	1	3	2					

思考 **在采用线性探测法处理冲突的散列表中,所有同义词在表中是否一定相邻?**

每处理一次冲突,就会让同义词填入到其他关键字的哈希地址上去一次;而这却隐藏了又一个潜在的冲突。这种在处理冲突过程中发生的、两个哈希地址不同的记录争夺同一个后继哈希地址的现象称为“二次聚集”。

线性探测法会产生聚集现象,且大部分的同义词都聚集在邻近的位置上,使得探查的次数增加,影响搜索效率。但是,并不是所有的同义词都聚集在表中的相邻位置上,若发生冲突时,同义词的下一个相邻位置是空的,则此时同义词会在相邻的位置上(即使如此,也并不能保证同义词一定就相邻,如当表的第一个位置为空,而在表的最后一个位置上存放了一个同义词X,则X的下一个同义词Y就只能放在第一个位置上,此时两个同义词是不相邻的);若发生冲突时,同义词的下一个相邻位置已经被占用,则此时同义词在表中的位置不可能相邻。

线性探测法所产生的地址序列能够覆盖整个哈希表的所有地址,故就能够保证:只要哈希表不满,逐个排查下去总能找到一个不发生冲突的地址。

(2) 二次探测再散列

当增量序列为$1^2, -1^2, 2^2, -2^2, 3^2, \cdots, \pm k^2 (k \leqslant m/2)$时,即将同义词来回散列在基地址的两侧,开放定址法就成了二次探测再散列法。为了能使所产生的探查序列覆盖所有哈希表的地址,在进行二次探测再散列时要求表长m为$4i+3$(i为非负整数)形式的素数。

采用该方法处理冲突的方式与线性探测法基本相同,不同的是每次的增量不同。

Example 8-24中,利用二次探测再散列法构造出的哈希表如表8-7所列。

表8-7 二次探测再散列

地址号	0	1	2	3	4	5	6	7	8	9	10	11	12	13	14	15	16	17	18
关键字	27	1	14	55	68	84	19	20		10	23	11	77						
计算次数	3	1	2	1	2	3	1	1		3	1	1	1						

二次探测再散列法利用增量的“平方”运算,使得探测的步子越拉越大,导致大多数同义词都不聚集在一起,而是分散开来。

二次探测再散列法并不总能找到一个不发生冲突的地址,这取决于表长 m 等因素。

(3) 伪随机探测再散列

当增量序列为一个伪随机序列时,就称为伪随机探测再散列。之所以称之为伪随机序列是因为增量序列的第一个数是随机的,以后的数都是由第一个数派生出来的,因而是固定的。一种较为简单的伪随机数列的产生过程如下。

设 d_0 为伪随机序列的第一个数,H_0 为关键字的映射地址,则第一个探测位置 $H_1=(H_0+d_0)\ \mathrm{Mod}\ m$;若在 H_1 处仍发生冲突,则令 $d_1=H_1$,于是可求得第二个探测位置 H_2,若在 H_2 处发生冲突,则令 $d_2=H_2$……每发生一次冲突,都将发生冲突所在地的地址作为下一个增量。于是对某一关键字,可得到其增量序列为 $d_0, H_1, H_2, \cdots, H_n$。为使所产生的探查序列能够覆盖整个哈希表的所有地址,要求增量 d_i 和表长 m 没有公因子。

对于 Example 8-24 中的关键字集,其按伪随机探测法(设第一个随机数为 9)处理冲突的过程为:关键字 19,01,23 都能一次性地找到其最终存储位置;对于关键字 14,其基位置 H_0 为 1,且 1 号位置已被占用,而伪随机序列第一个数为 9,故增量 d_0 为 9,则 $H_1=(H_0+9)\ \mathrm{MOD}\ 13=10$,10 号位置也被占用,则以 H_1 为第二个增量计算 $H_2=(H_0+10)\ \mathrm{MOD}\ 13=11$,11 号位置为空,可将其填入;……如此继续下去,所有的关键字按伪随机探测法找到其最终位置所构成的哈希表如表 8-8 所列。

表 8-8 伪随机探测再散列

地址号	0	1	2	3	4	5	6	7	8	9	10	11	12	13	14	15	16	17	18
关键字	10	01	84	55	77	68	19	20	11		23	14	27						
计算次数	4	1	2	1	6	4	1	1	8		1	3	4						

随机探测法能够使得同义词尽量散开。

2. 再哈希法

一个关键字 key1 相对于某个哈希函数来说与关键字 key2 是同义词,但是它们对另一个哈希函数来说就不一定是同义词。根据这个原理,当同义词产生地址冲突时,就应以该关键字为自变量来计算其在另一个哈希函数映射下的地址,直到冲突不再发生为止。

这种方法不易产生“聚集”现象,但增加了计算时间。

3. 链地址法

某些散列地址可以被多个关键字所共享,于是可以将所有关键字为同义词的记录存储在同一个线性链表中,即建立一个指针型向量,其下标为地址号,每个单元存放的内容为指向所有以该下标为地址的同义词。每当遇到一个同义词,就将其插入到相应的链表中;插入位置可以是表头或表尾也可以在中间,以保持同义词在同一链表中按关键字有序。这样,只要内存有足够的空间,就可以存放足够多的同义词;只不过冲突多时,其对应的链表也较长。

采用链地址法处理冲突的哈希表,基地址 H_0 不同的关键字,其在指针向量中的地址号必定不同。所以,链地址法必定不会产生“二次聚集”。

对 Example 8－24 中的关键字集，若利用链地址法解决冲突，由于散列函数为H(key)＝key％13，其值域为 0～12，故哈希表可以拉出 13 个子表。所构造的哈希表如图 8－48 所示。

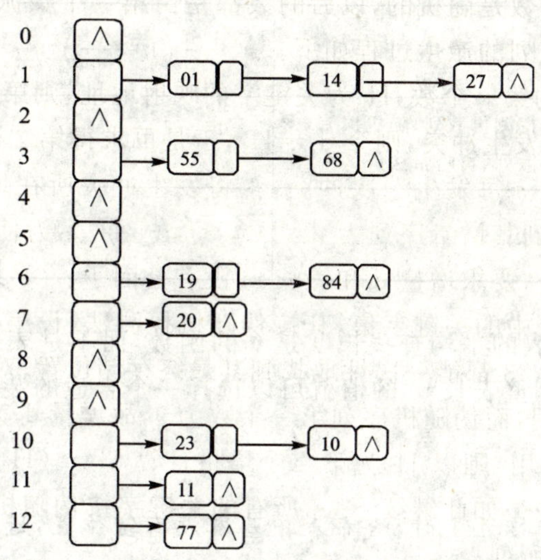

图 8－48　链地址法处理冲突的哈希表

8.4.3　哈希表的查找

用哈希表查找记录的过程与插入记录的过程类似，其过程为：给定 K 值，根据哈希函数计算其哈希地址(从基位置开始)，若表中此位置没有记录，则查找失败，否则比较关键字，若与给定值相等，则查找成功，否则根据处理冲突的方法找到“下一地址”，直至哈希表中某个位置为“空”或该位置所填记录的关键字等于给定值为止。查找成功的查找次数恰好等于插入记录时所进行的地址计算次数。

在哈希表中查找，最理想的情况就是一旦得知给定值就能通过哈希函数马上计算出其在表中的地址，这样无须经过与关键字的比较就可以完成查找。然而，现实中的冲突是不可避免的，相应的与关键字的比较也就不可避免。因此，仍需以平均查找长度来评价哈希表的查找效率。

关键字的比较次数取决于哈希函数、处理冲突的方法和哈希表的装填因子。其中，哈希函数要求是“均匀的”，即要求哈希函数产生的冲突尽量少；哈希表的装填(负载)因子 α 等于表中填入的记录数 n 除以哈希表的长度 m，它标志着哈希表的装满程度，α 越小，发生冲突的可能性就越小，α 越大，表中已填入的记录越多，再填入记录时，发生冲突的可能性就越大，在查找时，给定值与关键字比较的次数也就越多。

各种方法处理冲突时的平均查找长度总结如表 8－9 所列。

表 8-9　各种方法处理冲突时的平均查找长度

处理冲突的方法		平均查找长度	
		成功时	失败时
开放定址法	线性探测再散列	$\frac{1}{2}\left(1+\frac{1}{1-\alpha}\right)$	$\frac{1}{2}\left[1+\frac{1}{(1-\alpha)^2}\right]$
	二次探测再散列、随机探测再散列、再哈希法	$-\frac{1}{\alpha}\ln(1-\alpha)$	$\frac{1}{1-\alpha}$
链地址法		$1+\frac{\alpha}{2}$	$\alpha+e^{-\alpha}\approx\alpha$

由表 8-9 可知，哈希表的平均查找长度是 α 的函数，而不是表中记录个数 n 的函数。故不管 n 多大，只要相应地调整表长 m 的值就可以选择一个合适的装填因子将平均查找长度限定在一个范围内。

注意：

① 当装填因子 α 非常接近 1 时，哈希表中基本没有空位置，进行线性探测再散列就相当于从表中第一个元素向后查找，类似于顺序查找；当装填因子 α 较小（比如 0.7 左右）时，发生冲突的可能性也比较小，用散列函数一般能一次就确定关键字位置，平均查找时间为 O(1)。

② 利用装填因子 α 计算出的平均查找长度是近似值。若给定关键字和哈希表长度，则计算查找成功和查找失败时的平均查找长度可以不通过装填因子来计算。根据查找与插入的特殊关系，查找失败的比较次数可以认为是插入一个新元素所需的比较次数。

③ 在链地址处理冲突法中，只要是同义词就可以插入到同一个链表中，而链表在内存够用的条件下可以装载足够多的关键字，并不受哈希表长 m 的限制。所以，此时，其装载因子可以大于 1。

Example 8-25(清华大学)

使用散列函数 hashf(x)＝x mod 11，把一个整数值转换成散列表下标。现要把数据1，13，12，34，38，33，27，22 插入到散列表中。

① 使用线性探查再散列法构造散列表；

② 使用链地址法构造散列表；

③ 针对这两种情况，确定其装填因子、查找成功所需的平均探查次数以及查找失败所需的平均探查次数。

【解析】

① 使用线性探查再散列法处理冲突，其结果如表 8-10 所列。

表 8-10　使用线性探查再散列法构造的散列表

地址号	0	1	2	3	4	5	6	7	8	9	10
关键字	33	1	13	12	34	38	27	22			
地址计算次数	1	1	1	3	4	1	2	8			

利用线性探查再散列法处理冲突，当查找每个关键字成功时，与表中关键字比较的次数恰好等于其地址计算次数。故此时的平均探查次数为

$$ASL=\frac{1\times4+3+4+2+8}{8}=\frac{21}{8}$$

为计算查找失败的平均查找长度，必须计算不在表中的关键字，从其基地址 H_0 开始到得出“查找失败”的结论为止的整个过程中所进行的查找次数。

表 8-10 中的第 8,9,10 号 3 个地址为空，故不在表中的关键字分布也有 3 种情况。

对于其基地址 H_0 小于 8 且不在表中的关键字，要得出“查找失败”这一结论需要按线性探测法依次计算地址，直至遇到第一个空位置(即 8 号地址)为止。于是，这种条件下查找失败，需进行($8-H_0+1$)次地址计算。

对于其基地址 H_0 属于[8,10]且不在表中的关键字，只要进行一次地址计算即可得出“查找失败”的结论。

综上，可计算出查找失败时的平均探查次数为

$$\mu ASL=\frac{9+8+7+6+5+4+3+2+1\times3}{11}=\frac{47}{11}$$

② 使用链地址法处理冲突，其结果如图 8-49 所示。

利用链地址法处理冲突，对位于各个链表第一个的关键字 33,1,13,38 只需进行一次查找即可，而位于第二个的关键字 22,12,27 则需进行两次查找；34 则需进行 3 次查找。于是，便可得到查找成功时的平均探查次数为

$$ASL=\frac{1\times4+3\times2+3}{8}=\frac{13}{8}$$

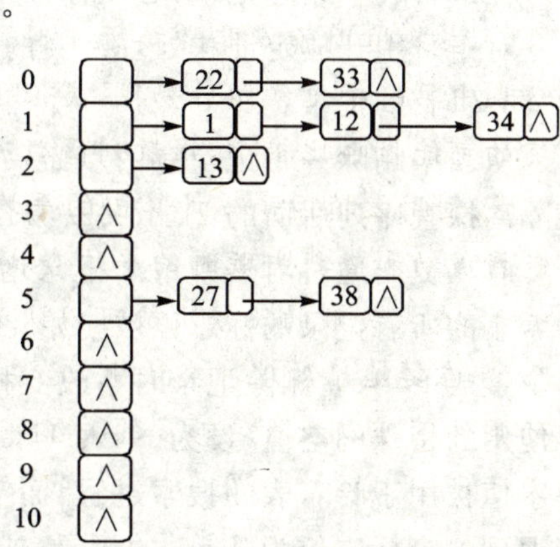

图 8-49 链地址法解决冲突的哈希表

当查找不在表中的关键字时，其基地址 H_0 可取 0～10 中的任何一个。其中，当 H_0 为 3,4,6,7,8,9,10 时，只需查找一次便可得出“查找失败”的结论；当 H_0 为 0 时，需分别探测指向 33 的地址、指向 22 的地址和 22 的后继指针(为空)之后才可判定查找失败；同样，对于查找其 H_0 为 1,2,5 的关键字，分别需探测 4,2,3 次才可判定查找失败。于是，可计算出查找失败时的平均探查次数为

$$\mu ASL=\frac{1\times7+2+3\times2+4}{11}=\frac{9}{11}$$

③ 装填因子 α 等于表中填入的记录数除以哈希表的长度，故 $\alpha=\frac{8}{11}$。

于是，可以直接利用 α 计算下列各种情况下查找成功和查找失败的平均探查次数。

ⓐ 利用线性探查再散列法处理冲突，当查找成功时，平均探查次数为

$$ASL=\frac{1}{2}\left(1+\frac{1}{1-\alpha}\right)=\frac{1}{2}\left(1+\frac{1}{1-\frac{8}{11}}\right)=\frac{7}{3}$$

当查找失败时,平均探查次数为

$$\mu \text{ASL}=\frac{1}{2}\left[1+\frac{1}{(1-\alpha)^2}\right]=\frac{1}{2}\left[1+\frac{1}{\left(1-\frac{8}{11}\right)^2}\right]=\frac{65}{9}$$

ⓑ 利用链地址法处理冲突,当查找成功时,平均探查次数为

$$\text{ASL}=1+\frac{\alpha}{2}=1+\frac{\frac{8}{11}}{2}=\frac{19}{11}$$

当查找失败时,平均探查次数为

$$\mu \text{ASL}=\alpha+e^{-\alpha}=\frac{8}{11}+e^{-\frac{8}{11}}=\frac{8}{11}+e^{-\frac{8}{11}}$$

8.4.4 哈希表的插入和删除

在哈希表中插入一个记录,需先查找其在表中的最终存储位置,即从基位置开始,根据约定处理冲突的方式找到最终位置,并将其填入。

在哈希表中删除记录,必须保证不能影响以后的搜索过程。

对于采用开放定址法处理冲突的哈希表,若直接从表中删除记录,会导致找不到在它之后的"同义词"的记录。

从表中删除一个记录有两点需要考虑:一方面,删除过程不能简单地将一个记录清除,这会隔离探查序列后面的记录;另一方面,一个记录被删除后,该记录的位置能够重新使用。

有人提出通过对表中每个记录增设一个标志位(设为 Empty)来解决上述两点问题。空哈希表的所有记录的标志位被初始化为 True。当向表中存入一个新记录时,存入位置处的标志位置成 False。删除记录时不改变相应记录的标志位,只是将该记录的关键字值置成一个不要使用的特殊的空值(设为 NeverUsed),初始时,所有位置都置成空值。这样,标志位连同关键字值被用于哈希表的搜索过程,而空关键字值用于哈希表的插入过程。在搜索一个记录时,当遇到一个标志位为 True 的记录,或者搜索完表中全部记录,重新回到基位置 h(key)时,表示搜索失败。在插入新纪录(关键字为 key)时,从基位置 h(key)开始搜索关键字值为NeverUsed的位置,将新记录插到按探测序列查找到的第一个空值的位置处。

这种方案的缺点是,过一段时间后几乎所有的标志位均被置成 False,搜索时间增加。因此,为了提高性能,经过一段时间常常要重新组织哈希表。

对于采用链地址法处理冲突的哈希表,在插入时首先要保证表中不含有与该关键字值相同的记录,然后按在有序表中插入一个记录的方法进行。删除关键字值为 K 的记录时,应先在该关键字值散列地址处的单链表中找到该记录,然后再删除之。

Example 8-26(清华大学)

设散列表为 HT [0..12],即表的大小为 m=13。现采用双散列法解决冲突。散列函数和再散列函数分别为

$$H_0(\text{key})=\text{key}\%13 \quad [\text{注}:\%\text{是求余数运算}(=\text{mod})]$$

$$H_i=[H_{i-1}+\text{REV}(\text{key}+1)\%11+1]\%13 \quad (i=1,2,3,\cdots,m-1)$$

其中,函数 REV(x)表示颠倒 10 进制数 x 的各位,如 REV(37)=73,REV(7)=7 等。若插入

的关键字序列为{2,8,31,20,19,18,53,27},则:

① 试画出插入这 8 个关键字后的散列表;

② 计算查找成功的平均查找长度 ASL。

【解析】

关键字 2,8,31,20,19 经过散列函数一次即可计算出其在表中的最终存放位置;对于关键字 18,$H_0 = 18\%13 = 5$,可 5 号地址已经被占用,产生冲突,需使用再散列函数计算,$H_1 = [H_0 + REV(18+1)\%11+1]\% 13 = (5+91\%11+1)\%13 = 9$,9 号地址为空,可将关键字为 18 的记录插入;对于关键字 53,$H_0 = 53\%13 = 1$,1 号地址为空,可将其插入该地址;而对于关键字 27,$H_0 = 27\%13 = 1$,产生冲突,利用再散列函数计算 $H_1 = [H_0 + REV(27+1)\%11+1]\%13 = (1+82\%11+1)\%13 = 7$,又产生冲突,再利用再散列函数计算 $H_2 = [H_1 + REV(27+1)\%11+1]\%13 = (7+82\% 11+1)\%13 = 0$,0 号地址为空,可将其插入。于是,便得到采用再散列处理冲突的散列表如表 8-11 所列。

表 8-11 插入 8 个关键字后的散列表

地址号	0	1	2	3	4	5	6	7	8	9	10	11	12
关键字	27	53	2			31	19	20	8	18			
地址计算次数	3	1	1			1	1	1	1	2			

查找某一关键字与插入该关键字的过程类似,首先计算出其基地址 H_0,并检查该位置是否为空,若不为空则比较该关键字是否为所查找的关键字。在查找成功的条件下,该位置不为空,若该位置的关键字恰与给定值相等,则查找成功,查找长度恰好等于地址计算次数;若与给定值不等,则根据处理冲突的方式寻找下一个散列地址,并检查之。

于是,平均查找长度为

$$(3\times1+1\times6+2\times1)/ 8 = 11/8 = 1.375$$

Example 8-27

对下面的关键字集{30,15,21,40,25,26,36,37},若查找表的装填因子为 0.8,采用线性探测再散列方法解决冲突,做:

① 设计哈希函数;

② 画出哈希表。

【解析】

① 装填因子 α 等于表中填入的记录数除以哈希表的长度。本题中 $\alpha = 0.8$,于是可知

$$哈希表的长度 = 表中填入的记录数/\alpha = 8/0.8 = 10$$

另一方面,表中的关键字也没有什么明显的规律,所以采用除留余数法这个比较简单常用的散列函数。除数一般选择小于表长的最大素数(即 7),这样可尽量减小冲突的可能性。于是,构造出散列函数为

$$H_0(key) = key\%7$$

② 根据上述的散列函数,可构造散列表如表 8-12 所列。

表 8－12　根据求出的散列函数构造的散列表

地址号	0	1	2	3	4	5	6	7
关键字	21	15	30	37	25	40	26	
地址计算次数	1	1	1	2	1	1	2	

注：

根据第①问中的散列函数可以发现，这样得到的地址分布还是比较均匀的，这也验证了构造这个散列函数的优良性。

一般对散列函数的选择要综合考虑到以下因素：

① 对装载因子的分析；

② 对地址分布的分析；

③ 适当考虑到散列函数的复杂程度；

④ 对关键字特性的分析。

8.5　各种查找方法的比较

查找表的表示大致可以分为顺序表示、链接表示、索引表示和散列表示。各种表示方法都有自己的优缺点，总结如下。

(1) 顺序表示

顺序查找方法简单，但查找效率不高。常用于数目不大的未排序元素的查找。

二分法查找仅用于元素排序情况，查找效率较高；但是当进行插入和删除运算时会引起大量数据的移动。

(2) 散列表示

查找操作可能达到近乎随机存取的速度。但是会出现冲突和聚集现象，增加了存储空间和查找长度。

(3) 链接表示

最佳二叉排序树的平均查找长度最短，查找速度最快；但是构造的代价也很大，不便于动态调整。

平衡二叉树能维持较高的查找效率，但是需要在插入和删除时进行调整以保持平衡。

(4) 索引表示

对于元素数目很大必须存放在外存储器上的查找表，可采用B－树或B＋树表示。其中，B＋树是B－树的一种变形，它们都能动态地调整，以保持平衡，从而使得整个查找表保持较高的查找效率。

第9章 排 序

【学习要点】

1. 理解排序的基本概念，包括排序、排序的稳定性及排序的性能分析(时间代价和空间代价)。

2. 掌握插入排序、交换排序、选择排序和归并排序等的排序方法、性能分析方法及手工执行排序算法。

3. 理解基数排序的方法及其性能分析和手工执行排序算法。

4. 掌握插入排序、交换排序、选择排序和归并排序中的一些典型算法。

5. 会设计其他一些排序算法(如计数排序算法和奇偶交换排序算法等)。

【要点精讲】

排序是将一个数据元素(或记录)的任意序列重新排列成一个按关键字有序的序列。排序可以通过关键字之间的比较来进行，其中插入排序、交换排序、选择排序、归并排序等都是这种排序方法；也可以采用分配排序的方法，如基数排序法等。对各种排序方法要掌握其实现原理和排序过程，同时要明确每种排序方法的效率及其适用场合，比较它们之间的异同点并加以改进，最终达到灵活应用的目的。

9.1 概 论

在第8章中曾经讨论过，有序表的查找比无序表的查找更快，尤其是在对有序表的折半查找算法中，其最大查找长度不会大于$\lfloor \mathrm{lb}\ n \rfloor+1$。因此，很有必要将无序表调整为有序表，即对无序表进行排序。

排序是将一个记录的任意序列按指定关键字值的递增(或递减)次序排列成一个有序序列的过程。该指定关键字可以是主关键字，也可以是次关键字，甚至是若干数据项的组合。若为主关键字，则排序结果是唯一的；若为次关键字，则排序结果不唯一，因为在待排序的记录序列中可能存在两个或更多个关键字相等的记录。

如果在待排序序列中有两个记录具有相同的指定关键字值，且在排序前后它们的相对次序不发生变化，则称该排序算法稳定；反之，若在排序前后其相对位置发生了颠倒，则称所用的排序方法不稳定。

评价排序算法的标准是：算法执行时所需要的时间，即时间复杂度，包括关键字的比较次数和移动记录的次数；执行算法所需的附加空间，即空间复杂度。另外，算法本身的复杂程度也是要考虑的因素之一。

注意：

稳定的排序方法不一定比不稳定的排序方法好，尽管排序的稳定性反映了实际生活中“先来后到”的原则(排序前其关键字相同的两个记录排序后其相对位置不改变)。因为虽然有些排序方法稳定，但是其排序的效率不高，空间和时间的代价都很大。不过，在两种排序方法效率相同的情况下，稳定的排序方法优于不稳定的排序方法。此外，没有一个适用于各种情况的万能的排序方法，每一种排序方法都有各自的优缺点，而也只能是在其适用范围内有较高的排序效率。从而，要按不同的需要来选择合适的排序方法。

若整个排序过程不需要访问外存就可完成，则称此类排序问题为内部排序；反之，若参与排序的记录数很多，整个排序过程不可能在内存中完成，则称此类排序问题为外部排序。在内部排序中，通常是参与排序的待排记录个数不多，排序所需要的时间主要是处理前的运算时间和内存的读写时间；而在外部排序中，通常涉及大量数据，排序所需的时间主要是外存的读写时间。本章主要讨论内部排序问题，尽管所涉及到的一些排序算法也适用于外部排序。

排序的过程实际上是将记录的任意序列分为有序子序列和无序子序列两个部分。其中，有序子序列初始时为空或只有一个元素，其余的元素均属于无序子序列。在排序过程中，有序子序列不断扩大，而无序子序列不断缩小，最终无序子序列为空而有序子序列达到原记录序列的规模，从而完成排序。

按在排序过程中所依据的不同原则，排序方法分为：插入排序、交换排序、选择排序、归并排序及其他一些排序方法(如计数排序等)，它们都是通过关键字之间的比较来实现排序的。还有一种排序方法叫做基数排序，它是一种分配排序的方法。

1. 插入排序

从无序子序列中依次取出一个或若干个记录与有序子序列中的记录比较，将其“插入”到已排序序列的正确位置上，从而增加记录的有序子序列的长度。

2. 交换排序

交换排序法是对序列中的元素进行一系列比较，当被比较的两元素逆序时，进行交换。通过“交换”得到无序序列中的关键字最小或最大的记录，并将其加入到有序子序列中，以此方法增加记录的有序子序列的长度。

3. 选择排序

从记录的无序子序列中“选择”关键字最小或最大的记录，并将其加入到有序子序列的一端，以增加记录的有序子序列的长度。

4. 归并排序

通过“归并”两个或两个以上的记录有序子序列，逐步增加记录有序序列的长度。

提醒：

① 在学习各种排序方法时应注意各种排序方法的特点、性能和适用范围等，要会进行比较和归纳，从整体上把握各种方法的优缺点，形成良好的知识网络。这样，在遇到一些新的排序方法时，就可以分析其特点，并与现有知识框架中的已有方法进行比较，找出与哪种方法类似，有何区别，从而得出其在什么地方得到了改进，并将其归入到已有知识框架中的一个合适区域等，这样就能够较快地掌握一些新的排序方法。其实，不仅仅是学习排序方法时使用这种方法，学习其他知识时也是如此。

② 在学习每一种排序方法时，除了要掌握算法本身以外，更重要的是要了解实现该算法

的思路以及在进行排序过程中所依据的排序原则，从而能够学习和创造新的排序方法。

为便于讨论和凸显排序算法的特点，在此约定待排序记录序列的数据类型为整型，记录序列以数组形式顺序存储。用C语言描述如下。

描述 9-1 待排序记录序列的顺序表存储方式

```
# define MAXSIZE 20                           //定义顺序表的最大长度
typedef int KeyType;
typedef struct {
   KeyType Key;
   InfoType otherinfo;
}RcodType;                                    //记录类型
typedef struct {
   RcodType r[MAXSIZE+1];                     //r[0]不使用或用做哨兵单元
   int length;
}sqlist;                                      //记录序列的顺序表存储方式
```

该存储方式的图形表示如图 9-1 所示。

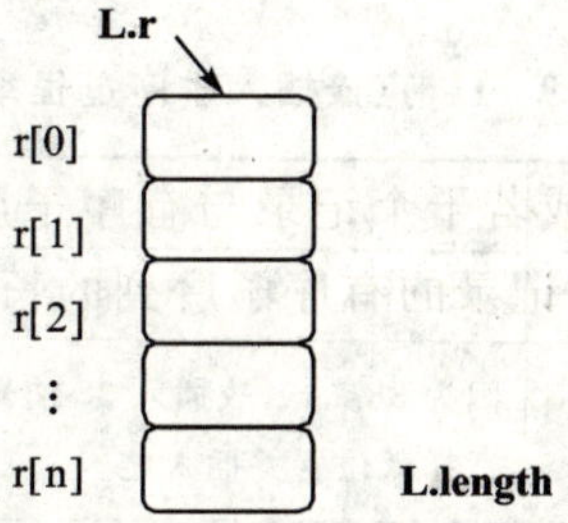

L.r

r[0]

r[1]

r[2]

⋮

r[n] L.length

图 9-1 排序记录序列的结构图

9.2 插入排序

插入排序是将无序子序列中的一个记录按其关键字值的大小插入到已经排好序的有序子序列中的适当位置，从而得到一个新的、有序序列部分增大的记录序列。如此重复直至无序子序列为空为止。

9.2.1 直接插入排序

假设有 n 个记录的序列，直接插入排序初始时认为第一个记录是有序子序列，其余的为无序子序列；从无序子序列中任选一个记录（不妨设为无序子序列中的第一个记录），在有序子序列中顺序查找，并将比它大的记录后移一个记录位置，直至找到该记录合适的位置并将其插入，这样有序序列长度增加 1 并按原序有序；如此重复 n-1 次，便可将所有记录归为一个有序序列，而无序序列为空。其排序过程如图 9-2 所示。

为省去判定防止下标越界的条件 i≥1，从而节省比较时间，同时为避免关键字后移而将待插入关键字覆盖，需将其暂存起来，所以设 L.r[0]为哨兵用于暂存待插入关键字。例如，对关键字序列{49,38,65,97,76,13,27,$\overline{49}$}进行直接插入排序的过程如表 9-1 所列（括号内为有序序列）。

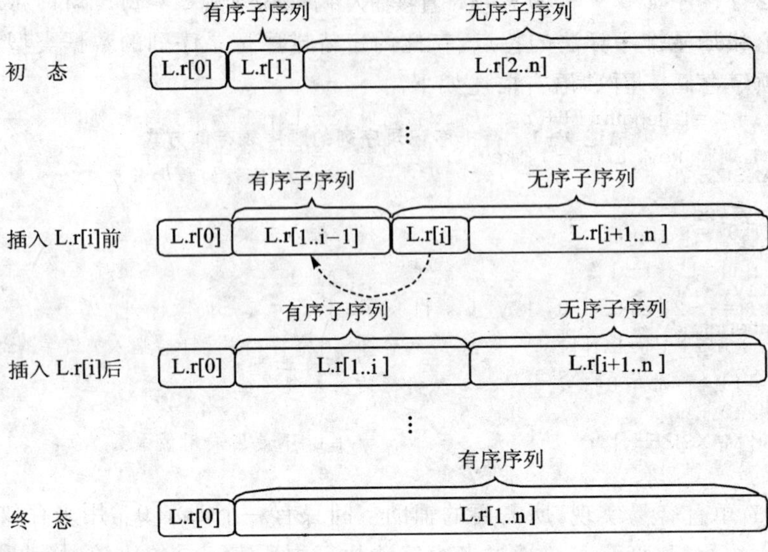

图 9-2 直接插入排序过程

表 9-1 直接插入排序过程举例

哨 兵	关键字序列	说 明
空	{(49),38,65,97,76,13,27,$\overline{49}$}	初始时认为第一个关键字 49 为有序序列
38	{(38,49),65,97,76,13,27,$\overline{49}$}	因为 38<49,故插入 38 前先将其放入 L. r[0]中,49 后移再寻找 38 的合适插入位置并插入之
38	{(38,49,65),97,76,13,27,$\overline{49}$}	由于 65 比有序子序列最后一个关键字 49 还大,故可直接将有序子序列后扩一位,将 65 纳入有序子序列中,而不对表做任何物理上的移动
38	{(38,49,65,97),76,13,27,$\overline{49}$}	由于 97 比有序子序列最后一个关键字 65 还大,故可直接将有序子序列后扩一位,将 97 纳入有序子序列中,而不对表做任何物理上的移动
76	{(38,49,65,76,97),13,27,$\overline{49}$}	由于 76 不如 97 大,故先将其放入 L. r[0]中作哨兵,并后移 97,然后在有序子序列中顺序查找 76 的合适位置并插入之
13	{(13,38,49,65,76,97),27,$\overline{49}$}	因为 13<97,故插入 13 前先将其放入 L. r[0]中,97 后移,再在有序子序列中寻找 13 的合适插入位置并插入之
27	{(13,27,38,49,65,76,97),$\overline{49}$}	因为 27<97,故插入 27 前先将其放入 L. r[0]中,97 后移,再在有序子序列中寻找 27 的合适插入位置并插入之
$\overline{49}$	{(13,27,38,49,$\overline{49}$,65,76,97)}	因为$\overline{49}$<97,故插入$\overline{49}$前先将其放入 L. r[0]中,97 后移,再在有序子序列中寻找$\overline{49}$的合适插入位置(注意 49=$\overline{49}$,寻找到 49 为止且应在 49 后面)并插入之

直接插入排序的算法实现如下。

算法 9-1 直接插入排序算法实现

```
InsertSort(Sqlist &L)
{ //对顺序表做直接插入排序
  for(i=2; i<=L.length; i++)          //初始时认为L.r[1]为有序子序列,其余为无序子序列
     if(LT(L.r[i].key, L.r[i-1].key))//若待插入关键字小于有序子序列最后一个关键字,则
     {
        L.r[0]=L.r[i];                //首先将待插入关键字复制为哨兵
        L.r[i]=L.r[i-1];              //再将有序子序列最后一个关键字后移一位
        for(j=i-2; LT(L.r[0].key, L.r[j].key); j--) //一边比较一边后移
             L.r[j+1]=L.r[j];         //然后将有序子序列中大于待插入关键字的部分整体后移一位
        L.r[j+1]=L.r[0];              //将待插入关键字插入到合适位置
     }
}
```

算法 9-1 简单且容易实现,所需要的辅助空间只有一个 L.r[0],用来存放哨兵。

该排序算法的执行时间,可以通过考察算法执行中所需记录的比较、移动和交换的次数来计算。

在最好的情况下,即待排序记录序列已经是按关键字递增的有序序列,内层的 for 循环不执行,仅仅是外层的 for 循环执行比较操作 n－1 次,记录无需移动。

而在最坏的情况下,即待排序记录序列已经是按关键字递减的有序序列,对于第 i(2≤i≤n)个待插关键字,将其插入有序子序列中需比较 i(最后一次也要与作为哨兵的自己进行比较)次,故总的比较次数为

$$\sum_{i=2}^{n} i = \frac{(n+2)(n-1)}{2}$$

而需要移动 i+1(包括第一次的将待插关键字复制为哨兵和最后一次的将作为哨兵的待插关键字复制到合适位置)次,故总的移动次数为

$$\sum_{i=2}^{n} (i+1) = \frac{(n+4)(n-1)}{2}$$

所以,直接插入排序的时间复杂度为 $O(n^2)$。

结论 直接插入排序是一种稳定的排序方法,适合于待排序序列基本有序或记录数 n 较小的情况。

值得一提的是,排序方法的稳定性是就其本身性质而言的,并不是说稳定的排序方法其实现的算法就一定是稳定的。算法 9-1 是直接插入排序方法的一种稳定的实现,因为当待插关键字等于有序序列中的某个关键字时就停止查询,并插入到该关键字之后。但是,若将待插关键字插入到有序序列中的与其等值的关键字之前,则就是直接插入排序方法的一种不稳定实现。于是,得出下面结论。

结论 稳定性取决于排序方法的思想本身。稳定的排序方法总能设计出一种稳定的程序实现,但如果设计不当,也可能给出一个不能保证“稳定”的程序实现;而不稳定的排序方法则无法找到任何一种能够对任意初始状态都达到“稳定”排序效果的程序实现。

仔细阅读算法 9-1 就不难发现,第 7～9 行语句的作用在于使有序子序列中大于待插关键字的所有关键字都后移一位。于是,有人提出:为何不将第 7 条语句合并到下面的 for 循环中?如果可以,则只需要将循环变量 j 的初值由 i-2 改为 i-1 即可,这样还可以使程序更加简洁。

但是,这样做不可行。请注意,在 if 语句中首先将待插入关键字与有序子序列中最后一个关键字进行一次比较,若将两条语句合并,则在内层的 for 循环中又将这两个关键字比较了一次(因为在内层 for 循环中 L.r[0]就是 L.r[i]),而这次比较是完全没有必要的。因此,宁可让程序显得冗杂一些,也不要浪费处理机的宝贵时间。

9.2.2 折半插入排序

分析算法 9-1 可知,插入排序的基本操作是在一个有序表中进行查找和插入,而在有序表中进行查找最为有效的方式莫过于折半查找。于是,可以在算法 9-1 的基础上进行改进:将其中在有序表中的顺序查找改为折半查找。相应的,将算法 9-1 中的一边查找一边后移的操作变为先查找到正确位置,然后统一后移一个位置。其具体算法实现如下。

算法 9-2 折半插入排序

```
BinsertSort(Sqlist &L)
{
    //对顺序表L进行折半插入排序
    for(i=2; i<=L.length; i++)
    {
        L.r[0]=L.r[i];                    //待插关键字暂存起来
        low=1; high=i-1;                  //利用折半查找算法查找待插关键字在有序子表中的正确位置
        while(low<=high)
        {
            m=(low+high)/2;
            if(LT(L.r[0].key, L.r[m].key)) high=m-1;
            else low=m+1;
        }
        for(j=i-1; j>=high+1; j--)        //将有序子表中的所有大于待插关键字的关键字整体后移一位
            L.r[j+1]=L.r[j];
        L.r[high+1]=L.r[0];               //将待插关键字放到有序子表中的合适位置
    }
}
```

折半插入排序所需的辅助空间也是一个记录的单元。

折半插入排序有效地减少了关键字之间的比较次数。所进行的比较次数为

$$\sum_{i=1}^{n}\lceil \mathrm{lb}\ i\rceil \approx n\mathrm{lb}\ n$$

比较次数可以减少为 O(nlb n),但记录的移动次数不变。故其时间复杂度仍为 $O(n^2)$。

折半插入排序算法是不稳定的，且要求待排序序列必须采用顺序存储方式。折半插入排序的比较次数与待排序记录的初始状态无关，仅依赖于记录的个数。

注意：

算法 9－2 中第 5 行的语句“L. r[0]＝L. r[i]”并不是将待插关键字作为哨兵暂存到 L. r[0]中，而仅仅是为避免关键字后移时会将其覆盖，故将其暂存起来，因此就没有起到哨兵的“判定防止下标越界的条件”和“节省比较次数”的作用。

9.2.3 希尔排序

直接插入排序在初始序列为从小到大有序的情况下排序效率最高，时间复杂度可达到 O(n)。因此，如果能够让待排序记录序列达到按关键字基本有序，则可提高效率。希尔排序就是基于此思路而对直接插入排序进行改进后得到的一种插入排序方法。

希尔排序的基本思想是：先将整个待排序记录序列分割成若干子序列并分别进行直接插入排序，从而使得整个待排序序列在宏观上变得“基本有序”，然后再对全体记录进行一次直接插入排序，从“宏观”上进行调整，从而完成对所有记录进行排序的任务。

希尔排序重要的一步是如何对待排序记录序列进行分割，希尔排序采用的不是简单的“逐段”分割，而是“跳跃式”分割。具体是将整个序列分为 d 组，对每一组而言都是在待排序记录序列中每隔增量 d 个记录取一个作为其成员。每组内部进行直接插入排序，这样从宏观上看，关键字较小的记录不再是与其前面邻近的记录相比较，而是与其同一组的位于它前面的记录相比较，故它的移动也不是一步一步地向前移动，而是大踏步地向前迈进，等所有组都排好序后，各组按原来相对位置拼合成新的待排序序列（这称为“一趟”排序）；再将新的待排序记录序列按较小的增量 d'进行分割，即每一组都每隔 d'个记录选取一个作为其成员，共分为 d'组，然后使各组各自进行组内直接插入排序……如此，直至增量缩小为 1 时，全体记录都归为一组并参加直接插入排序，即进行“宏观”调整，最终使整个序列成为有序序列。

增量选取的一般原则是：先取定一个整数 $d_1 < n$，一般为 n 的一半，把全部记录分成组，所有距离为 d_1倍数的记录放在一组中；然后取 $d_2 < d_1$，一般为 d_1的一半，再按相同规则分组；重复如此分组，直至 $d_i = 1$，所有记录归为一组为止。

注：其实，增量序列可以有多种取法，但坚持的原则是：使增量序列中的值没有除 1 之外的公因子，并且最后一个增量值必须等于 1。

因此，希尔排序又称为“缩小增量排序法”。下面是一个希尔排序的实例。

对关键字序列{49，38，65，97，76，13，27，$\overline{49}$，55，04}进行希尔排序的过程如下。

第一趟排序选取增量 $d_1 = 5$，得到记录分组表如表 9－2 所列，第一趟排序过程如图 9－3 所示。

表 9－2 希尔排序第一趟分组表

序 号	1	2	3	4	5	6	7	8	9	10
关键字	49	38	65	97	76	13	27	$\overline{49}$	55	04
组 号	①	②	③	④	⑤	①	②	③	④	⑤

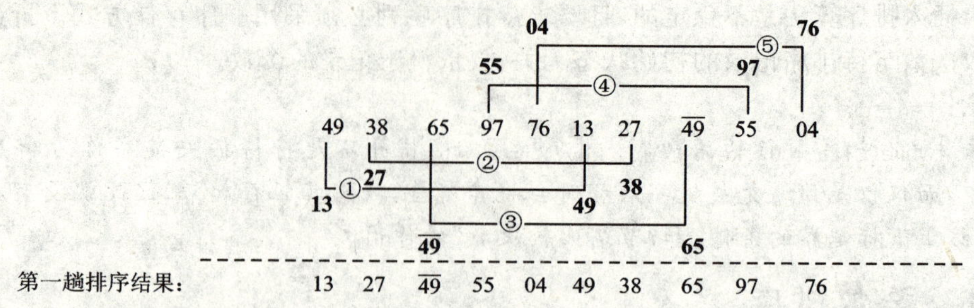

图 9-3 第一趟希尔排序

共分 5 组,即{49,13},{38,27},{65,$\overline{49}$},{97,55},{76,04};对各组进行直接插入排序后的结果为{13,49},{27,38},{$\overline{49}$,65},{55,97},{04,76},于是得到新的待排序记录序列为{13,27,$\overline{49}$,55,04,49,38,65,97,76}。

第二趟排序选取增量 $d_2=3$,得到记录分组表如表 9-3 所列,第二趟排序过程如图 9-4 所示。

表 9-3 希尔排序第二趟分组表

序　号	1	2	3	4	5	6	7	8	9	10
关键字	13	27	$\overline{49}$	55	04	49	38	65	97	76
组　号	①	②	③	①	②	③	①	②	③	①

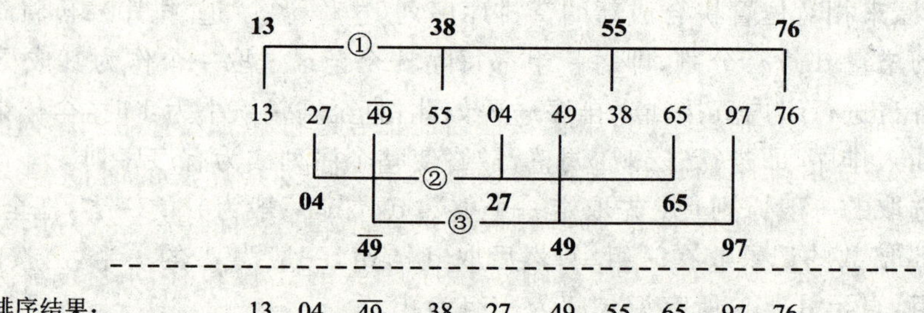

图 9-4 第二趟希尔排序

第三趟排序选取增量 $d_3=1$,该趟排序对所有记录而言为直接插入排序,得出其排序最终结果为

04,13,27,38,$\overline{49}$,49,55,65,76,97

希尔排序的最后一趟排序的增量总是 1,即最后一趟是直接插入排序。希尔排序前面的几趟都是为最后一趟直接插入排序做准备的,是一种预处理。希尔排序的具体算法实现如下。

算法 9-3 希尔排序

```
ShellInsert(Sqlist &L, int dk)
{
  //一趟希尔排序,增量为 dk
  int i, j;
  for(i=dk+1; i<=L.length; i++)
    if LT(L.r[i].key, L.r[i-dk].key)
```

```
    {
        L.r[0]=L.r[i];                          //将当前值暂存起来，以免被后移的关键字覆盖
        j=i-dk;
        while(LT(L.r[0].key, L.r[j].key))
        {                                       //将本组内大于当前值的关键字后移1个位置
          if(j<=0)                              //j≤0时表示已扫描到本组头
            break;
          L.r[j+dk]=L.r[j];
          j -=dk;
        }
        L.r[j+dk]=L.r[0];
    }
}

ShellSort(Sqlist &L, int d[], int t)
{
    //希尔排序，增量序列存放在数组d[]中，t为增量个数
    int k;
    for(k=0; k<t; k++)
        ShellInsert(L, d[k]);                   //以第k个增量对待排序列进行一趟希尔排序
}
```

希尔排序需要一个辅助空间，用来暂存当前正考虑将其插入有序子序列的记录。

一般来说，希尔排序的速度要比直接插入排序快，其算法的时间复杂度与所选取的增量有关。但是，目前还没有找到一种最好的求增量序列的方法；不过，从大量的实验得出：当记录数 n 在某个特定范围内，希尔排序所需的比较和移动次数约为 $n^{1.3}$；当 $n\to\infty$ 时，可减少到 $n(\mathrm{lb}\ n)^2$。

由上面的例子可以看到，49 在排序前位于$\overline{49}$的前面，而经希尔排序后却位于$\overline{49}$的后面了，它们的相对位置发生了颠倒。因此这从一个方面说明了希尔排序的一个固有属性：希尔排序是不稳定的排序算法。

比较　**希尔排序与直接插入排序在时间性能上的比较**

当初始记录序列基本有序时，直接插入排序所需的比较和移动次数都较少。

当记录数较少时，n 和 n^2 的差别不大，这就使得此时直接插入排序最好情况下的时间复杂度 O(n)和最坏情况下的时间复杂度 $O(n^2)$之间的差别也不大。

在希尔排序的初始阶段，增量比较大，分组也较多，导致每个组内的记录数较少，此时各组内进行直接插入排序较快。随着增量的减小，分组数减少，致使每个组内的记录数逐渐增多；但是由于在此之前进行过局部排序，使得记录序列在总体上基本有序，所以新的一趟排序过程也较快。

因此，希尔排序在效率上优于直接插入排序。

9.3 交换排序

交换排序的基本思想是：两两比较待排序的记录，并交换不满足顺序要求的那些记录对，直到所有记录都满足顺序要求为止。典型的交换排序有冒泡排序和快速排序等。

9.3.1 冒泡排序

冒泡排序也将待排序记录序列分为无序子序列和有序子序列两部分。冒泡排序是将无序子序列中的最大(或最小)关键字记录加入到有序子序列中的一端，这使得有序子序列中所有记录的关键字都比无序子序列中所有记录的关键字大(或小)。其过程可用图9-5表示。

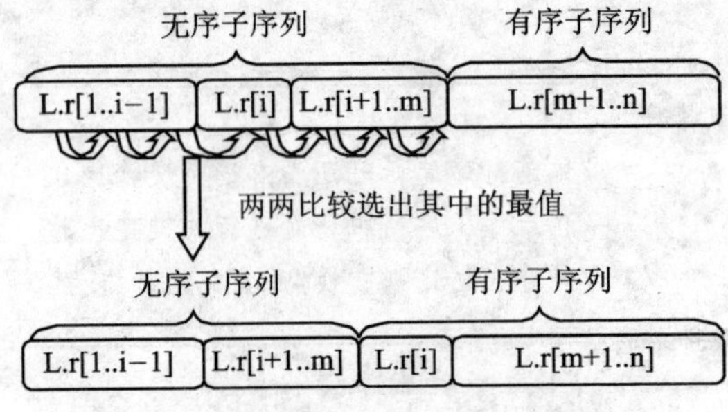

图9-5 冒泡排序的一趟排序过程

具体过程是：首先将第一个记录的关键字与第二个记录的关键字进行比较，若为逆序，则将两个记录交换；然后比较第二个记录和第三个记录的关键字……依次比较下去直至比较到无序子序列中的最后一个记录，这样就可以选出该子序列中的最大值，然后将其归入有序子序列中，从而增大有序子序列的范围。这称为一趟冒泡排序，其作用是将无序子序列中的最值挑选出来，并归入有序子序列中的正确位置。

这样，每一趟冒泡都选出一个最值并确定其最终位置，于是对于有n个记录的待排序记录序列，需要n－1趟冒泡就可将原序列排列成一个有序序列。但是，有些记录序列并不需要n－1趟冒泡排序就可以达到整个序列有序了。其特点是，在对所有记录进行一趟冒泡排序过程中，没有任何交换操作发生。于是，可以设置一个布尔型的标志变量，若某一趟排序没有进行交换操作，则说明序列已经有序，无需再继续排序了，算法可就此结束。

对关键字序列{49,38,65,97,76,13,27,$\overline{49}$}，其冒泡排序过程如表9-4所列。

表9-4 冒泡排序过程

趟 数	待排序关键字序列(括号内为无序子序列)
(初始序列)	(49 38 65 ***97*** 76 13 27 $\overline{49}$)
1	(38 49 65 ***76*** 13 27 $\overline{49}$) **97**
2	(38 49 ***65*** 13 27 $\overline{49}$) **76** **97**
3	(38 49 13 27 ***$\overline{49}$***) **65** **76** **97**
4	(38 13 27 ***49***) **$\overline{49}$** **65** **76** **97**
5	(13 27 ***38***) **49** **$\overline{49}$** **65** **76** **97**
6	(13 27) **38** **49** **$\overline{49}$** **65** **76** **97**

注：

① 本来该序列应该进行7趟冒泡才能完成整个排序工作；然而当进行到第6趟时，扫描

整个无序子序列过程中并没有进行交换操作，故可判定此时序列已经有序，算法可就此结束。

② 冒泡排序只是将无序子序列中的最值移动到正确的位置，而其他的记录有可能在相互交换过程中朝着与其最终位置相反的方向移动。比如上例中的关键字 76。

冒泡排序的算法实现如下。

算法 9-4 冒泡排序算法

```
exchange(KeyType x, KeyType y)            //交换子函数，作用是将两个参数进行位置交换
{t=x; x=y; y=t;}

BubbleSort(Sqlist &L)
{
    //对表 L 中的待排序序列进行冒泡排序
    for(i=L.length-1, sorted=true; i>=1 && sorted; i--)
    { //对待排序序列进行至多 L.length-1 趟冒泡排序
      sorted=false;                          //该趟排序起始时还没有进行交换操作
      for(j=1; j<=i; j++)                    //在无序子序列中逐对进行关键字比较
        if(LT(L.r[j+1], L.r[j]))             //若存在逆序则交换，并置交换标志为真
        {exchange(L.r[j+1], L.r[i]); sorted=true; }
    }
}
```


在冒泡排序中，若待排序记录序列后部的若干记录的关键字比前面记录的关键字小，则在冒泡过程中，记录可能向与其最终位置相反的方向移动。

在冒泡排序过程中需要进行记录的交换，而交换过程中需要一个辅助空间作为暂存器。

若具有 n 个记录的初始待排序序列为正序，则一趟就可以完成排序且无需移动任何记录，而比较次数为 n－1 次。若该初始待排序记录序列为逆序，则需要 n－1 趟排序，其中第一趟需比较 n－1 次，同时交换 n－1 次，第二趟需比较 n－2 次，同时交换 n－2 次，第 n－1 趟比较 1 次，交换 1 次。故总的比较次数为

$$\sum_{i=1}^{n-1} i-1=\frac{n(n-1)}{2}$$

而每次比较都需要进行 3 次记录的移动，故总的移动次数为

$$3\sum_{i=1}^{n-1} i-1=\frac{3n(n-1)}{2}$$

所以，总的时间复杂度为 $O(n^2)$。

冒泡排序算法是一种稳定的排序算法。

Example 9-1(上海交通大学)

判断正误：在执行某排序算法过程中，出现了排序码朝着最终排序序列位置相反方向移动的现象，则该算法是不稳定的。

【解析】

排序算法的稳定性指两个关键字相等的记录 R_i 和 R_j，其中 R_i 领先于 R_j，若在排序后的序列中 R_i 仍领先于 R_j，则称所用的排序算法是稳定的；反之，若在有排序后的序列中有可能使 R_j

领先于 R_i,则称所用的排序算法是不稳定的。但是,并不是说在执行排序算法过程中,只要出现排序码朝着最终位置相反方向移动的现象,排序算法就是不稳定的。比如,冒泡排序算法在进行一趟排序后,在确定无序子序列中最值记录的最终位置的过程中,其他记录有可能会朝着与其最终位置相反的方向移动,但是冒泡排序算法却是一种稳定的排序算法。所以,本题目的说法不正确。

拓展 双向冒泡排序与奇偶交换排序

(1) 双向冒泡排序

双向冒泡排序就是在一趟排序过程中,通过对每两个相邻关键字的比较,产生最小和最大元素。其算法思想是:将原待排序记录序列分为两个有序子序列和一个无序子序列三部分,从无序子序列左端开始对每两个相邻的关键字进行比较,若出现逆序则将该两个记录交换,这样经过一趟冒泡排序后,关键字最大的记录将到达记录序列的最右端,脱离无序子序列而成为右边有序子序列中的一员;接着,再在无序子序列中按同样的方法寻找关键字最小的记录,并将其置于左边有序子序列中。这个过程称为一趟双向冒泡排序,即交替改变扫描方向,通过对每两个相邻关键字进行比较而产生最小和最大关键字记录,并分别放在左边和右边的有序子序列中,而经过一趟双向冒泡排序后,当前无序子序列的范围却减少了两个记录。这样进行下去,直至整个记录序列成为一个有序序列为止。

双向冒泡排序方法的具体算法实现如下。

算法 9-5 双向冒泡排序算法

```
DublBublSort(Sqlist L)
{
    //利用双向冒泡排序算法对记录序列L进行排序
    sorted=false;                                    //sorted为false表示还没有排好序
    i=0;
    while(!sorted)
    {//标志变量sorted为false就要继续进行排序
        sorted=true;
        for(j=L.length-i-1; j>i; j--)
        {//对当前无序子序列向左扫描,按冒泡法思想找出其中关键字最小的记录
            if(LT(L.r[j], L.r[j-1]))
            {sorted=false; t=L.r[j]; L.r[j]=L.r[j-1]; L.r[j-1]=t;}
        }
        for(j=i; j>L.length-2; j++)
        {//对当前无序子序列向右扫描,按冒泡法思想找出其中关键字最大的记录
            if(GT(L.r[j], L.r[j+1]))
            {sorted=false; t=L.r[j]; L.r[j]=L.r[j+1]; L.r[j+1]=t;}
        }
        i++; //当前无序子序列范围缩小两个记录,在左边表现为右移一个记录的位置
    }
}
```

(2) 奇偶交换排序

设排序记录序列为 L,第 1 趟将所有下标为奇数的记录(设为 L.r[i])与其邻近的下一个记录(即 L.r[i+1])进行关键字比较,若不符合顺序要求,则将其互换;第 2 趟将所有下标为偶数的记录(设为 L.r[j])与其邻近的下一个记录(即 L.r[j+1])进行关键字比较,若不符合顺序要求,则将其互换;第 3 趟继续对所有下标为奇数的记录进行同样的操作,第 4 趟对下标为偶数的记录进行同样的操作;……如此下去,直至所有记录都排列有序为止。这就是奇偶交换排序的主要思想。

这看起来有点像冒泡排序,其实,它就是在冒泡排序的基础上发展起来的。

冒泡排序是对所有记录扫描一趟后,若不发生交换操作则排序可以终止。类似的,对下标为偶数和奇数的记录分别进行一趟扫描后,若不发生交换操作,则认为所有记录均已排列有序,算法可以终止。故可设置一个标志变量用以表示是否在这两趟扫描过程中发生了交换操作。根据这个思想,不难写出其算法实现如下。

算法 9-6 奇偶交换排序的算法

```
JOSort(sqlist L)
{
  change=1;
  while(change)
  {
    change=0;
    for(i=1;i<n-1;i+=2)                    //对所有奇数进行一趟比较
      if(GT(L.r[i], L.r[i+1]))
      {
         exchang(L, i);
         change=1;                          //发生了交换操作
      }
    for(j=0; j<n-1; j+=2)                  //对所有偶数进行一趟比较
      if(GT(L.r[j], L.r[j+1]))
      {
         exchang(L, j);
         change=1;                          //发生了交换操作
      }
  }
}

exchang(sqlist L, int i)
{
   RcodType temp;
   Temp=L.r[i];
   L.r[i]=L.r[i+1];
   L.r[i+1]=temp;
}
```

由于奇偶交换排序在连续两趟没有交换的情况下才能结束，所以该算法至少需要进行两趟排序。当初始待排序序列有序时，需要进行 n－1 次比较，而无需进行记录移动；当初始待排序序列为逆序时，n 趟即可完成排序操作，但是还需要最后两趟扫描以确定是否排序完成，故需要进行 n＋2 趟排序，进行(n＋2)(n－1)/2 次比较，其时间复杂度为 $O(n^2)$。

奇偶交换排序在理论上略优于冒泡排序；但存在一些额外时间开销，并不实用，且由于其复杂程度略高，在算法设计上需要一定的技巧，所以常作为算法设计的一个训练题目。

9.3.2 快速排序

冒泡排序进行一趟排序后只能确定无序子序列中最大(或最小)关键字记录的最终位置，其他记录还有可能在相互交换过程中朝着与其最终位置相反的方向移动，且总的排序时间达到了 $O(n^2)$。另外，已经知道排序较短的列表要比排序较长的列表容易得多。因此，如果能够将原列表分为两个大约规模相等的列表并独立地对其分别进行排序，则能提高排序效率。

快速排序是对冒泡排序的一种改进，它能快速地在一趟排序过程中确定任何一个记录的最终位值，且其他记录在相互交换过程中不会移向其最终位置的反方向。同时，通过一趟快速排序后，原列表将被划分为两个独立的子表，并继续用相同的方式独立地对其进行排序。

快速排序的基本思想是：在待排序的 n 个记录序列中任意选取一个记录(称为枢轴，一般选取第一个记录，尽管这不是必须的，有时候甚至不是高效的)，经过一趟特殊的排序处理后确定了该记录的最终位置，并将原待排序记录序列分割为两个独立的子部分，分别位于该记录的左部和右部。所有关键字比该记录关键字小的记录均被放置在左部，而所有关键字比该记录关键字大的记录均被放置在右部。接着，并行地对两个较小规模的子表按同样规则进行划分，直至最大规模的子列表中只有一个记录，此时整个表的排序完成。

显然，快速排序中一个重要的操作就是如何对原列表进行划分，即如何确定枢轴的最终位置。为此，设置两个指针 low 和 high，初始时分别指向将要排序列表的最左端和最右端。首先使指针 high 向左移动，越过关键字值不小于枢轴关键字值的记录，到达第一个关键字值小于枢轴关键字值的记录并暂停移动，同时将该位置的记录与枢轴记录交换；然后使指针 low 向右移动，越过关键字值小于枢轴的记录，到达第一个关键字值大于或等于枢轴的记录并暂停移动，同时将该位置的记录与枢轴记录交换。这样继续交替地移动两个指针，并在某个指针暂停时进行记录交换，直至两个指针指向同一个位置时，该位置即为枢轴记录的最终位置。这样，就完成了一趟快速排序的划分过程，其示意如图 9－6所示。

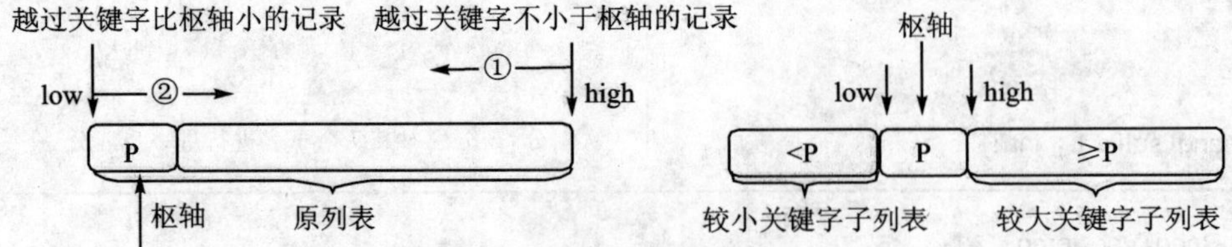

图 9－6　一趟快速排序后的划分结果

于是，可以总结快速排序的步骤如下：

① 选取待排序列表中第一个记录作为枢轴，设置两个指针 low 和 high 并分别指向列表头（枢轴位置）和列表尾。

② 向左移动指针 high（即执行操作 high−1），越过关键字值不小于枢轴的记录，到达第一个关键字值小于枢轴关键字值的记录；若 low≤high，则将其与枢轴相交换。

③ 向右移动指针 low（即执行操作 low+1），越过关键字值小于枢轴的记录，到达第一个关键字值不小于枢轴关键字值的记录；若 low≤high，则将其与枢轴记录相交换。

④ 重复步骤②和③直至交换后 low=high，停止移动指针。此时两指针所指即为枢轴最终位置，且把原列表分为两个子列表，从而完成一次划分。

⑤ 分别独立地对两子列表进行划分，直至最大规模子列表只有一个记录为止。

⑥ 根据每个记录在其列表中的最终位置和各个子表之间的相对位置，可将已经划分完毕的各个子表组合起来即为排序后的记录序列。

其实，在一趟快速排序过程中，一旦某个指针暂停并需要进行记录交换时，并不一定要让枢轴移动过去，因为毕竟那还不是枢轴的最终位置。所以，在划分过程中不需要物理地移动枢轴，而只需移动另外一个记录即可。在找到枢轴的最终位置后，再把它移过去。

对关键字序列{49，38，65，97，76，13，27，$\overline{49}$}进行快速排序的过程如表 9-5～表 9-8所列。

表 9-5　第一趟快速排序过程

执行相应操作后的排序记录序列	注　释
{**[49]**，38，65，97，76，13，27，$\overline{49}$} ↑low ↑high	选择 49 为枢轴，low 指向 49，high 指向$\overline{49}$
{27，38，65，97，76，13，□，$\overline{49}$} ↑low ↑high	向左移动 high，等它到达第一个小于枢轴 49 的记录 27 后，将 27 移到原枢轴位置（枢轴新位置在□处）
{27，38，□，97，76，13，65，$\overline{49}$} ↑low ↑high	向右移动指针 low，当它到达第一个大于 49 的记录 65 后，将 65 移动到原枢轴位置（枢轴新位置在□处）
{27，38，13，97，76，□，65，$\overline{49}$} ↑low ↑high	向左移动 high，越过比 49 大的 65 到达 13，并将 13 移到原枢轴位置处（枢轴新位置在□处）
{27，38，13，□，76，97，65，$\overline{49}$} ↑low ↑high	向右移动 low，越过比 49 小的 13 到达 97，并将 97 移到原枢轴位置处（枢轴新位置在□处）
{27，38，13，**[49]**，76，97，65，$\overline{49}$} low↑↑high	向左移动 high，越过比 49 大的 97 和 76 到达□处，此时，low 与 high 相遇，此处即为枢轴的最终位置。同时也完成了第一次划分，需分别对其两个子表进行进一步划分

表 9-6　对一级子表{27,38,13}进行划分

执行相应操作后的排序记录序列	注　释
{$\boxed{27}$, 38, 13} ↑low　↑high	选择27为枢轴,low指向27,high指向13
{13, 38, □} ↑low　↑high	本应向左移动high,但它所指的13比27小,故将13移到原枢轴位置处(枢轴新位置在□处)
{13, □, 38} low↑↑high	向右移动low,越过13到达38,将38移到原枢轴位置处(枢轴新位置在□处)
{13, $\boxed{27}$, 38} low↑↑high	向左移动high指针,越过38后与low相遇,从而确定27的最终位置;同时完成了对该子表的划分。由于其所分出的两个下级子表(13)和(38)只有一个记录,故对该子表的排序过程结束

表 9-7　对一级子表{75,97,65,$\overline{49}$}进行划分

执行相应操作后的排序记录序列	注　释
{$\boxed{76}$, 97, 65, $\overline{49}$} ↑low　↑high	选择76为枢轴,low指向76,high指向$\overline{49}$
{$\overline{49}$,97, 65, □} ↑low　↑high	本应向左移动high,但它所指的$\overline{49}$比76小,故将$\overline{49}$移到原枢轴位置处(枢轴新位置在□处)
{$\overline{49}$, □, 65, 97} ↑low　↑high	向右移动low,越过$\overline{49}$到达97,将97移到原枢轴位置处(枢轴新位置在□处)
{$\overline{49}$, 65, □, 97} low↑↑high	向左移动high指针,越过97到达65,将65移到原枢轴位置处(枢轴新位置在□处)
{$\overline{49}$, 65, □, 97} low↑↑high	向右移动low,越过65与high相遇,可以确定76的最终位置;并将该子表划分成两个二级子表,其中(97)只有一个记录无需继续划分;($\overline{49}$,65)需进一步划分

表 9-8　对二级子表($\overline{49}$,65)的划分过程

执行相应操作后的排序记录序列	注　释
{$\boxed{\overline{49}}$, 65} low↑　↑high	选择$\overline{49}$为枢轴,low指向$\overline{49}$,high指向65
{$\overline{49}$, 65} low↑↑high	向左移动high,越过65与low相遇,可确定$\overline{49}$的最终位置;所划分出的三级子表(65)无需进一步划分。从而完成对该二级子表的排序

根据每个记录在列表中的最终位置和各个子表之间的相对位置,可将已经划分完毕的各个子表组合成为有序序列{13,27,38,49,$\overline{49}$,65,76,97}。

以下程序为在顺序表上实现的快速排序。该程序由三个函数组成:partition,QSort 和 QuickSort。其中,partition 为划分函数,QSort 为快速排序的递归函数,QuickSort 调用 Qsort 实现对顺序表的快速排序。

算法 9-7 快速排序

```
partition(Sqlist &L, int low, int high)
{
    //对子列表L进行一次划分,确定枢轴的最终位置,从而完成一趟排序
    Key Type p;                                  //记录枢轴记录的关键字,以便于比较
    L.r[0]=L.r[low];                             //为减少交换次数,将枢轴暂存,待确定其最终
                                                 //位置后再将其移过去
    p=L.r[low].key;
    while(low<high)                              //当 low=high 时,即确定了枢轴的最终位置,
                                                 //即 low(或 high)
    { //寻找枢轴的最终位置,对原列表L进行划分
        while(low<high && !LT(L.r[high].key,p))  //向左移动 high,越过不小于枢轴的记录,到达
            high--;                              //第一个小于枢轴的记录 L.r[high]
        L.r[low]=L.r[high];                      //将小于枢轴的记录与枢轴"相交换"
        while(low<high && LT(L.r[high].key,p))   //向右移动 low,越过小于枢轴的记录,到达第
            low++;                               //一个不比枢轴小的记录 L.r[low]
        L.r[high]=L.r[low];                      //将不小于枢轴的记录与枢轴"相交换"
    }
    L.r[low]=L.r[0];                             //此时,已确定枢轴最终位置,可以将其移过来了
    return low;                                  //返回枢轴最终位置
}

QSort(Sqlist &L, int low, int high)
{
    //对子列表L递归地进行划分直至最大规模子列表只有一个记录为止
    int plocation;                               //用以标志枢轴的位置
    if(low<high)
    {
        plocation=partition(L, low, high);       //确定列表L中枢轴的最终位置
        QSort(L, low, plocation-1);              //对枢轴左部的子列表进一步划分
        QSort(L, plocation+1, high);             //对枢轴右部的子列表进一步划分
    }
}
```

Example 9-2

设计算法对具有 n 个记录的无序序列进行整理,使得所有关键字为负值的记录排在关键字为非负值的记录前面。(要求尽量减少记录交换的次数)

【解析】

本题要求将关键字为负值的记录与关键字为非负值的记录相分离,用数学语言描述出来就是要把关键字小于零的记录排在关键字不小于零的记录前面;从另一个角度分析就是以关键字为零的记录(若原序列中不存在这样的记录,则假设有这样的记录)作为序列中记录的分界点,而关键字小于零的记录和关键字不小于零的记录分居其左右。

至于分界点左右部分的子序列是否有序,题目中并没有特殊要求。为满足题目中尽量减少记录交换次数的要求,只要定位分界点的位置,并使子序列间有序即可,而子序列内部不需要排序。

快速排序的一趟排序恰恰可以定位枢轴记录,并使所有关键字小于枢轴关键字的记录排在其前面,其余的排在其后面,即使得子序列间有序,这样恰好可以满足上述分析的要求。于是,采用一趟快速排序,令关键字为零的记录为枢轴,完成上述题目的要求。其算法实现如下。

算法 9-8　利用快速排序调整顺序

```
Tidyup(Sqlist &L, int low, int high)
{
    //对记录序列L按快速排序思想将所有关键字为负数的记录排在关键字为非负数的记录前面
    L.r[0]=KeyZero(L); //函数KeyZero的作用是选取序列中关键字为零的记录作为枢轴记录
                       //为减少交换次数,将枢轴暂存,待确定其最终位置后再将其移过去
    p=L.r[0].key;      //枢轴记录关键字为零
    while(low<high)    //当low=high时,即确定了枢轴的最终位置,即low(或high)
    { //寻找枢轴的最终位置,对原列表L进行划分
        while(low<high && L.r[high].key>=p)  //向左移动high,越过不小于枢轴的记录,到达
            high--;                          //第一个比枢轴小的记录L.r[high]
        L.r[low]=L.r[high];                  //将小于枢轴的记录与枢轴"交换"
        while(low<high && L.r[high].key<p)   //向右移动low,越过小于枢轴的记录,到达第
            low++;                           //一个不比枢轴小的记录L.r[low]
        L.r[high]=L.r[low];                  //将不小于枢轴的记录与枢轴"交换"
    }
    L.r[low]=L.r[0];                         //此时,已确定枢轴最终位置,可以将其移过来了
}
```

注:

学习排序算法很重要的一点就是要深刻理解其算法思想,并能在实际中加以应用,比如本题中关于快速排序算法思想的应用就是一例。其实,快速排序的算法思想还可以进一步拓展开来:所有以某一记录为界将原记录集合划分成两部分的问题,都可以采用快速排序算法,只要将划分标准作为枢轴即可。利用其算法思想,修改其实现算法就可以满足不同情况的实际需要。

试设计算法在O(n)时间内将数组A[1..n]划分为左右两部分,使得左边的所有元素值均为奇数,右边的所有元素值均为偶数,要求使用的辅助存储空间大小为O(1)。

拓展

快速排序的一趟排序就可以确定枢轴的最终位置,而通过枢轴的位序号就可以确定该枢轴是记录序列中第几小(大)关键字记录。从另一个角度,也可以利用快速排序求出记录序列中的第 i 小(大)关键字记录,甚至可以求出序列中前 i 个最小(大)关键字记录。在实际应用中,可以用快速排序算法思想来解决分数段的划分等问题。

用快速排序思想求序列中的第 i 小(大)关键字记录的具体做法是:首先确定枢轴记录是否为所求记录,若是,则算法结束;若枢轴记录的位序号小于 i,则在[1,i−1]的子序列中继续递归地查找,若枢轴记录的位序号大于 i,则在[i+1,high]的子序列中继续递归地查找……直至找到目标记录为止。为此,可以修改快速排序的一趟排序算法:在确定枢轴最终位置时判断该枢轴记录是否为所求记录。具体算法实现如下。

算法 9-9 利用快速排序的思想查询第 i 小关键字记录

```
RcdType SearchIKey(Sqlist &L, int low, int high, int i)
{
    //在记录序列 L 中利用快速排序的思想查询第 i 小关键字记录
    l=low; h=high;
    L.r[0]=L.r[low];                          //为减少交换次数,将枢轴暂存,待确定其最终
                                              //位置后再将其移过去
    p=L.r[low].key;
    while(low<high)                           //当 low=high 时,即确定了枢轴的最终位置,即
                                              //low(或 high)
    { //寻找枢轴的最终位置,对原列表 L 进行划分
      while(low<high && L.r[high].key>=p)     //向左移动 high,越过不小于枢轴的记录,到达
          high--;                             //第一个比枢轴小的记录 L.r[high]
      L.r[low]=L.r[high];                     //将小于枢轴的记录与枢轴"交换"
      while(low<high && L.r[high].key<p)      //向右移动 low,越过小于枢轴的记录,到达第
          low++;                              //一个不比枢轴小的记录 L.r[low]
      L.r[high]=L.r[low];                     //将不小于枢轴的记录与枢轴"交换"
    }
    L.r[low]=L.r[0];                          //此时已确定枢轴最终位置,可以判断是否为
                                              //所求记录
    if(low==i) return L.r[low];               //若枢轴位置为第 i 小关键字记录,则返回该记录
    else if(low<i) SearchIKey(L, low+1, h, i);  //枢轴记录位置较低,需在后面子序列中查找
    else SearchIKey(L, l, low-1, i-low+1);    //枢轴记录位置较高,需在前面子序列中查找
}
```

当然,若想求出记录序列中前 i 个最小的记录,可以 i 次调用该算法。

很显然,在快速排序中,记录移动的次数要小于记录比较的次数。故以记录的比较次数作为快速排序的时间度量依据。

快速排序最好的情况是在每一趟排序后都能将记录序列均匀地分割成两个长度大致相等的子列表。设 C(n)是对长度为 n 的记录序列进行快速排序所需进行的比较次数,则 C(n)由

两部分组成：对长度为n的原记录序列进行划分所需的比较次数和递归地对左右两个记录子序列分别进行快速排序所需的比较次数，即

$$\begin{aligned} C(n) = (n-1) + 2C(n/2) \leqslant \\ & n + 2[n/2 + 2C(n/4)] = 2n + 4C(n/4) \leqslant \\ & 2n + 4[n/4 + 2C(n/2^3)] \leqslant \\ & \quad \cdots \\ & kn + 2^k C(n/2^k) = \quad (\text{设 } n = 2^k) \\ & n\text{lb}n + nC(1) = \quad (\text{其中}, C(1)\text{为一常数}, k = \text{lb } n) \\ & O(n\text{lb } n) \end{aligned}$$

当原始待排序记录序列有序，使得每趟快速排序后，枢轴的最终位置都偏向于序列的一端，从而使得两个子列表中的一个为空，这是最坏的情况，此时比较次数最多。这时第一趟经过n－1次比较，将第一个记录固定在它的最终位置上，并得到一个包括n－1个记录的子列表；第二次递归地经过n－2次比较，将第二个记录固定在它的最终位置上，并得到一个包括n－2个记录的子序列；……最终总的比较次数C(n)为

$$C(n) = \sum_{i=1}^{n-1}(n-1) = \frac{n(n-1)}{2} = O(n^2)$$

此时，快速排序法已经退化为冒泡排序法了。

若待排序记录序列中的记录是随机排列的，则在一趟排序后，枢轴记录的最终位置取在[1,n]中任何一个位置的概率都相同。可以证明，在这种平均情况下，快速排序的比较次数为O(nlb n)。

经验证明，在所有同数量级的此类排序方法中，快速排序就其平均时间而言，是目前最好的一种内部排序方法，是名副其实的“快速”排序法。

在快速排序算法中，需要一个递归栈空间来实现递归，栈的大小取决于递归调用的深度。在最坏的情况下，即每趟快速排序后枢轴的位置均偏向于序列的一端，则栈的最大深度为n；在最好的情况下，每一趟快速排序都将记录序列均匀地分割成两个大小接近的子序列，栈的最大深度为$\lfloor \text{lb } n \rfloor + 1$。若每次都选择较大的部分进栈，处理较短的部分，则递归深度可以降为O (lb n)。

快速排序是不稳定的排序方法。

9.4 选择排序

选择排序的基本思想是：在由n个记录组成的序列中，选择一个最小（或最大）关键字值的记录输出到有序子序列中，接着在剩余的n－1个记录中再选一个最小（或最大）关键字值的记录输出到有序子序列中，以此类推，直到序列中只剩下一个记录为止，排序结束。由于从一个序列中选择最小（或最大）记录的方法可以不同，因此可有不同的选择排序算法。下面介绍三种选择排序算法：简单选择排序、树形选择排序和堆排序。

9.4.1 简单选择排序

从记录序列中选择最小（或最大）记录的方法是：排查记录序列中的所有记录项，从中选

出关键字最小(或最大)的记录,放置于有序子序列的适当位置。这一操作过程也称为一趟简单排序。

对关键字序列{49,38,65,97,76,13,27,$\overline{49}$}进行简单选择排序的过程如表 9-9 所列。

表 9-9 简单选择排序操作过程

排序趟数	排序序列(括号内为无序子序列)	注释	
		初始最小关键字	真正最小关键字
1	{***49***,38,65,97,76,13,27,$\overline{49}$} →**13**,{38,65,97,76,49,27,$\overline{49}$}	49	13
2	**13**,{***38***,65,97,76,49,27,$\overline{49}$} →**13,27**,{65,97,76,49,38,$\overline{49}$}	38	27
3	**13,27**,{***65***,97,76,49,38,$\overline{49}$} →**13,27,38**,{97,76,49,65,$\overline{49}$}	65	38
4	**13,27,38**,{***97***,76,49,65,$\overline{49}$} →**13,27,38,49**,{76,97,65,$\overline{49}$}	97	49
5	**13,27,38,49**,{***76***,97,65,$\overline{49}$} →**13,27,38,49,$\overline{49}$**,{97,65,76}	76	$\overline{49}$
6	**13,27,38,49,$\overline{49}$**,{***97***,65,76} →**13,27,38,49,$\overline{49}$,65**,{97,76}	97	65
7	**13,27,38,49,$\overline{49}$,65**,{***97***,76} →**13,27,38,49,$\overline{49}$,65,76**,{97}	97	76

故最终排序序列为{13,27,38,49,$\overline{49}$,65,76,97}。简单选择排序的算法实现如下。

算法 9-10 简单选择排序算法

```
SelectMinKey(Sqlist L, int i)
{
    //依次比较无序子序列中的所有元素关键字,选出其中最小的并返回其位置
    for(j=i+1; j<=L.length; j++)
      if(L.r[i].key > L.r[j].key)
        i=j;
    return i;
}

SelectSort(Sqlist &L)
{
    //利用简单选择排序法对顺序表 L 进行排序
    for(i=1; i<L.length; i++)
    {                                       //选出无序子序列中的最小关键字记录放入有序子序列
                                            //中,使得前者逐渐减小为只含一个记录为止
```

```
        j=SelectMinKey(L, i);        //选出L表中第i个元素后的所有元素中关键字最小者
        if(i!=j)                     //若当前最小关键字记录和实际最小关键字记录不是同一
                                     //个记录,则将其互相交换
        {L.r[0]=L.r[i]; L.r[i]=L.r[j]; L.r[j]=L.r[0]}
    }
}
```

在简单选择排序中,无论初始记录序列是否有序,都需要将当前最小关键字记录与无序子序列中的所有记录关键字进行比较,以找出无序子序列中的最小(或最大)关键字记录,故其比较次数与初始待排序序列的顺序无关,其中第一趟找出最小关键字记录需执行 n−1 次比较;第二趟找出次最小关键字记录需执行 n−2 次比较;…… 最终总的比较次数 C(n)为

$$C(n)=\sum_{i=2}^{n}(n-i+1)=\frac{n(n-1)}{2}=O(n^2)$$

当初始记录序列有序时,只需要进行比较而无须移动记录,因为每个元素都位于其最终位置上了;而在最坏情况下,即初始记录序列为逆序时,每趟排序都需要进行记录的交换,而每次交换需移动 3 次记录,故总的移动次数为 3(n−1)。

所以,简单选择排序的时间复杂度为 $O(n^2)$。

在进行简单选择排序时,需要进行记录交换,而交换记录需要有一个记录的空间用于暂存记录,故其空间复杂度为 O(1)。

简单选择排序是一种稳定的排序方法。

Example 9-3(复旦大学)

下面的 C 函数 select()实现了对链表 head 进行选择排序的算法,排序完毕,链表中的结点按结点值从小到大链接。请在空框处填入适当内容,每个空框只填一条语句或一个表达式。

```
1. #include<stdio.h>
2. typedef struct node {char data; struct node *link;}node;
3. node *select(node *head)
4. {
     node *p, *q, *r, *s;
5.   p=(node *)malloc(sizeof(node));
6.   p->link=head; head=p;
7.   while(p->link!=null)
 i.  {   q=p->link; r=p;
 ii.     while(  (1)  )
         {
             ① if(q->link->data<r->link->data) r=q;
             ② q=q->link;
         }
 iii.    if(  (2)  ){s=r->link; r->link=s->link; s->link=(  (3)  ); (  (4)  );}
 iv.     (  (5)  );
 v.  }
```

```
8.     p=head; head=head->link; free(p); return(head);
9. }
```

【解析】

选择排序是从未排序的序列中挑选元素(题目要求按升序排序,故需挑选值最小的结点),并将其依次放入已排序序列(初始时为空)的末端。

上述程序段中第5行向系统申请了一个结点的空间并用p指向之;在第6行将该结点放在链表的最前端,且将指针head指向新结点。于是,可以初步断定:在原链表中head指向第一个元素结点,并没有头结点;新申请的结点作为头结点,同时也作为已排序序列的尾指针,即作为有序子序列和无序子序列的分界线。

选择排序的基本操作就是从无序子序列中选取最小值并将其放入有序子序列的末端,通过分析上述程序可知,第7行及其所携子部分应该完成这些操作。该部分是个双重while循环,内部while循环是进行一系列的指针移动,而第ⅲ行是在满足某个条件后进行一系列的指针修改,根据基本的编程经验可以断定,内部while循环是查找无序子序列中的最小值,而第ⅲ行是将选出的最小值插入到有序子序列的末端。

在内循环体的第①行中,若后面的结点值(由q→link指向)小于前面的结点值(由r→link指向),则将r移向q;而只要进入内循环,q指针总要向后移一个结点位置。照顾到第ⅰ行的语句,q限制在无序子序列中移动。第①行语句表示在遍历无序子序列过程中,只要遇到结点值比r→link所指向的小,r→link就会移向该结合值;故r→link在遍历无序子序列过程中实际上是指向当前的最小值结点,最终待内循环结束后r→link将指向无序子序列中的最小值结点。同时,可以知道内循环结束的条件应当是遍历完整个无序子序列,即q→next为空时,所以空(1)处应填q→link !=NULL。

若将已经选出的记录(由r→link指向)插入到有序子序列的末端,则首先应将该记录结点从原链表中“拆除”,并“缝补”到合适的位置上。根据第ⅲ行的if语句,s指向选出的记录结点,待执行到空(3)处时所选结点已被“拆除”,故空(3)和空(4)两条语句应执行“缝补”操作。由于p指向有序子序列尾结点,根据单链表的插入操作顺序可知,空(3)处应为p→link;空(4)处应为p→link=s。

为了使外层循环执行有限步后自动停止,而外层循环终止的条件是p→link不为空,故需要对p指针进行适当修改,但在外循环体执行到空(5)之前都没有对p进行修改,可确定空(5)处应对p进行更新以维持外循环继续进行有限步后正常终止。因p指向有序子序列的尾结点,所以一旦p→为空则说明整个序列已经被排成有序序列,整个循环体的任务已经完成,故空(5)处应为p=p→next。

值得一提的是,在进行“缝补”操作后,s和p→next指向同一个结点,空(5)处之所以用p→next而不用s,是因为s被赋值是有条件的,一旦条件不满足,s并不是指向p→next所指向的结点。而这个条件又是什么呢?经过内层循环后,r→link指向所选出无序子序列中的最小值结点,而p则是有序子序列和无序子序列的分界线。然而,最小值结点可以在无序子序列中的任何位置,一旦在其最前端,则只须将p指针后移一个结点位置,使有序子序列的范围扩大一个结点,而无须进行“拆除”和“缝补”操作,于是空(2)处的条件判断应是针对这个作出的,故空(2)处应为p!=r。

综上所述,可以得出本题的答案为:

(1)q→link　(2)p!=r　(3)p→link　(4)p→link=s　(5)p=p→link

9.4.2 树形选择排序

在简单选择排序中,为从 n 个记录中选出其关键字最小(或最大)的记录,需要进行 n-1 次关键字的比较;而选出次小(或次大)关键字记录,则需要对剩余的 n-1 个记录逐个比较其关键字,并从中选出关键字最小(或最大)的记录……如此下去,直至所剩余的记录只有一个为止。其实,在剩余记录中选择最小(或最大)关键字记录时,不需要再对所有记录都进行关键字的比较,因为这些比较中有些在第一趟比较过程中已经做过了,只要将这些比较的结果信息保存就可以为后续的选择所用,从而减少总的比较次数。这也正是树形选择排序的出发点所在。

树形选择排序是按照锦标赛的思想进行选择排序的方法,故又称锦标赛排序。在锦标赛中,若 A 能胜出 B,而 B 能胜出 C,则无需进行 A 和 C 之间的比赛,而直接得出结论:A 能胜出 C。故在 A,B,C 中选出冠军只需进行两场比赛即可。

同样,在树形选择排序中,首先对 n 个记录的关键字(在竞赛树形结构中表现为叶子结点)进行两两比较,并将比较结果保存下来,从而得到$\lceil n/2 \rceil$个作为比较结果的“最值”,在竞赛树形结构中表现为参与比较的两个关键字的父亲结点;继续将这$\lceil n/2 \rceil$个“最值”进行两两比较,又得到$\left\lceil \frac{n/2}{2} \right\rceil$个比较结果……如此重复下去,直至选择出 n 个记录中的最小(或最大)关键字记录并输出。然后,将已输出的记录关键字设为无穷大(或无穷小),再对所有记录进行同样的比较操作,选出“次最值”…… 如此下去,直至所有记录都输出为止。

对关键字序列{49,38,65,97,76,13,27,$\overline{49}$}进行树形选择排序的过程如图 9-7～图 9-14所示。

此时,所有记录均已经输出,至此树形选择排序的过程结束。排序后所得的有序序列为

13 27 38 49 $\overline{49}$ 65 76 97

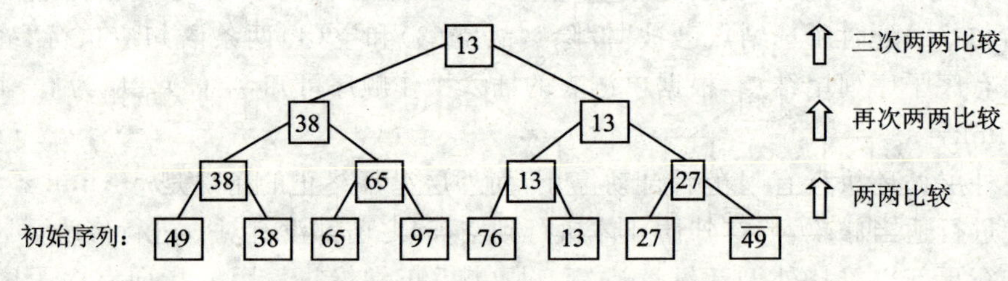

图 9-7　输出最小关键字记录 13

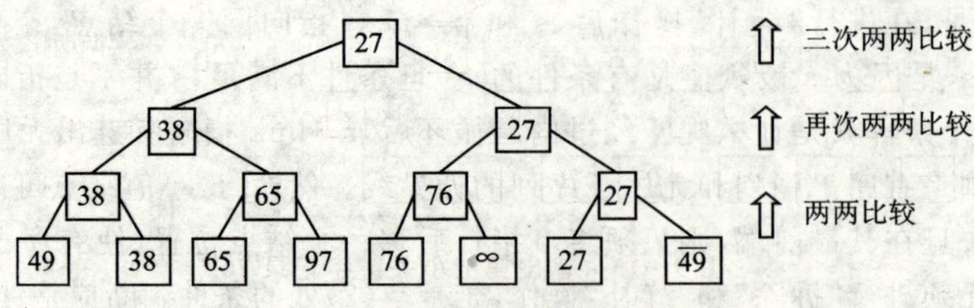

图 9-8　输出次最小关键字记录 27

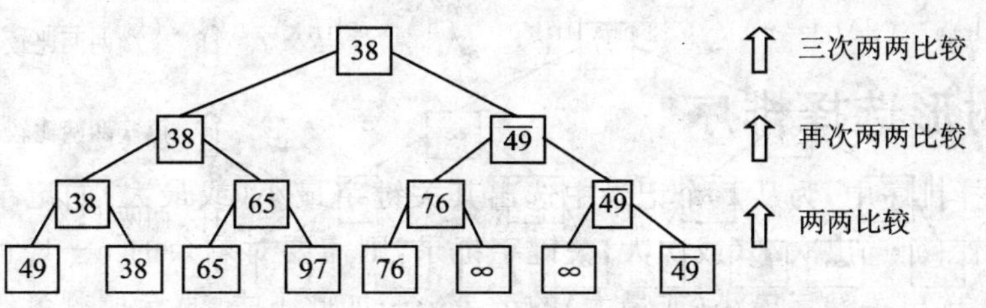

图 9-9 输出第三小关键字记录 38

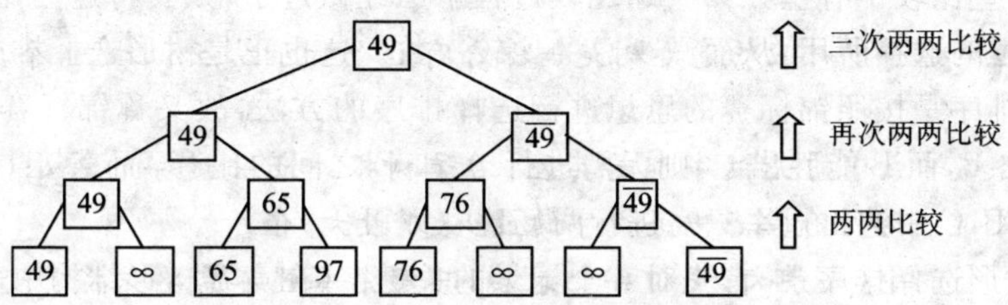

图 9-10 输出第四小关键字记录 49

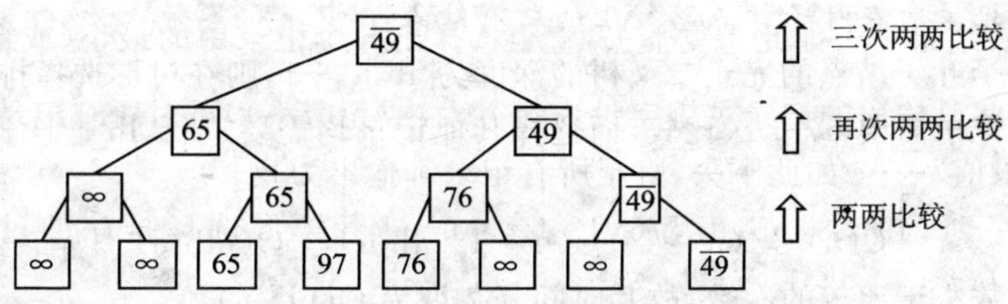

图 9-11 输出第五小关键字记录$\overline{49}$

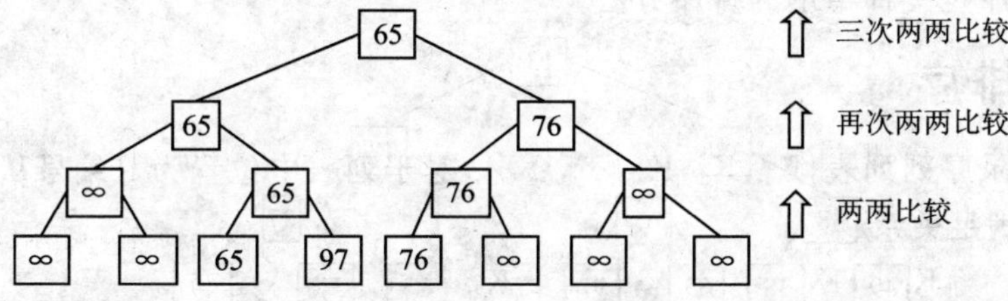

图 9-12 输出第六小关键字记录 65

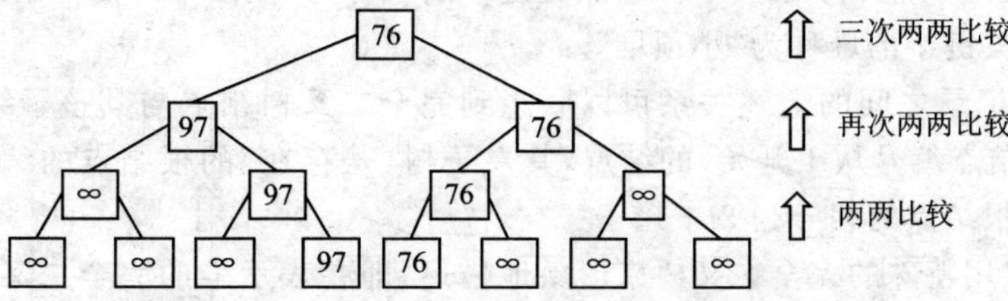

图 9-13 输出第七小关键字记录 76

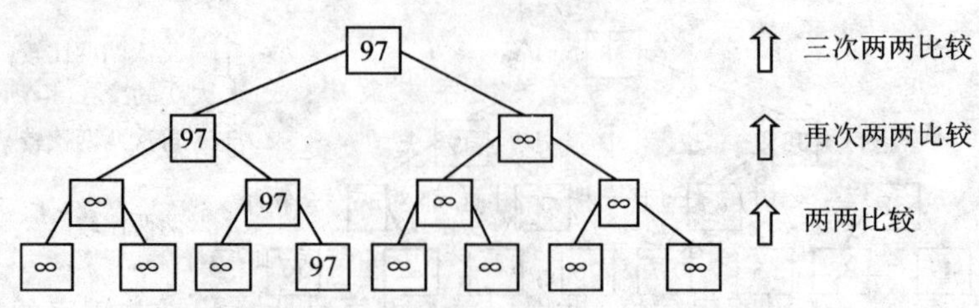

图 9-14　输出第八小关键字记录 97

注：

① 与树形选择排序中对应的竞赛树是一棵含有 n 个叶子结点和 n−1 个非终端结点的完全二叉树。

② 每个非终端结点中的关键字都是其左、右子树根结点关键字的最小(或最大)值。其中，根结点中的关键字为所有结点中关键字的最小(或最大)值。

③ 当输出一个最小(或最大)关键字记录后，其实根本就不需要先将其变为∞，再与其兄弟结点进行比较，而是直接将兄弟结点的关键字提到上一级即可。

④ 当输出一个最小(或最大)关键字记录后，不必要对所有结点都进行调整，而是仅调整从根结点到输出记录所在叶子结点路径上的所有结点即可。

由于含有 n 个叶子结点的完全二叉树的深度为$\lceil \text{lb}\ n \rceil+1$，则在树形选择排序中，选择最小(或最大)关键字记录需要 n−1 次比较，而选择其他记录均需要进行$\lceil \text{lb}\ n \rceil$次比较。故总的比较次数为

$$C(n) = (n-1) + (n-1)\lceil \text{lb}\ n \rceil = O(n\text{lb}\ n)$$

而记录移动的次数小于比较的次数，故其时间复杂度为 O(nlb n)。

在空间上，增加了 n−1 个结点用以保存前面比较的结果，故其空间复杂度为 O(n)。

树形选择排序是一种稳定的排序方法。

9.4.3　堆排序

堆是一个记录序列列表$\{K_1, K_2, K_3, \cdots, K_n\}$，对于列表中位置为 i(编号从 1 开始)处的记录的关键字 K_i，满足关系

$$\begin{cases} K_i \leqslant K_{2i} \\ K_i \leqslant K_{2i+1} \end{cases} \quad \text{或} \quad \begin{cases} K_i \geqslant K_{2i} \\ K_i \geqslant K_{2i+1} \end{cases} \quad (i = 1, 2, \cdots, \lfloor n/2 \rfloor)$$

其中，每个结点关键字都不小于其子孙结点关键字的堆称为“大顶堆”；而每个结点关键字都不大于其子孙结点关键字的堆称为“小顶堆”。

从堆中各个记录之间的上述关系可以联想到完全二叉树结点与其孩子结点之间的关系是：若编号为 i(结点编号从 1 开始)的结点，其左子树(若存在)的根结点的编号为 2i，则其右子树(若存在)的根结点的编号为 2i+1。

于是，堆可以用特殊的完全二叉树来形象地描述，即在表示堆的完全二叉树中，每个非终端结点的关键字都不小于(或不大于)其左、右子树根结点的关键字。值得一提的是，堆是一种数据结构，但它并不就是完全二叉树。

注：

① 在 C 语言中将用做动态内存的区域称为“堆”；而这里定义的堆是一种数据结构，它与

C语言中的“堆”不是一回事。

② 堆中第一个记录的关键字 K_1 是所有关键字中最小(或最大)的,在其所对应的完全二叉树中,就是其根结点为该完全二叉树中最小(或最大)关键字值结点。

③ 堆所对应的完全二叉树的任何一棵子树也都对应一个堆。

④ 尽管在逻辑上将堆视为完全二叉树,但是采用的却是顺序存储。

堆顶记录对应完全二叉树的根结点,堆顶记录关键字是所有记录关键字的最值,堆排序就是利用堆的上述这个特性完成排序的。在输出堆顶的最大(或最小)值后,使得剩余的n−1个记录的序列重新调整为一个堆,于是又得到次大(或次小)值……如此反复执行,直至所有记录都排序为一个有序序列。这就是堆排序。

在堆排序中,原记录序列也被分为无序子序列和有序子序列两部分,其中有序子序列位于无序子序列之后。设使用大顶堆,将无序子序列调整到堆后,其堆顶记录即为最大关键字记录。将该记录与无序子序列中的最后一个记录交换,同时有序子序列将其纳入自己的范围之内,无序子序列记录数减1;然后将剩余无序子序列调整为堆。这有些类似于冒泡排序法,即无序子序列中的最大关键字记录被定位到有序子序列的最前方位置上。继续执行上述操作,有序子序列不断扩大,无序子序列不断缩小,直至无序子序列只剩下一个记录为止。排序过程如图9-15所示。

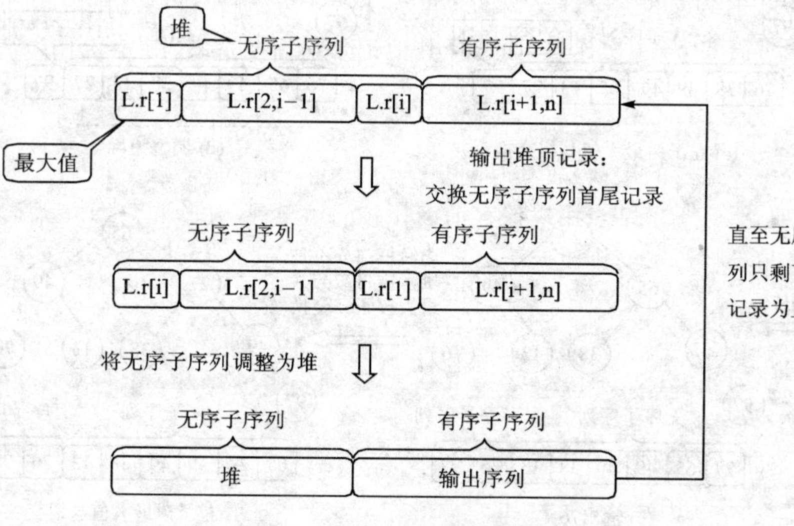

图9-15 堆排序过程概况

现在堆排序的焦点集中在如何将无序子序列调整为堆,因为只要完成这一步的调整工作,则整个堆排序的循环就可以顺利延续下去。

可根据堆的定义对无序子序列进行调整。由于无序子序列初始时为堆,但将其首尾元素交换后,破坏了堆的属性,使其不能再成为堆。因此,首先将堆顶记录关键字与其左、右子树根结点关键字比较,若左子树根结点关键字最大,则将堆顶与左子树根结点交换;若右子树根结点关键字最大,则将堆顶与右子树根结点交换。只要堆顶被交换到其两棵子树中的任何一棵,都有可能破坏该子树的“堆”的属性,故还需按照同样方法对该子树进行调整,直至调整到叶子结点为止,因为叶子结点本身就是一个堆。把这个自堆顶至叶子结点的调整过程称为“筛选”。“筛选”在大顶堆中是沿着关键字较大的子树根结点向下进行;而在小顶堆中则是沿着较小的子树根结点向下进行。

图 9-16 为对大顶堆进行堆排序的过程。

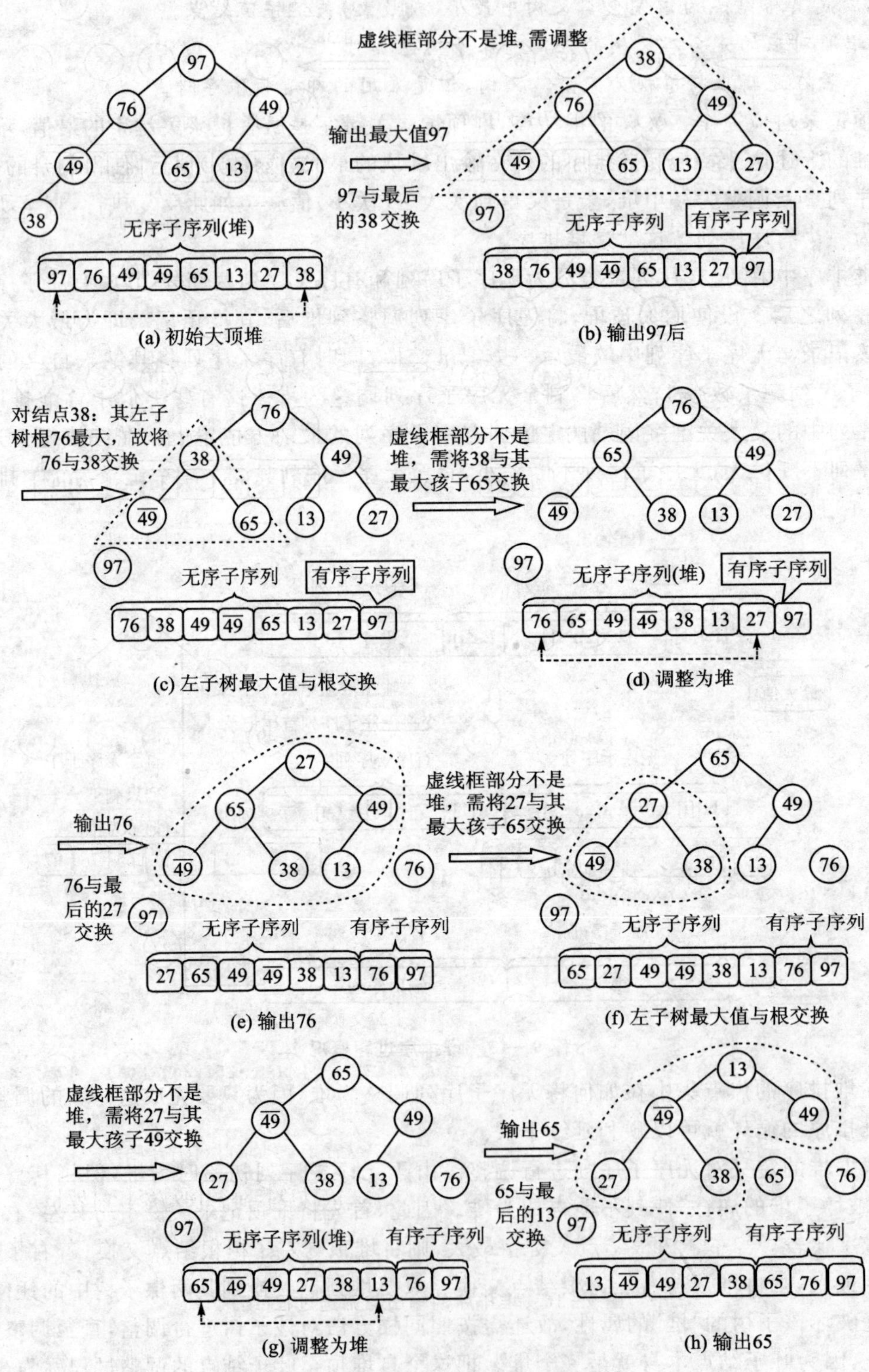

图 9-16 堆排序的输出与筛选过程

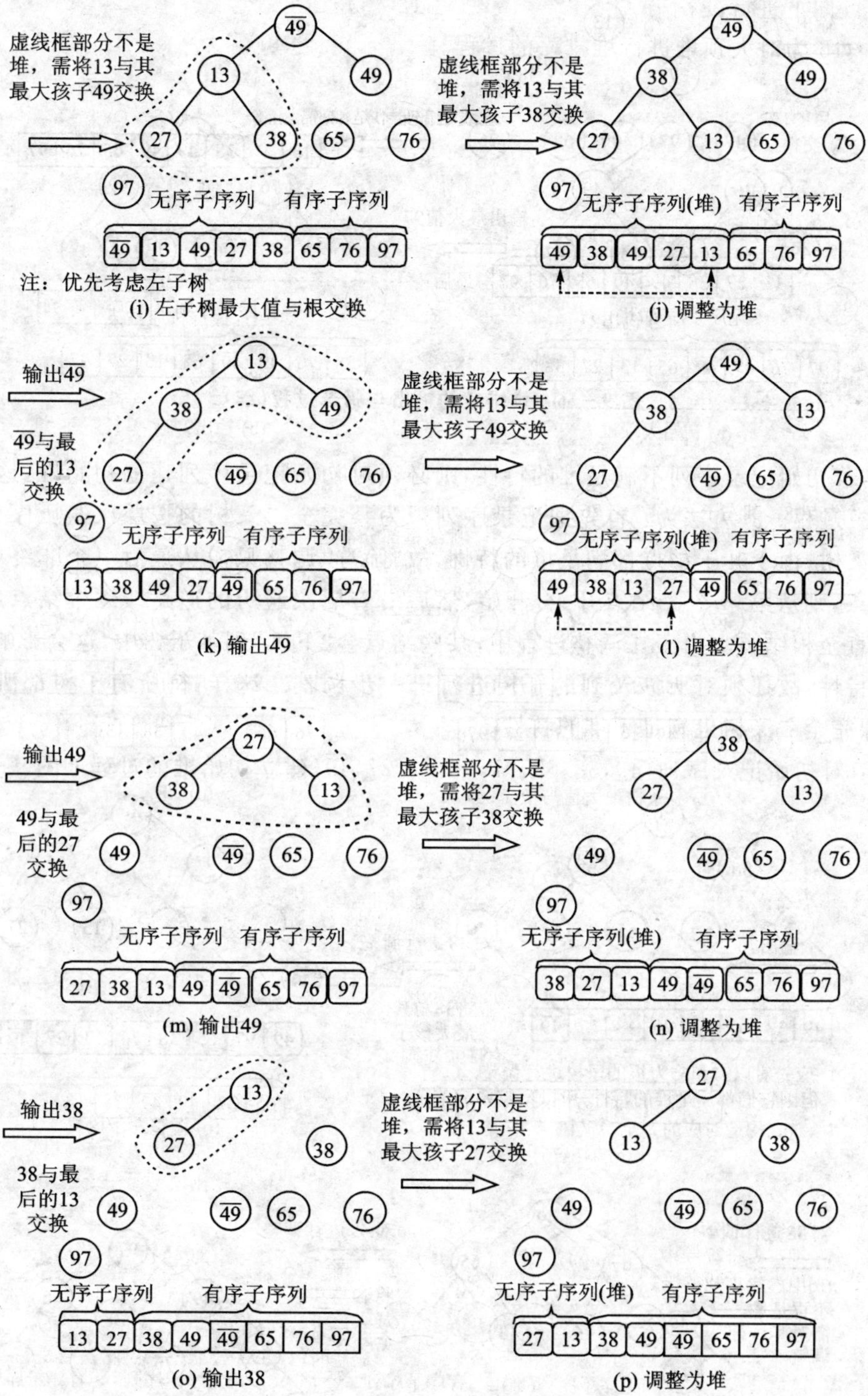

(i) 左子树最大值与根交换

(j) 调整为堆

(k) 输出$\overline{49}$

(l) 调整为堆

(m) 输出49

(n) 调整为堆

(o) 输出38

(p) 调整为堆

图 9-16　堆排序的输出与筛选过程(续)

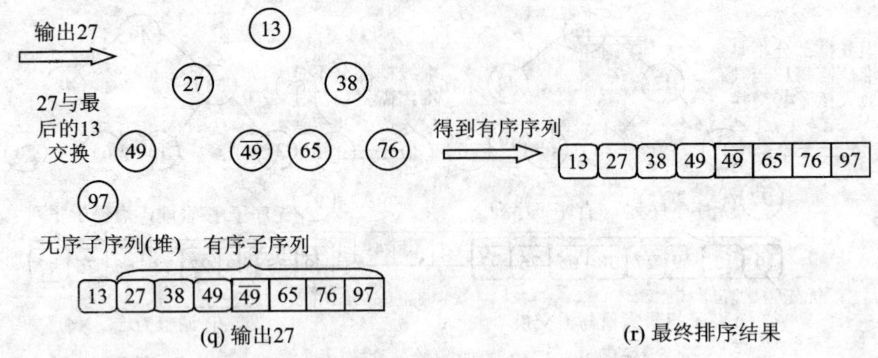

(q) 输出27 (r) 最终排序结果

图 9-16 堆排序的输出与筛选过程(续)

当然,若初始记录序列不满足堆的特性,则必须对初始记录序列建立初始堆,这是一个反复的“筛选”过程。其方法为:首先把记录序列视为某完全二叉树的按层次遍历序列,构造出该完全二叉树;由于叶子结点都满足堆的特性,故“筛选”调整只需从最后一个非终端结点(若有 n 个结点,则从第$\lfloor n/2 \rfloor$个结点开始)开始,然后沿着层次遍历的逆路线逐个结点地进行“筛选”调整,直至根结点。由于在调整过程中,某些结点会“下沉”到其子树中,这会影响到该子树的“堆”的特性,故还须对所涉及到的子树进行进一步调整。这样,待所有子树都满足堆的特性,则整棵完全二叉树也满足了堆的特性。

比如:对初始记录序列{49,38,65,97,76,13,27,$\overline{49}$}建立初始堆的过程如图 9-17 所示。

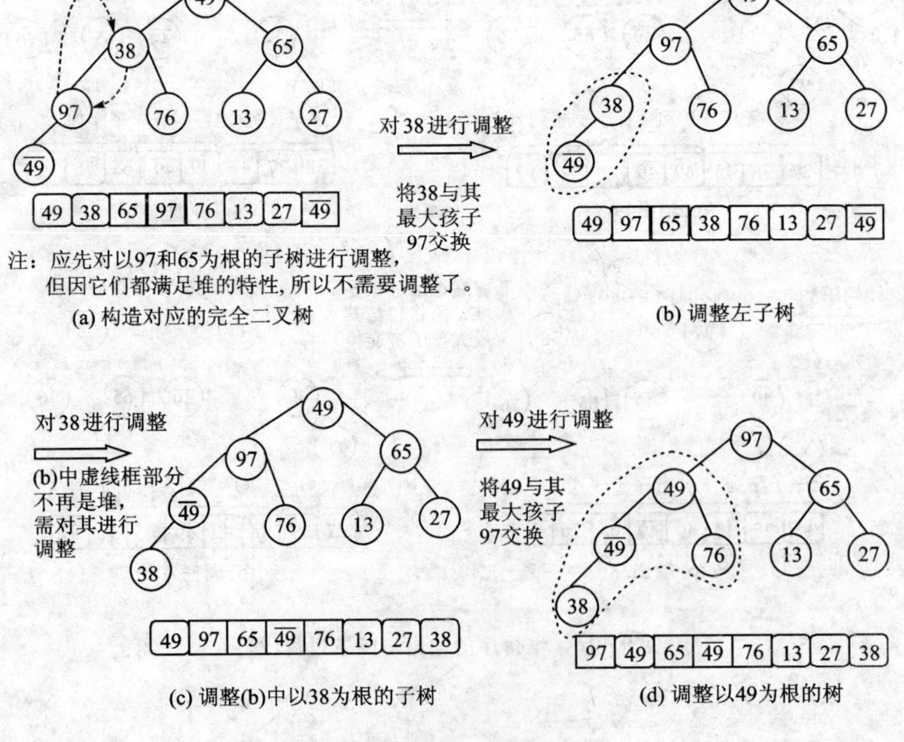

(a) 构造对应的完全二叉树 (b) 调整左子树

(c) 调整(b)中以38为根的子树 (d) 调整以49为根的树

图 9-17 建立初始堆的过程

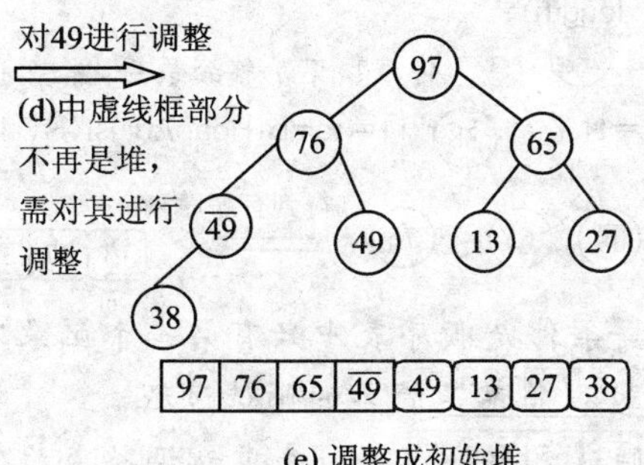

(e) 调整成初始堆

图 9-17 建立初始堆的过程(续)

注意：

“筛选”算法的前提条件是：“筛选”算法的输入对象所对应的子树应是完全二叉树，并且该完全二叉树上只有根不符合堆的特性，而其他的任何子树都符合堆的特性。所以，建立初始堆并不仅仅就是筛选。

用C语言描述堆排序算法如下。

算法 9-11 堆排序算法

```
typedef Sqlist HeapType;               //堆采用顺序表存储方式
HeapAdjust(HeapType &H, int s, int m)
{
    //序列 H.r[s,m]中除了 L.r[s]外都满足堆的特性；将 H.r[s,m]调整为一个大顶堆
    int j;
    ElemType temp;
    temp=H.r[s];                       //调整时可能有子孙结点交换到根结点，故需暂存根结点记录
    for(j=2*s; j<m; j*=2)              //从根结点开始沿关键字较大的结点向下筛选(优先考虑左孩子)
    {
      if(j<m && LT(H.r[j].key, H.r[j+1].key)) j++;     //j为关键字较大的结点的序号
      if(!LT(temp.key, H.r[j].key))    //若左右子树根结点关键字都不大于根结点关键字则无需调整
         break;
      H.r[s]=H.r[j];                   //将较大关键字结点调整到根结点处
      s=j;                             //并进一步调整以该较大关键字结点为根的子树
    }
    H.r[s]=temp;
}
HeapSort(HeapType &H)
{
    //对顺序表H进行堆排序
    int i;
    ElemType temp:
    for(i=H.length/2; i>0; i--)      //建立初始堆
```

```
        HeapAdjust(H, i, H.length);
    for(i=H.length; i>1; i--)        //将堆顶记录移到最后,并将无序子序列重新调整为堆
        {temp=H.r[1]; H.r[1]=H.r[i]; H.r[i]=temp;HeapAdjust(H, 1, i-1);}
}
```

注:

① 堆排序筛选算法的前提条件是顺序表中只有第一个记录不满足堆的特性,其他记录均满足堆的特性,故初始建堆的过程并不是简单的筛选过程。

② 建立初始堆需要调用筛选算法⌊n/2⌋次,而重新调整成堆需要调用1次筛选算法;对于有n个记录的顺序表需要n−1次重新调整成堆。

③ 当要求按升序排序时,可有两种方法:ⓘ使用大顶堆进行堆排序可直接得到结果;ⓘⓘ使用小顶堆进行堆排序,再将所得结果进行逆置即可。

对于较短的顺序表,堆排序并不是一个好的选择。堆排序首先慢慢地将大关键字结点移到顺序表的最前端,最后再将其放置到最后端。当顺序表中记录数n很大时,堆排序的效率还是很高的。因为堆对应于完全二叉树(深度为⌊lb n⌋+1),向下调整的执行时间不超过O(lb n),故建立初始堆最差情况下的时间复杂度为O(nlb n)。堆排序中每输出一个记录需要调用一次调整函数,故堆排序的时间复杂度为O(nlb n)。

在堆排序中,只需要一个记录的空间用于在交换过程中暂存记录,故其空间复杂度为O(1)。

堆排序在建立初始堆时,耗费时间较多;但在以后的"筛选"过程中,比较次数会减少。

堆排序是一种不稳定的排序方法。

Example 9-4

在含有n个元素的大顶堆中,关键字最小的记录可能存储在(　　)位置上。

A. ⌈n/2⌉　　B. ⌈n/2⌉−1　　C. 1　　D. ⌈n/2⌉+1

【解析】

在逻辑上可以将堆看做完全二叉树,而任何一棵子树都可以视为一个堆。堆顶元素的关键字都大于其左、右子树结点的关键字,所以在大顶堆中,关键字最小的记录只能存储在叶子结点上。在完全二叉树上,最后一个非终端节点的编号为⌈n/2⌉,故叶子结点必定大于该编号,即叶子结点的编号范围为[⌈n/2⌉+1,n]。符合这个要求的选项D为本题答案。

Example 9-5(南京理工大学)

有一组数据{15,9,7,8,20,−1,7,4},用堆排序的筛选方法建立的初始堆为(　　)。

A. {−1,4,8,9,20,7,15,7}　　B. {−1,7,15,7,4,8,20,9}

C. {−1,4,7,8,20,15,7,9}　　D. 以上均不对

【解析】

堆在逻辑上对应一棵完全二叉树,且其中每个结点的关键字都不小(大)于其左、右子树根结点的关键字。对初始数据序列建立初始堆时,可以将该序列视为完全二叉树的数组存储形式,并构造出相应的完全二叉树,然后检查每个非终端结点是否满足堆的特性,若不满足,则须进行"筛选"而调整成堆。由于A,B,C三个选项都是从−1开始,故这里选择小顶堆进行堆排序,如图9-18所示。

由图9-18可知,正确答案为C。

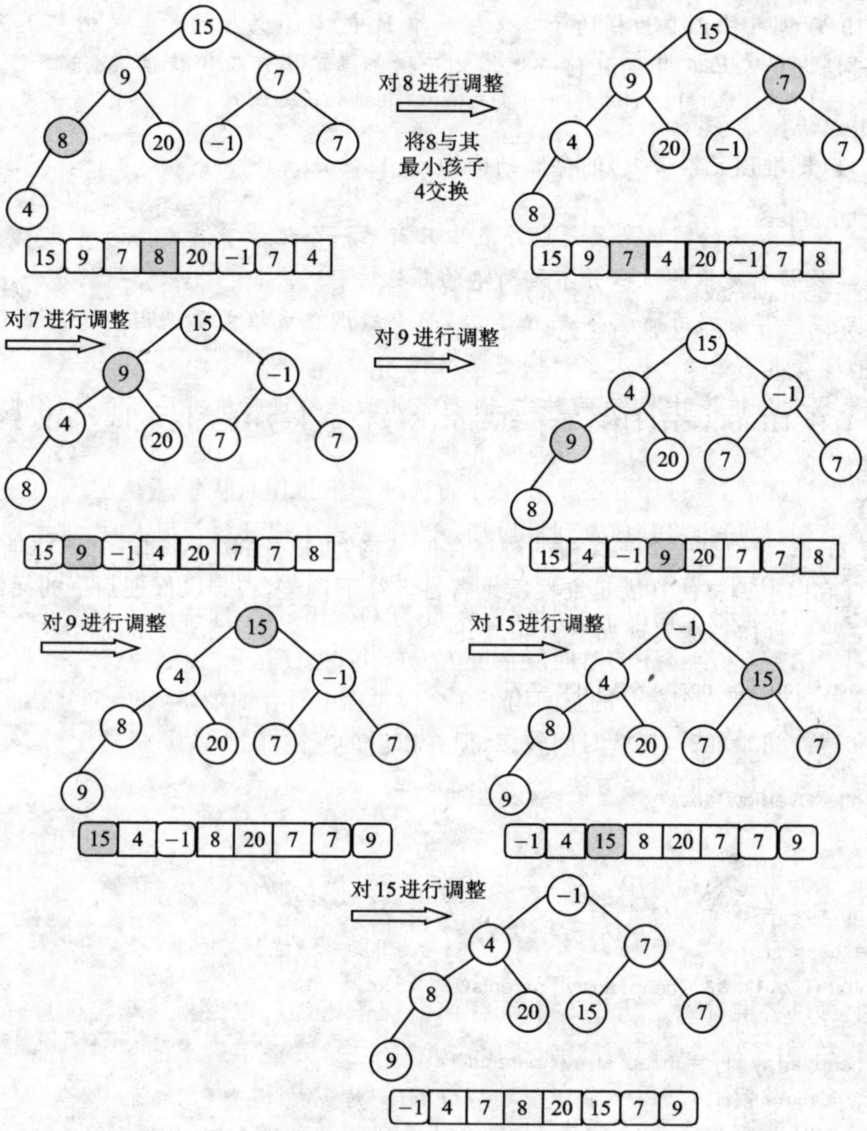

15 9 7 8 20 −1 7 4

对8进行调整

将8与其最小孩子4交换

15 9 7 4 20 −1 7 8

对7进行调整

15 9 −1 4 20 7 7 8

对9进行调整

15 4 −1 9 20 7 7 8

对9进行调整

15 4 −1 8 20 7 7 9

对15进行调整

−1 4 15 8 20 7 7 9

对15进行调整

−1 4 7 8 20 15 7 9

图 9－18 Example 9－5 图 1

注：本题换个说法也就是：A,B,C 三个选项中哪个为小顶堆。可以画出其对应的完全二叉树，如图 9－19 所示。

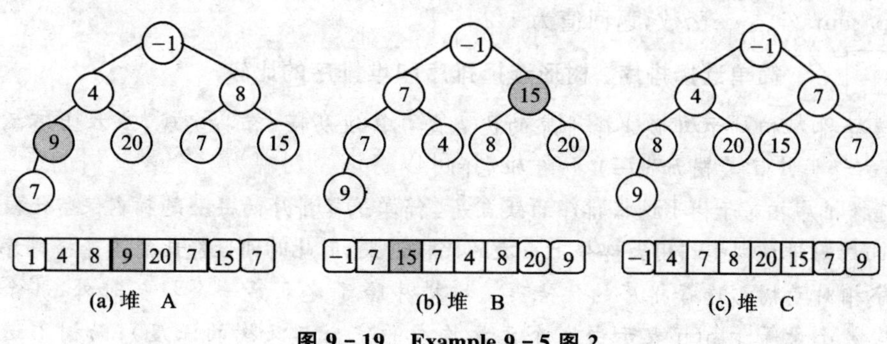

图 9－19 Example 9－5 图 2

图 9-19 的堆 A 中以 9 为根的子二叉树和堆 B 中以 15 为根的子二叉树都不满足小顶堆的特性,故排除之。而堆 C 中的任何一棵二叉子树都满足小顶堆的特性,故选择 C。

Example 9-6

设大根堆(即堆顶元素最大)的存储结构为:

```
typedef struct record
{
   KeyType array[max];      //存放堆元素的空间
   int size;                //当前堆中已有的元素个数
}Record;
```

编写一算法 HeapInsert(HeapType heap, KeyType key)将关键字 key 插入到堆 heap 中且不破坏堆性质。

【解析】

将数组 array 看做是完全二叉树的顺序存储结构,可以先将 key 插入到数组的 size+1 位置上,然后自底向上调整使其满足堆性质。若自上往下调整,将难以保证筛下的元素恰好是在 size+1 的位置。具体算法实现如下。

```
HeapInsert(HeapType heap, KeyType key)
{
  if (heap.size >= max )
    printf("Overflow!\n");
  else
  {
    heap.size = heap.size + 1;
    i = heap.size;                        //新结点作为叶子结点先"插入"位置 i
    while((i > 1) && (heap.array [parents(i)] < key)
    { //向上调整最多至根
      heap.array [i] = heap.array [parents(i)];
      i = parents(i);                     //相当于新结点往上调整至父结点
    }
    heap.array [i] = key                  //此时 i 为插入结点的最终位置,可将其真正插入进来
  }
}
```

这里 parents(i)是一函数,返回值为$\lceil i/2 \rceil$。

比较　简单选择排序、树形选择排序和堆排序的比较

简单选择排序相对于树形选择排序的优点是:算法易懂,容易实现,基本上不需要附加空间;而树形选择排序需要附加 n—1 个附加空间。

简单选择排序相对于树形选择排序的缺点是:简单选择排序的每一趟都不保留比较结果,比较次数较多;而树形排序则能利用大部分上一次的比较结果,因此时间性能比简单选择排序优越。

堆排序相对于树形选择排序的优点是:堆排序除了建立第一个堆耗时外,其余元素进行堆比较的次数小于等于 h(h 表示由 n 个元素构成的完全二叉树的深度);而树形选择排序每

次比较都是 h 次。因此，堆排序的时间复杂度小于树形选择排序。堆排序基本上也不需要附加空间。

9.5　归并排序

归并指将两个或两个以上的有序表组合成一个新的有序表。将两个有序表归并成一个有序表的方法叫做 2 -路归并。

2 -路归并排序的具体做法是：设有两个有序表 A 和 B，其记录个数分别为 A. length 和 B. length，另设两个指针 Pa 和 Pb 分别指向两个有序表 A 和 B 的当前待处理记录；将已经排序好的记录序列存放在表 C 中，其长度为 A. length＋B. length，用指针 Pc 指向其当前可用的记录存放位置。比较 Pa 和 Pb 所指向的记录关键字，将较小关键字的记录复制到 C 中 Pc 所指位置，并将 Pc 和指向该较小关键字记录的指针均后移一个位置，继续比较……直至 Pa 和 Pc 中有一个超出其所在表长时，将另一个表中的剩余记录全部按原来的顺序复制到 C 中的空闲位置。

例如，将两个有序列表{38，49，65，98}和{13，27，$\overline{49}$，76}归并成一个新的有序列表的过程如图 9 - 20 所示。

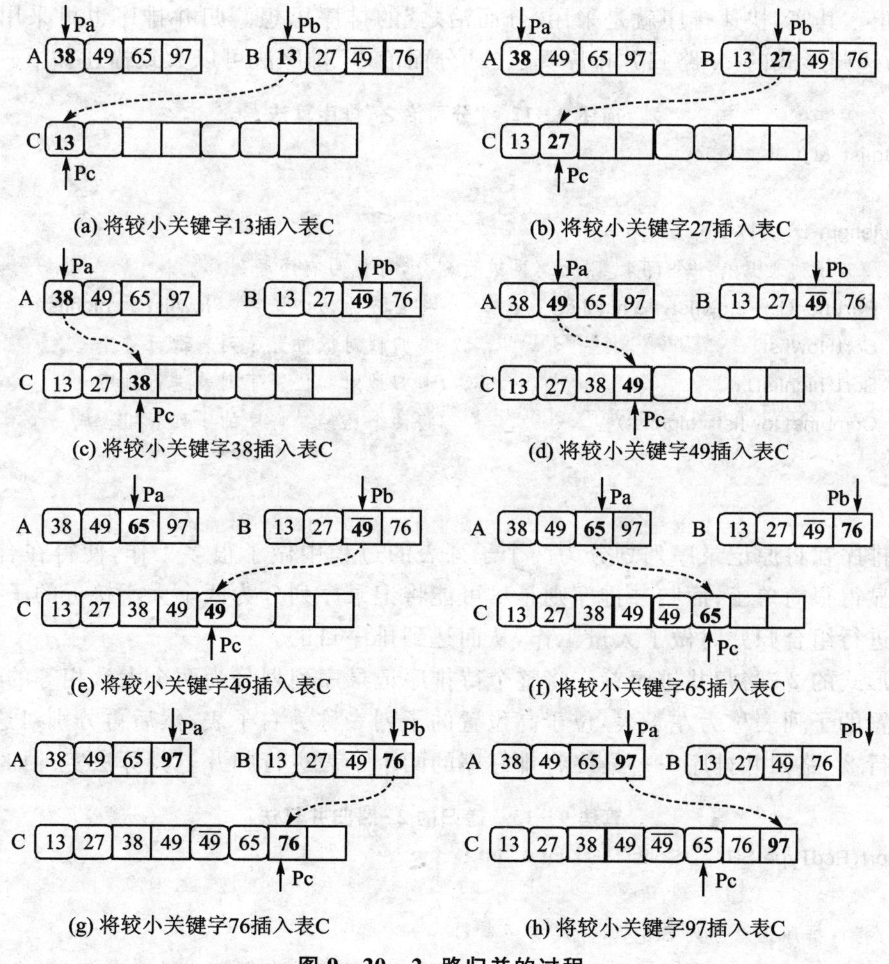

图 9 - 20　2 -路归并的过程

2-路归并排序的算法实现如下。

算法 9-11　归并算法

```
Merge(Sqlist A, Sqlist B, Sqlist &C)
{
    //将有序表 A 和 B 归并成新的有序表 C
    Pa= &A.r[1]; Pb= &B.r[1]; Pc= &C.r[1];                    //A,B 和 C 中的 r[0]暂不使用
    for(;(Pa<= &A.r[A.length]) && (Pb<= &B.r[length]); Pc++)
    {//逐个比较 A 和 B 当前记录的关键字,并将较小关键字记录复制到 C 中
      if (LQ(A.r[Pa].key, B.r[Pb].key)) C.r[Pc]=A.r[Pa++];
      else C.r[Pc]=B.r[Pb++];
    }
    while(Pa<= &A.r[A.length]) C.r[Pc++]=A.r[Pa++];        //A 还没有归并完
    while(Pa<= &A.r[A.length]) C.r[Pc++]=A.r[Pa++];        //B 还没有归并完
}
```


回想快速排序方法,每趟快速排序都在将某个记录移动到其最终位置的同时将原记录序列分为两个子列表,并按相同方法分别对两个子列表独立进行划分,直至整个序列成为一个有序序列为止。其实,快速排序就是采用“分而治之”的排序思想。归并排序也可采用这个排序思想,称为递归形式的2-路归并排序算法。“分而治之”排序法可以大致描述如下。

描述 9-12　“分而治之”排序算法

```
Sort(Sqlist &L)
{
    if(length(L)>1)
    { //某子列表只有一个记录,则无需再进行划分,可视为有序序列
      Partition(L, &lowlist, & highlist);      //将 L 分为两个子列表 lowlist 和 highlist
      Sort(lowlist);                           //递归地对低位置子列表进行排序
      Sort(highlist);                          //递归地对高位置子列表进行排序
      Combine(lowlist, highlist);              //将两个已经排好序的子列表组合成一个有序列表
    }
}
```

快速排序在将原记录序列划分为两个子列表的过程中做了很多工作,使得在合并两个子列表时就显得很简单了;而归并排序则是尽可能将记录序列分为两个大小接近的子列表,并在将子列表进行组合归并时做了大量工作,从而达到排序目的。

递归形式的2-路归并排序首先将整个待排序记录序列划分为两个大致相等的子列表,把位于低位置的子列表称为左子表,位于高位置的子列表称为右子表,然后再分别对这两个子表递归地进行2-路归并排序……最终将排好序的两个子表进行归并。其算法实现如下。

算法 9-13　递归的2-路归并算法

```
ReMSort(RcdType SR[], Sqlist &C, int s, int t)
{
    //将待排序记录序列 SR[]归并成有序表 C
    if(s==t) TR[s]=SR[s];          //单记录列表本身就有序,可作为递归终止的条件
```

```
    else
    {
      m=(s+t)/2;                         //将原记录序列平分成两份 SR[s..m]和 SR[m+1..t]
      ReMSort(SR, T2, s, m);             //递归地将左子表进行归并排序,成为有序表 T2[s..m]
      ReMSort(SR, T2, m+1, t);           //递归地将右子表进行归并排序,成为有序表 T2[m+1..t]
      A.r[]=T2.r[s..m]; A.length=m-s+1;  //将左子表复制到 A
      B.r[]=T2.r[m+1..t]; B.length=t-m;  //将右子表复制到 B
      Merge(A, B, &C);                   //将两个有序子表归并成新的有序表 C
    }
  }
```

对初始记录序列{49,38,65,97,76,13,27,$\overline{49}$}进行递归的归并排序的过程如图 9-21 所示。

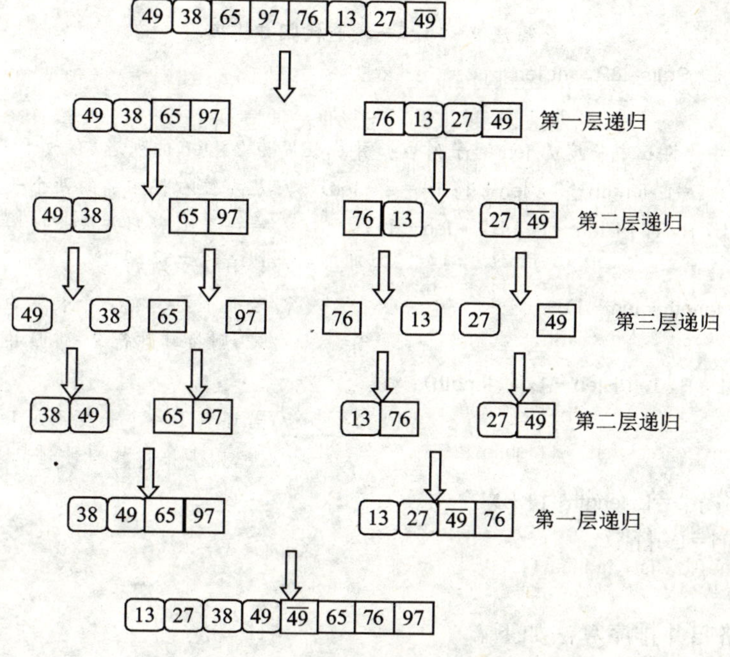

图 9-21 递归的 2-路归并算法实例

也可以利用非递归的迭代法来实现逐步归并排序,其基本思想是:将含有 n 个记录的待排序记录序列视为 n 个有序子序列,每个子序列的长度为 1,然后将相邻的两个子序列两两归并,得到若干个长度为 2 的子序列(若 n 为奇数则还含有一个长度为 1 的子序列),这称为一趟归并排序;再将相邻的两个子列表两两归并……重复下去,直至得到一个长度为 n 的有序序列为止。这种归并方法称为迭代的 2-路归并排序法。

对初始记录序列{49,38,65,97,76,13,27,$\overline{49}$}进行迭代的归并排序的过程如图 9-22 所示。

进行一趟排序其实就是利用 2-路归并将前后相邻的长度为 len 的有序子列表(最后一个子列表长度可能小于 len)做两两归并,得到若干个长度为 2len 或还含有一个长度小于 2len 的子列表。其算法实现如下。

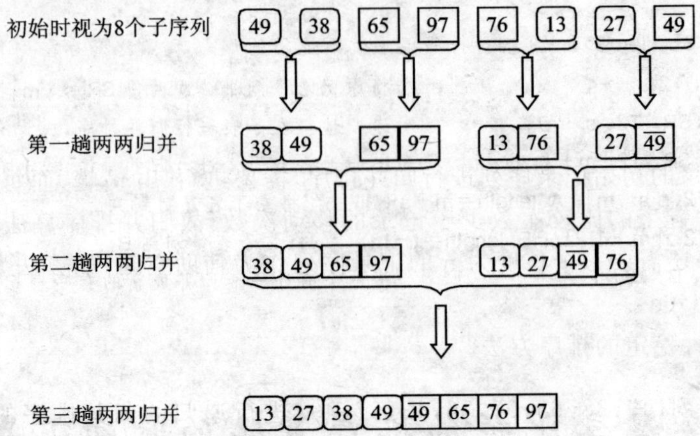

初始时视为8个子序列 [49] [38] [65] [97] [76] [13] [27] [$\overline{49}$]

第一趟两两归并 [38 49] [65 97] [13 76] [27 $\overline{49}$]

第二趟两两归并 [38 49 65 97] [13 27 $\overline{49}$ 76]

第三趟两两归并 [13 27 38 49 $\overline{49}$ 65 76 97]

图 9-22　迭代的 2-路归并算法实例

算法 9-14　一趟迭代归并排序

```
MergSP(Sqlist L, Sqlist &R, int len)
{
    //该趟归并是将 L 中长度为 len 的子列表归并成长度为 2*len 的列表,存放于 R 中
    for(i=1; i<=L.length-2*len+1; i+=2*len)    //从左往右将相邻的两个长度为 len 的
      Merge(L, R, i, i+len-1, i+2*len-1);      //有序子列表归并成长度为 2*len
                                               //的有序子列表
    if(i<=L.length-len+1)                      //若剩下至少有一个长度为 len 的子列
                                               //表,则将其进行 2-路归并
      Merge(L, R, i, i+len-1, L.length);
    else                                       //若还剩下一个长度不足 len 的子列
                                               //表,则直接将其照抄到记录序列中
      for(j=i; j<=L.length; j++)
        R.r[j]=L.r[j];
}
```

迭代的 2-路归并排序算法如下。

算法 9-15　迭代的 2-路归并算法

```
MergeSort(Sqlist &L, Sqlist &R)
{
    //将记录序列 L 中的所有记录利用迭代 2-路归并法排序成有序序列并存入 R 中
    len=1;                  //初始时将原记录序列视为 n 个长度为 1 的有序子序列
    while(len<L.length)
    {                       //只要所有子列表还没有归并成一个列表,就连续对子列表进行一趟
                            //趟迭代的归并排序
       MergSP(L, &R, len);
       len *=2;
       if(len>L.length)     //一旦归并结束,则将暂存在 R 中的记录顺序移动到 L 中
       {for(i=1; i<=L.length; i++) L.r[i]=R.r[i]; break;}
```

```
    }
    MergSP(R, &L, len/2);   //若待排序记录数不是2^k的形式,则最终会存在一个长度小于len的
                            //子序列,需按最大子序列的长度进行归并
}
```

对含有 n 个记录的初始记录序列进行归并排序，需要进行$\lceil \mathrm{lb}\ n \rceil$趟，而每趟归并都需要移动 n 次记录，记录关键字的比较次数少于记录的移动次数，故归并排序算法的时间复杂度为 O(nlb n)；归并排序还需要一个长度为 n 的记录序列作为辅助空间(如算法 9-13 中的 T2)，故其空间复杂度为 O(n)。

归并排序是一种稳定的排序方法。

9.6 基于关键字比较的排序算法的时间下界

前面所介绍的各种排序算法的一个共同特点就是，它们都是通过对记录关键字的比较来进行排序的，故这些算法称为基于关键字比较的排序算法。

已经知道，快速排序的时间复杂度可以达到 O(lb n)，那么，是否还有其他更快的排序方法呢？基于比较的排序算法所能达到的最快速度到底有多快？

可以证明：任何一种基于比较的排序算法其所需的比较次数不会少于$\frac{n}{4}$lb n(n 为记录数)。

【证明】

假设待排序记录序列中各个记录的关键字值互不相同，则任意两个关键字(K_i和 K_j)相比较所得的结果只能有两种情况：$K_i < K_j$和 $K_i > K_j$。因此，可以利用二叉树来记录比较过程中的各种情况：二叉树的内部结点表示两个记录关键字所进行的一次比较，并用参与比较的两个记录下标之比的形式 i:j 来标志，其中结点 i:j 的左子树表示 $K_i < K_j$，右子树表示 $K_i > K_j$；二叉树的叶子结点表示每一种可能的原始待排序的记录序列；从根结点到叶子结点的路径表示对一种可能的待排序记录序列进行排序的过程和结果，其中路径上的内部结点数为该排序过程中关键字比较的次数。这样的二叉树称为排序算法的二叉判定树。

图 9-23 所示为对含有 3 个记录的待排序记录序列进行排序的二叉判定树。

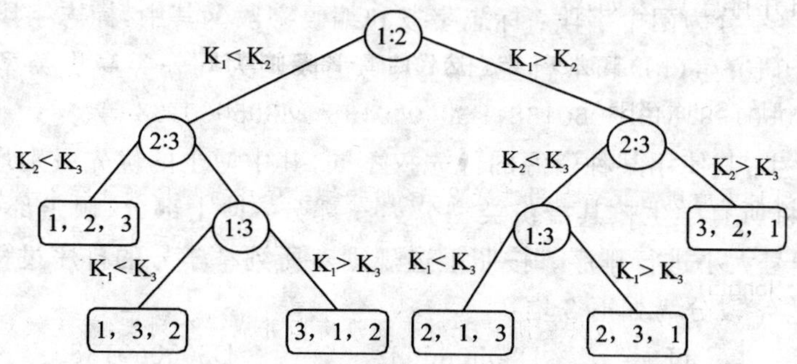

图 9-23 排序算法的二叉判定树(n=3)

对于含有 n 个记录(下标为 1,2,…,n−1)的待排序序列，有 n! 种不同排列，每一种排列代表一种可能的输入序列进行排序后所得的结果。于是，排序算法的二叉判定树至少应该有

n! 个叶子结点。

根据二叉树的性质3：$n_0=n_2+1$(n_0为叶子结点数,n_2为度是2的结点数),则排序算法的二叉判定树含有 n!－1 个内部结点。

根据完全二叉树的性质4：含有n个结点的完全二叉树的深度为$\lfloor \text{lb}\ n \rfloor+1$或$\lceil \text{lb}\ n+1 \rceil$,由于在含有相同结点数的二叉树中,完全二叉树的深度最小,所以,不包括叶子结点的排序算法的二叉判定树的深度至少为$\lceil \text{lb}(n!-1)+1 \rceil$,即为$\lceil \text{lb}\ n! \rceil$。当n>1时,有

$$n! \geqslant n(n-1)(n-2)\cdots(\lceil n/2 \rceil) \geqslant (n/2)^{n/2}$$

排序算法的二叉判定树的深度则表示了最坏情况下的比较次数。所以,当n≥4时,排序算法的比较次数$C(n) \geqslant \lceil \text{lb}\ n! \rceil \geqslant \text{lb}\ n! \geqslant \frac{n}{2}\text{lb}\ \frac{n}{2} \geqslant \frac{n}{4}\text{lb}\ n$。

因此,基于关键字比较的排序算法,在最坏情况下的比较次数为$\frac{n}{4}\text{lb}\ n$,即其时间复杂度为O(nlb n)。

9.7 基数排序

基数排序是一种基于分配的算法,是借助于多关键字排序的思想对单关键字记录序列进行排序的方法。

9.7.1 多关键字排序

首先看两个具体实例。

在编排英语词典时,总是先按照每个单词的首字母、第二个字母……尾字母的顺序对单词进行排序,即将每个单词以单个字母为单位进行拆分,再将所有单词按首字母在字母表中的先后顺序进行排序,从而得到26堆单词,每堆中所有单词的首字母都相同;然后再在这26堆单词中分别按第二个字母进行排序,每堆中又分解成26个更小的单词堆,每个小堆中所有单词的首字母和第二个字母都相同;……直至所有堆中只含有一个单词为止,这样所有待编排的单词都按一定顺序排列起来,这个顺序就是词典顺序。

在学校中,将学号分为两个字段：标志字段和编码字段。其中,标志字段分别用以区分博士研究生(D)、硕士研究生(M)和本科生(B);编码字段则为同一类身份类型的学生编号。如D305060082,D305060138,M305060138,B305060138,M305060123等。

假设对不同学生,其使用某种资源的优先权不同,其中博士的优先级别最高,硕士次之,本科生最低,则首先将所有学生按其身份类型分为三部分：博士部分、硕士部分和本科生部分,每一部分中再按编号大小进行排序。按照上述规则对所列举学号的排序过程如下：

① 首先按标志字段分为如下3堆：

第1堆	博士(D)	D305060082	D305060138
第2堆	硕士(M)	M305060138	M305060123
第3堆	本科(B)	B305060138	

② 在每堆中按编码字段大小进行如下排序：

第1堆	博士(D)	D305060082	D305060138

第 2 堆　　　硕士(M)　　　M305060123　　　　M305060138
第 3 堆　　　本科(B)　　　B305060138

于是,得到上述学号学生对该资源使用的先后顺序为

D305060082 D305060138 M305060123 M305060138 B305060138

组成英文单词的每位字母可以视为一个关键字,而学号的两个字段也可以看做是两个关键字,这样单词和学号都可以看做是由多个关键字组成的。当需要对由多个关键字记录组成的序列按词典顺序排序时,就称此排序为多关键字排序。上面的排序方式称为分配排序。

设记录的多个关键字分别为 $K^0,K^1,\cdots,K^n$,则对这类记录序列进行分配排序的方法有两种:

① 最高位优先法 MSD　排序按关键字 $K^0,K^1,\cdots,K^n$ 的次序进行,即先按最高位关键字 K^0 将记录分为若干堆,然后再按次高位关键字 K^1 进一步细分为若干堆……直至对最低位关键字进行排序,使得所有记录成为一个有序序列。上面两个例子中的排序都是这种分配排序。

② 最低位优先法 LSD　排序按关键字 $K^n,K^{n-1},\cdots,K^0$ 的次序进行,即先按最低位关键字将记录分成若干堆,然后再按次低位关键字分……直至对最低位关键字进行排序,使得所有记录成为一个有序序列。

若将单关键字记录中的关键字进行拆分,所分出的每个部分都可以视为一个关键字,则多关键字排序的思想就可以用在单关键字记录的排序上。基数排序就是这样一种排序方法。

9.7.2 链式基数排序

若记录的单关键字 K 可以拆分成 d 个分量 $K^0,K^1,\cdots,K^{d-1}$,每个分量有 r 种不同的取值,r 称为基数,则可以采用不直接对该单关键字进行比较的排序,而是通过对这些关键字分量进行“分配-收集”的方式达到对单关键字进行排序的目的。这就是基数排序。

对于初始记录序列{49,38,65,97,76,13,27,$\overline{49}$},其中每个关键字 K_i 都含有两位十进制数,故 K_i 可以看做是由两个关键字(K^0 和 K^1)组成,其中 K^1 代表个位数字,K^0 代表十位数字。每个关键字的取值范围为[0,9],即基数 r 为 10,故可设置 10 个链表空间,编号从上到下依次为 0,1,…,9。利用静态链表存储待排序记录序列,并令表头指针指向第一个记录。先根据 K^1 将所有记录分配到对应编号的链表中(K^1 相同的多个记录按其初始相对位置排列),接着按序号从小到大依次将 10 个链表中的非空链表链接成一个链表,从而完成一次收集工序,该链表中的结点记录按关键字 K^1 有序;然后,在此基础上再按 K^0 将所有记录分配到上述 10 个链表中,并按序号将这 10 个链表中的非空链表内记录依次收集到一个链表中,则最后得到的序列为按关键字组(K^0 和 K^1)有序,即按关键字 K 有序(这是按照 LSD 原则将记录序列进行排序的,当然也可按照 MSD 原则进行,不过前者更为方便),如图 9 - 24 所示。

基数排序是按最低位优先法进行排序的。首先按最低位 K^{d-1} 将记录序列中的 n 个记录分配到编号从 0～r−1 的 r 个链表中,再将这些链表按顺序依次收集起来穿成一串,完成按关键字 K^{d-1} 的排序;然后按次低位 K^{d-2} 将记录序列中的 n 个记录分配到编号从 0～r−1 的 r 个链表中,再将这些链表按顺序依次收集起来穿成一串,完成按关键字 K^{d-2} 的排序……如此进行 d 次分配与收集,直至完成对关键字 K^0 的排序后,所收集的链表就是已经排好序的链表了。

为使两个关键字相同的记录在排序后仍保持其初始相对位置,在分配过程中当进行插入操作时采用在链表尾部插入的方式,为此每个链表都需要设置尾部指针。另一方面,在分配与

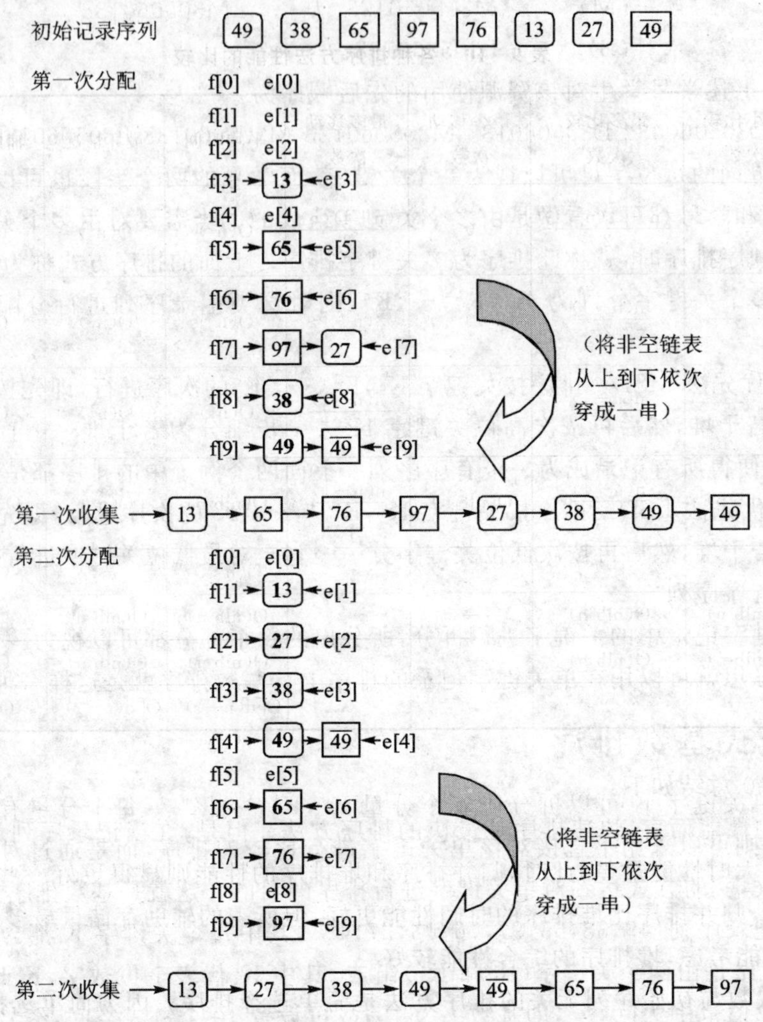

图 9-24 链式基数排序过程

收集过程中,每个结点并不另设空间,而是将其从逻辑上分配或收集到相应链表中。在实际的物理处理上,并不是真正移动结点的位置,而是仅仅改变结点的指针部分而已。

基数排序是对含有 n 个记录的待排序序列进行排序,假设记录的关键字可以分解为 d 个小关键字,每个小关键字的取值范围都在[0,r]内,则需要进行 d 趟分配与收集操作,其中分配需要将元素放到 r 个子链表中,且需要收集 n 个记录,于是每趟分配与收集的时间复杂度为 O(r+n)。故基数排序的时间复杂度为 O[d×(r+n)]。

基数排序所需要的辅助空间为 2rd 个子链表的头尾指针,故其空间复杂度为 O(rd)。

基数排序是一种稳定的排序方法。

9.8 各种内部排序方法的比较

在各种内部排序算法中,并没有哪一种方法是绝对最好的。根据其使用场合不同,其性能也有所不同。从时间复杂性、空间复杂性和稳定性等方面对各种内部排序算法总结如

表 9-10所列。

表 9-10 各种排序方法性能的比较

排序方法	最小比较次数	最多比较次数	最少移动次数	最多移动次数	平均时间	最坏情况	辅助存储	稳定性
直接插入排序	n-1	$\frac{(n+2)(n-1)}{2}$	0	$\frac{(n+4)(n)}{2}$	$O(n^2)$	$O(n^2)$	O(1)	√
简单、树形选择排序	$\frac{n(n-1)}{2}$	$\frac{n(n-1)}{2}$	0	3(n-1)	$O(n^2)$	$O(n^2)$	O(1)	√
冒泡排序	n-1	$\frac{n(n-1)}{2}$	0	$\frac{n(n-1)}{2}$	$O(n^2)$	$O(n^2)$	O(1)	√
快速排序	O(nlb n)	$\frac{n(n-1)}{2}$	O(nlb n)	$\frac{n(n-1)}{2}$	O(nlb n)	$O(n^2)$	O(lb n)	×
希尔排序	—	—	—	—	$O(n^{1.5})$	—	O(1)	×
堆排序	O(nlb n)	O(nlb n)	—	—	O(nlb n)	O(nlb n)	O(1)	×
归并排序	O(nlb n)	O(nlb n)	—	—	O(nlb n)	O(nlb n)	O(n)	√
基数排序	0	0	0	0	O[d(n+r)]	O[d(n+r)]	O(rd)	√

由表 9-10 总结如下：

① 就平均性能而言，快速排序是最快的排序方法。但是，在当记录序列为有序序列并且记录数 n 比较大时性能最差；此时，归并排序和堆排序的性能则显得更好一些，尤其是当记录数 n 比较大时，归并排序比堆排序的时间性能更好，但所需的辅助存储量最多。从时间和空间两个方面的性能考虑，堆排序的综合性能较好。

② 比较次数与初始序列无关的排序方法是简单选择排序。因为简单选择排序在每选出一个当前无序子序列中的最小(最大)关键字记录的过程中都需要与无序子序列中的每个记录关键字比较一次。

③ 在记录数 n 较小且为有序序列时，折半插入排序和直接插入排序最为适合。

④ 所需辅助空间量与数据规模(记录数 n)无关的、且其空间复杂度为 O(1)的排序方法是简单排序(除希尔排序的所有插入排序、冒泡排序和简单选择排序)、希尔排序和堆排序。

⑤ 一般来说，在排序过程中，若"比较"是发生在"相邻两个记录关键字"之间，则该种排序方法是稳定的。稳定性是由方法本身决定的，稳定的排序方法总能找到一种不会引起不稳定的描述形式；而不稳定的排序方法总能举出一个说明不稳定的实例来。

⑥ 基数排序的效率与原始数据的排列顺序无关，简单选择排序的比较次数与序列的初始状态无关，但记录移动次数与序列的初始状态有关。

⑦归并排序适于记录 n 较大、内存空间允许且要求排序稳定的情况。

⑧ 快速排序适于原始数据杂乱无章、记录数 n 较大且对稳定性没有要求的情况。

⑨ 快速排序、简单选择排序、树形排序、堆排序和冒泡排序能保证每趟排序至少将一个元素放到其最终位置上。

Example 9-7(中国科技大学,中科院计算所)

已知待排序的n个元素可分为n/k组,每组包含k个元素,且任一组内的各元素分别大于前一组内的所有元素,并小于后一组内的所有元素,若采用基于比较的排序,则其时间下界为(　　)。

A. O(nlb n)　　B. O(nlb k)　　C. O(klb n)　　D. O(klb k)

【解析】

题目中的条件为组间有序,故只要使组内有序,则整个元素序列就成为有序序列。由于每个组有k个元素,而对含有k个元素的序列进行基于比较的排序的时间下界为O(klb k)。若使用单机系统,则对该待排序序列进行基于比较的排序所需的时间为(n/k)×O(klb k),即为O(nlb k)。故该题答案为B。

Example 9-8(合肥工业大学)

数据序列{8,9,10,4,5,6,20,1,2}只能是下列排序算法中(　　)的两趟排序后的结果。

A. 选择排序　　B. 冒泡排序　　C. 插入排序　　D. 堆排序

【解析】

选择排序的思想是从记录的无序子序列中“选择”关键字最小或最大的记录,并将其插入到有序子序列中,同时增加记录的有序子序列的长度。

冒泡排序是将无序子序列中最大(或最小)关键字记录“冒泡”到有序子序列中的一端,使得有序子序列中所有记录的关键字都比无序子序列中所有记录的关键字大(或小)。

上述两种排序方法的第一趟排序,都能将数据序列中的最值排到序列的最前(或最后)面,可题目中给出的数据序列的最大值20或最小值1并不在任何一端,故可断定其所采用的排序方法不是选择排序和冒泡排序。

插入排序是将无序子序列中的一个记录按其关键字值的大小插入到已经排好序的有序子序列中的适当位置,从而得到一个新的、其有序序列部分增大了的记录序列,直至无序子序列是空为止。故插入排序中初始有序子序列中只有1个元素,在进行两趟排序后,有序子序列会拥有3个元素,而题目中数据序列的前3个数据恰好是有序的,且前4个就不再有序。因此,初步断定可能是插入排序。

堆排序是将初始序列建立成一个堆,并输出堆顶,然后经过“筛选”调整成新堆……如此反复输出堆顶并调整,直至所有元素都输出。故采用堆排序,其最小(或最大)值必在序列的最后面,而题目中的数据序列显然不具有这个特点。

故可断定该数据序列只能是经过插入排序的两趟排序后的结果,即答案为C。

Example 9-9(东北大学)

设有1 000个无序的元素,希望用最快的速度挑选出其中前10个最大的元素,在以下排序方法中采用哪一种最好?(　　)

A. 快速排序　　B. 归并排序　　C. 堆排序　　D. 基数排序　　E. 希尔排序

【解析】

题目中有1 000个无序的元素,要用最快的速度挑选出前10个最大的元素,采用将所有元素都排好序的方法显然不能达到要求,必须选择那些经过一趟排序后就能确定无序子序列中最大元素的排序方法。

快速排序就其平均时间而言是最快的排序方法，但是每趟快速排序只能确定枢轴的最终位置。不过，通过枢轴的最终位序号可以确定它是第几大关键字的记录，要想确定无序子序列最大关键字记录的最终位置，必须要进行多趟快速排序，这样很浪费时间。

某一趟归并排序并不能确定最大关键字值记录的最终位置，必须等到归并排序完成后才能确定每个记录的最终位置。

基数排序适用于关键字位数相同而记录数较多的情况，某一趟基数排序也不能确定最值关键字记录的最终位置，必须等到排序完成后才可以。

希尔排序也必须等到排序完成后才可以知道各记录的最终位置。

堆排序将原待排序记录序列建立一个初始堆，就可得到最大关键字记录；输出该记录后，通过重新“筛选”调整成一个新堆，再输出次大关键字记录……这样，可以不须等整个记录序列都排成有序序列就能得到前10个最大元素。由于对含有n个元素的序列建立初始堆的时间为$2n-2\lceil lb(n+1)\rceil$，而每“筛选”调整新堆的时间最多为$2[\lceil lb(n+1)\rceil-1]$。故利用堆排序从n个元素中挑选出前k个元素的时间为$O(n+k\times lb\ n)$，其时间复杂度可近似于$O(n)$。

综上所述，本题的答案应为C。

Example 9-10(山东大学)

在文件“局部有序”或文件长度较小的情况下，最佳内部排序的方法是(　　)。

A. 直接插入排序　　B. 冒泡排序　　C. 简单选择排序　　D. 快速排序

【解析】

直接插入排序是一种简单且稳定的排序方法，适合于待排序序列基本有序或记录数n较小的情况。

在理想情况下，即在具有n个记录的初始待排序序列为正序的情况下，冒泡排序一趟就可以完成排序而无须移动任何记录，且比较次数为n－1次。但是，在一般情况下，冒泡排序需要大量的记录移动。而对于文件而言，记录本身的“体积”很大，大量的记录移动将严重占用机器时间。

对于快速排序而言，当原始待排序记录序列有序，使得每趟快速排序后枢轴的最终位置都偏向于序列的一端，从而使两个子列表中的一个为空，并退化为冒泡排序，这是最坏的情况，且比较次数最多。所以，在文件“局部有序”情况下，快速排序不是一个很好的选择。

无论待排序记录序列是否已经有序，简单选择排序在无序子序列中选择最值关键字记录时都需要与该子序列中的所有记录比较，并不会因文件“局部有序”而提高性能。

综上所述，在文件“局部有序”或文件长度较小的情况下，最佳的内部排序方法是直接插入排序，故本题答案为A。

Example 9-11(上海大学)

下列算法为奇偶交换排序，思路如下：第一趟对所有奇数的i，将a[i]与a[i+1]进行比较，第二趟对所有偶数的i，将a[i]与a[i+1]进行比较，每次比较时若a[i]>a[i+1]，将二者交换；以后重复上述两趟过程，直至整个数组有序。

```
void oesort(int a[n])
{
    int flag,i,t;
    do {flag=0;
        for(i=1; i<n; i++, i++)
            if(a[i]>a[i+1])
            {flag= __(1)__; t=a[i+1]; a[i+1]=a[i]; __(2)__;}
        for __(3)__
            if(a[i]>a[i+1])
            {flag= __(4)__;t=a[i+1]; a[i+1]=a[i]; a[i]=t;}
    }while __(5)__;
}
```

【解析】

解决本题的关键在于要理解奇偶交换排序的算法思想。首先遍历整个当前待排序记录序列中位序号为奇数的记录子序列，将当前访问到的记录与其后面邻近的记录比较，若为逆序则需互换位置以变成正序；然后再遍历整个待排序记录序列中位序号为偶数的记录子序列，将当前访问到的记录与其后面邻近的记录比较，并将其中逆序的两个记录交换。重复上述过程，直至整个记录序列有序。

但是，何时才使"整个记录序列有序"呢？其实就是当两趟排序过程中没有记录交换，即不存在逆序且已达到正序要求时。因此有必要设置一个标志变量flag以标志某趟排序过程中是否进行过交换操作，以1表示刚进行过交换，以0表示没有进行交换。只有当两趟连续的遍历过程中没有进行过交换，才可断定序列已经有序。故空(1)和空(4)处都应为1，而空(5)处则为flag。

排序过程中的每个回合都分为两个阶段：将奇数位置上的记录与其邻近的记录排成正序和将偶数位置上的记录与其邻近的记录排成正序。这两个阶段的操作大致相同，只是操作对象不同。程序中第一个for循环变量i的初值为1，且步长为2，故对位序号为奇数的子序列进行遍历，并将逆序调整为正序。第二个for循环与第一个的结构相同，可以推断该循环是对位序号为偶数的子序列进行遍历。很显然，空(1)和空(4)处后的连续三条语句是典型的进行"交换"操作的语句序列，因此空(2)处应为a[i]=t；空(3)处应为(i=2; i<n; i+=2)。

故本题答案为：

(1)1　　(2)a[i]=t　　(3)(i=2; i<n; i+=2)　　(4)1　　(5)flag

Example 9-12(北方交通大学)

现有一文件F含有1 000个记录，其中只有少量记录次序不对，且它们距离正确位置不远；如果以比较和移动次数作为度量，那么将其排序最好采用什么方法？为什么？

【解析】

在内部排序方法中，选择排序、堆排序、归并排序和基数排序的效率与原数据的排列顺序基本上无关，而快速排序适合于原始数据杂乱无章，并不适合于数据基本有序的情况。

直接插入排序和希尔排序尽管平均效率不高，但当原始数据基本有序时效率较高，如果要选择比较和移动次数少的排序方法，可选择直接插入排序或希尔排序，若还需考虑稳定性或简单性，就只能选择直接插入排序。

Example 9-13(清华大学)

有一种简单的排序算法，叫做计数排序(count sorting)。这种排序算法是对一个待排序的表(用数组表示)进行排序，并将排序结果存放到另一个新的表中。必须注意的是，表中所有待排序的关键字互不相同，计数排序算法就是针对表中的每个记录进行扫描，每扫描待排序的表一趟，就统计出表中有多少个记录的关键字比该记录的关键字小；假设针对某一个记录统计出的计数值为c，那么，这个记录在新有序表中的合适存放位置即为c。

① 给出适用于计数排序的数据表定义；

② 使用 Pascal 或 C 语言编写实现计数排序的算法；

③ 对于有 n 个记录的表，关键字比较次数是多少？

④ 与简单选择排序比较，这种方法是否更好？为什么？

【解析】

① 计数排序是在对待排序记录列表的遍历过程中，统计比当前待排序记录小的记录个数 c，且 c 就是该记录在排好序的记录序列中的位序号(从 0 开始)。因此，用于计数排序的最简单数据表就是使用一个数组。所以数据表可定义为

typedef int Rcd[n]；

② 计数排序算法中，先对一个待排序的表进行排序，然后将排序结果存放到另一个新的表中，故需要外部环境为该算法提供两个排序表。其算法的C语言描述如下。

算法 9-16 计数排序法

```
CountSorting(Rcd OList[n], Rcd NList[n], int n)
{
    //对待排序记录序列 Olist 进行计数排序，并将结果放入 NList
    int i,j,count;
    for(i=0; i<n; i++)
    {//通过遍历待排序记录序列确定位序号为 i 的记录的最终位置
        count=0;
        for(j=0; j<n; j++)          //遍历待排序记录序列，并统计比位序号为 i 的记录小的记
                                    //录数 count
            if(LT(OList[j], OList[i]))
                count++;
        NList[count]=OList[i];      //将位序号为 i 的记录放入新列表中的适当位置
    }
}
```

③ 每确定一个记录的最终位置，都需要与待排序记录序列中的所有记录进行比较。因此，对含有 n 个记录的表，关键字的比较次数为 n^2。

④ 简单选择排序是将待排序记录序列分为有序子序列和无序子序列两部分。每一趟简单选择排序都能确定无序子序列中最值关键字记录的最终位置；但是，在每一趟排序过程中，只须与无序子序列中的记录进行关键字比较，而无须与原待排序记录序列中的所有记录都比较一次，故对于有 n 个记录的表，其关键字的比较次数为$(n-1)+(n-2)+(n-3)+\cdots+2+$

$1=\frac{n(n-1)}{2}$次,而计数排序则需要n^2次关键字的比较。

从空间角度讲,计数排序需要有n个记录空间作为辅助存储空间,而简单选择排序则只需要一个记录空间即可。

从时间和空间两个方面进行比较得出:简单选择排序比计数排序好。

注:

① 由Example 9-13的④可知,本题中的计数排序算法的时间复杂度为$O(n^2)$,空间复杂度为$O(n)$。

② 若待排序记录序列中允许存在两个记录的关键字相同,且在确定某个记录的最终位置时,统计不大于它的记录个数,则原待排序记录序列中关键字值相同的记录之间的相对次序与它们在新序列中的相对次序相同,即计数排序算法是一个稳定的排序算法。

③ 计数排序是各大高校研究生招生考试中的常考知识点,如国防科技大学1999年的考试中。

计数排序的结点类型和存储方式如下。

Pascal语言:

```
TYPE node=RECORD
     key:integer;
     info:datatype;
     count:integer
END;
VAR r:ARRAY[1..n] OF node;
```

C语言:

```
typedef struct node{
     int key;
     datatype info;
     int count;
}Record;
Record ARRAY[n];
```

请给出一个排序方法,不移动结点存储位置,只在结点的count字段记录结点在排序中的序号(设排序码最大的结点序号为1)。具体解答这里不再给出,留给读者作为练习。

Example 9-14(哈尔滨工业大学)

如图9-25所示,本题给出的是将数组a的元素a[1],a[2],…,a[n]从大到小排序的子程序框图,并填空完善此算法框图。

该子程序采用改进的选择排序方法,该方法基于以下思想:在选择第1大元素过程中,a[1]与a[j](j=n,n-1,…,2)逐个比较,若发现$a[j_1]>a[1]$,则$a[j_1]$与a[1]交换,交换后的$a[j_1]$有性质$a[j_1]\geqslant a[t](j_1<t<n)$。若再有$a[j_2]>a[1](j_2<j_1)$,则$a[j_2]$与a[1]交换,交换后的$a[j_2]$也有性质$a[j_2]\geqslant a[t](j_2<t\leqslant n)$。如在挑选第1大元素过程中,与a[1]交换的元素有$k(k\geqslant 0)$个,依次为$a[j_1],a[j_2],\cdots,a[j_k]$,则它们都满足这一性质。它们的下标满足$n\geqslant j_1>j_2>\cdots>j_k>1$。有了这些下标,在确定第2大元素时,可只考虑a[2]与$a[j](j=j_k,j_{k-1},\cdots,3)$逐一比较。倘若$j_k=2$,则可不经比较就知道a[2]就是第2大元素。在选择第2大元素过程中,将与a[2]交换过的元素下标也记录下来,供选择其他大元素使用。但在选择第2大元素时,应保证与a[2]交换的那些位置上的新值也都满足上述性质。以此类推,顺序选择第1,第2,…,第n-1大元素,从而实现对a的排序。

【解析】

改进的选择排序算法首先是选择排序算法,故它也是将待排序记录序列分为两个子序列:有序子序列和无序子序列,并从无序子序列中选择最值关键字记录排在有序子序列的一端,从

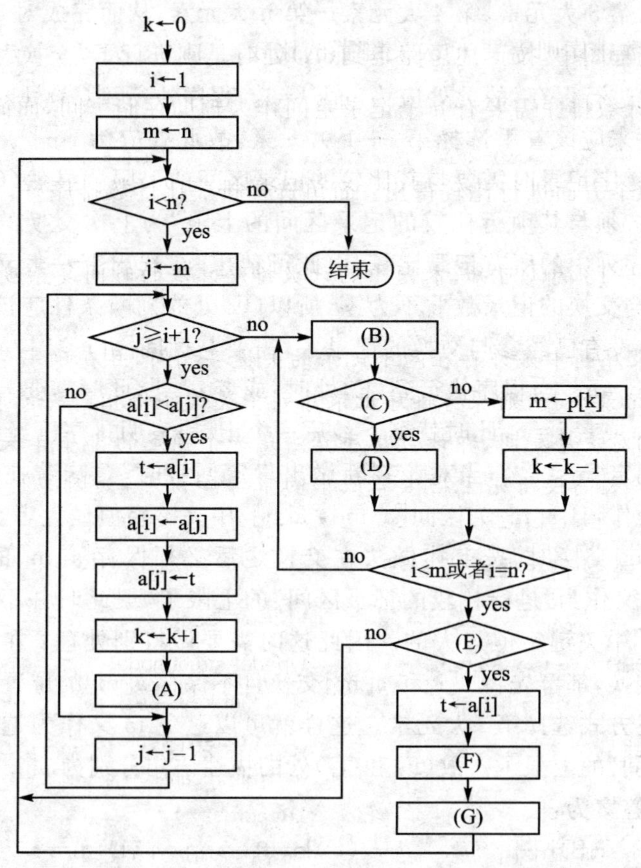

注：a是整数数组，存放要排序的数组集合；n是a的长度；p,i,j,k,m,t是临时变量，p为整型数组，i,j,k,m,t为整型变量。

图 9-25 Example 9-14 图

而使得有序子序列增大，而无序子序列减小。其与简单选择排序的不同点在于，每选择一个无序子序列中的最值关键字记录时都借用了以前所做工作的结果，从而尽量减少关键字的比较次数。

在选择第1大元素时，总假定第一位置记录(a[1])的关键字最大，通过与其他记录比较，一旦发现有比该位置关键字大的记录就与其交换，并将参与交换的记录位置P(P≠1)记录下来，从而保持第一位置的记录是当前最大关键字记录，且a[p]是它及其以后所有记录中关键字最大的记录，经过与所有其他记录比较后，第一位置的记录将是其中关键字最大的。

假设在挑选第1大元素过程中，与a[1]交换的记录有k(k≥0)个，依次为$a[j_1]$，$a[j_2]$，…，$a[j_k]$($n \geq j_1 > j_2 > \cdots > j_k > 1$)，则可以确保$a[j_k]$是区间[$a[j_k]$，a[n]]中关键字最大的记录。所以，在选择第2大元素时(总假定第二位置的记录是关键字最大的)，无须再将第二位置的记录与$a[j_k]$以后的记录比较，而只须与区间[a[3]，$a[j_k]$]中的记录逐一比较即可。同样，在比较过程中，将关键字较大的记录与第二位置记录交换，并将其位置记录下来。若在选择第1大元素过程中并没有进行交换操作，即k为0，则选择第2大元素时必须与区间[a[3]，a[n]]中的所有记录比较。

按同样方法选出第 3 大元素、第 4 大元素…第 n 大元素，从而完成对 a 的排序。

在题目的程序流程图中，按上述思路走到(A)处时是刚进行了“交换”操作，接下来需要对参与交换的记录位置进行保存，故此处应为 p[k]=j。程序执行到(B)处时应该已经完成对第 i 大元素的选择，接下来应该着手选择第 i+1 大元素，故此处应为 i++。从流程图中不难看出，m 为选择最值关键字记录时需要与其比较的记录区间的上限。显然(C)处是个条件判断，其否定的结果会导致“须与其须行比较的记录区间的上限”为上次交换的最后一个记录的位置，即无须与无序子序列中的所有记录比较，由此可猜想，在选出上一大元素过程中必定进行了“交换”操作，即参与交换的记录数 k 不为零，所以(C)处的判断条件应该是“k=0?”，对该判断的肯定回答意味着没有已经参与交换的记录了，需要与区间[a[i+1], a[n]]中的所有记录比较，故(D)处应为 m=n。当程序执行到(E)处时，或者 i<m，此时需要与记录区间[a[i+1], a[m]]中的记录比较；或者 i=n，此时就剩下最后一个记录，表明排序已经结束。因此(E)处应是对这两种情况的判定“m<n?”；当对该判断做出肯定回答时，意味着在选出第 i-1 大元素以后进行了“交换”操作，且 a[m]为区间[a[m], a[n]]中关键字值最大者。若在选择第 i 大元素需要将 a[i]与 a[m]交换时，按上述做法在交换之后必须保存 a[m]的位置 m，即在选择第 i+1 大元素时，m 又作为“进行比较的记录区间”的上限了，但此时并不能保证新的a[m]就一定是[a[m], a[n]]中关键字值最大的。因此这时需要做特别处理：在选择第 i 大元素时，无论需不需要进行交换，都事先将 a[i]和 a[m]交换且不保存 a[m]的位置 m，然后再在这个新的记录区间内按上述方式选择第 i 大元素。这样就可以避免 m 又作为选择第 i+1 大元素时“进行比较的记录区间”的上限了。故(F)和(G)处的描述语句分别为 a[i]←a[m]和a[m]←t。

综上所述，本题答案为：

(A)p[k]←j　　(B)i++　　(C)k=0?　　(D)m=n

(E)m<n?　　(F)a[i]←a[m]　　(G)a[m]←t

拓展 根据上述关于改进的选择排序算法思想的描述以及程序流程图的分析，可以写出该算法的 C 语言实现如下。

算法 9-17　改进的选择排序算法

```
ImprovedSelectSort(int a[], int n)
{
    //用改进的选择排序算法对数据序列 a 进行排序
    int p,t;
    int i,j,k,m,p[n];
    i=1; k=0; m=n;
    while(i<n)
    {
        for(j=m; j>=i+1; j--)          //在需比较的记录区间内搜索最大关键字值记录
          if(a[i]<a[j])
          {t=a[i]; a[i]=a[j]; a[j]=t; p[++k]=j;}
        do                             //在选择第 i 大元素时确定需比较的记录区间的上限
        {
          i++;
```

```
      if(k==0) m=n-1;
      else m=p[k--];
    }while(!(i<m || i==n))
    if(m<n)                              //须进行的特殊处理
    {t=a[i]; a[i]=a[m]; a[m]=t;}
  }
}
```

参考文献

[1] 严蔚敏,吴伟民.数据结构(C语言版)[M].北京:清华大学出版社,1997.

[2] 徐孝凯.数据结构辅导与提高[M].北京:清华大学出版社,2003.

[3] 朱战立.数据结构——使用C语言[M].第3版.西安:西安交通大学出版社,2002.

[4] [美]Robert L Kruse.数据结构与程序设计——C语言[M].敖富江,译.第2版.北京:清华大学出版社,2005.

[5] 魏宝刚,陈越,王甲康.数据结构与算法分析[M].杭州:浙江大学出版社,2004.

[6] 李大友,彭波.数据结构教程[M].北京:清华大学出版社,2002.

[7] [美]Mark Alen Weiss.数据结构与算法分析——Java语言描述[M].冯舜玺,译.北京:机械工业出版社,2004.

[8] 李春葆.数据结构习题与解析——C语言篇[M].北京:清华大学出版社,2000.

[9] 前沿考试研究室.计算机专业研究生入学考试全真题解——数据结构与程序设计分册[M].北京:人民邮电出版社,2002.

[10] 黄水松,董红斌.数据结构与算法习题解析[M].北京:电子工业出版社,1996.

[11] 胡元义,等.数据结构(C语言)实践教程[M].西安:西安电子科技大学出版社,2002.

[12] 宁正元,易金聪.数据结构习题解析与上机实验指导[M].北京:中国水利水电出版社,2000.

[13] 蒋盛益,等.《数据结构》学习指导与训练[M].北京:中国水利水电出版社,2003.

[14] 陈慧南.数据结构——C语言描述[M].西安:西安电子科技大学出版社,2003.

[15] 宋宏图.数据结构[M].北京:科学出版社,2003.